# 프 리 즘

역사로 과학 읽기

기초교양교육시리즈 9

# 프리즘

## 역사로 과학 읽기

박민아, 김영식 편

서울대학교출판문화원

# Prism

## Sciences Seen through History

Edited by Mina Park, Yung Sik Kim

Seoul National University Press

# 머리말

전문화, 세분화가 심해지면서 과학이 날로 어려워지고 있다. 심지어는 대학에서 4년 동안이나 자연과학 혹은 공학을 전공한 사람들조차도 일단 대학을 떠나면 과학을 이해하려는 노력을 포기해 버릴 정도로 말이다. 상황이 이러니 과학을 즐기자, 라는 말은 왠지 어폐가 있어 보인다.

과학이 과학자들만의 유희라면 과학이 어렵든 말든 문제될 바는 전혀 없다. 그러나 현대사회에서 과학은 더 이상 과학자들만의 것이 아니다. 과학을 전공하지 않았더라도, 혹은 과학을 정말 싫어할지라도 우리는 직 · 간접적으로 과학의 혜택을 받고 과학에 지원을 하고 있기 때문이다. 일례로 우리가 낸 세금 중 얼마나 많은 부분이 과학기술 연구개발비에 투자되는지 생각해 보라.

일종의 투자자로서 우리는 과학에 대해 무관심할 수만은 없다. 내 투자가 의미 있게 사용되는지 좀더 적극적으로 따져볼 필요가 있다. 하지만 그를 위해 과학의 전문적인 내용을 일일이 공부할 수는 없고 그럴 필요도 없다. 과학 활동이 갖는 특성은 무엇인지, 그것은 어디에서 연유한 것인지, 과학을 발전시키는 추동력은 무엇인지 등 과학의 본성에 대해 제대로 이해한다면, 그리고 그를 통해 "의미 있는" 혹은 "가치 있는" 과학이 어떤 것인지에 대한 기준만 제대로 이해하고 있으면 되는 것이다. 역사라는 프리즘을 통해 과학을 분해해 보는 과학사 연구가 제공해 주는 것은 바로 과학의 본성에 대한 이해와 "의미 있는" 과학의 기준에 관한 것이다.

과학의 전문화가 심화되면서 "과학대중화"가 더욱 중요한 의미를 부여받게 되었다. 또한 최근 몇 년 사이 한국 사회에서는 "과학문화"라는 말이 중요한 키워드로 부상하게 되었다. 하지만 "과학대중화"나 "과학문화"가 필요하다는 것에는 많은 사람들이 동의하면서도 막상 그것의 구체적인 내용이나 실천에 이르면 애매모호하기 그지없다. 어려운 과학의 내용을 쉽게 풀어서 일반인들에게 전달하는 과학자들의 강연이나 과학연극, 일상 속에 담겨 있는 과학의 원리 찾아내기 같은 활동들을 통해 과학대중화나 과학문화를 보급시키기 위한 노력들을 하고 있고 이것들이 좋은 성과를 내고 있는 것은 사실이다. 하지만 이들 중 상당수가 기본적으로 일반인들을 대상으로 하는 전문가들의 "계몽적 활동"이라는 면에서 진정한 "과학대중화" 혹은 "과학문화"로서는 나름의 한계를 지니고 있다. 역사를 통해 바라본 과학은 과학전문가 / 일반인의 구도가 갖는 한계를 넘어 과학에 대해 부담스럽지 않으면서도 깊이 있는 이해를 가능하게 해줄 것이다.

이 책은 학부 과학사 관련 수업에서 사용하기 위한 교재로 기획되었다. 1980년대 창작과비평사를 통해 출판되었던 『역사 속의 과학』 I, II가 당시까지 과학사에서 이루어진 중요한 연구들을 소개했다. 그로부터 20년 가까운 시간이 지난 지금, 그 이후 이루어진 연구들에 대해서도 그와 같은 작업을 해야 할 필요성을 느끼게 되었다.

이 책에서는 최근까지 이루어진 과학사 연구의 다양한 경향들을 보여주기 위해 국내외 과학사학계 저닐이나 책을 통해 발표된 중요한 논문 11편을 한자리에 모아 놓았다. 다양성을 보여주기 위해 가능하면 다루는 시기나 주제, 방법론 등이 겹치지 않는 글들을 선택하려고 했다. 한편, 학부 수업용 교재라는 점을 고려하여 과학사서술방법론(historiography)을 다룬 어려운 연구보다는 흥미로운 사례를 통해 그런 방법론들을 보여줄 수 있는 연구들을 선택하려고 했다. 이런 점 때문에 과학사를 공부하지 않는 사람들도 이 책에 실린 개별 연구들을 재미있게 읽을 수 있을 것이다.

과학의 역사를 보면 종종 한 과학자가 다른 과학자의 지적인 영향이나 도움에 대해 충분한 감사를 표하지 않아서 분쟁이 일어나는 경우가 있다. 뉴턴과 후크, 뉴턴과 라이프니츠 사이에 있었던 논쟁들이 대표적인 사례이다. 그것을 교훈삼아 이 책을 준비하는 과정에 도움을 준 모든 사람들에게 일일이 감사의 뜻을 표해야 마땅할 것이다. 우선 까다로운 번역을 함께 해준 김명진, 김봉국, 서민우, 안기택, 정동욱, 정세권, 천현득 군에게 감사를 표한다. 훌륭한 연구를 실게 해준 문중양 교수, 임종태 교수에게도 감사를 표하는 바이다. 원고의 교정 작업에 도움을 준 서울대학교 과학사 및 과학철학 협동과정 학생들에게도 고맙다는 말을 전한다. 마지막으로 기초교육 교재 개발을 지원해 준 서울대학교 기초교육원 관계자와 책의 출판을 책임져 준 서울대학교출판부 관계자에게도 감사의 뜻을 전하는 바이다.

2007년 7월

박민아 · 김영식

# 차례

| 제4부 |

## 20세기 과학



| 제5부 |

## 동아시아 사회 속의 과학

제 1 부

# 과학혁명의 또 다른 면모

16–17세기 과학혁명은 과학사의 마르지 않는 샘물이다. 초창기 과학사 연구의 상당수를 차지할 만큼 이 분야의 전통적인 주제였으며, 오늘날까지도 쉬지 않고 새로운 탐구거리를 던져주고 있다.

전통적으로 과학혁명을 다룬 연구들은 주로 지성사적 관점에서 이 주제에 접근했다. 예를 들어 르네상스 이후 새롭게 등장한 철학사조들이 근대적 자연관의 등장에 어떤 영향을 미쳤는가와 같은 식의 질문을 들고 과학혁명을 살펴보았던 것이다. 천문학과 역학 분야에 관심이 모아졌던 초기에 비해 최근에 나온 연구들은 좀더 다양한 시각으로 폭넓은 주제들을 다루고 있다. 여기 소개된 두 편의 글은 그런 다양성을 보여주는 사례들이다.

「갈릴레오, 상징 제작자」에서 마리오 비애지올리(Mario Biagioli)는 갈릴레오가 메디치가의 후원을 얻기 위해 폈던 전략을 분석하여 과학과 권력의 문제를 제기한다. 태양중심설의 인식론적인 지위를 높이기 위해 갈릴레오는 세속의 정치사회적인 권력을 얻고자 했고 메디치 궁정은 갈릴레오가 바로 그런 권력을 부여받을 수 있는 공간이었다. 비애지올리의 분석을 통해 우리는 끝까지 태양중심설을 고수하고자 했던 강직한 과학자 대신 자원 동원에 능숙한 전략가로서의 갈릴레오를 만나게 된다.

비애지올리의 연구가 제기한 과학과 권력의 관계는 과학의 인식론적인 지위에 대한 문제제기와 연결된다. 갈릴레오가 태양중심설에 대한 학문적 승인을 얻기 위해 세속 권력에 기댄 것이 사실이라면, 과학이 정치적·사회적 가치로부터 자유롭다는, 그러기에 과학은 중립적이고 객관적이라는 믿음은 일종의 신화에 불과한 것일 뿐인가? 비애지올리가 그려낸 갈릴레오의 모습은 단순하게 받아들였던 과학의 인식적 객관성이나 가치중립성에 대해 좀더 세부적이고 구체적인 질문들을 던져야 한다는 점을 시사한다. 예를 들어, 과학이 객관적이라는 명제는 정설로 수용된 과학지식에 대해서만 유효한 명제일까, 아니면 과학의 전 과정, 즉 아이디어가 떠오르고 새로운 과학지식으로 발전되고 유효한 개념으로 '검증'되고 정설로 인정받기까지의 전 과정에서 유효한 명제일까? 과학의 가치중립성은 과학지식에만 한정시켜야 하는 것인가, 아니면 그것을 생산해 내는 과학자에게까지 포괄적으로 적용시켜야 하는 것인가? 갈릴레오처럼 '참된 지식'을 옹호하는 데 권력을 이용한다면, 그렇게 해서 생산된 과학지식은 객관적이고 가치중립적인 것일까?

「혁명의 최전선? 북해 연안 지역의 의학과 자연사」는 과학혁명의 역사에서 비교적 그 중요성이 간과되어 왔던 자연사 활동을 조망하고 있다. 해롤드 쿡(Harold Cook)은 17-18세기 영국과 네덜란드의 자연사 활동의 이모저모를 보여주면서, 과학혁명 당시 자연사는 자연물에 대한 세세한 사실적 탐구를 통해 도덕적 · 철학적 · 종교적 목적을 추구했던 학문이었다는 점을 지적한다. 전문적 연구에 갇히지 않은 일반적 성격 덕분에 자연사는 당시 어떤 과학 분야에 비해서도 폭넓은 계층의 사람들이 다양한 관심을 펼쳐냈던 분야였고, 거기에 종사했던 사람들의 규모와 열정, 거기에 투자된 막대한 자원의 측면에서 명실공히 당대의 "거대과학"으로 불릴만한 가치가 있다고 주장한다.

20세기 초반 물리과학 분야의 혁명에 영향을 받은 과학혁명 연구는 오랫동안 물리과학의 선조 찾기에 몰두해서 근대적인 역학, 천문학, 수학, 화학의 형성에 집중되어 이루어져 왔다. 그러나 이런 식의 휘그주의적 역사관에 대한 반성과 쿡과 같은 연구에 힘입어 오늘날에는 17세기 과학혁명에 대해 수정된 그림을 그리게 되었는데, 이에 따르면 17세기 과학혁명에서 '주류과학' 이라 부를 만한 것은 자연사였다는 것이다.

이 주장을 받아들인다면 우리는 17세기 과학혁명의 성격을 재고찰할 필요가 있다. 첫째, 자연사를 과학혁명의 중심에 놓는다면, 과학혁명을 특징짓는 혁명성과 단절성의 정도를 재평가해야 하는 것이 아닌가? 17세기 과학혁명은 '혁명' 으로 부를 만한 사건인가? 아니면 17세기 과학혁명은 물리과학에 대해서만 제한적으로 성립하는 개념인가? 과학혁명의 혁명성에 대한 고민은 당시 지성계에서 물리과학이 차지하고 있던 위상에 대한 고민으로 연결된다. 그동안 우리는 20세기 이후 과학의 지형도 내에서 물리과학이 차지하고 있는 중심적인 위치에 이끌려 17세기에 대해 잘못된 지도를 가지고 17세기 과학을 이해하려고 했던 것은 아닐까? 17세기 사회 내에서 물리과학의 진정한 위상은 어떤 것이었을까?

비애지올리나 쿡의 연구는 과학혁명 당시의 사람들이 "실제로" 어떤 목적으로, 어떤 수단을 동원하여 자연을 탐구했는지를 밝힘으로써 당시 사람들의 입장에서 과학활동을 그려 보고자 하는 시도이다. 또한 그들의 연구는 대학과 몇몇 과학아카데미에 국한되어 이루어졌던 과학사 연구를 궁정이나 개인의 정원으로까지 확내시키는 데 공헌하고 있다.

# 갈릴레오, 상징 제작자

마리오 비애지올리(Mario Biagioli)
김명진 역

1609년 여름, 당시 파도바대학의 수학교수로 있던 갈릴레오(Galileo Galilei, 1564-1642)는 이전까지 북유럽에서 만들어졌던 그 어떤 것보다도 월등히 우수한 망원경을 만들어 내는 데 성공했다. 이 새로운 도구를 가지고 그는 주류 아리스토텔레스 우주론과 모순되면서 코페르니쿠스의 주장을 뒷받침하는 일련의 천문학적 발견을 해냈다. 1610년 봄에 그는 자신의 이례적인 발견을 『별의 사자(使者)(*Sidereus nuncius*)』 [국역: 장헌영 옮김, 『시데레우스 눈치우스-갈릴레이의 천문노트』(승산, 2004)]라는 제목의 책으로 펴냈는데, 이 책은 분량은 적지만 혁명적인 의미를 담은 텍스트로 토스카나 대공(grand duke of Tuscany)인 메디치가(家) 코시모 2세(Cosimo II de' Medici)에게 헌정되었다. 이 책에서 그는 철학자들의 주장과는 달리 달의 표면이 매끈하지 않으며, 예전부터 믿어 왔던 것보다 별들의 수가 훨씬 더 많다고 밝혔다. 또한 그는 주류 우주론이 알아채지 못했던 네 개의 행성 — 그가 메디치가의 별들(Medicean Stars)이라고 부른 — 이 더 있으며, 이들은 지구가 아닌 목성의 주위를 돈다는 폭탄선언을 했다. 『별의 사자』는 갈릴레오에게 국제적 명성을 안겨 주었고 메디치가의 후원(patronage)을 얻을 수 있는 길을 열어 주었다. 1610년 9월, 갈릴레오는 고향인 피렌체로 귀환했다. 그곳에서 그는 대공의 철학자 겸 수학자가 되었고, 강의 부담 없이 1년에 1,000스쿠디라는 엄청난 보수를 받으며 생활하게 되었다.

1,000스쿠디의 연봉은 메디치 궁정의 다른 중요한 예술가나 관리들의 봉급과 비교해 볼 때 예외적인 액수였다. 궁정 사람들의 수입에 대한 절대적인 비교는 어렵지만, 갈릴레오의 연봉은 다른 예술가나 엔지니어들보다 적어도 3배는 더 많았고 벨리사리오 빈타(Belisario Vinta) 혹은 쿠르지오 피케나(Curzio Picchena)와 같은 대신들의 1.5배는 되었다. 갈릴레오의 연봉은 최고위급 궁정 관리와 비슷한 수준이었다. 심지어 조각가인 지암볼로냐(Giambologna) — 17세기 초 메디치 궁정의 예술가들 중 가장 유명했던 인물이자 두 명의 황제로부터 끊임없는 유혹을 받았던 — 조차도 갈릴레오가 몇 년 후 받게 되는 돈의 절반에도 못 미치는 보수를 받았다.[1] 내가 아는 한도 내에서, 갈릴레오의 연봉은 당시 토스카나 대공국에서 열손가락 안에 드는 수준이었다.[2]

우리는 갈릴레오가 1609년에서 1610년까지 해낸 천문학적 발견들의 과학적 중요성을 당연시하는 문화 속에서 커왔기 때문에, 메디치가가 갈릴레오에게 후한 보수를 준 것을 자연스러운 일로 여길지도 모른다. 그

1 Richard Westfall, "Scientific Patronage: Galileo and the Telescope," *Isis* 76 (1985), 18-22; Westfall, "Galileo and the Accademia dei Lincei," *Novità celesti e crisi del sapere*, ed. Paolo Galluzzi (Florence: Giunti Barbèra, 1984), p. 199.

2 일부 궁정인들은 봉급에 더해 식품, 목재, 초, 말 등의 보너스를 받았기 때문에 수입을 서로 비교하는 것은 쉽지 않다. Archivio di Stato di Firenze(ASF), Depositeria Generale 389, pp. 5, 11. 지암볼로냐(장 드 볼로녜)는 1602년(ASF, Miscellanea Medicea 474, fol. 3)과 1606년(ASF, Guardaroba Mediceo 279, fol. 13)에 300스쿠디의 연봉을 받았다. 그는 이 두 해 모두에 예술가 중에서는 가장 높은 보수를 받았던 것 같다. Hugh Trevor-Roper, *Princes and Artists* (London: Thames & Hudson, 1976), pp. 109-112, 130.

러나 갈릴레오가 대공의 철학자 겸 수학자의 지위에 오른 것은 그가 코페르니쿠스 가설의 수용에 기여한 바가 컸기 때문이 아니었다. 메디치 궁정은 노벨상 이전에 노벨상 본부 노릇을 했던 곳이 아니었고 코시모 2세는 코페르니쿠스주의자도 아니었다. 리처드 웨스트폴(Richard Westfall)은 메디치가가 갈릴레오의 발견에 보상을 제공한 이유는 그것의 기술적 유용성이나 과학적 중요성 때문이 아니라 하나의 놀라운 볼거리로서, 이색적인 경이(驚異)로서 포상한 것이라고 주장한 적이 있는데, 그의 말은 다분히 옳다.[3] 그리고 메디치가는 목성의 위성을 진정 예외적인 경이라고 받아들였음이 분명한데, 메디치 궁정으로 옮기려는 갈릴레오의 노력이 1610년 이전에는 번번이 좌절되었던 반면 목성 위성 발견 후에는 신속하면서도 (우리가 방금 본 바와 같이) 후한 환대를 받으며 이루어졌다는 점에서 이를 알 수 있다. 이와 같이 예외적인 보수가 주어진 이유를 설명하기 위해서는 갈릴레오가 자신의 발견을 표현한 방식과 메디치 궁정의 과학 외(外)적 담화가 서로 들어맞았다는 점을 고려해야 한다.

궁정 사람들 대부분은 천문학과 수학에 문외한이었지만 갈릴레오는 궁정이 자신의 연구를 들어줄 중요한 청중이라고 생각했고, 1604년부터는 대학을 떠나 궁정으로 옮기려는 시도를 여러 차례 반복했다. 그리고

**3** 1588년에 궁정에서 가장 높은 연봉을 받은 사람은 최고위급 궁정 관리인 오라지오 루셀라이로 1,000스쿠디를 받았다(ASF, Depositeria Generale 389, p. 1). 대신인 벨리사리오 빈타의 연봉은 480스쿠디였고(*ibid.*, p. 5), 궁정 수학자인 오스틸리오 리키는 144스쿠디였다(*ibid.*, p. 9). 루셀라이는 1599년에도 최고 연봉을 받았다(ASF, Guardaroba Mediceo 225, fol. 2r). 1609년에 두 번째 많은 연봉을 받은 사람은 메디치 궁정 관리로 600스쿠디를 받았다(*ibid.*, 301, fol. lr). 1624년의 궁정 최고 연봉은 새로 임명된 최고위급 궁정 관리 피에로 구이키아르디니로 1,000스쿠디였고(ASF, Depositeria Generale 396, fol. 36), 궁정 우주구조론 학자인 마테오 네로니는 120스쿠디를 받았다(*ibid.*, fol. 115). 토스카나 공국의 보병, 포병, 기병대의 최고 지휘관들은 1,000에서 2,500스쿠디 사이의 연봉을 받았다. "Relazione delli Clarissimi Signori Giovanni Michiel et Antonio Tiepolo Cavalieri ritornati Ambasciatori dal Granduca di Toscana alli 9 novembre 1579," *Relazioni degli Ambasciatori Veneti al Senato*, ed. A. Segarizzi (Bari: Laterza, 1916), Vol. III, pp. 256-259, 269.

그가 궁정에 매력을 느낀 것은 단지 좋은 보수와 강의 부담으로부터의 자유 때문만은 아니었다. 그는 궁정으로 옮김으로써 대학을 특징짓고 있던 학문분야 간 위계로부터 벗어나려는 희망도 갖고 있었다. 당시 대학에서 수학자들은 전문적 지위나 보수 면에서 철학자들보다 못한 위치에 있었다.[4] 철학은 자연 현상의 진정한 원인을 다루는 반면, 수학은 그것의 "우연적 속성들," 즉 그것의 양적 측면만을 다루는 학문이라는 생각이 일반적이었다. 따라서 수학자들에게는 자연 현상에 대해 정당한 물리적 해석을 내놓을 수 있는 자격이 없었다.[5]

수학교수좌(座)를 갖고 있는 수학자는 대학에서 철학자가 될 수 없었다. 그러나 궁정에서는 이것이 가능했다. 궁정에서는 어떤 사람의 사회적 · 인식적 지위가 그 사람이 속한 학문분야가 아니라 군주의 총애에 따라 결정되었기 때문이다. 따라서 궁정은 갈릴레오가 철학자의 칭호를 얻을 수 있는 사회제도적 공간이었고, 이는 다시 그에게 코페르니쿠스 이론의 철학적 중요성과 자연 현상의 수학적 분석을 옹호할 수 있는 정당



4 Robert S. Westman, "The Astronomer's Role in the Sixteenth Century: A Preliminary Study," *History of Science* 18 (1980), 105-147; Mario Biagioli, "The Social Status of Italian Mathematicians, 1450-1600," *History of Science* 27 (1989), 41-95. 메디치 궁정으로 옮기려는 갈릴레오의 시도에 대해서는 아래 수록된 그의 편지들을 보라. Galileo Galilei, *Opere*, ed. Antonio Favaro, 20 vols. (Florence: Giunta, 1890-1909) (이하 **Galileo, *Opere***) 중 Vol. X, no. 97, pp. 106-107; no. 99, p. 109; no. 131, pp. 154-155; no. 190, pp. 210-213; no. 209, pp. 231-234; no. 211, p. 235. Westfall, "Scientific Patronage" (주 1), pp. 13-17도 보라.

5 Peter Dear, "Jesuit Mathematical Science and the Reconstitution of Experience in the Early Seventeenth Century," *Studies in History and Philosophy of Science*, 18 (1987), 133-175; Nicholas Jardine, *The Birth of History and Philosophy of Science* (Cambridge: Cambridge University Press, 1984), pp. 225-257; Robert S. Westman, "Kepler's Theory of Hypothesis and the 'Realist Dilemma,'" *Studies in History and Philosophy of Science* 3 (1972), 233-264; Mario Biagioli, "The Anthropology of Incommensurability," *Studies in History and Philosophy of Science* 21 (1990), 183-209.

한 지위를 제공해 주었다.

이 글은 적어도 두 개의 논제를 갖고 있다. 나는 후원을 얻어내기 위한 갈릴레오의 전략을 분석하면서 그가 자신의 천문학적 발견들을 메디치 궁정의 담화 속에서 어떻게 표현했는지 살펴볼 것이다. 아울러 나는 근대 초 과학의 사회적 정당화에서 궁정이 어떤 역할을 했는지에 대해서도 생각해 볼 것이다.

## I. 맥락 속의 별들

메디치가에서 목성의 위성들에 관심을 보인 이유를 이해하기는 어렵지 않다. 갈릴레오가 『별의 사자』의 헌정사에서 단언했던 것처럼, 이 천체들은 메디치 왕조에 바쳐진 기념물이었다.[6] 뿐만 아니라 그것들은 예외적인 지속성을 가졌고 (적어도 좋은 망원경을 가진 사람이라면) 전 세계 어디서나 볼 수 있는 그런 기념물이었다. 그러나 메디치가가 갈릴레오의 발견에 대해 적극적인 관심을 보였던 배경에는 다른 이유가 있었는데, 코시모 1세(Cosimo I)가 16세기 중엽에 왕조를 창건한 이래 메디치가에서 유포해 온 신화에 친숙했던 당시의 피렌체 사람들에게는 그 이유가 완전히 명백해 보였다. 이 신화는 코스모스(우주)와 코시모 사이에 상응관계를 설정했고, 종종 목성을 왕조의 창건자이자 "메디치가의 신들(Medicean gods)" 중 첫 번째인 코시모 1세와 연관시켰다.[7] 따라서 비록 갈릴

6 Galileo Galilei, *Sidereus nuncius*, trans. Albert Van Helden (Chicago: University of Chicago Press, 1989), pp. 29-33.

7 Giorgio Vasari, *Ragionamenti di Giorgio Vasari sopra le invenzioni da lui dipinte in Firenze nel Palazzo di loro Altezze Serenissime con lo Illustrissimo ed Eccellentissimo Don Francesco de' Medici* (바사리의 조카에 의해 사후인 1588년에 출간), in *Le opere di Giorgio Vasari*, ed. Gaetano Milanesi (Florence: Sansoni, 1882), Vol. VIII, p. 85.

레오가 새로 발견한 행성들을 어떤 후원자에게라도 헌정할 수는 있었지만, 그것들은 특히 메디치가에 중요한 것들이었다. 그들에게 목성의 위성이란 왕조의 상징으로 보일 것이었기 때문이다.

메디치가는 명목상 공화정이었던 피렌체 지방을 이미 15세기 초부터 사실상 통치하고 있었지만, 공국(公國)이 성립된 것은 얼마 안 된 일이었다. 코시모 1세는 1537년에 피렌체 공작이 되었고, 그가 토스카나 대공의 지위에 오른 것은 1569년의 일이었다. 1540년대에 그는 새로운 국가의 정치 · 행정 구조를 새로 만들어 내야 했고 아울러 메디치가의 통치를 왕조적인 것으로 정당화하기 위한 새로운 정치적 신화도 창조해야 했다. 피렌체에 뿌리를 둔 강력한 가문들은 [지역의] 정치 지도자에서 유순한 궁정 관료로 탈바꿈되어야 했고,[8] 새로운 신화는 공작의 통치를 자연스럽고 필요한 것으로 그려내면서 피렌체의 가문들이 그 속에서 해야 할 역할을 제시해야 했다.



코시모의 전략은 메디치가의 통치를 받는 것이 피렌체의 명백한 운명이라고 제시하는 것이었다. 중세 이래로 흔히 행해져 왔던 도시의 성점(星占, horoscope)은 메디치가의 통치를 도시의 역사 및 운명에 연결시킴으로써 그 통치가 점성학적으로 필연적임을 제시하기 위해 표준화되었다. 메디치가를 지향한 역사와 메디치가를 고려한 고대 신화의 재해석이 새롭게 쓰여졌고, 메디치가와 관련된 이미지들이 피렌체의 미술에 등장했다.[9] 그리고 가장 중요한 것으로, 이러한 문화 프로그램들을 관리하기

8 R. Burr Litchfield, *Emergence of a Bureaucracy: The Florentine Patricians, 1530-1790* (Princeton, N.J.: Princeton University Press, 1986). 이 시기를 다룬 표준 저작은 Riguccio Galluzzi, *Istoria del granducato di Toscana sotto it governo della Casa Medici* (Florence, 1781); Furio Diaz, *Il Granducato di Toscana: I Medici* (Turin: UTET, 1976); Giorgio Spini, ed., *Architettura e politica da Cosimo I a Ferdinando I* (Florence: Olschki, 1976)가 있다.

9 코시모 1세에 이르기까지 도시의 성점과 메디치가의 운명 사이의 관계는 Janet Cox-Rearick, *Dynasty and Destiny in Medici Art* (Princeton, N.J.: Princeton University

위해 메디치가의 통제를 받는 아카데미들 — 아카데미아 피오렌티나(Accademia Fiorentina)와 아카데미아 델 디세뇨(Accademia del Disegno)가 그런 예들이다 — 이 설립되었다.[10]

코시모는 그리스 신화에 나오는 신들의 계보처럼 가족사를 쓰게 하지는 않았지만, 메디치가의 역사와 유사해지도록 그리스-로마 신화를 축도화해 재해석했다. 이와 같은 신화 재해석 프로그램은 팔라쪼 델라 시뇨리아(Palazzo della Signoria) — 최초의 메디치가 왕궁으로 나중에는 팔라쪼 베키오(Palazzo Vecchio)로 이름이 바뀐다 — 에 있는 신들의 거처(Apartment of the Elements)와 레오 10세의 거처(Apartment of Leo X)를 장식한 조르지오 바사리(Giorgio Vasari)의 프레스코화에 가장 잘 나타나고 있다.[11]

Press, 1984)에 상세히 설명되어 있는데, 미술에 나타난 메디치와 연관된 이미지는 p. 231을 보라. 르네상스 초기에 피렌체의 도시 성점에 관해서는 Richard Trexler, *Public Life in Renaissance Florence* (New York: Academic Press, 1980), pp. 73-84를 보라. 메디치가를 지향한 역사의 가장 좋은 사례는 아마도 Benedetto Varchi, *Storia fiorentina*, 3 vols., ed. G . Milanesi (Florence: Le Monnier, 1857-1858)일 것이다.

**10** 1540년에 설립된 아카데미아 피오렌티나는 메디치가에서 후원하고 통제한 첫 번째 아카데미였다. 이 단체는 코시모 1세의 문화정치를 조율하고 이를 토스카나의 역사적 · 언어적 유산의 독특함에 대한 자연스러운 표현으로 내세웠다. Sergio Bertelli, "Egemonia linguistica come egemonia culturale e politica nella Firenze Cosimiana," *Bibliothèque d'Humanisme et Renaissance* 38 (1976), 249-283; C. Di Filippo Bareggi, "In nota alla politica culturale di Cosimo I: L'Accademia Fiorentina," *Quaderni Storici* 23 (1973), 527-574를 보라. 1564년에 설립되어 코시모가 임명한 "대리인"에 의해 운영된 아카데미아 델 디세뇨의 주된 기능은 메디치가를 위해 일하는 시각 예술가들의 작업을 조율하고 메디치가의 문화정치의 약호들이 존중될 수 있도록 보증하는 것이었다. 이들 예술가들은 결혼식에서 장례식, 외국 고관의 방문에 이르는 대규모 정치 행사의 볼거리를 관장했다. 따라서 아카데미아 델 디세뇨는 메디치 궁정의 홍보 부서로서의 기능을 했다고 할 수 있다. 참고문헌은 주 15를 보라.

**11** Ettore Allegri and Alessandro Cecchi, *Palazzo Vecchio e i Medici* (Florence: SPES, 1980), pp. 55-182. 거처에 표현된 도상학과 상징학에 관해 바사리와 코시모의 인문주의 조언자들 사이에서 오간 편지들은 *Il carteggio di Giorgio Vasari*, ed. Karl Frey (Munich: Muller, 1923), Vol. I, no. 220, pp. 409-412; no. 221, pp. 412-414;

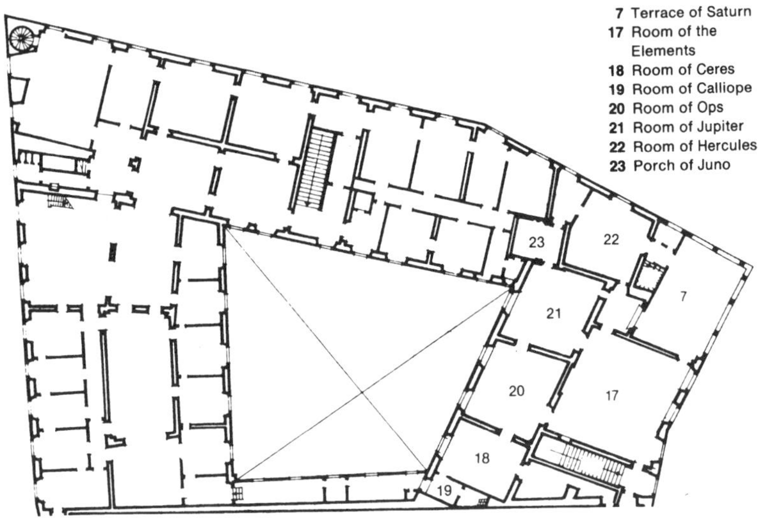


그림 1. 신들의 거처. Ettore Allegri and Alessandro Cecchi, *Palazzo Vecchio e i Medici* (Florence: SPES, 1980), p. xxv.



이 프로젝트의 기본 계획은 매우 분명했다. 신들의 거처는 여러 개의 방들로 나뉘어 있는 일종의 올림포스 산 같은 곳으로, 각각의 방은 특정한 신들(헤라클레스, 주피터, 옵스, 케레스, 사투르누스)이나 태초의 "비바람(elements)" 같은 신 이전의 존재에 헌정되었다([그림 1]). 신들의 거처인 올림포스 산 바로 아래층에 레오 10세의 거처가 있었는데, 이곳은 메디치가의 만신전(萬神殿)을 나타내었다. 레오 10세의 거처에서 각각의 방은 왕조를 건립하는 데 중요한 역할을 했던 메디치가 성원에 헌정되었다([그림 2]).

바사리가 말했듯, 레오 10세의 거처에서 메디치가 사람들에게 헌정된 각각의 방은 바로 위층에 있는 신들의 거처에서 신에 헌정된 방 하나하

no. 232, pp. 436-437; no. 234, pp. 438-441; no. 236, pp. 446-450에 수록되어 있다. 두 거처에 표현된 신화적 내러티브의 공식적 성격은 아카데미아 델 디세뇨의 첫 번째 "대리인"인 빈센쪼 보르기니가 그것을 디자인했다는 사실에서 확인된다.

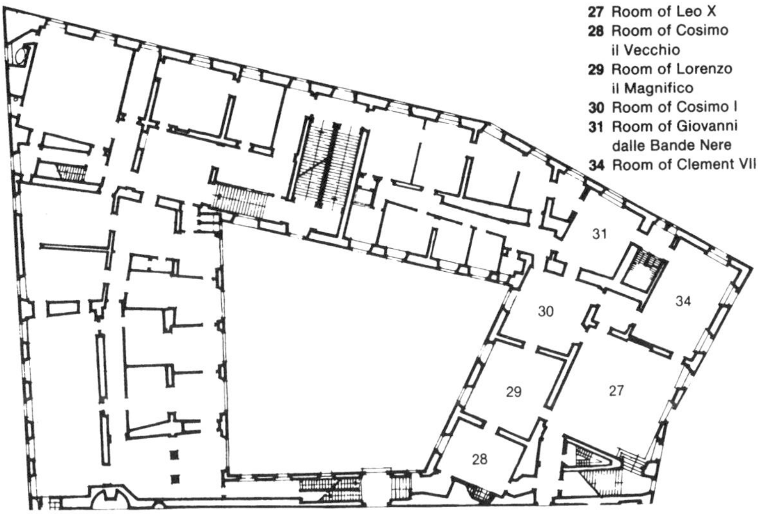


그림 2. 레오 10세의 거처. Allegri and Cecchi, *Palazzo Vecchio e i Medici* (Florence: SPES, 1980), p. xxi.



나의 바로 아래 위치했다. 아래층에 있는 각 방의 프레스코화는 그것이 경의를 표하는 메디치가 성원의 신화화된 역사를 나타냈다. 그리고 각각의 역사는 그에 해당하는 신의 신화적 계보를 가능한 한 가깝게 반영하도록 만들어졌다. 예를 들어 비바람의 방, 즉 모든 것을 형성한 태초의 존재에 헌정된 방은 레오 10세의 방과 상응했는데, 레오 10세는 메디치기에서 배출한 교황으로 메디치 왕조의 등장을 가능케 만들었던 인물이었다. 바사리의 말을 빌면, "아래층에서 그려진 것에 상응하지 않는 것은 절대 위층에 그리지 않았다.[12] 이곳에서는 천상의 질서가 지상의 질서를 정당화 · 자연화시켰다. 우아하게 생긴 층계가 두 층을 서로 연결시켜 주는 것도 잘 어울렸다.

바사리는 이러한 프레스코화에 나타난 메디치가의 신화 전체의 복잡성을 자세하게 설명하고 있다.[13] 여기서 우리가 고려할 필요가 있는 것은

12 Vasari, *Ragionamenti* (주 7), p. 85. 이하 이탈리아어로부터의 모든 번역은 내가 한 것이다.

주피터(가장 위대한 신)와 코시모 1세(토스카나 대공국의 창건자) 사이에 설정된 특정한 상응관계이다. 왜냐하면 그러한 신화적 관계가 갈릴레오의 후원 획득 전략에서 결정적인 역할을 했기 때문이다.

주피터의 방과 코시모 1세의 방 사이의 상응관계는 두 거처에 그려진 그림들을 통해 제시된 신화적 내러티브의 중심이다. 주피터의 방에 있는 그림에는 주피터의 어린 시절이 그려져 있는데, 이는 코시모와도 연관된다. 옵스와 사투르누스 사이에서 태어난 어린 주피터는 아버지의 잔혹행위를 피해(사투르누스는 자기 자식을 먹어 버리는 습관이 있었다) 어머니에 의해 구출되고, 어머니는 그를 크레타 섬의 한 동굴에 숨긴다. 거기서 아기 주피터는 두 명의 님프에 의해 키워진다. 그중 하나인 아말테아는 염소로 그려졌고 신의 섭리를 빗대어 나타냈던 반면 다른 님프인 멜리사는 신의 지식을 빗댄 것이었다. 여기서 보여주는 메시지는 코시모가 요람 속에서 그러한 덕목을 이미 습득했다는 것이었다. 주피터는 아말테아의 추억을 기려 황도십이궁에 염소자리를 보태었고, 염소자리의 일곱 개 별은 일곱 덕목 — 세 개는 신학적 덕목, 네 개는 도덕적 덕목 — 을 나타내는 상징이 되었다. 공교롭게도 코시모의 궁도는 염소자리여서, 최초의 대공과 주피터를 결합시킨 운명을 뒷받침하기에는 더욱 편리했다. 결국 핵심은, 코시모가 주피터에 의해 신의 섭리와 지식을 부여받았으며 염소자리로부터는 일곱 덕목을 받았다는 것이었다.

『별의 사자』를 코시모 2세에게 바치는 헌정사에서, 갈릴레오는 메디치가의 별들과 코시모 1세의 덕목들 — 어떤 것들은 도덕적이고 다른 어떤 것들은 "아우구스투스적인" — 사이의 유비를 직접 소개하고 있다. 그는 젊은 코시모[코시모 2세]가 그와 동일한 덕목들을 주피터로부터 직접 받았노라고 주장했는데, 목성(주피터)은 그가 태어났을 때 막 지평선 위에 떠 있었다. 그러한 덕목들은 (마치 타고난 덕목들처럼) 항상 목성(주피터)

13 *Ibid.*

주위를 매우 가깝게 돌면서 절대로 그를 버리지 않는 네 개의 별들로부터 "발산되고" 있었다. 따라서 갈릴레오는 주피터와 코시모 1세 사이에 이미 존재하고 있던 [신화적] 연관에 기대어, 코시모 1세가 메디치가의 별들을 통해 자신의 덕목을 후손에게 물려주었다고 주장했으며, 갈릴레오 자신은 그 별들의 존재를 밝혀냄으로써 이러한 점성술과 왕조 간의 조우에서 일종의 산파 구실을 하고 있다고 내세운 것이었다. 메디치가의 별들과 네 개의 도덕적 덕목 사이에 설정된 이러한 상응관계는 메디치가의 인문주의 조언자들에 의해 받아들여졌다. 나중에 갈릴레오가 종교재판에서 유죄판결을 받은 후에도 네 개의 도덕적 덕목들을 네 개의 별들이라는 회화적 축도의 형태로 이용하는 관행은 30여 년 이상 지속되었다.

이러한 신화들은 메디치가의 상상력 넘치는 자부심을 보여주는 것 이상의 의미를 담고 있었다. 그것은 궁정의 시, 연극, 회화, 오페라 등의 주요 소재로 쓰였을 뿐 아니라 공공적인 정치 의식(儀式)이나 축제에 사용되는 이미지에도 영감을 주었던 "지배 서사(master narrative)"의 역할을 했다.[14] 그것은 궁중 문화의 틀 구조를 제공했다. 필요할 경우 이러한 신화적 이미지는 문장(紋章)의 형태로 탈바꿈하여 더욱 확장될 수도 있었는데, 체사레 리파(Cesare Ripa), 파올로 지오비오(Paolo Giovio), 안드레아 알치아디(Andrea Alciati) 같은 사람들이 엮은 16세기의 문장 목록이나 사전을 보면 그러한 문장들이 잘 정리되어 있다. 문화적 틀 구조 전체는 메디치가에서 통제하는 아카데미아 피오렌티나와 아카데미아 델 디세뇨와 같은 단체들에 의해 유지되고 표현되었다.[15]

**14** 신들의 계보는 통치 가문을 찬양하는 데 흔히 쓰이던 장르였다. 이런 장르가 극상에서 이용된 사례는 Cesare Molinari, *Le nozze degli dei* (Rome: Bulzoni, 1968)를 보라. 르네상스와 바로크 시기 유럽의 도시의 볼거리에 나타난 신화적 이미지와 상징에 관해서는 David Moore Bergeron, *English Civic Pageantry*, 1558-1642 (London: Arnold, 1971); Roy Strong, *Art and Power: Renaissance Festivals, 1450-1650* (Berkeley: University of California Press, 1984)를 보라.

이러한 신화들은 코시모 1세 때부터 궁정 문화에 스며들어 있었다. 궁정 사람들과 피렌체의 상류계급들은 그런 신화에 정통함으로써 메디치가의 의식이나 다른 정치 기호학에서 나타나는 상징 서사들을 해석하는 놀이에 참가할 수 있었다. 발데사레 카스티글리오네(Baldessarre Castiglione)가 『궁정인의 서(*Book of the Courtier*)』라는 자신의 책에서 밝혔듯, 궁정 생활에 끼어들고자 하는 사람은 상징학(emblematics)에 능숙할 것이 요구되었다.[16] 궁정 사회는 하층계급과 스스로를 차별화함으로써 자신의 사회적 정체성을 확립해야 했는데, 하층계급은 비록 그러한 공공 의식들 중 몇몇에 구경꾼으로 참여할 수는 있었지만 그것의 완전한 의미는 알아낼 수 없었다. 간단하게 말해, 에티켓이 궁정에서의 행동을

15 Cesare Ripa, *Iconologia* (Rome, 1593); Paolo Giovio, *Dialogo dell'imprese militari e amorose* (Rome, 1551); Andrea Alciati, *Emblematum liber* (Augsburg, 1531). 표준적인 2차 문헌은 Mario Praz, *Studies in Seventeenth-Century Imagery* (Rome: Edizioni di Storia e Letteratura, 1964)이다. 아카데미아 델 디세뇨에 관해서는 Zygmunt Wazbinski, *L'Accademia Medicea del Disegno a Firenze nel Cinquecento*, 2 vols. (Florence: Olschki, 1987); Karen-edis Barzman, "Liberal Academicians and the New Social Elite in Grand Ducal Florence," *World of Art: Themes of Unity and Diversity*, ed. Irving Lavin (Acts of the XXVth International Congress of the History of Art) (University Park: Pennsylvania State University Press, 1989), Vol. II, pp. 459-463; Mary Ann Jack, "The Accademia del Disegno in Late Renaissance Florence," *Sixteenth Century Journal* 7(1976), 3-20을 보라. 아카데미아 피오렌티나에 관한 참고문헌은 주 10을 보라.

16 "때때로 다른 토론을 진행하다가 갖가지 화제로 넘어가기도 하며, 재빠른 말대답이 날카롭게 오가기도 한다. 종종 우리가 요즘 '상징'이라고 부르는 것이 구사되는데, 이런 토론을 통해 경이로운 즐거움을 얻게 된다." Baldessare Castiglione, *Book of the Courtier*, trans. Charles Singleton (Garden City, N.Y.: Anchor Books, 1959), p. 17. 또한 Annamaria Petrioli Tofani, "Contributi allo studio degli apparati e delle feste medicee," *Firenze e la Toscana nell'Europa del '500* (Florence: Olschki, 1983), Vol. II, pp. 645-661; Petrioli Tofani and Giovanna Gaeta Bertelà, *Feste e apparati medicei da Cosimo I a Cosimo II* (Florence: Olschki, 1969); Alois Maria Nagler, *Theatre Festivals of the Medici, 1539-1637* (New Haven, Conn.: Yale University Press, 1964); Strong, *Art and Power* (주 14), pp. 3-74, 126-152도 보라.

관장하는 것이었다면, 상징학은 궁정에서의 큰 행사를 관장하는 것이었다. 그것은 의미에 대한 접근을 통제함으로써 사회집단들을 차별화시키고 사회적 위계를 강화했다.[17]

이와 같은 메디치 궁정 사회와 문화의 신화-상징적 틀 구조는 갈릴레오가 자신의 천문학적 발견을 메디치 왕조의 상징으로 표현할 수 있는 배경이 되었다. 만약 갈릴레오가 수학과 같이 지위가 낮은 분야의 실천가들(practitioner)로부터 자신을 차별화함으로써 궁정 사람이 되고자 했다면, 그는 궁정 사회가 스스로를 궁정 바깥의 무리로부터 차별화하기 위해 받아들인 약호들을 잘 다룰 수 있어야만 했다.

## II. 가신(client)이 되는 길

갈릴레오가 궁정의 문화적 맥락을 이해하고 있었다는 점은 그를 당시 대다수의 다른 이탈리아 수학자들과 차별화시켜 준 중요한 요소였다. 갈릴레오의 이례적인 경력과 그가 추구했던 사회인식론적(socioepistemological) 정당화의 방식 또한 그의 독특한 문화적 배경 및 이와 연관된

17 여러 저자들이 이러한 기호학적 통제의 과정을 언급했다. 스트롱은 1566년 코시모 1세의 결혼식 때 관중들이 이미지의 복잡성에 대해 불평을 토로했다고 쓰고 있다(*Art and Power*, p. 27). 피렌체 궁정 사회가 사회적 · 공간적으로 분리되고 난 1630년 이후에는 궁정 공연에서 덜 모호한 은유들이 사용되기 시작했다(*ibid.*, pp. 31-32). 바사리의 *Ragionamenti*(주 7)를 보면 심지어 돈 프란체스코 데 메디치조차도 바사리의 이미지가 애매모호하다고 말했음을 알 수 있다(p. 22). "Principe: Voi mi fate oggi, Giorgio, udire cose che non pensai mai che sotto questi colori e con queste figure fussino questi significati." 바사리가 이 대화를 기록해 두었다는 사실은 그가 자신의 이미지가 모호하다는 지적을 왕조 이미지의 약호를 다루는 자신의 솜씨에 대한 찬사로 받아들였음을 말해 준다. 에티켓의 발전에 관해서는 Norbert Elias, *The Civilizing Process*, 2 vols. (London: Blackwell, 1982)를 보라. [국역: 박미애 옮김, 『문명화 과정』(한길사, 1999)]

후원 체계에 대한 인식과 관련이 있었다.

그는 부유하지는 않았지만, 그의 아버지 빈센치오(Vincenzio)처럼 자신을 젠틀맨(gentiluomo)으로 내세울 줄 알았다. 그는 지오반니 델라 카사(Giovanni Della Casa)가 쓴 에티켓 북(*Galateo*)에 대해 알고 있었고 수사학과 작문에 관한 책들도 많이 갖고 있었다.[18] 그는 심지어 "대공의 철학자 겸 수학자"가 되기 이전에도 자기가 낸 책 표지에서 자신을 "피렌체의 귀족(Florentine Patrician)"이라고 칭했다. 그는 세련된 라틴어 문체를 구사했고 그가 쓰는 피렌체말의 어투도 그 우아함으로 주목을 끌었다.

그러나 그는 모욕으로 여겨질 수 있는 비꼬는 문투나 농담으로 가득 찬 라블레 혹은 루잔테 풍의 문체도 썼다. 이 문체는 하층계급의 배경을 가졌음을 나타내는 것은 아니었다. 루잔테(안젤로 베올코, Angelo Beolco) 자신은 결코 하층계급 출신이 아니었고, 그가 사용한 속어나 공격적이고 외설적인 언어는 마을 시장[의 평민들]을 대상으로 한 것이 아니라 상류계급을 겨냥한 것이었다. 갈릴레오 역시 궁정에 진출한 똑똑한 "하층계급 출신 인물(man from the street)"은 아니었다. 전 시대를 살았던 루잔테처럼, 그는 "민간 문화"를 잘 써먹을 줄 알았고, 점차 형식에 치우치고 있던 바로크 궁정 에티켓에 신물이 난 상류계급 청중의 주의를 끄는 자연스러움과 가식 없는 재치를 발휘할 줄 알았다. 예를 들어 드레이크가 갈릴레오의 저술이라고 주장했던 — 나는 그의 주장이 옳다고 생각하는데 — 『체코 디 론키티의 대화(*Dialogo de Cecco di Ronchitti*)』는 매우 상스러운



18 갈릴레오는 "Considerazioni al Tasso," *Opere*, Vol. IX, p. 133에서 델라 카사를 인용했다. 수사학과 작문에 관한 책 외에도 그의 서재에는 *Idea di varie lettere usate nella Segreteria d'ogni Principe*와 같은 궁정인용 입문서도 있었다. Antonio Favaro, "La libreria di Galileo Galilei," *Bullettino di Bibliografia e Storia delle Scienze Matematiche e Fisiche* 19 (1886), 219-293, 특히 pp. 273-275를 보라. 상류계급의 생활양식과 문화를 받아들이는 것은 사회적 정당화와 지위를 추구하는 예술가들이 갖추어야 할 전제조건이었다. Francis Haskell, *Patrons and Painters* (New Haven, Conn.: Yale University Press, 1980), pp. 18-19를 보라.

파도바 방언으로 씌어졌지만 상류계급 청중을 대상으로 한 것이었고, 파도바에서 가장 중요한 예술 후원자 중 한 사람이었던 안토니오 케렝고(Antonio Querengo)에게 헌정되었다.[19] 갈릴레오의 문체는 현학 취미에 날을 세워 반응하는, 겉 다르고 속 다른 궁정의 지나친 태도에 대한 일종의 해독제였다. 현학에 대한 궁정에서의 경멸은 아리스토텔레스주의자에 대한 갈릴레오의 신랄한 공격에도 반영되어 있다. 갈릴레오가 쓴 대화편들에 나오는 심플리치오(혹은 체코의 『대화』에 나오는 철학자)는 단지 갈릴레오가 비판을 위해 내세웠던 허수아비 정도가 아니라 당시 궁정 문화가 의식적으로 거부하고 있었던 것을 대변하는 인물이었던 것이다. 대학의 철학자들은 일찍이 아니발 카로(Annibal Caro)의 저작에서부터 궁정 작가와 아카데미 회원들의 조롱의 대상이었고, 갈릴레오의 친구인 자코포 솔다니(Jacopo Soldani)의 저작에서도 여전히 마찬가지였다.[20]

갈릴레오는 10대에 이미 궁정을 접했고, 거기서 그의 미래의 수학 교사인 오스틸리오 리키(Ostilio Ricci)를 만났다. 그는 아마 그의 아버지로부터 예전에 피렌체 궁정과 맺었던 관계를 일부 물려받고 궁정에서의 에티켓에 대한 지식도 배웠던 것으로 보인다. 빈센치오는 유명한 음악가이자 음악 이론가였고 피렌체에서 처음 생긴 음악 아카데미라고 할 수 있는 단체인 카메라타 데 바르디(Camerata de' Bardi)의 회원이었다. 아버지처럼 음악가였던 갈릴레오의 형 미켈란젤로 역시 유럽의 여러 궁정에서

19 *Dialogo de Cecco di Ronchitti da Bruzene in perpuosito de la stella nova* (Padua, 1605), trans. Stillman Drake, in Drake, *Galileo against the Philosophers* (Los Angeles: Zeitlin & Ver Brugge, 1976), pp. 33-53. 루잔테에 관해서는 루도비코 조르지가 쓴 루잔테 입문서 *L'Anconitana*, ed. Ludovico Zorzi (Turin: Einaudi, 1965), pp. v-xi를 보라.

20 Annibal Caro, *Comedia degli straccioni* (Turin: Einaudi, 1967), p. 24; Jacopo Soldani, *Contro i peripatetici*를 Alberto Asor Rosa and Salvatore Nigro, *I poeti giocosi dell'età barocca* (Bari: Laterza, 1975), p. 167에서 인용. 갈릴레오의 문체와 그가 대상으로 삼은 청중에 대해서는 Robert S. Westman, "The Reception of Galileo's Dialogue," *Novità celesti e crisi del sapere*, ed. Galluzzi (주 1), pp. 331-335를 보라.

활동하는 삶을 살았음을 감안해 보면, 어린 갈릴레이가 궁정에서 경력을 갖는 것을 진지하게 고려했다는 것은 그리 놀랄 만한 일이 아니다.

갈릴레오의 초기 저술들은 모두 당시 피렌체의 아카데미 및 궁정 문화의 틀 속에서 이해할 수 있다. 그가 1588년에 아카데미아 피오렌티나에서 했던 연설은 단테의 『신곡』 지옥 편에 나오는 기하학에 관해 다루었는데, 이 책은 당시 이 단체의 공인 저작이었을 것으로 추정되고 있다.[21] 그가 타소(Tasso)를 비판하고 아리오스토(Ariosto)를 칭찬한 것 또한 마찬가지로 피렌체의 아카데미 문화의 산물이었다. 여기서 그는 타소에 반대해 아리오스토의 편을 든 아카데미아 델라 크루스카(Accademia Della Crusca) — 그가 1605년에 회원으로 선출되었던 아카데미 — 의 공식 입장을 대변한 것에 불과했다.[22] 이와 유사하게, 갈릴레오가 나중에 조각과 회화의 지위에 관해 루도비코 치골리(Ludovico Cigoli)에게 보낸 편지는



**21** Galileo, "Due lezioni all' Accademia Fiorentina ...," *Opere*, Vol. IX, pp. 29-57. 단테의 작품은 아카데미아 피오렌티나가 단체 차원에서 역점을 둔 저작 중 하나였는데, 이 작품과 피렌체말의 관계가 그 이유였다. 단테의 지옥 편에 나오는 기하학은 건축가 안토니오 마네티가 다룬 바도 있다. Antonio Manetti, "Circa il sito, forma e misura dell' *Inferno* di Dante Alighieri, poeta eccellentissimo," *Studi sulla* Divina Comedia *di Galileo Galilei, Vincenzo Borghini ed altri*, ed. Ottavio Gigli (Florence: Le Monnier, 1855), pp. 35-114를 보라. 1594년에도 이를 기억하고 있었던 사람이 있었던 걸 보면 갈릴레오의 연설은 제법 주목을 받았던 것 같다. Luigi Alamanni to Giovanni Battista Strozzi, 7 Aug. 1594, in Galileo, *Opere*, Vol. X, no. 54, p. 66을 보라.

**22** Galileo, "Considerazioni al Tasso," *Opere*, Vol. IX, pp. 59-148; Galileo, "Postille all'Ariosto," *ibid.*, pp. 149-194. 이 두 작품이 씌어진 연대는 불분명하다. 파바로는 "Considerazioni"가 아마도 1590년대에 씌어졌을 거라고 생각하는 듯하다(*ibid.*, pp. 12-14). 갈릴레오가 아카데미아 델라 크루스카의 회원으로 선출된 것에 관해서는 *ibid.*, Vol. XIX, p. 221을, 아카데미아 델 디세뇨의 회원이 된 것에 관해서는 ASF, "Accademia del Disegno 124," fol. 52r를 각각 보라. 갈릴레오가 아리오스토와 타소를 보는 관점은 Erwin Panofsky, *Galileo as a Critic of the Arts* (The Hague: Martinus Nijhoff, 1954)에서 논의되고 있다. 타소는 1612년 피렌체에서 처음 출간된 *Vocabolario degli accademici della Crusca*에 이름이 빠졌다. Salvatore Nigro, "Dalla lingua al dialetto: La letteratura popolaresca," *I poeti giocosi dell'età barocca*, ed. Asor Rosa and Nigro (주 20), p. 66을 보라.

아카데미아 델 디세뇨(그가 1613년에 회원으로 선출된)와 피렌체의 다른 예술 아카데미에서 자주 논의되던 주제를 다루고 있었다.[23]

갈릴레오가 이러한 저술 활동에 관여했던 것은 그가 작가로서의 경력을 염두에 두고 있었음을 말해주는 것은 아니다. 그보다는, 당시 후원을 찾고 있던 모든 야심적인 젊은이들이 그랬듯이, 그 역시 궁정 및 아카데미 문화에서 자신의 유능함을 입증할 필요가 있었기 때문이다. 갈릴레오는 이와 같은 경력의 초기 단계에서 피렌체의 궁정 및 아카데미 문화뿐 아니라 후원 네트워크에도 접하게 되었다. 내가 다른 논문에서 주장했던 것처럼, 생애에서 이 시기 동안 그가 흡수한 문화와 그가 만났던 후원자와 친구들(그는 여름마다 정기적으로 파도바에서 피렌체를 방문해 교분을 유지했다)은 그가 자신의 생애 후반부에 발전시키게 되는 대부분의 후원 획득 전략의 밑천이 되었다.[24]

1592년 이후 갈릴레오가 베네치아와 파도바에서 교제했던 사회집단들은 그가 피렌체에서 친숙했던 집단과 유사했지만, 베네치아에는 중앙집

23 Galileo to Ludovico Cigoli, 26 June 1612, *Opere*, Vol. XI, no. 713, pp. 340-343. 파바로는 글의 문체를 주된 이유로 들어 이 편지가 진짜인가에 대해 회의적인 태도를 취했다. 그의 입장은 마거리타 마르가니에 의해 반박되었는데, 상당히 설득력 있는 비판이다. Margherita Margani, "Sull'autenticità di una lettera attribuita a G. Galilei," *Atti della Reale Accademia delle Scienze di Torino* 57 (1921-1922), 556-568. 회화에 대한 소삭의 우위를 둘러싼 논쟁은 예술에 관한 16세기의 학문적 저작에서 자주 등장하는 주제이다. 1547년 바르치가 아카데미아 피오렌티나에서 낭독한 *The Lezione di Benedetto Varchi nella quale si disputa della maggioranza delle arti*는 이런 학문적 장르의 예이다. 이 저작의 일부가 Paola Barocchi, ed., *Scritti d'arte del Cinquecento* (Turin: Einaudi, 1977), Vol. I, pp. 99-105, 133-151에 실려 있다.

24 외견상 갈릴레오의 문학적 노력은 상당히 성공적이었다. 피렌체의 아카데미에 있는 친구들이 파도바에 있는 그에게 계속 편지를 보내 자신들이 시은 소네트와 책에 관한 논평을 요청했다는 것을 보면 알 수 있다. Galileo, *Opere*, Vol. X, no. 52, pp. 63-64; no. 72, pp. 82-83; no. 76, pp. 86-87을 보라. 갈릴레오가 1610년 9월 메디치 궁정에 오기 전까지 그를 위한 후원자 내지 중개인 역할을 했던 피렌체의 궁정 사람들에 관해서는 Mario Biagioli, "Galileo's System of Patronage," *History of Science* 28 (1990), 1-62, 특히 pp. 6-13을 보라.

중화된 궁정이 없었기 때문에 파도바와 베네치아의 문화는 피렌체와는 사뭇 달랐고 후원의 주체도 군주가 아닌 귀족이었다. 베네치아에는 피렌체의 필리포 살비아티(Filippo Salviati)에 비견할 만한 지오반프란체스코 사그레도(Giovanfrancesco Sagredo)와 같은 귀족 후원자가 있긴 했지만, 갈릴레오의 파도바 시기에 코시모 2세[와 같은 군주 후원자]는 없었다. 그러한 후원이 이루어지는 장소 역시 궁정이나 공인된 아카데미가 아니라 살롱이나 별장(casini), 사설 아카데미들이었다.[25] 뿐만 아니라, 비록 베네치아가 그 자체의 국가 신화를 유지하는 데 상당히 관심을 쏟긴 했지만(특히 17세기로 접어들 무렵의 쇠퇴기에), 그 신화는 특정 가문의 왕조가 아닌 공화국의 이념에 초점을 맞추고 있었다.[26] 그와 같은 국가 신화에는 갈릴레오의 발견을 어떤 식으로건 연관이 있거나 특히 보상을 받을 법한 방식으로 끼워 맞출 수 없었다. 예를 들어 그가 망원경을 베네치아 상원에 증정했을 때에도, 이것은 왕조의 기념물로서가 아니라 항해와 전쟁의 도구로서 증정되었다.



**25** Krzysztof Pomian, *Collectionneurs, amateurs et curieux* (Paris: Gallimard, 1987), pp. 81-158, 213-287; Gino Benzoni, *Gli aflani della cultura* (Milan: Feltrinelli, 1978), 특히 pp. 7-77; Benzoni, "Le accademie," *Storia della cultura veneta*, ed. G. Arnaldi and M. Pastore Stocchi (Vicenza: Neri Pozza, 1984), Vol. IV, Pt. 1; Gaetano Cozzi, *Paolo Sarpi tra Venezia e l'Europa* (Turin: Einaudi, 1979), pp. 135-234; Antonio Favaro, *Amici e corrispondenti di Galileo*, ed. Paolo Galluzzi (Florence: Salimbeni, 1983), Vol. I, pp. 65-91, 191-322, Vol. II, pp. 703-736; Favaro, "Un ridotto scientifico in Venezia al tempo di Galileo Galilei," *Nuovo Archivio Veneto*, Ser. 2, 5 (1983), 199-209; Favaro, *Galileo Galilei e lo Studio di Padova* (Padua: Antenore, 1966), Vol. II, pp. 69-102.

**26** Alberto Tenenti, *Piracy and the Decline of Venice, 1580-1615* (Berkeley: University of California Press, 1967); James C. Davis, *The Decline of the Venetian Nobility as a Ruling Class* (Baltimore: Johns Hopkins University Press, 1962); Richard T. Rapp, *Industry and Economic Decline in Seventeenth-century Venice* (Cambridge, Mass.: Harvard University Press, 1976); Edward Muir, *Civic Ritual in Renaissance Venice* (Princeton, N.J.: Princeton University Press, 1982).

피렌체 궁정과 아카데미 문화에 입문했던 경험은 갈릴레오에게 자연 현상을 잠재적인 메디치가의 왕조 상징으로 보는 데 필요한 능력을 제공해 주었다. 갈릴레오는 자신에게 절대군주인 후원자가 필요함을 이해하고 있었다. 그리고 그가 빈타에게 말한 바와 같이, 그 이유는 오직 군주만이 그가 추구하는 봉급과 여가시간을 줄 수 있기 때문만은 아니었다. 오직 절대군주만이 그가 자신과 자신의 연구를 위해 필요로 하고 있던 사회적 정당화를 부여해 줄 수 있었고, 이를 위해 그는 자신이 발견해 낸 경이를 그러한 통치자의 왕조적 담화에 부합하도록 만들어야 했다.[27] 1609년 말 갈릴레오가 목성의 위성을 발견했을 때, 그는 베네치아가 자신의 경이를 받아들일 수 있는 최상의 시장이 아님을 깨닫게 되었다.

그러나 갈릴레오가 피렌체에서 보낸 청년기 동안 발전시켰던 후원의 동역학과 아카데미 문화의 약호들에 대한 이해가 파도바와 베네치아에서 전혀 무용지물이었던 것은 아니었다. 그는 사그레도와 같이 세력이 큰 베네치아의 귀족들과 후원 관계를 가질 수 있었고, 가장 높은 지위를 누리던 살롱들에 출입했으며, 파도바의 아카데미 생활에서 적극적인 역할을 했다. 1599년에 그는 파도바의 아카데미아 데이 리코브라티(Accademia dei Ricovrati)의 창립 회원이 되었고, "풀이 죽은 사람(Abbattuto)"이라는 별명을 얻었다. 그는 다른 동료들과 함께 이 단체를 위한 아카데미 문장(紋章)을 만드는 일의 책임을 맡았다.[28] 1608년 코시모가 오스트리아의 마리 막달렌과 혼인할 때 갈릴레오가 제안했던 문장은 그가 메디치 궁정의 상징학과 문화에 통달해 있었음을 잘 보여준다.



27 Galileo to Belisario Vinta, 7 May 1610, no. 307, *Opere*, Vol. X, pp. 348-353.

28 Favaro, *Galileo e lo Studio di Padova* (주 25), Vol. I, pp. 36-77, Vol. II, pp. 1-7, 18-32; Benzoni, *Affani della cultura* (주 25), p. 176; Galileo, *Opere*, Vol. XIX, pp. 207-208.

## III. 자철광에서 위성으로

왕조의 주요 행사를 기념하려 할 때에는 금이나 은으로 만들어진 메달을 주조하곤 한다는 사실을 알고 있던 갈릴레오는 1608년 9월에 코시모의 어머니인 크리스티나 대공 부인(Grand Duchess Cristina)에게 편지를 써서 메달에 쓸 상징을 제안했다. 편지는 메디치가의 왕조 이데올로기에 대한 간략한 요약을 담고 있었고, 이에 덧붙여 메디치가의 통치가 "자연스러운" 것임을 나타낼 미묘한 "과학적" 은유를 제시하는 내용이었다. 갈릴레오는 자신이 몇 달 전 코시모 왕자를 위해 사그레도로부터 구입했던 자철광에 대해 언급하면서, 코시모와 같은 미래의 절대군주의 힘을 자철광의 그것에 비유했다. 갈릴레오는 상징학자인 지오비오의 용어를 빌어, 문장의 "형체"(즉, 이미지)는 그 주위에 작은 철조각들이 달라붙어 있는 지구 모양의 자철광으로 할 것을 제안했다.[29] 이에 수반하는 문장의 "정신"(즉, 모토)은 *Vim facit amor* ("사랑은 힘을 낳는다")였다.

갈릴레오는 메디치가의 절대왕정의 표상에 내포된 다의성, 즉 한편으로는 그것의 "자연스러움"과 신민들의 복종을 강조하면서 다른 한편으로는 그것이 가진 권력과 일탈 행위에 대한 가차 없는 처벌을 강조하기도 하는 양면적 태도를 알고 있었다. 그런데 자철광과 작은 철조각들이 서로 끌어당기는 것을 보면서 그는 이러한 정치적 시나리오에 딱 들어맞는 은유를 발견해 내었다. 갈릴레오의 이미지에 따르면, 자철광의 힘은 다

**29** Galileo to Cristina, Sept. 1608, no. 199, *Opere*, Vol. X, pp. 221-223; Giovio, *Dialogo dell'imprese militari e amorose* (주 15), ed. Maria Louisa Doglio (Rome: Bulzoni, 1978), p. 37. 과학혁명기 동안(과 그 이전)의 우주론의 정치적 상징성에 관해서는 Keith Hutchison, "Toward a Political Iconology of the Copernican Revolution," *Astrology, Science, and Society*, ed. Patrick Curry (Woodbridge, Suffolk: Boydell Press, 1987), pp. 95-141을 보라. 허치슨의 글은 스티븐 펌프리가 내게 소개해 주었다.

른 물질들에는 미치지 않았기 때문에, 철조각들(신민들)은 자철광(메디치가의 권력)을 향해 자발적으로 끌려가는(상승하는) 것처럼 보였다. 그들은 끌어당겨지기를 원했다. 이와 동시에 위로 끌어당기는 힘은 강력했고 결국 피할 수 없는 것이었다. 그것은 사랑에 기반하고 있지만 권력의 외양을 띠었다. *Vim facit amor*라는 모토는 이미지에 내포된 의미를 잘 담아내었다. 갈릴레오 자신의 말에 따르면 그 모토가 빗대어 의미하는 바는 다음과 같은 것이었다.

> 철조각들이 자철광에 의해 들어올려져 붙잡히는 (그러나 일종의 애정을 담은 격렬함을 수반하여 마치 자발적으로 그것을 향해 돌진하는 것처럼 그 돌을 열렬히 추구하는) 것을 보면, 그토록 집요한 속박이 자석이 가진 힘의 결과인지, 철의 자연적인 속성의 결과인지, 아니면 힘과 복종 간의 애정을 담은 상호작용의 결과인지를 말하기는 어렵습니다. 왕자님의 경건하고 예의바른 애정 — 자철광이 나타내는 — 이 신민들을 억누르기보다는 오히려 들어올려 그들 — 철조각들이 나타내는 — 로 하여금 왕자님을 사랑하고 따르도록 하는 것입니다.[30]

그리고 나서 갈릴레오는 지구 모양의 자철광 그 자체가 코스모스(우주)로서의 코시모에 대한 비유이자 6개의 구를 포함하는 메디치가의 문장에 대한 비유라는 점을 크리스티나에세 실명했다. 이러한 유비는 50년 전에 팔라쪼 델라 시뇨리아에 있는 비바람의 방에서 화가 바사리에 의해 쓰인 적이 있었다. 거기서 그는 염소(코시모의 출생 궁도)가 앞발로 지구를 누르고 있는 모습을 그렸는데, 이는 [메디치가의 문장에 있는 6개의] 구들 중 하나라는 의미와 코시모에 의해 장악된 코스모스라는 이미를 동시에 담고 있는 것이었다. 코스모스로서의 코시모라는 주제는 신들의 거처에

30 Galileo to Cristina, Sept. 1608 (주 29), p. 222. 자철광에 기반해 정치적 의미를 지닌 상징을 만들어 내려는 갈릴레오의 이전 시도는 다음을 보라. Galileo to Vinta, 3 May 1608, no. 187, *Opere*, Vol. X, pp. 205-209.

있는 다른 회화 작품들뿐 아니라 왕궁에 있는 지리 지도의 방(Room of the Geographical Maps)에서도 반복해서 나타났다. 이 방에는 커다란 천구의(天球儀)가 있었고 방 한가운데 놓인 지구의와 세계 전체를 나타내는 지도도 있었는데, 우주구조론 학자 이그나치오 단티(Ignazio Danti)가 이 모든 것을 설계했고 일부는 직접 만들기도 했다.[31]

"코시모"와 "코스모스" 사이의 유비 — 몇 년 후 갈릴레오가 『별의 사자』를 코시모 2세에게 헌정하려 협상하는 과정에서 다시 끄집어내게 되는 — 는 16세기 중반 이후 줄곧 메디치가의 신화에서 중요한 일부분이었다. "코스모스"라는 요소를 그 속에 포함한 이름들이 급격히 늘어났다. 예를 들어 1548년 코시모 1세가 엘바 섬에서 가장 중요한 항구인 포르토페라이오(Portoferraio)를 점령했을 때, 그는 이 도시를 완전히 요새화한 후 "코스모폴리"라는 이름을 붙였다. 이와 같은 명칭 개정이 가장 강력하게 추진되었던 것은 아마도 메디치가의 절대 권력을 확고하게 만든 토스카나 대공국의 수립과 함께 일어났던 "문화혁명" 시기였을 것이다. 당시 코시모는 오랫동안 공화국 전통의 상징으로 여겨져 온 피렌체의 오랜 수호성인 제노비와 지오반니 대신 성 코스마와 성 다미아노를 내세웠는데, 그들은 살아 있었을 때 임상 의사였다("메디치"는 이탈리아어로 "의사"라는 뜻이다). 성 코스마와 다미아노 축일(祝日)은 '조국의 아버지' 대(大)코시모(Cosimo il Vecchio)의 생일과 같은 날이었다. 코스마와 마찬가지로 코시모 1세와 대(大)코시모는 피렌체의 의사로 표현되었는데, 그것은 그들이 이 도시를 정치적 혼란이라는 치명적인 역병으로부터 구해 주었기 때문이었다. 심지어 이미 1513년에도 당시 레오 10세 — 피렌체 공국을 메디치가가 장악하는 데 중요한 역할을 했던 메디치가의 교황 — 가 성 코스마를 기념했다고 전해져 오는 연례 축일 — 코스말리아 축일 — 을



31 Vasari, *Ragionamenti* (주 7), p. 32; Allegri and Cecchi, *Palazzo Vecchio e i Medici* (주 11), pp. 22, 67, 303; Detlef Heikamp, "L'antica sistemazione degli strumenti scientifici nelle collezioni fiorentine," *Antichità Viva* 9 (1970), 3-25.

제정한 적이 있었다. 그러나 실상 코스말리아 축일은 대(大)코시모를 기리는 날이었고 메디치가의 통치를 찬양하려는 의도를 담고 있었다.[32]

1560년대에는 *Cosmos Cosmōi cosmos*라는 문구 — "코스모스는 코시모의 세상(혹은 영역)"이라는 뜻의 그리스어 — 가 메디치가에서 의뢰한 예술 작품에 포함되었다. 코스모스로서의 코시모에 대한 언급은 메디치가와 연관된 문화적 생산물에 계속해서 등장했고, 특히 현재 군주의 이름이 "코시모"일 때는 더욱 그랬다.[33] 메달에 넣을 문장을 제안했던 1608년의 편지에서, 갈릴레오는 메달의 반대면에 코시모의 초상과 함께 *Magnus magnes Cosmos*라는 모토를 넣을 것을 제안함으로써 코시모-코스모스라는 주제를 더욱 강화했다. "문자 그대로 이해한다면 [그 모토는] 세상은 거대한 자철광이라는 의미를 가질 뿐이지만, 은유적으로 이해한다면 그것은 문장(紋章)에 담긴 의미를 뒷받침해 줄 것입니다."[34] 코시모를 칭하는 표준적인 라틴어 번역인 "Magnus Dux Cosmos"("코시모 대공")에서 "Dux" 대신 "Magnes"를 넣음으로써, 갈릴레오는 자석의 인력과 왕자의 권력 간의 유비를 강화해 통치자에 대한 자석의 은유를 만들어 냈다.

이 문장(紋章)은 갈릴레오가 상징학에 놀랄 만큼 능숙하다는 것 외에

32 갈릴레오가 나중에 코시모-코스모스 유비를 사용한 것은 Galileo to Vinta, 10 Feb. 1610, no. 265, *Opere*, Vol. X, p. 283을 보라. 코스모폴리에 관해서는 Arnaldo Segarizzi, *Relazioni degli ambasciatori veneti al senato* (Bari: Laterza, 1916), Vol. III, p. 256을, 피렌체의 새로운 수호성인에 관해서는 Wazbinski, *L'Accademia Medicea del Disegno a Firenze net Cinquecento* (주 15), Vol. I, p. 83을, 코스말리아 축일에 관해서는 Cox-Rearick, *Dynasty and Destiny* (주 9), p. 33을 보라.

33 미술 작품에 들어가는 문구는 Cox-Rearick, *Dynasty and Destiny*, p. 279를 보라. 코시모-코스모스 모티브를 이용한 문화적 생산물에는 Gabriello Chiabrera, *La pietà di Cosmo: Dramma musicale rappresentato all' Altezze di Toscana* (Genoa, 1622); Giovanni Carlo Coppola, *Cosmo, ovvero l'Italia trionfante* (Florence, 1650) 등이 있다.

34 Galileo to Cristina, Sept. 1608 (주 29), p. 223.

도 중요한 것을 말해 주고 있다. 내가 생각건대, 이 문장은 그의 후원 획득 전략에서 하나의 전환점에 해당한다.[35] 1608년경에 이르면 그는 군사용 나침반의 발명 같은 것은 제아무리 유용하더라도 자신이 높은 지위를 갖는 궁정에서의 자리를 얻는 데는 도움이 못 된다는 사실을 깨닫게 되었음이 분명하다. 물론 나침반의 발명 덕택에 축성술에 관심이 있던 많은 학생들이 그에게 개인적으로 배우려고 몰려들었을 수는 있다. 그러나 이는 그를 주요 군주들 — 뛰어난 궁정 수학교사를 두는 것보다는 자기 자신의 이미지를 찬양하는 것에 더 몰두하고 있던 — 이 원하는 가신으로 만들어 주지는 못했다. 곤자가가(家)는 나침반 선물에 감사를 표했고 메디치가는 나침반의 사용법을 설명한 책의 헌정을 기꺼이 받아들였지만, 이 중 어느 군주도 갈릴레오가 찾던 자리를 제안하지 않았다. 갈릴레오는 자신이 수학교사나 군사 엔지니어가 아니라 젠틀맨으로서 궁정에 들어가고자 한다면, 나침반보다는 덜 기계적인 미덕을 가진 선물을 만들어 내야 함을 깨달았을 것이다.

1608년에 제안했던 문장은 "신비스럽게" 행동하는 자철광과 같은 경이로운 물건이 유용한 도구들보다 더 큰 보상을 가져올 수 있다는 점을 갈릴레오가 이해하고 있었음을 보여준다. 특히 그러한 경이들이 궁정 담화에서의 상징을 표현하는 것으로 제시될 수 있다면 금상첨화였다. 그리고 갈릴레오가 1608년의 문장에서 사용했던 이미지는 적어도 발데사르 카스티글리오네의 『궁정인의 서』 이래로 이미 줄곧 궁정 담화의 일부를



35 갈릴레오는 문장(紋章)에 관한 파올로 지오비오(Paolo Giovio)의 책과 에토레 타소(Ettore Tasso)의 책을 갖고 있었다. Favaro, "La libreria di Galileo" (주 18), pp. 285, 287. 그가 쓴 소네트 중 한 편은 수수께끼 그 자체에 할애되었다. "Enimma," *Opere*, Vol. IX, p. 227. 이미 언급했듯이, 그는 파도바의 리코브라티 아카데미의 문장을 만드는 책임을 맡은 바 있다(주 28을 보라). 마지막으로 그는 금성의 위상(Galileo to Giuliano de' Medici, 1 Jan. 1611, no. 451, *ibid.*, Vol. XI, p. 12)이나 토성의 형태(13 Nov., 11 Dec. 1610, nos. 427, 435, *ibid.*, Vol. X, pp. 474, 483) 문제에서 그랬듯, 자신의 발견을 알릴 때 수수께끼를 가지고 장난하는 것을 좋아했다.

구성하고 있었다. 그 책에서 카스티글리오네는 궁정인으로서 성공하기 위해 갖추어야 하는 능력들에 대해 논의하고 있는데, 이에 따르면 성공적인 궁정인은 “마치 자철광이 철을 끌어당기듯 보는 이들의 눈을 잡아끌 수 있도록” 자신을 공들여 내세울 줄 알아야 한다. 자철광의 행동과 미덕이 갖는 흡인력 간의 유비는 갈릴레오가 메디치 궁정 사람들과 주고받은 편지들에서도 찾아볼 수 있다. 예를 들어 1605년 12월에 갈릴레오는 치프리아노 사라치넬리(Cipriano Saracinelli)라는 사람으로부터 편지를 받았는데, 그 편지는 갈릴레오와의 우정과 그에 대한 후원을 다짐하면서 끝맺고 있다. “[하지만] 내가 만약 당신을 몰랐어도 나는 똑같은 일을 했을 겁니다. 왜냐하면 아름답고 훌륭한 어떤 것, 즉 미덕이란 심지어 그것을 거의 알아채지도 못하고 있는 사람들의 영혼과 의지까지도 멀리서 끌어당기는 힘을 갖고 있으니까요.”[36] 빈타는 미덕의 흡인력에 대해 더욱 분명하게 표현했다. 그는 1608년 3월 코시모를 위해 자철광 문장을 구입하는 것과 관련해 갈릴레오에게 보낸 편지를 이렇게 마무리하고 있다. “그리고 전하의 은덕은 자석과도 같아서 저를 끌어당겨 당신을 사랑하고 섬기라고 하시니, 당신이 원하거나 필요한 것이 있으면 언제든 저를 이용해 주시기를 청합니다.” 일주일 후 갈릴레오는 후의를 되돌려주는 내용의 편지를 빈타에게 썼다. “저는 제가 가진 자철광의 가치가 위대하신 진하의 애징을 빋을 수 있다고 생각해 본 적이 한번도 없습니다. 왜냐하면 저는 그토록 큰 후의를 입을 만한 자질을 타고나지 못했기 때문입니다. 그보다는 제가 처한 궁핍한 처지가 자석처럼 작용해서 위대하신 전하의 경건한 애정과 호의를 베푸시는 태도를 움직여 저를 사랑하고 보호해 주시게 된 것이 아닐까 합니다.” 한 달 후, 갈릴레오는 빈타에게 자신이 고쳐 만든 자철광을 넣은 문장을 보냈고, 마침내 이를 코시모의 혼인 기념 메달로 크리스티나에게 제안했다.[37]

**36** Cipriano Saracinelli to Galileo, 5 Dec. 1605, no. 129, *Opere*, Vol. X, p. 150. Castiglione, *Book of the Courtier* (주 16), p. 100도 보라.

갈릴레오의 문장이 지닌 독창성은 기술적 장치[자석]를 상징에 이용했다는 데 있는 것이 아니다. 이는 지오비오가 이미 자신의 상징학 교과서에서 논의한 바 있었다.[38] 갈릴레오가 과학적 경이를 궁정의 담화(혹은 나중에 목성 위성의 사례에서 볼 수 있는 특정 왕조의 담화)로 번역한 것에서 새로웠던 점은, 그가 과학적 발견과 이론을 정당화하려는 하나의 시도로서 그 일을 했다는 것이었다.

예를 들어, 갈릴레오는 *Magnus magnes Cosmos*라는 모토가 윌리엄 길버트(William Gilbert)의 주장처럼 "세상은 거대한 자석"이라는 것을 의미하기도 하고, 코시모의 권력이 가진 흡인력은 정당하고 "자연스럽다"는 것을 의미하기도 한다고 주장했는데, 이런 주장은 중요한 함의를 갖고 있었다. 그것은 길버트의 이론(주류 아리스토텔레스 우주론에 반대하는 데 이용될 수 있는 이론)을 메디치가의 절대왕정의 자연스러움과 서로 연관시켰다. 그러한 메달을 주조함으로써 메디치가는 길버트 이론의 정당화에 일조하게 되었고, 동시에 메디치가의 권력에 대한 갈릴레오의 "자기적(磁氣的)" 해석은 그러한 지배를 "자연스러운" 것으로 그려내었다. 갈릴레오가 크리스티나에게 제안했던 메달은 서로 분리할 수 없는 두 개의 측면과 의미를 가진 것이었다. 갈릴레오의 전략은 과학 이론을 후원자들의 권력에 대한 표상 속에 포함시켜 그들의 관여와 인증을 확보함으로써 이론을 정당화하는 것을 목표로 했다.

갈릴레오가 제안한 문장이 받아들여지지 않은 것은 아마도 문장에 들어간 이미지의 모호함 때문이었을 것이다(불규칙하게 생긴 어떤 불분명한 물질 조각들이 구체를 둘러싼 것을 보고서 철조각들을 끌어당기고 있는 자석

**37** Vinta to Galileo, 22 Mar. 1608, no. 178, *Opere*, p. 198; Galileo to Vinta, 4 Apr., 3 May 1608, nos. 180, 187, pp. 200, 205-209.

**38** Giovio, *Dialogo dell'imprese militari e amorose* (주 15), p. 37. 또 메디치가의 이미지에서 기술 내지 과학과 관련된 문장의 이용은 *ibid.*, pp. 66-68; Allegri and Cecchi, *Palazzo Vecchio e i Medici* (주 11), pp. 113, 149; Karla Langedijk, *The Portraits of the Medici*, 2 vols. (Florence: SPES, 1980), p. 212, n. 110을 보라.

이라고 알아볼 수 있었던 사람이 과연 몇이나 되었겠는가?).[39] 그러나 갈릴레오의 시도는 완전한 실패라기보다는 시행착오 전략에서의 일보전진이었다. 2년 후 그가 메디치가의 이름을 목성의 위성들에 결부시킨 것은 동일한 전략의 반복이었고, 이번에는 성공을 거두었다. 천문학적 발견을 왕조의 상징으로 전환시킴으로써 그는 매우 중요한 가신, 일종의 "우주적 산파(cosmic midwife)"가 되었다. 이와 동시에 그는 메디치가의 권력을 자신의 발견과 망원경의 정당화를 위해 전환시켰다.

## IV. 비밀 도구에서 왕조의 성점으로

1609년 8월에 갈릴레오는 베네치아 상원에 망원경을 기증했고, 그 보상으로 종신재직권과 상당한 급료 인상을 받았다. 그 직후에 그는 자신의 의붓동생 베네데토 란두치(Benedetto Landucci)에게 보낸 편지에서 쓰기를, 최근 돌아가는 모습을 보아 하니 자신의 삶과 경력은 평생 파도바와 파도바대학에 매여 있게 될 것 같다고 했다. 그러나 불과 몇 달 후 그는 "토스카나 대공의 철학자 겸 수학자"의 자리를 놓고 빈타와 협상을 벌이고 있었고, 1610년 7월에는 공식적으로 그 자리를 얻게 되었다.[40] 사회-진문직입직(socioprofessional) 지위의 후원 획득 전략에서 이와 같은 놀라운 변화를 가져온 것은 바로 네 개의 위성이었다.

39 Giovio, *Dialogo dell'imprese militari e amorose*, p. 37. 문장의 모호함에 관해서는 Frances Yates, "The Italian Academies," *Collected Essays*, Vol. II (London: Routledge, 1983), p. 11도 보라.

40 Galileo to Benedetto Landucci, 29 Aug. 1609, no. 231, *Opere*, Vol. X, pp. 253-254; Cosimo II to Galileo, 10 July 1610, no. 359, pp. 400-401. 파바로는 란두치에게 보낸 편지가 진짜인지에 대해 의문을 제기했지만, 에드워드 로젠은 그의 견해를 설득력 있게 반박했다. Edward Rosen, "The Authenticity of Galileo's Letter to Landucci," *Modern Language Quarterly* 12 (1975), 473-486.

1609년 8월 갈릴레오는 망원경에서 여러 주목할 만한 특징들을 찾아낸 후, 이를 군사적 도구로 레오나르도 도나(Leonardo Dona) 총독에게 선사했다. 망원경은 하나의 경이였지만, 특정 후원자를 위해 맞추어진 것은 아니었다. 그것이 가진 비상한 특성에도 불구하고, 망원경은 후원-일반적(patronage-generic)인 성격, 다시 말해 누구에게나 선물할 수 있지만 특정한 어느 누구에게 주어야 할 이유는 없는 그런 성격을 지녔다. 갈릴레오는 망원경이 후원을 얻는 데 있어서는 군사용 나침반과 같은 범주에 속하는 물건이라고 제대로 이해하고 있었다. 중요한 차이가 있다면, 망원경은 나침반보다 훨씬 더 유용하고 따라서 더 폭넓은 청중의 호기심과 관심을 끌 수 있다는 것 정도였다. 우리는 당시 그가 주고받았던 편지들의 내용으로부터, 그가 목성의 위성을 발견하기 전까지는 메디치가로 옮겨가기 위한 수단으로 망원경을 이용하려는 진지한 시도를 전혀 하지 않았음을 알 수 있다. 갈릴레오의 경력에서 이 시점까지만 해도 망원경은 여전히 하나의 물건에 불과했다. 그것은 아직 왕조의 운명을 알리는 사자(使者)가 아니었던 것이다. 코시모 2세가 갈릴레오에게 좋은 망원경을 보내줄 것을 요청하기는 했지만, 망원경에 대한 코시모의 관심은 몇 년 전 사그레도의 자철광에 보였던 관심과는 본질적으로 달랐다.

코페르니쿠스주의에 대한 갈릴레오의 헌신 정도는 그가 궁정의 후원을 얻을 수 있는 가능성이 보이느냐에 따라 부침(浮沈)을 거듭했던 것 같다. 그가 망원경을 베네치아 상원에 선사할 때의 조건을 보면, 당시 갈릴레오는 코페르니쿠스주의를 뒷받침할 수 있는 과학적 도구로서가 아니라 일종의 비밀 무기로서 망원경을 제시했음을 알 수 있다. 이 점에서 갈릴레오가 망원경의 용도를 제시한 방식은 그보다 먼저 망원경을 발명했던 네덜란드인 한스 리페르세이(Hans Lipperhey)의 그것과 동일했다. 레오나르도 도나 총독에게 보낸 편지에서 갈릴레오는 망원경이 "각하께서 직접 받아 보시고 그 유용성을 판단하실 만한 가치가 있다"고 생각했다고 쓰고, 이어 이렇게 말했다. "이 물건을 각하께 선사하노니 이 발명품의 미래에 대한 결정을 내려 주십시오. 망원경이 **만들어져야 하는지, 만들어지지 말아야 하는지**에 대한 각하의 판단에 따라 주문과 생산을 하겠습니다."[41] 이 마지막 문장은 갈릴레오가 처음에는 망원경이라는 효과적인 도구를 다른 천문학자들에게 공개하지 않을 생각도 있었음을 말해 준다. 그러한 행동을 보면 그가 코페르니쿠스주의에 크게 헌신했던 인물처럼 보이지는 않는다. 그러나 4개월 후 갈릴레오가 목성의 위성을 관측하면서부터 그의 코페르니쿠스주의적 성향은 다시 등장하게 되고 후원을 바라보는 그의 관점과 전략도 급격한 변화를 겪게 된다.

1610년 전반기 동안 갈릴레오와 코시모 2세가 빈타를 통해 진행했던 협상에 관해서는 이미 다른 글에서 여러 차례 서술된 바 있다.[42] 그러나 목성의 위성들을 메디치가의 신화적 담화 속에서 제시함으로써 자신은 사회적 지위를 얻고 '메디치가의 별들'에는 인식론적 정당성을 얻어 주려는 갈릴레오의 전략은 그간 많은 주목을 받지 못했다. 이는 예전에 그가 자기 현상에 관한 길버트의 견해를 메디치가의 담화 속에 포함시키려고 노력했던 것과 같은 맥락에서 이해할 수 있다.

점성학적 예정(predetermination)은 갈릴레오가 자신의 발견을 메디치가에 제시할 때 반복해서 나타났던 주제였다. 갈릴레오는 자신이 관측한 것이 하나의 발견이 아니라 메디치가의 운명에 대한 확증이며, 왕조의 성점(星占)에 대한 과학적 증명이나 다름없는 것이라고 주장했다. 그가

41 Galileo to Doge Leonardo Donà 24 Aug. 1609, no. 228, *Opere*, Vol. X, p. 251 (강조는 인용자). 리페르세이는 1608년에 자신의 망원경에 대한 특허를 얻으려 했다. 모리스 왕자에게 망원경을 증정하면서 그는 — 1년 후의 갈릴레오와 마찬가지로 — 그것이 지닌 군사적 유용성을 강조했다. Albert Van Helden, "The Invention of the Telescope," *Transactions of the American Philosophical Society* 67 (1977), 20-21, 26, 36.

42 Westfall, "Scientific Patronage" (주 1), pp. 16-21; Stillman Drake, ed., *Discoveries and Opinions of Galileo* (Garden City, N.J.: Doubleday, 1957), pp. 1-20; Galileo, *Sidereus nuncius*, trans. Van Helden (주 6), pp. 1-24.

『별의 사자』의 헌정사에서 코시모에게 말한 바에 따르면, 코시모 2세의 즉위 직후에 "빛나는 별들이 하늘에서 제 모습을 드러낸 것"은 우연이 아니었다. 이 별들이 목성(코시모 1세의 행성) 주위를 마치 그 자식들처럼 돌고 있었다는 것, 그리고 코시모 왕자가 태어났을 때 목성이 때마침 지평선 바로 위에 떠 있었으며 그럼으로써 왕조 창건자의 미덕을 그에게 전해 주었다는 것도 우연이 아니었다. 그리고 — 한 가지 덧붙이자면 — 코시모 2세와 그 형제들처럼 그 별들의 수가 넷이었다는 것 또한 우연이 아니었다.[43] 이에 따라 이러한 왕조적 징조의 출현에서 갈릴레오가 한 역할 역시 범상한 것으로 간주할 수는 없었다.

헌정사에서 갈릴레오는 그가 확립하고자 애쓰고 있었던 후원 관계의 경제적 측면은 감추려는 경향을 보였다. 그의 말에 따르면, 그는 메디치가에 특별히 잘 들어맞는 헌정물을 팔기 위해 애쓰고 있는 것이 아니었다. 그와 메디치가의 관계는 극히 사심 없는 관계였다. 그것은 완전히 자발적인 것, 그 이상이었다. 그것은 이미 예정되어 있었던 것이다. 그렇다, 메디치가와 갈릴레오는 별들에 의해 맺어진 관계였다. 메디치가의 신민이자 다름아닌 군주 코시모 2세의 개인 수학교사였던 갈릴레오가 그 별들을 발견한 것은 우연일 수가 없었다. 오직 그만이 그 별들을 발견할 수 있었던 것이다. 그리고 어떤 의미에서 그 별들은 메디치가에 헌정될 필요도 없었다 — 그 별들은 항상 메디치가의 것이었으니까. 갈릴레오의 말을 빌면, 네 개의 별들은 메디치가의 빛나는 이름을 위해 **특별히 준비되어** 있었다. 그것들은 처음부터 메디치가에 점지되어 있었던 것이다. 마치 갈릴레오 그 자신처럼.[44]



**43** Galileo, *Sidereus nuncius*, trans. Van Helden (주 6), pp. 30-31. 갈릴레오는『별의 사자』에서 이 점 — 네 개의 별들과 네 명의 형제 사이의 연결 — 을 명시적으로 지적하지는 않았고, 그들이 "동일한 가문의 자식들"이라고 선언하는 데 그쳤다(*ibid.*, p. 31). 그러나 빈타에게 보낸 편지에서는 이 점을 분명히 하고 있다. Galileo to Vinta, 13 Feb. 1610, no. 265, p. 283 (주 32).

**44** Galileo, *Sidereus nuncius*, trans. Van Helden (주 6), pp. 31-32. 후원 관계에서 예

여기에 어울리도록 갈릴레오는 발견이라고 하지 않고 메디치가와 그 운명 사이의 "조우"라는 표현을 썼다. 이 조우에서 그가 맡은 것은 중재자의 역할이었는데, 그때까지는 신분이 낮은 중재자였다. 그가 빈타에게 보낸 편지에 따르면, 갈릴레오 자신을 "고귀한 신분으로 만드는" 것이 메디치가의 이해관계에 가장 부합하는 일이었다. 왜냐하면 "이 조우의 위대성을 크게 손상시키는 요소가 딱 한 가지 있다면, 그것은 중재자의 비천한 신분과 낮은 지위"였기 때문이었다. "그럼에도 불구하고 … 마음에서 우러나온 최고의 진심어린 축하를 드리는 것이 제가 할 수 있는 일이듯, 중재자의 신분을 고귀하게 만들어 주시는 것은 거룩하신 전하의 재량권 안에 있는 일입니다."[45] 만약 메디치가가 여기서 주저한다면, 조우의 신성성은 신분이 낮은 중재자의 손에 의해 오염되고 말 것이었다.

그러나 갈릴레오가 헌정에 대한 대가로 직함을 요구했던 것은 아니었다. 만약 그 "조우"가 이미 운명지어졌던 것이라면, 중재자로서의 그의 역할 역시 마찬가지였다. 그는 사실상(혹은 신이 보낸) 메디치가의 신탁자였다. 메디치가는 이 점을 인식하기만 하면 되었다. 그리고 갈릴레오로부터 '약간의 도움'을 얻음으로써 그들은 결국 그렇게 하게 되었다.

코시모가 갈릴레오를 "고귀한 신분으로 만들어 준 것"은 단순히 특권층의 후의(noblesse oblige)로 치부할 수 있는 문제는 아니었다. 메디치가가 갈릴레오의 "고귀함"과 사심 없음을 더 많이 인식하면 할수록, 그의 발견은 미리 예정된 천상에서의 운명과의 조우가 되고 따라서 메디치 왕조의 정당성은 더욱 커졌기 때문이다. 이 발견이 별들로부터 온 징조('별의 사자')가 되기 위해서는 갈릴레오에게 별의 대사, 즉 대공의 철학자라



정이라는 주제는 새로운 것이 아니었다. 수십 년 전 바사리가 코시모 1세에 보내는 편지에 "Servitor per fortuna e per istella, Giorgio Vasari"라고 서명했을 때 이를 이용한 바 있었다. *Carteggio di Vasari*, ed. Frey (주 11), p. 443.

**45** Galileo to Vinta, 19 Mar. 1610, no. 277, *Opere*, Vol. X, p. 301에서 인용. 조우라는 주제는 *ibid.*, p. 298; Galileo to Vinta, 13 Mar. 1610, no. 271, p. 289를 보라.

는 지위가 부여되어야 했다. 갈릴레오가 망원경을 과학적 도구이자 일종의 왕조 유물로서 메디치가에 선사한 것 역시 마찬가지였다. 1610년 3월에 그가 『별의 사자』의 증정본과 함께 망원경을 코시모 2세에게 보낼 때, 그는 코시모에게 비록 거칠게 보이고 연마되지 않은 도구이지만 망원경을 그 상태 그대로 두어야 한다고 말했는데, 그 이유는 그것이 "그토록 위대한 발견을 이뤄낸 도구"였기 때문이었다. 갈릴레오는 계속 말하기를, 대공이 앞으로도 많은 우아하게 생긴 망원경들을 받게 되겠지만, "그 때 그 장소"에 있었던 것은 오직 이것 하나뿐이라고 했다.[46] 모든 가능한 망원경들 중에서 이것 하나만이 '이곳으로부터, 그리고 지금'이라는 특별한 분위기를 품고 있었다. 단순한 망원경이 아니라 '사자'였던 것은 이것 하나뿐이었다.

어떤 의미에서 보면, 갈릴레오는 자신을 메디치가의 "자연스러운" 가신으로 내세운 점에서 전적으로 옳았다고 할 수 있다. 1609년 말에 위성들을 발견했을 때, 그는 메디치가의 신화 구조나 그가 오랫동안 발전시켜 온 후원 관계를 감안한다면 메디치가야말로 그가 끌어들일 수 있는 최고의 후원자(유일한 후원자는 아니었다고 하더라도)라는 점을 깨달았다. 당시 유럽 다른 왕조들의 정치적 신화에서도 주피터(목성)가 어떤 역할을 하고 있었을 가능성도 다분히 있지만, 갈릴레오가 이를 알고 있었다거나 헌정 교섭이 빠르게 진행되도록 도와줄 수 있는 알선자를 해당 궁정에 두고 있었다는 증거는 없다.

## V. 수상쩍은 별들

갈릴레오가 자신의 새로운 도구와 그것으로 해낸 발견 양자 모두를 정당

46 Galileo to Vinta, 19 Mar. 1610 (주 45), pp. 297-298.

화하기 위해 취한 전략은 1608년 그가 코시모의 문장을 가지고 시도했던 전략과 그 본질에 있어 다르지 않은 것으로 보인다. 그는 자신의 도구와 발견을 메디치가의 물신(物神)으로 변형시킴으로써 후원자의 이미지와 권력을 그것에 연관시키려 노력했다. 그러나 후원자를 정당화 기구로 이용하는 전략이 반드시 순탄하게 이루어진 것은 아니었다. 후원자들은 가신을 위해서 자신의 지위를 위험에 빠뜨리려 하지 않는 것이 보통이며, 이는 설사 자신의 이미지에 대한 중요한 헌정이 걸려 있는 경우에도 그렇다.[47] 조심성이 많은 코시모 2세는 갈릴레오를 공격하는 사람들에 맞서 그를 지지할 때 신중을 기울였으며, 그의 아들인 페르디난드 2세(Ferdinand II)는 훨씬 덜한 지지만을 해주었을 뿐이었다.

1610년 3월 『별의 사자』가 출판된 지 불과 1주일 만에 갈릴레오는 빈타에게 편지를 써서 이렇게 말했다.

> 우리의 평판이 우리 자신에 대한 자신감에서 시작된다는 것, 그리고 남으로부터 존중받고 싶어 하는 사람은 먼저 자기 자신을 존중할 줄 알아야 한다는 것은 만고불변의 진리입니다. 그러니 거룩하신 전하께서 이번 조우의 중요성을 인정하는 모습을 보여 주신다면, 두말할 것 없이 전하의 모든 신민들뿐 아니라 모든 나라들 역시 그것의 중요성을 인정할 것이고, 명망 있는 사람들이면 누구나 입을 모아 이번 사건의 영광을 칭송하는 글을 쓸 것입니다.

이어 갈릴레오는 이탈리아와 유럽의 여러 나라들에 나가 있는 메디치가의 대사들을 시켜 유럽의 왕과 군주들에게 『별의 사자』와 망원경을 널리 배포하도록 하면 더할 나위 없이 좋을 것이라고 제안했다.[48] 그렇게 하면 그의 발견에 정당성이 더해질 뿐 아니라, 그 군주들에게 메디치가의 영

47 Biagioli, "Galileo's System of Patronage" (주 24).
48 Galileo to Vinta, 19 Mar. 1610 (주 45), pp. 298(인용), 299.

광을 관측할 수 있는 믿을 만한 "관찰도구(viewer)"와 그것에 대한 "사용 설명(instructions)"을 제공하는 셈이 될 것이었다. 그러나 메디치가는 공식적 외교 채널을 통해 책과 도구[망원경]를 배포하라는 갈릴레오의 제안을 받아들이긴 했지만, 목성의 위성이 실재하는가 여부에 관해 공식적인 입장을 취하는 것은 피했다.[49]

5월 7일에 다시 빈타에게 편지를 쓰면서 갈릴레오는 같은 문제로 되돌아갔다. 그는 파도바에서 자신을 공격하는 사람들을 공개적으로 논박했고 "황제의 수학자"로부터 자신을 지지하는 장문의 편지를 받은 바도 있다며 빈타와 메디치가를 안심시킨 후, 그 발견과 연관해 메디치가의 이미지는 그간 안전하게 지켜져 왔다고 주장했다. 여기에 그는 이렇게 덧붙였다. "우리 — 특히 거룩하신 전하께서 — 는 그와 같이 주목할 만한 진기한 사건이 마땅히 받아야 할 존중을 보여줌으로써 그 발견의 중요성과 평판을 유지해야만 합니다. 진지하게 말하는 모든 사람들이 이미 그렇게 생각하고 있습니다." 그러나 메디치가는 조심스러운 입장을 계속 견지했다. 메디치가의 예술 작업장을 감독하던 빈센초 기우그니(Vincenzo Giugni)는 6월 5일에 갈릴레오에게 보낸 편지에서, 메디치가의 별들의 발견을 경축하는 메달을 주조하기 위한 금형(金型) 제작이 다름아닌 대공 자신에 의해 연기되었다고 썼다. 코시모 2세가 그 별들을 둘러싼 논쟁이 가라앉을 때까지 기다리라고 기우그니에게 말했다는 것이었다.[50]

이 때를 전후해 갈릴레오는 요하네스 케플러(Johannes Kepler)로부터 자신이 갈릴레오의 관측을 입증했다는 내용을 담은 긴 편지(얼마 후 『별의 사자와의 대화(*Dissertatio cum Nuncio sidereo*)』라는 제목으로 출판되었다)를 받았다. 케플러의 보증에 의해 자신이 국제적인 신용을 얻었다고 확신한 갈릴레오는, 극단적으로 조심스러운 대공의 태도에 대해 불쾌해



**49** Vinta to Galileo, 22 May 1610, no. 311, *Opere*, Vol. X, pp. 355-356.

**50** Galileo to Vinta, 7 May 1610, no. 306, *ibid.*, p. 349, Vincenzo Giugni to Galileo, 5 June 1610, no. 326, pp. 368-369.

하는 모습을 보였고, 기우그니에게 보낸 편지에서는 프랑스 국왕이 갈릴레오가 앞으로 발견할지도 모르는 어떤 행성의 헌정도 기꺼이 받아들이겠다는 뜻을 알려왔다고 말했다. 이어 갈릴레오는 기우그니에게 이렇게 썼다. "전하께서 몸소 여러 차례 관측하신 것에 대해 애매한 태도를 취함으로써 거룩하신 전하의 명성이 드높아지는 것을 나중으로 미루지 않으시도록 가능할 때마다 전하께 아뢰어 주시기 바랍니다. 그것은 행운이 전하께 점지해 주신 것이자 다른 모든 사람에게는 주어지지 않은 것이기도 합니다."[51] 갈릴레오가 이 편지를 보냈을 때쯤에는 이미 빈타로부터 메디치 궁정에서의 지위를 보장받고 있었던 시점이기는 했지만, 그가 아직 공식 계약서를 받지 못하고 있었다는 것은 아마 우연은 아니었을 터이다. 계약서는 이후 7월이 되어서야 그에게 도착했다.

조심스러운 태도를 취한 것은 코시모 2세 혼자만이 아니었다. 피렌체의 아카데미 회원들과 궁정 작가들 역시 갈릴레오가 희망하고 예상했던 것만큼 열정적으로 메디치가의 별들을 찬양하지 않았다. 『별의 사자』가 출판된 지 2주 후에 알레산드로 세르티니(Alessandro Sertini) — 피렌체에 있던 갈릴레오의 오랜 친구이자 아카데미아 피오렌티나의 회원이었던 — 는 갈릴레오에게 쓴 편지에서, "토스카나의 시인들(Tuscan Muses)"을 움직여 보려고 했던 자신의 노력이 별다른 성공을 거두지 못했다고 쓰고



51 Galileo to Giugni, 25 June 1610, no. 339, *ibid.*, pp. 381-382(pp. 379-380도 보라); Johannes Kepler to Galileo, 19 Apr. 1610, no. 29, pp. 319-340. 우리는 갈릴레오의 후원 획득 전략을 재연하고자 했던 많은 사람들을 알고 있다. Westfall, "Scientific Patronage" (주 1), p. 20, n. 36. 니콜라스 클로드 데 파이레스크(Nicolas Claude Fabri de Peiresc)는 『별의 사자』의 "프랑스판"을 마리아 데 메디치(Maria de' Medici)에게 헌정하려 계획했던 것으로 보인다. 책 표지에 들어갈 스케치가 오늘날까지 남아 있다. 그림에는 마리아가 네 개의 별들에 둘러싸여 목성 위에 앉아 있는 모습이 표현되어 있는데, 파이레스크는 이 별들을 네 명의 대공의 이름을 빌어 각각 큰 코스무스, 프란시스쿠스, 페르디난두스, 작은 코스무스라고 명명했다. *La corte, il mare, i mercanti; La rinascita della sciencia; Editoria e società; Astrologia, magia e alchimia* (Florence: Edizioni Medicee, 1980) (전시회 카탈로그), pp. 230-231.

있다. 메디치가의 궁정 작가들은 그들 중 한 명이 신호를 보내기를 기다리고 있는 듯했다. "시인들은 다소 느리게 움직이고 있습니다. 한 명이 먼저 앞에 나서줄 것을 기다리면서 나머지 아홉 명이 발을 질질 끌고 있기 때문입니다. 그가 메디치가의 별들에 관해 뭔가를 확실히 쓰도록 하고 싶다면 전하께서 그에게 친히 편지를 내리셔야 할 것입니다."[52]

세르티니는 갈릴레오에게 보낸 7월 10일자 편지에서, 지오반니 마지니(Giovanni Magini)와 마르티누스 호르키(Martinus Horky)가 갈릴레오의 발견을 공격했다는 사실이 피렌체에 널리 퍼졌으며 루도비코 델레 콜롬베(Ludovico delle Colombe)도 비판자 진영에 가담한 듯 보인다고 알려주었다. 그 결과 세르티니는 피렌체의 작가들이 별들을 다룬 소네트를 기꺼이 발표하려 할 것인지에 대해 확신하지 못하게 되었다. 갈릴레오는 『별의 사자』를 피렌체말로 더 우아하게 다듬은 — 메디치가의 별들에 헌정된 소네트를 포함해서 — 판본을 출판할 것을 대공에게 제안한 바 있었다.[53] 그러한 판본은 피렌체 궁정의 청중들을 겨냥해 구상되었음이 분명한데, 이는 그 안에 포함된 소네트에서 별들과 메디치가의 신화 사이의 연관을 자세히 설명하도록 되어 있었다는 점을 보면 알 수 있다. 그러한 연관은 『별의 사자』의 라틴어 초판에서는 설명되지 않았다. 왜냐하면 일차적인 대상으로 삼은 유럽의 청중들은 그러한 연관을 이해할 수 없었을 것이기 때문이다. 갈릴레오는 『별의 사자』를 쓸 때 새로 발견된 위성들에 어떤 이름을 붙일지 빈타에게 자문을 구한 적이 있었는데, 이 때 빈타는 갈릴레오가 제안한 두 개의 이름 중에서 "메디치가의 별들(Medicea Sydera)"이 "코시모의 별들(Cosmica Sydera)"보다 더 나은 것 같다고 답했다. 빈타는 그 이유로 "Cosmica Sydera"라고 하면 "코시모"가 아닌 "코스모스"를 가리키는 것으로 사람들이 오해할 우려가 있다는 것을 들었는

52 Alessandro Sertini to Galileo, 27 Mar. 1610, no. 282, *Opere*, Vol. X, pp. 305-306.
53 Sertini to Galileo, 10 July 1610, no. 357, *ibid.*, pp. 398-399; Galileo to Vinta, 19 Mar. 1610, p. 299.

데, 나는 그 때 빈타가 유럽의 청중들을 염두에 두고 있었기 때문에 이런 판단을 내렸다고 생각한다.[54] 피렌체의 청중이라면 그와 같은 실수를 할 리가 없기 때문이다.

작가들은 8월에 들어서도 여전히 미적거리고 있었다. 세르티니는 갈릴레오에게 이렇게 썼다. "여기 있는 모든 사람들은 당신이 [그 시들을] 인쇄하기를 원한다고 말했기 때문에 걱정을 하고 있습니다. [젊은 미켈란젤로 부오나로티(Michelangelo Buonarroti)는] 자기 이름이 인쇄되는 대신—피에로 데 바르디(Piero de' Bardi)처럼—'크루스카의 아카데미(Academy of the Crusca) 회원 일동 지음'이라고만 적혀 있게 되면 더 좋겠다고 말하고 있습니다." 궁정 작가들은 갈릴레오가 이제 그들이 지은 소네트뿐 아니라 자신의 발견에 가해진 공격과 그에 대한 답변을 묶어 『별의 사자』 신판에 넣고 싶어 한다는 것을 알고 있었고, 예상되는 갈릴레오의 적극적 역공에서 그들이 갈릴레오의 편으로 인식되지는 않을까 하는 생각에 노심초사하고 있었다. 세르티니는 더 나아가 갈릴레오가 "특정인을 언급하지 말고, 쟁점의 정해진 경계 내에서" 모든 사람들에게 답하도록 제안했다. 세르티니는 덧붙이기를, "그것이 제게는 가장 좋은 대처방안인 것처럼 보이고 또 제가 선호하는 방법이기도 합니다"라고 썼다.[55]

메디치가와 궁정 작가들이 비록 갈릴레오의 과학적 동료는 아니었지만, 그들의 행동은 과학적 발견을 두고 동료 과학자들이 조심스럽게 평가하는 모습을 떠올리게 한다. 얼핏 생각하면 코시모나 궁정 작가들이 갈릴레오의 발견을 인증할 것인지를 결정하는 과정에서, 케플러와 같은 전문적인 엘리트 천문학자의 견해를 결정적인 것으로 받아들이지 않은

**54** Galileo to Vinta, 13 Feb. 1610, no. 265, *ibid.*, p. 283; Vinta to Galileo, 20 Feb. 1610, no. 266, pp. 284-285.

**55** Sertini to Galileo, 7 Aug. 1610, no. 372, *ibid.*, pp. 411-413, 인용은 p. 412. 갈릴레오의 계획은 Galileo to Vinta, 18 June 1610, no. 332, *ibid.*, pp. 373-374를 보라.

듯 보인다는 점이 이상하게 여겨질 수도 있다.[56] 그러나 실상 코시모와 작가들은 궁정이라는 같은 제도에 속해 있었다는 점에서 갈릴레오의 동료 내지 선배였다고 할 수 있다. 궁정은 과학단체가 아니라 군주 권력의 표상이 생산되는 장소였고, 갈릴레오는 거기에 천문학자 그 자체로서가 아니라 장대한 왕조 상징의 생산자로서 고용되었다. 따라서 그는 대공의 권력에 대한 궁정에서의 문화적 생산물과 표상들 속에 자신의 발견을 받아들이고 표현해 줄 작가들을 필요로 했다. 반면 피렌체 궁정 사람들은 케플러나 — 그 문제에 있어서는 — 갈릴레오 그 자신을 믿을 필요가 없었다. 지도적 천문학자들의 견해는 궁정 사람들에게 구속력이 없었다. 그들이 알고 있는 유일한 권위는 자신의 군주 혹은 군주의 후원자가 가진 권위였기 때문이다.

갈릴레오가 대학에서 궁정으로 옮겨가는 이 단계에서 묘한 지위에 처해 있었다는 사실은 그가 자신을 위해 확립하고자 했던 사회-전문직업적 정체성이 새로운 것이었음을 반영하고 있다. 어떤 의미에서 갈릴레오는 사회-전문직업적 잡종(hybrid)이었다. 그는 자신을 "새로운 철학자"로 내세웠는데, 이 역할은 — 당시 대학의 구조를 특징짓고 있던 학문분야 간 위계를 감안한다면 — 오직 궁정에서만 정당화될 수 있는 것이었다. 그러나 설사 갈릴레오의 성취를 판단할 전문적 능력을 갖춘 사람들이 궁정 작가나 젠틀맨이 아니라 수학자들이었다고 해도, 또 케플러가



56 메디치가에서 예수회의 과학적 권위를 존중했다는 사실은 나의 논점과 모순되는 것처럼 보일지 모른다. 그러나 망원경을 이용한 갈릴레오의 발견들이 신뢰할 만한 것이라는 1610년 12월 예수회의 인증을 메디치가가 받아들인 것은 예수회의 "기술적 신뢰성"으로만 판단한 결과는 아니었다. 예수회 수도사들의 견해가 케플러의 견해보다 아마 더 영향력이 컸던 이유는 그들이 다름아닌 교황의 수학자로 인식되었기 때문이었다. 이는 피렌체에서 특히 그랬는데, 메디치 왕조의 정당성이 교황에게 불확실하게 기대고 있는 상황에서 종교적 정통성과 교회 입장에 대한 존중은 결정적으로 중요했다. 결국 예수회 수도사들의 견해를 존중함으로써 피렌체의 궁정 사람들은 교황 궁정의 권위에 경의를 표하고 있었던 것이다.

목성 위성의 존재에 대한 그의 주장을 기각했다면 그가 심각한 곤란에 처할 수 있었다고 해도, 그의 발견을 케플러가 인정한 것만으로는 궁정 사람들을 끌어들이기에 충분치 못했다. 갈릴레오는 궁정 사람들과 군주의 인증이 필요했는데, 왜냐하면 그는 오직 궁정에서만 철학자가 될 수 있었기 때문이다. 도식적으로 말하자면, 갈릴레오의 발견에 대한 수학자들의 인증은 그가 수학자로서 신용을 얻는 데는 필요하고도 충분한 조건일 수 있었지만, 궁정 철학자로서의 갈릴레오의 신용을 보증하는 데는 단지 필요조건에 불과했고 더 이상 충분조건이 되지 못했다.

17세기의 "실험의 집(house of experiments)"에 관한 스티븐 섀핀(Steven Shapin)의 연구는 잉글랜드에서 실험적 실천의 정당화 역시 유사한 사회적 역설에 사로잡혀 있었음을 보여준다. 실험을 수행할 수 있는 기술적 능력을 갖춘 (그리고 그것을 이해하고 있을 가능성이 매우 큰) 사람들은 "지식 생산의 자격"을 가졌다고 인식되는 데 필요한 사회적 지위를 갖고 있지 않았다.[57] 반대로 "지식 생산의" 사회적 자격을 갖춘 젠틀맨 중 많은 수는 실험 수행 능력이 없었다. 그들은 보증을 할 수는 있었지만, 종종 어떻게, 그리고 무엇을 보증해야 하는지를 이해하지 못했다.



## VI. 메디치가의 별들이 겪은 이력

비록 갈릴레오가 궁정 작가들로 하여금 자신의 뒤를 따르도록 만들려는 최초의 시도에서는 실패를 맛보았지만, 메디치가의 별들은 점차로 궁정 담화의 필수적인 일부분으로 자리 잡았다.[58] 갈릴레오의 위성 발견을 경

57 Steven Shapin, "The House of Experiment in Seventeenth-Century England," *Isis* 79 (1988), 373-404, 인용은 p. 395.

58 『별의 사자』의 세속어(피렌체말) 판본은 출간된 적이 없다. 메디치가의 별들을 찬양하는 소네트 중 현재 남아 있는 것은 부오나로티(Galileo, *Opere*, Vol. X, p. 412), 살바

축하는 메달 역시 결국에는 주조되었다. 주피터가 구름 위에 올라앉아 있고 그 주위를 네 개의 별들이 돌고 있는 모습이 코시모 2세의 상징으로 제시되었고, 메달의 반대쪽 면에는 코시모 2세의 초상이 새겨졌다([그림 3]). 그 별들은 메디치가의 신적 계보를 찬양하는 소네트, 연극 상연, 오페라, 메달, 프레스코화 등에서 모습을 드러냈다. 우리는 1613년 사육제의 가장 중요한 궁정 공연 행사인 2월 17일의 바리에라(barriera)에서 이를 다시 마주치게 된다.

이는 피티 왕궁의 극장에서 선별된 궁중 청중들을 앞에 두고 피렌체 시간으로 오후 2시에 시작되었다.[59] 궁정 엔지니어 기울로 파리기(Giulo Parigi)가 설계한 극장의 장엄한 기계와 효과들이 대가의 솜씨로 모습을 드러낸 후, 공연은 신화적인 줄거리를 전개했다.

큐핏이 토스카나를 자신의 영토로 정하고 황금기를 일으키지만 평화는 이내 위협받는다. 큐핏과 그의 기사들(여섯 명의 궁정 수습 기사들)은 불꽃과 연기를 내뿜는 괴물 같은 용과 네메시스가 이끄는 열두 명의 복수의 여신들과 마주친다. 용, 네메시스, 복수의 여신들은 결국 지옥으로 통하는 덫에 붙잡혀 사라지게 된다. 그러나 큐핏과 토스카나가 아직 안전해진 것은 아니다. 스데뇨 아모로소(사랑에 대한 경멸)와 그를 따르는



도리(*ibid.*, Vol. IX, pp. 233-272), 피에로 바르디(*ibid.*, Vol. X, p. 399)의 것이 있다. 클라우디오 세리판디의 것은 남아 있지 않다. 니콜로 아리게티의 것은 원고 형태로 남아 있다가 나중에 Nunzio Vaccaluzzo, *Galileo Galilei nella poesia del suo secolo* (Milan: Sandron, 1910), pp. 59-60에 출간되었다. 우리는 치아브레라가 세르티니의 권유를 받아들여 소네트를 썼는지 여부는 알지 못하며, 단지 갈릴레오가 그에게 자필 서명한 『별의 사자』(현재 노르만의 오클라호마 대학에 소장되어 있는)를 한 부 보냈다는 사실만 알고 있다. 살바도리의 "Per le Stelle Medicee temerariamente oppugnate"는 갈릴레오의 발견의 정당화를 위한 후원의 이용을 드러내고 있다. 살바도리는 메디치와 주피터(그리고 그의 엄청난 힘)의 연결을 강조하는 메디치 가문의 신화적 역사를 다시금 되짚어본 후, 메디치가의 별들의 존재에 의문을 던짐으로써 주피터(혹은 코시모) 자신의 힘에 도전하고 있는 이들의 거만함에 회의적인 시각을 나타낸다(Galileo, *Opere*, Vol. IX, p. 272).

**59** Nagler, *Theatre Festivals of the Medici* (주 16), pp. 119-121.

그림 3. 1610년경 가스파레 몰라(Gaspare Mola)가 코시모 2세와 메디치가의 별들의 발견을 기념하기 위해 주조한 타원형 메달. Karla Langedijk, *The Portraits of the Medici* (Florence: SPES, 1983), Vol. I, p. 579.



다섯 명의 사납고 야만인처럼 보이는 "이집트 기사"들이 지옥 입구에서 무대 위로 뛰어올라온다.[60] 새로운 시합이 시작되지만, 평화와 토스카나의 황금기는 신성한 (코시모 1세의?) 개입에 의해 빠른 속도로 다시 제자리를 찾는다.

천둥소리가 들리고 주피터가 빛나는 구름(이는 구름이 무대 주위를 움직일 때 모양이 바뀌는 매우 복잡한 기계의 일부이다)을 타고 도착한다. 주피터는 혼자가 아니다.

> 구름 사이 아래로부터 주피터를 둘러싼 네 개의 별들이 나타났다. 이 별들은 대공 전하의 수학자인 피렌체 출신의 갈릴레오 갈릴레이가 경이로운 망원경으로 발견한 것이다. 그는 하늘에 위대한 영웅들의 이름을 붙였던 고대인들처럼 이 별들을 발견한 후 메디치라는 이름을 붙였고, 첫 번째 별을 대공 전하께, 두 번째 별을 돈 프란체스코 왕자께, 세 번째 별을 돈 카를로 왕자께, 네 번째 별을 돈 로렌쪼 왕자께 바쳤다.[61]

60 *Ibid.*, pp. 121-122.

무대 기계는 주피터를 대공 부인 가까이로 이동시키고, 주피터는 그녀에게 아리아를 불러 준다. 그리고 나서 주피터는 서서히 무대에서 사라진다. 그 동안 네 개의 메디치가의 별들은 피와 살을 가진 네 명의 기사로 변신한다. "주피터가 노래를 마치고 나면 천둥소리가 들리고 구름이 사라지면서 네 개의 별들이 등장하는데, 이는 곧 그 자리에 선 네 명의 기사로 탈바꿈한다." (주피터가 도착하기 바로 전에 무대에 등장한) 키클롭스(Cyclops)가 네 명의 기사들에게 번개를 건네준다. 이 무기를 갖게 된 그들은 주피터의 이름으로 새로운 시합을 시작할 준비가 되었다. 시합의 명칭은 "메디치가 별들의 기사의 도착"이다. 평화가 곧 뒤를 따른다. 청중 가운데 숙녀들은 무대 위의 기사들과 합세하고 마지막 무도회가 시작된다.[62]

도시의 다른 사람들도 그 나름의 방식으로 메디치가의 별들을 기념했다. 이틀 후 바리에라의 단순화된 버전이 사육제 행렬로 도시의 거리를 지나갔다. 메디치가의 별들은 복수의 여신들, 네메시스와 함께 행렬의 두 번째 그룹에 속해 있었다.

1616년 벨라르민(Bellarmin)이 갈릴레오에게 [태양중심설 옹호에 대한] 경고를 남기고, 이때쯤 코시모 2세의 건강이 악화되면서 문화적 · 정치적 정책에 대한 통제력이 떨어졌다. 갈릴레오의 발견이 메디치가의 신화에서 처음에 그토록 찬란하게 누렸던 지위를 계속 갖지 못하게 된 이유는 아마도 여기에 있었을 것이다. 메디치가의 별들은 1621년 이후 더 눈에 띄지 않게 되었다. 이 해에 코시모 2세가 사망한 후 크리스티나 대공 부인과 그녀의 조언자들이 토스카나 정부와 궁정 문화의 관리를 맡게 되면서부터였다. 사육제 축제는 규모가 축소되었고 종교극이 주된 장르가 되었다.[63] 게다가 군주의 사실상 부재로 — 페르디난드 2세는 1628년이 되



**61** Giovanni Villifranchi, *Descrizione della barriera e della mascherata fatte in Firenze a' XVII & a' XIX di febbraio 1613* ... (Florence: Sermartelli, 1613), pp. 32-33.
**62** *Ibid.*, p. 38; Nagler, *Theatre Festivals of the Medici* (주 16), pp. 123-125.

어서야 성년이 되었다 — 새로운 군주를 중심에 둔 문화적 생산물을 만들어 내기도 어려웠다. 주피터는 개점휴업 상태였다.

1628년 페르디난드 2세가 마침내 대공의 지위에 올랐을 때, 갈릴레오는 이미 로마에 새로운 후원자를 만들어 놓고 있었다. 그러나 메디치가의 별들은 페르디난드의 재위 기간 후반부에 작은 부흥기를 맞았다. 왕궁을 팔라쪼 델라 시뇨리아에서 팔라쪼 피티로 옮기면서 새로운 메디치가의 올림포스 산이 새 왕궁의 행성의 방들(Planetary Rooms)에 그려졌다. 갈릴레오가 『별의 사자』의 헌정사에서 메디치가의 별들을 주피터-코시모 1세의 미덕과 연결시켰던 것처럼, 팔라쪼 피티의 주피터의 방(행성의 방들 중 하나)은 신이 네 개의 주요 미덕을 나타내는 메디치가의 별들로 둘러싸여 있는 모습을 그렸다([그림 4]).[64]

메디치가의 별들은 코시모 3세의 재위 기간 동안 메디치가의 신화에서 훨씬 더 두드러지게 부각되었다. 대공의 이름이 메디치가의 별들을 언급할 때 직접 오르내렸는데, 그 이유는 특히 그가 다섯 명의 조상을 두어 주피터와 네 개의 별들과 직접 연관된 것으로 그려질 수 있었기 때문이다. 코시모 3세가 메디치가의 별들을 부활시킨 것은 1661년 그가 마거리떼-루이스 오를레앙(루이 14세의 사촌)과 올린 결혼식에서 가장 두드러졌다. 승마 무용극인 몬도 페스테기안테(Mondo festeggiante)는 이 중요한 정치적 행사를 축하하는 기나긴 일련의 예식, 행렬, 공연의 정점을 이루었다. 공식 기록에 따르면 2만 명의 관중이 이 무용극을 지켜보았다고 한다.[65]

63 Ludovico Zorzi, *Il luogo teatrale a Firenze* (Milan: Electa, 1975), p. 88.

64 주피터의 방에 그려진 프레스코화는 피에트로 다 코르도나가 그리기 시작해 1665년경 그의 제자인 치로 페리에 의해 완성되었다. Langedijk, *The Portraits of the Medici* (주 38), Vol. II, pp. 210-212.

65 결혼식 축하 행사에 대한 묘사는 *Memorie delle feste fatte in Firenze per le reali nozze de' Serenissimi Sposi Cosimo Principe di Toscana e Margherita Luisa d'Orleans* (Florence, 1662) (군중의 규모에 대해서는 p. 106을 보라); Alessandro

그림 4. 피에트로 다 코르토나(Pietro da Cortona)가 피렌체에 있는 팔라쪼 피티(Palazzo Pitti)의 주피터의 방 천장에 그린 〈중요 덕목들에 둘러싸인 주피터〉. Langedijk, *The Portraits of the Medici* (Florence: SPES, 1983), Vol. I, p. 209.



공연은 어깨에 코스모스를 짊어진 헤라클레스를 나타내는 엄청나게 거대한 극장 기계가 입장하면서 시작되었다([그림 5]). 일단 헤라클레스가 무대 한가운데 도달하면 이 기계는 천천히 아틀라스 산으로 모습을 바꾸었다. 지구의 네 대륙을 나타내는 수많은 기사들이 무대에 올라와 헤라클레스에게 경의를 표하고, 거기서 축하를 받고 있는 "헤라클레스 같은" 부부에게도 은연중에 경의를 표했다. 그러나 유럽과 아메리카의 기사들은 결혼에 기뻐했던 반면, 아시아와 아프리카의 기사들은 그와 같이 강력한 동맹에 위협을 느꼈다. 두 파벌 사이에 우아한 결투-무용극이 시작

Carducci, *Il mondo festeggiante, balletto a cavallo fatto net teatro congiunto al Palazzo del Sereniss. Gran Duca per le reali nozze de' Serenissimi Principi Cosimo Terzo di Toscana e Margherita Luisa d'Orleans* (Florence, 1661)를 보라. 아울러 Harold Acton, *The Last Medici* (London: Methuen, 1958), pp. 68-83도 보라.

되지만, 그것이 오래 지속되지는 않았다.[66]

강력한 천둥소리가 들리면서 구름에 둘러싸인 매우 키가 큰 극장 기계 위에 올라앉은 주피터의 도착을 알렸다. 즉각 모든 기사들은 결투를 중단했다. 이 기계가 주피터를 무대 높이까지 낮추어 주자마자 구름은 걷히고 "네 마리의 우아한 말에 올라탄 네 명의 기사들이 주피터와 매우 가까운 곳에 나타났다. 그들은 주피터의 주위를 결코 떠나지 않는[이 대목은 『별의 사자』를 인용하고 있다] 네 개의 메디치가의 별들을 상징했다" ([그림 6]). 그러자 주피터가 결혼을 축하하는 노래를 불렀다. 결혼은 코시모의 메디치가의 별들을 더욱 아름답고 빛나게 만들었는데, 이는 마리-루이스의 황금 백합이 내놓은 새로운 광휘 때문이었다. 아폴로가 주피터와 합세해 결혼을 "프랑스의 태양과 메디치가의 별들"의 동맹으로 찬양했다. 공연이 계속되면서 "네 개의 메디치가의 별들은 전하에게로 다가가 그의 주위에, 즉 토스카나의 주피터 주위에 머물렀고 남은 예식 동안 결코 그를 떠나지 않고 항상 수행하면서 행렬 속에서 질서정연하게 그의 곁에 남아 있었다."[67]

메디치가의 별들은 코시모 3세의 결혼식 즈음에 주조된 메달에도 모습을 드러냈다. 그의 문장은 바다에서 메디치가의 별들에 의해 인도되는 배였고 그 위에 *Certa fulgent sidera*라는 문구가 쓰여져 있었다([그림 7]). 코시모 3세가 1723년에 사망했을 때는 메디치가의 별들이 그려진 유사한 메달이 관 속에 추서되었다([그림 8]). 메디치 왕조는 그가 죽은 후 불과 14년 동안 더 지속된 후 종말을 고했다.



**66** Carducci, *Il mondo festeggiante* (주 65), p. 46.
**67** *Ibid.*, 인용은 pp. 49, 53, 61; 주피터의 노래에 관해서는 p. 51을 보라.

그림 5. Alessandro Carducci, *Il mondo festeggiante* (Florence, 1661)에 실린 것을 하버드대학 하버드 극장 콜렉션의 허락을 얻어 전재.

그림 6. Carducci, *Il mondo festeggiante*에 실린 것을 하버드 극장 콜렉션의 허락을 얻어 전재. 뒤편 중앙에 주피터가 구름에 에워싸여 도착하고 있으며, 네 명의 "메디치가의 별" 기사들은 바로 아래(화살표 방향)에 있다.

그림 7. 프란체스코 트라바니(Francesco Travani)가 1661년 코시모 3세와 마리-루이스 오를레앙의 결혼식에 즈음하여 주조한 메달을 나중에(1666년) 복제한 것. Langedijk, *The Portraits of the Medici* (Florence: SPES, 1983), Vol. I, p. 640.

그림 8. 안토니오 셀비(Antonio Selvi)가 주조한, 코시모 3세를 나타내는 청동 메달의 뒷면(연도 미상). Fiorenza Vannel and Giuseppe Toderi, *La medaglia barocca in Toscana* (Florence: SPES, 1987)의 그림 115.

## VII. 궁정 문화, 절대주의, 그리고 과학의 정당화

메디치가의 별들이 페르디난드 2세의 재위 동안 궁정 신화에 다시 나타나기 시작했을 무렵에 이르면 이 별들과 갈릴레오와의 연관은 이미 쇠퇴하고 있었다. 1633년 종교재판에서 유죄 판결을 받으면서 이 과정은 더욱 가속화되었다. 1613년 사육제의 바리에라에서는 위성의 발견에서 갈릴레오가 한 역할이 언급되었지만, 1661년의 몬도 페스테기안테에서는 그런 언급이 사라졌다. 이때쯤이 되면 메디치 궁정은 메디치가의 별들을 그 발견자는 물론이고 천문학으로부터도 단절시켜 버렸다. 그래서 이들은 더 이상 별이 아니라 왕조의 물신이자 주피터-코시모의 기사들에게 의례적으로 붙여지는 이름이 되었다. 이러한 물신화의 과정을 분석해 보면 메디치 궁정의 후원이 과학의 정당화에 기여한 방식과 그 한계를 모두 엿볼 수 있다.

메디치가의 후원은 궁정의 담화에 부합하는 경이에 대한 포상이었지 과학 이론이나 연구 프로그램에 대한 포상은 아니었다. 이 때문에 갈릴레오는 목성의 위성을 새로운 우주론을 지지하는 천문학적 발견으로서가 아니라 왕조의 상징으로 내세우려 했으며, 자기 자신도 발견자가 아니라 단지 조우의 중재자일 뿐이라고 했다. 역설적인 것은, 갈릴레오의 후원 획득 전략이 성공을 거두려면 그는 좀더 정당한 저자, 즉 철학자가 되어야 했고, 그러기 위해서는 발견에서 그가 지닌 저자로서의 지위를 지워 버려야 했다는 것이다. 다르게 표현하자면, 그는 철학자의 칭호를 얻기 위해 자신의 발견이 지닌 천문학적 관련성과 수학자이자 도구 제작자로서 그가 지닌 능력이 발견 과정에서 했던 역할을 지워 버려야 했다. 그렇게 얻은 철학자의 칭호는 다시 그가 실천에 옮겼던 코페르니쿠스 천문학과 자연에 대한 수학적 탐구 모두에 대한 인식론적 정당화를 제공해 줄 수 있었다.

갈릴레오가 성공을 거두기 위해서는 자신이 발견한 것을 단지 메디치가에 헌정하기만 해서는 안 되었다. 그는 별들의 발견이 결코 자신에게 "속했던" 적이 없었다는 신화적 내러티브를 지어내야만 했다. 그는 메디치가에 한 번도 그의 것인 적이 없었고 항상 메디치가의 것이었던 무언가를 제공한다고 주장했다. 그가 가장 소중한 경이를 제공하고 있었음에도 불구하고, 갈릴레오는 — 궁정의 겉 다르고 속 다른 태도를 극단적으로 표현하면서 — 자신이 아무것도 주고 있지 않은 것처럼 스스로를 내세워야 했다. 몬도 페스테기안테와 메디치가의 별들에 대한 이후의 표상에서 드러난 별들과 그 발견자의 완벽한 소외는 이미 50년 전 갈릴레오가 구사한 후원 획득 전략 속에 각인되어 있었다.

결국 갈릴레오와 별들의 발견 사이의 무관성 — 그가 수사적으로 내세웠던 — 은 현실이 되어 버렸다. 메디치가의 별들은 메디치의 물신에 다름아닌 것이 되었고, 왕조가 끝날 때까지 메디치 궁정 내에서 그러한 물신으로서 찬양받았다. 갈릴레오가 무대를 떠난 건 그보다 훨씬 먼저였다. 요컨대 갈릴레오는 메디치 물신주의의 약호들을 이해하고 있었기 때문에 철학자의 칭호를 얻을 수 있었지만, 코페르니쿠스주의와 자연에 대한 수학적 분석을 정당화하려는 자신의 시도에 대해 메디치가의 완전한 후원을 얻어내지는 못했다.

메디치 궁정의 후원 관행은 갈릴레오에게 축복인과 동시에 저주였지만, 이는 갈릴레오에게 거부할 수 없는 제안이었다. 갈릴레오가 후원과 메디치가의 별들의 표상을 묶어둔 것에 내재한 역설은 그가 궁정으로 자리를 옮긴 것에 내포된 다른 역설과 연결되어 있다. 궁정은 갈릴레오가 추구하던 새로운 사회-전문직업적 역할을 정당화해 줄 수 있는 공간이었지만, 동시에 그의 연구의 기술적 차원을 이해하지 못하거나 관심조차 보이지 않는 공간이기도 했다.

메디치가의 후원 프로그램은 사회적 · 인식적 정당화를 추구하던 갈릴레오의 전략과 국소적 · 일시적으로만 겹쳐졌지만, 이러한 중첩은 엄청난 역사적 중요성을 지녔다. 갈릴레오가 철학자의 칭호를 얻고 메디치 궁정에 고용된 것은 그 자신의 경력에도 분명 중요했지만, 좀더 일반적인 두 가지 역사적 과정 사이의 접점을 나타내기도 한다. 절대주의 국가의 등장과 연관된 궁정 문화의 형성과 과학의 사회적 정당화 과정 사이의 접점이 그것이다. 아래에서는 먼저 궁정 사회와 문화의 몇몇 특징들을 개관해 보고, 이어서 과학의 사회적 · 인식적 정당화를 위한 갈릴레오의 전략 — 그의 경력에 대한 분석에서 드러나는 — 이 어떻게 그 문화와 연관된 다른 사회-전문직업적 정당화 방식과 비교될 수 있는가 하는 문제를 생각해 볼 것이다.

근대 초기의 궁정에 대한 최근의 연구들은 바로크 궁정들이 다양한 모습을 띠었지만, 궁정 문화 — 점점 절대화되어 가던 군주의 담화와 밀접하게 연관된 — 는 국경을 가로질러 많은 공통된 특징들을 나타냈음을 보여 주었다.[68] 그중 하나가 자기지시성(self-referentiality)이다. 특히 1550년 이후에 궁정 문화는 (문화적 · 지리적 양쪽 모두의 의미에서) 주변 사회로부터 스스로를 단절시키고 자기 자신, 군주, 혹은 다른 궁정 문화에만 초점을 맞추고 오로지 그것만을 언급하는 경향을 갖게 된다. 폐쇄된 극장이라는 궁정 공간이 공공적 볼거리를 대체하며 발전한 것도 이 과정과 연관지을 수 있다. 마찬가지로, 궁정 문학과 시가를 보면 그 주제가 통치



**68** 가령 Norbert Elias, *Court Society* (Oxford: Blackwell, 1983) [국역: 박여성 옮김, 『궁정사회』(한길사, 2003)]; Elias, *The Civilizing Process* (주 17); Louis Marin, *Portrait of the King* (Minneapolis: University of Minnesota Press, 1988); Jean-Marie Apostolides, *Le prince sacrifié* (Paris: Minuit, 1985); Apostolides, *Le roi machine* (Paris: Minuit, 1981); Sergio Bertelli and Giuliano Crifò, eds., *Rituale, cerimoniale, etichetta* (Milan: Bompiani, 1985); Amedeo Quondam and Marzio Achille Romani, eds., *Le corti Farnesiane di Parma e Piacenza*, 2 vols. (Rome: Bulzoni, 1978); Adriano Prosperi, *La corte e il "Cortegiano": Un modello europeo* (Rome: Bulzoni, 1980); Frank Whigham, Jr., *Ambition and Privilege: The Social Tropes of Elizabethan Courtesy Theory* (Berkeley: University of California Press, 1984) 등을 보라.

가문에 얽힌 신화를 동시대의 사건들(의식, 군대의 영웅적 행동, 공공사업이나 기념물) 및 생존해 있는 궁정인들의 삶과 작품들과 교묘하게 뒤섞어 놓은 것임을 이내 눈치챌 수 있다. 메디치가의 별들을 찬양해 주었으면 하고 갈릴레오가 내심 바랐던 작가들[(가브리엘로 치아브레라(Gabriello Chiabrera), 젊은 미켈란젤로 부오나로티, 안드레아 살바도리(Antrea Salvadori)]과 그의 친구인 살바도레 코폴라(Salvadore Coppola)의 작품들은 실제 궁정 생활에 대한 언급으로 가득 차 있다. 궁정 회화에서도 비슷한 양식을 발견할 수 있다.[69]

그 결과는 문화적 단절이었고, 이는 종종 사회의 다른 부분으로부터 궁정이 지리적으로 분리되는 것과 병행해 나타났다. 아마도 베르사이유가 이런 과정의 가장 두드러진 사례겠지만, 피렌체 부근 시골에 위치한 메디치가의 여러 저택들도 베르사이유의 정치적 기능을 공유했다. 이런 저택들은 군주를 위한 "에덴동산"이었다. 궁정이 도시와 그곳에 사는 군중들로부터 문화적 · 지리적으로 분리되면서, 상업적 기원을 지닌 예전의 귀족과 구분되는 새로운 사회집단인 궁정 사회가 형성되었다. 이러한 단절은 궁정인이 되고자 하는 사람들에게 자신이 도시의 군중들과 차별되는 존재라는 감각을 심어 주었고, 그들이 지닌 새로운 사회적 정체성을 형성하는 데 일조했다. 궁정에 관한 당시의 문헌들을 보면 *civiltà*라는 특별한 용어를 써서 궁정 문화를 지칭하고 있다. 마테오 페레그리니(Matteo Peregrini)는 1624년에 "군주는 품위 있는 생활의 심장이고 궁정은 그 수족"이며 궁정의 생활방식은 품위 그 자체라고 썼다.[70]



---

**69** 가령 Allegri and Cecchi, *Palazzo Vecchio e i Medici* (주 11), pp. 145-147을 보라. 아울러 주 17도 보라.

**70** Matteo Peregrini, *Che al savio e convenevole il corteggiare* (Bologna, 1624), pp. 82, 171. 프랑스의 궁정 문학에서 발견되는 '품위' 라는 관념의 사회적 기원은 엘리아스의 『궁정사회』(주 68)에서 분석되고 있다. 에덴동산으로서의 궁정에 관해서는 Apostolides, *Le roi machine* (주 68) 중에서 특히 "Les plaisirs de l'île enchantée," pp. 93-113을 보라.

그러나 궁정 사회의 형성과 하층계급으로부터의 점차적인 분리가 그 속에 포괄되거나 통제를 받는 상류계층의 지위에만 영향을 미친 것은 아니었다. 궁정 사회의 발전은 궁정 귀족층의 형성 이상의 것을 필요로 했다. 즉, 군주 권력의 표상에 대해 이와 공모한 청중의 존재가 필요했던 것이다. 또한 그러한 표상을 만들어 내는 유능한 생산자도 있어야 했다. 예술가들은 항상 권력자의 이미지를 찬양해 왔지만, 바로크 궁정과 중앙집중화된 국가가 등장하면서 군주 권력의 예술적 표상은 전문화된 기관, 즉 공식적인 미술 아카데미에 의해 통제를 받기 시작한다. 아카데미의 예술가들은 이러한 "예술 관료제"에 통합됨으로써 아카데미에 속하지 않고 시각예술 작업을 하는 장인들에 비해 훨씬 높은 사회적 지위를 얻었다.[71]

궁정 사회와 문화의 발전이 과학의 사회적 정당화 과정과 겹쳐지는 지점이 바로 이곳이다. 메디치 같은 군주들은 절대주의 국가를 발전시키려 노력하면서 자신들의 권력을 정당화시켜 줄 표상을 필요로 하고 있었다. 반면 갈릴레오와 같은 대학의 수학자들은 자신과 철학자들 사이의 지위 격차 문제에 직면해 있었다. 앞서 설명한 바와 같이, 이러한 격차는 자연현상의 물리적 차원을 연구하는 수단으로 수학을 사용하는 것의 정당성을 침식했다. 그래서 마치 장인들이 회화, 조각, 건축에서 군주 권력의 신화를 그려냄으로써 아카데미에 속한 예술가가 되었던 것처럼, 갈릴레오는 목성의 위성을 메디치 왕조의 상징으로 그려냄으로써 수학자에서 철학자로 탈바꿈할 수 있었다. 비록 궁정이 과학 아카데미는 아니었지만



71 아카데미아 델 디세뇨의 창립회원인 바사리는 자신의 사회적 지위와 아카데미에 속하지 않은 화가 페리노 델 바가의 지위 사이의 격차를 표현하면서, 후자를 "공개적으로 상점을 열고 거기 서서 온갖 종류의 기계적인 업무들을 수행하는 사람 중 하나"라고 묘사했다. Peter Burke, *The Italian Renaissance* (Princeton, N.J.: Princeton University Press, 1987), p. 81에서 인용. 이 주제를 일반적으로 다룬 책으로는 Nikolaus Pevsner, *Academies of Art* (Cambridge: Cambridge University Press, 1940)를 보라. 아카데미아 델 디세뇨에 관해서는 주 15를 참조하라.

일정한 수준의 사회적 정당화를 제공해 줄 수 있는 제도였고, 그럼으로써 수학자에서 철학자로 탈바꿈한 [갈릴레오 같은] 학자들의 신용을 확립하는 데 도움을 줄 수 있었다. 분야 간 위계, 기존의 사회 제도, 사회문화적 변화의 양식 등이 포함된 이러한 시나리오를 전제로 할 때, 궁정은 갈릴레오가 사회-전문직업적 정당화를 위해 취할 수 있는 가장 유망한 선택지 — 비록 문제 있는 선택지이긴 했지만 — 였다.

사회적 정당화를 위한 갈릴레오의 전략에서 중요한 역할을 한 궁정 후원의 특정 측면들 중 마지막으로 강조하고 싶은 것이 있다. 궁정에서의 지위에 관해 빈타와 협상을 벌이는 과정에서, 갈릴레오는 파도바와 베네치아에서처럼 여러 후원자에 봉사하는 것이 아니라 단 한 사람의 후원자만 섬기고 싶다는 바람을 강조했다. 그는 또한 공화국이라는 국가 형태는 자신이 찾던 종류의 지위를 제공해 줄 수 없다고 주장했다.[72] 그래서 그는『별의 사자』의 헌정사에서 자신이 찾고 있던 후원 관계의 경제적 차원을 지워 버리고 이를 "점성학적으로 예정된" 것으로 내세웠다.

나는 다른 논문에서 갈릴레오가 코시모 2세와 맺은 관계는 위대한 후원자와 명성이 높은 가신 사이에 발생하는 후원 유형 — 주요 궁정에서 만날 수 있는 후원 유형 — 을 반영하고 있다고 쓴 바 있다. 미켈란젤로가 율리우스 2세와 맺은 관계, 코르네유와 라신이 루이 14세와 맺은 관계도 이런 범주에 속한다.[73] 이런 후원 유형에서 특이한 점은 양측 모두가



**72** Galileo to Vinta, 7 May 1610, *Opere*, Vol. X, no. 307, p. 351. 아울러 Galileo to "S. Vesp.," Feb. 1609, no. 209, pp. 232-233; Galileo to Cristina, 8 Dec. 1606, no. 146, p. 165를 보라.

**73** 라신에 관해서는 Raymond Picard, *La carriere de Racine* (Paris: Gallimard, 1961); Alain Viala, *Naissance de l'écrivain* (Paris: Minuit, 1985)를 보라. 코르네유에 관해서도 같은 책을 보라. 미켈란젤로에 관해서는 흥미로운 편향을 지닌 Giorgo Vasari, *La vita di Michelangelo nelle redazioni del 1550 e 1568*, 5 vols. (Milan/Naples: Ricciardi, 1962)를 보라. 나는 이런 유형의 후원을 "Galileo's System of Patronage" (주 24)에서 분석한 바 있다.

관계의 경제적 기반을 부인한다는 것이다. 위대한 후원자들은 자신의 이미지를 찬양하는 가신을 사들인다고 스스로 내세울 경우 바로 그 이미지를 더럽히게 된다. 당당한 이미지를 갖고 있지 못한 사람들이나 다른 사람에게 돈을 주어 그런 이미지를 만들어 내게 시킬 것이기 때문이다. 반대로 중요한 가신들은 자신이 "사심이 없음"(즉, "고귀함")을 내세우기 위해 금전적 관계를 부인하는 경향을 띠었다. 위대한 후원자의 지원을 통해 높은 지위를 얻고자 하는 가신은 상점주인 같은 정신을 가진 것으로 인식되어서는 안 되었다. 상점에 들어온 사람이면 누구에게나 되는 대로 가격을 붙여 물건을 파는 사람처럼 보여서는 안 되었다는 말이다.

그러나 명성이 높은 가신들이 위대한 후원자와 후원 관계에 들어가기 위해서는 단지 자신의 이해관계를 부인하는 것만으로는 부족했다. 그들이 배타적이고 강력한 후원을 받을 자격이 있음을 보이려면, 혁신적이고 도발적이며 위험을 감수하는 방식으로 후원자의 이미지를 찬양할 필요가 있었다.[74] 그들은 자신이 위대한 후원자의 귀족적인("영웅적인") 정신을 공유한다고 내세워야 했다. 그와 같은 고급 후원 관계는 자기 양식화의 중요한 수단이었다. 미켈란젤로 같은 궁정 시각예술가와 라신, 코르네유 같은 궁정 작가들은 그런 수단을 이용해 높은 사회적 지위를 얻고 자신들을 덜 독창적이고 덜 과감하며 이익을 쫓는 자기 직업의 다른 성원들과 차별화하려 했다. 미켈란젤로는 자신이 "그런 목적으로 작업장을 개설한 사람들 같은 부류의 화가나 조각가였던 적이 단 한 번도 없었다"고 말했다. 비슷한 후원 동역학을 통해 라신과 코르네유는 자신들의 사회적 지위를 한 단계 상승시킬 수 있었다. 그들은 돈을 받고 고용된 글쟁이가 아니라 문학 작가 — *écrivains* — 로 인식되었다.[75]



**74** "Aussi peut-on bien parler 'd'héroisme littéraire': leur gloire d'écrivain leur conquiert la noblesse comme jadis les exploits au combat faisaient de l'homme libre un chevalier": Viala, *Naissance de l'écrivain*, p. 222.

**75** 이는 비알라의 책의 논지이다. 특히 pp. 217-236, 270-299를 보라. 미켈란젤로의 인

갈릴레오의 후원 획득 전략은 미켈란젤로, 라신, 코르네유의 그것과 다르지 않았다. 그는 자신의 발견이 경제적 보상을 요구하는 뭔가 유용한 것이라고 내세우지 않았다. 유용한 장치는 엔지니어의 영역에 속했다. 대신 갈릴레오는 왕조의 운명을 매개하는 사심 없는 사자로 스스로를 내세웠다. 자신의 경제적 이해관계를 부인함으로써, 또 매우 개인적인 방식으로 위대한 후원자의 권력을 찬양함으로써 갈릴레오는 수학자에서 철학자로 탈바꿈할 수 있었다. 그러나 그런 식으로 얻어진 사회적 신분 상승은 인식적 함의를 지녔다. 사심없음 — 어떤 사람의 정신이 시장의 우상에 의해 흐려지지 않은 상태 — 은 신용을 갖추기 위한 전제조건이었고, 수학자를 철학자와 갈라놓는 것은 바로 인식론적 신용에서의 격차였다. 갈릴레오가 코시모 2세와의 사이에 발전시킨 특이한 유형의 후원 관계는 이런 격차를 좁히는 수단이 되었다. 이는 또한 (그가 빈타에게 말했듯이) 왜 갈릴레오가 [공화국인] 베네치아에서는 찾을 수 없었던 절대군주를 필요로 했는지 하는 이유이기도 하다. 그는 자신에게 돈과 자유시간뿐 아니라 인식적 정당성을 부여해 줄 수 있을 정도로 중요한 후원자를 필요로 했다. 그리고 위대한 후원자들은 궁정을 가진 절대군주인 것이 보통이었다.

이 글에서 나의 관심은 갈릴레오의 경력이 궁정이나 그에 속한 후원 형태에 의해 결정되었다고 주장하는 것이 아니다. 갈릴레오가 반드시 대학에서 궁정으로 옮겨야만 했던 것은 아니며, 그가 메디치가의 가신이었기 때문에 목성의 위성을 발견할 수 있었던 것도 아니다. 그러나 갈릴레오의 경력을 가능하게 만들었던 역사적 과정, 제도, 후원의 동역학은 그만이 겪은 독특한 것은 아니었다. 마찬가지로, 절대군주의 담화와 연관된 바로크 궁정의 문화와 후원이 보여준 주요 양상들이나, 신학과 철학을 우선시하는 대학의 분야 간 위계 속에서 수학이 부여받은 낮은 인식



용은 Burke, *Italian Renaissance* (주 71), p. 80을 보라.

론적 지위는 결코 피렌체의 맥락에만 적용되는 것이 아니었다.[76]

갈릴레오는 단지 탁월한 과학자였을 뿐이라는 식의 얘기에 대해, 그는 후원 획득 전략에서 그냥 운이 좋았던 것뿐이라고 맞받는 것은 그의 예외적인 경력을 가능케 하고 코페르니쿠스주의와 수학적 물리학의 정당화를 위해 그가 취했던 전략을 틀지었던 보다 일반적인 사회역사적 과정을 무시하는 것이다. 차라리 나는 갈릴레오가 위대한 조각그림 맞추는 사람(bricoleur)이었다고 말하겠다. 망원경부터 궁정에 이르기까지 그의 경력에 중요했던 많은 구성요소들은 이미 거기에 있었지만, 그 모든 구성요소들을 짜 맞추어 조각그림을 완성해 낸 것은 바로 갈릴레오 그 자신이었기 때문이다.



**76** Westman, "The Astronomer's Role in the Sixteenth Century" (주 4); Biagioli, "The Social Status of Italian Mathematicians" (주 4).

# 혁명의 최전선?

## 북해 연안 지역의 의학과 자연사

해롤드 J. 쿡 (Harold J. Cook)
서민우 역

과혁명에 관한 연구를 평가할 때, 새로이 덧붙여진 이야기만큼이나 점차 논의에서 사라져 버린 것에 주목하는 것이 유용한 경우가 있다. 물론 아무도 오늘날 종종 실증주의적이라고 일컬어지는 [역사]서술 전통으로의 단순한 회귀를 옹호하려 하지는 않는다 하여도, 소박한 진보사관(progressivism)하에서 근대 초기의 과학을 탐구했던 역사적 연구들이, 스스로 과학혁명이라고 명명한 사건을 논의해 온 더 최근 세대의 연구들보다, 의학이나 자연사에 훨씬 더 중심적인 지위를 부여했다는 사실은 주목할 만한 일이다. 대략 1940년대 말에 이르기까지 16, 17세기의 과학을 다룬 많은, 아니 대부분의 연구들은 소위 '발견' 이라는 것에 관심을 집중했다. 그러한 연구들은 실증적 지식의 축적을 보여주는 목록을 작성함으로써, 중세의 제한적이고 미신적인 철학화에 비해 속박에서 벗어난 르네상스 이후의 합리적 사유가 더 우월하다는 것을 보여주었다.[1] 역사에 대

Harold J. Cook, "The Cutting Edge of a Revolution? Medicine and Natural History Near the Shores of the North Sea," *Renaissance and Revolution: Humanists, Scholars, Craftsmen and Natural Philosophers in Early Modern Europe*, eds. J.V. Field and Frank A.J.L. James (Cambridge: Cambridge University Press, 1993), pp. 45-61 © 1993 by Cambridge University Press, translated and printed with permission of the author and publisher.

한 이러한 접근법은 다수의 분명한 문제점을 안고 있다. 그러나 찰스 싱어(Charles Singer)나 조지 서턴(George Sarton)과 같이 그러한 접근법을 옹호했던 주요한 학자들이 의학과 자연사에 관한 탁월한 연구들, 예를 들면 아그네스 아버(Agnes Arber), 콜(F.J. Cole), 찰스 셰링턴(Charles S. Sherrington), 찰스 레이븐(Charles Raven), 그리고 애슐리 몬터규(M.F. Ashley Montague)와 같은 이들의 연구를 촉진했다는 점만은 부정할 수 없을 것이다.[2]

그럼에도 1940년대 후반 이래로 대부분의 과학사가들은 자연사가 근대 초기의 자연철학에 공헌한 바를 간과해 왔다. '과학혁명' 이라는 용어를 만들고 또 사용했던 이들은, 16세기와 17세기를 묘사할 때 단순한 실증적 발견이나 합리주의의 등장 이상의 무언가를 염두에 두고 있었거니와, 그들은 유럽인들의 개념관에 있어 수학적이고 기계적인 세계관에 뿌리를 둔 일대 혁명이 발생했다고 여겼던 것이다. 현대 물리학과 연관된 철학적인 관심과 그에 바탕을 둔 엄청난 능력이 과학사 서술의 많은 것



1 예를 들어 다음의 저작들을 참조하라. Charles Singer, *A Short History of Anatomy and Physiology from the Greeks to Harvey* (New York, 1957) (First publ. as *The Evolution of Anatomy* (London and New York, 1925); George Sarton, *The History of Science and the New Humanism* (Cambridge, MA, 1937); idem, "The Quest for Truth: Scientific Progress during the Renaissance," *Sarton on the History of Science, Essays by George Sarton*, selected and edited by D. Stimson (Cambridge, MA, 1962), pp. 102-120.

2 다음과 같은 주요한 연구들에서 싱어나 서턴이 그 연구들을 고무했던 것으로 언급되고 있다. Agnes Arber, *Herbals, Their Origins and Evolution: A Chapter in the History of Botany, 1470-1670* (Cambridge, 1912; 2nd edn enlarged, Cambridge, 1938); F.J. Cole, *A History of Comparative Anatomy: From Aristotle to the Eighteenth Century* (London, 1944); Charles S. Sherrington, *The Endeavour of Jean Fernel* (Cambridge, 1946); Charles E. Raven, *English Naturalists from Neckham to Ray: A Study of the Making of the Modern World* (Cambridge, 1947); M.F. Ashley Montague, *Edward Tyson, M.D., F.R.S., 1650-1708, and the Rise of the Human and Comparative Anatomy in England: A Study in the History of Science*, Memoirs of the American Philosophical Society no. 20 (Philadelphia, 1943).

을 변화시켰음이 분명했다.[3] 새로운 세대는 현대 물리학에서 핵심적 역할을 했던 사고실험과 자연의 수학화의 기원을 근대 초기의 과학혁명에서 찾았다. 루퍼트 홀(A. Rupert Hall)은 알렉상드르 코이레(Alexandre Koyré)의 연구에 관해 언급하면서, 모든 시대를 통틀어 가장 위대한 혁명으로 여겨졌던 상대성이론과 양자역학의 역사적 배경을 제시하기 위해 코이레가 얼마나 많은 노력을 기울였는지 특별히 강조한 바 있다.[4] 홀은 화이트헤드(Alfred North Whitehead), 버트(E. A. Burtt) 그리고 데익스터하위스(E.J. Dijksterhuis) 역시 그러한 목적을 가지고 있었다고 덧붙일 수도 있었을 것이다.[5] 그러나 홀이 올바로 지적한 것처럼, 과학사가 영국과 미국에서 하나의 분과로 제도화되고 있던 세계대전 이후의 세대에 있어 코이레의 영향력은 지대한 것이었다. 스스로를 플라톤주의자라고 천명했던 코이레는 어떤 식으로든 순수한 과학적 관념의 역사로부터 벗어나는 것을 단호하게 거부했다. 가령 다음과 같은 그의 말을 들어보라.



> 나는 **활동적인 지식**(*scientia activa*)이 미적분학의 발전과 어떤 관련이 있었는지, 부르주아지의 부상이 코페르니쿠스 혹은 케플러 천문학의 등장과 무슨 상관이 있었는지 도대체 알 수가 없다. 그리고 경험과 실험 — 우리는 두 가지를 구분해야 할 뿐 아니라 심지어 서로 대립시켜야만 한다 —

3 예를 들어 양자이론의 발전 이후에 아이삭 뉴턴의 업적에 대한 견해가 달라진 것을 살펴보라. *The Royal Society Tercentenary Celebrations 15-19 July 1946* (Cambridge, 1947) 참조.

4 A. Rupert Hall, *The Revolution in Science 1500-1750* (London, 1983), p. 147.

5 Alfred North Whitehead, *Science and the Modern World* (Cambridge, 1926; New York, 1967); Edwin Arthur Burtt, *The Metaphysical Foundations of Modern Physical Science* (2nd edn, Garden City, New York, 1954), E.J. Dijksterhuis, *The Mechanization of the World Picture*, C. Dikshoorn, trans. (Amsterdam, 1950; Oxford, 1961). 또한 다음을 참조하라. Lorraine Daston, "History of Science in an Elegiac Mode: E. A. Burtt's 'Metaphysical Foundations of Modern Science' revisited," *Isis* 82(1991), 522-531; idem, "'Inleiding' to E.J. Dijksterhuis," *Clio's Stiefkind*, ed. K. van Berkel (Amsterdam, 1990), pp. 11-21.

에 관해서라면 나는 실험적 과학의 등장과 성장이 자연에 대한 새로운 **이론적** 접근, 다시 말해 새로운 **형이상학적** 접근의 원천이라기보다는 오히려 그 결과라고 확신하고 있다.

요컨대 코이레에 따르면 과학은 '자연의 수학화(기하학화)'로부터 등장한 것이요 이와 같은 순수한 사유상의 변천이 아닌 다른 그 어떤 원천에서 유래한 것은 아니었다.[6]

여러 역사학자들은, 진정한 과학이란 자연의 수학화로부터 출현한다는 이러한 생각에서, 홀이 아주 정교하게 정리한 바 있는 논쟁점, 즉 자유민주주의 사회를 옹호하기 위한 도덕적, 이데올로기적 설명틀을 발견해 냈다.[7] 그러나 영국 국교회 수사(修士, canon)였던 찰스 레이븐(Charles E. Raven)은, 도덕적 관심사에 대해 마찬가지의 흥미를 가지고 있었음에도 과학사가 이러한 방향으로 나아가는 것에 실망을 감추지 않았다.



거의 대부분의 교과서에서처럼 과학사를 보일과 후크와 같은 몇몇 사람들을 포함한, 코페르니쿠스, 케플러, 갈릴레오, 뉴턴으로 이어지는 로마 교황의 계승과정처럼 서술하는 것은, 19세기 후반에 지배적이었던 기계론과 결정론으로 귀결된 것들만이 중요한 공헌으로 인정될 수 있고, 16세기, 17세기의 동물학자들과 식물학자들의 놀라운 성취는 무시될 수 있다는 전제 하에서만 가능한 일이다.[8]

6 Alexander Koyré, *Newtonian Studies* (London, 1965; Chicago, 1968), p. 6. 강조와 괄호는 원저자의 것이다. 과학적 '형이상학'을 옹호하는 주장에 대해서는 다음을 참조하라. Gary Hatfield, "Metaphysics and the New Science," *Reappraisals of the Scientific Revolution*, eds. David C. Lindberg and Robert S. Westman (Cambridge, 1990), pp. 93-166.

7 A. Rupert Hall, "On Whiggism," *History of Science* 21(1983), 45-59. Michael Polanyi, *Science, Faith and Society* (London, 1946; Chicago, 1964); J. Bronowski, *Science and Human Values* (New York, 1965) 역시 참조하라.

8 Charles E. Raven, *Natural Religion and Christian Theology*, The Gifford Lectures 1951, First Series: Science and Religion (Cambridge, 1953), p. 7.

더욱 최근에는 수학적, 기계적 세계관이 17세기 학자들(virtuosi)의 철학적 사상을 포괄할 수 있다는 생각을 분명히 겨냥한 일군의 비판들이 제기되었다.[9] 그러나 발터 파겔(Walter Pagel), 라탄시(P. M. Rattansi), 앨런 디버스(Allen Debus), 찰스 웹스터(Charles Webster)와 같은 몇몇 학자들의 주목할만한 연구를 제외한다면, 과학혁명이라는 개념이 당시 가장 활발했던 연구의 많은 부분, 즉 의학과 자연사 연구에 당대인들이 기울인 노력을 사실상 배제해 왔음을 우려한 이는 거의 없었다.[10] 놀랍게도 레이븐이 새로운 정설에 불만을 제기했던 1950년 이후로는 과학자들이나 과학사가들이 16, 17세기의 자연사를 다룬 책을 거의 쓰지 않았던 것이다.[11] 리처드 웨스트폴(Richard S. Westfall)과 같은 저자들이 근대 초기의

**9** 더욱 강한 비판 중에서도 다음을 참조하라. Keith Hutchison, "What Happened to Occult Qualities in the Scientific Revolution?," *Isis* 73 (1982), 233-253, John Henry, "A Cambridge Platonist's Materialism: Henry More and the Concept of Soul," *Journal of the Warburg and Courtauld Institutes* 49 (1986), 172-195; idem, "Occult Qualities and the Experimental Philosophy: Active Principles in pre-Newtonian Matter Theory," *History of Science* 24 (1986), 355-381; idem, "Robert Hooke, the Incongruous Mechanist," *Robert Hooke: New Studies*, eds. Michael Hunter and Simon Schaffer (Woodbridge, Suffolk, 1989), pp. 140-180; Peter Dear, *Mersenne and the Learning of the Schools* (Ithaca, 1988); Steven Shapin and Simon Schaffer, *Leviathan and the Air-Pump: Hobbes, Boyle, and the Experimental Life* (Princeton, 1985); Simon Schaffer, "Godly Men and Mechanical Philosophers: Souls and Spirits in Restoration Natural Philosophy," *Science in Context* 1 (1987), 55-85.

**10** 예를 들어 다음을 참조하라. Walter Pagel, *From Paracelsus to Van Helmont: Studies in Renaissance Medicine and Science*, ed. Marianne Winder (London, 1986); P. M. Rattansi, "Recovering the Paracelsian Milieu," *Revolutions in Science: Their Meaning and Relevance*, ed. William R. Shea (Canton, MA, 1988); pp. 1-26; Allen G. Debus, *Man and Nature in the Renaissance* (Cambridge, 1978); and Charles Webster, *The Great Instauration: Science, Medicine and Reform 1626-1660* (New York, 1975).

**11** 물론 Howard B. Adelmann, *Marcello Malpighi and the Evolution of Embryology*, 5 vols. (Ithaca, 1966)와 같은 훌륭한 예외도 있다. 여기에는 자크 로제(Jacques Roget), 셜리 로(Shirley Roe), 필립 슬로안(Phillip Sloan) 등의 학자들이 18세기 자연

과학을 유기적으로 설명하려 했을 때 그들은 자연사로 묶을 수 있는 엄청난 양의 훌륭한 연구들을 그들의 설명틀로 결합하는 데 어려움을 겪었다.[12] 마리 보아스 홀(Marie Boas Hall)과 루퍼트 홀의 설명은 자연사를 어느 정도 의식한 것들 중에서는 가장 성공적이었지만, 루퍼트 홀마저도 자연사의 의의를 평가절하하는 방식으로 생물학과 자연사를 구별하려 하였다.[13] 그리하여 식물과 동물, 나아가 인간을 포함한 세계에 대한 관념상의 변화를 논한 책이나 에세이를 저술하는 일은 키스 토마스(Keith Thomas), 잭 플럼(Jack Plumb), 조지프 레빈(Joseph Levine) 그리고 과학사 그 자체보다는 문화사에 관심을 가지고 근대 초기를 다뤄 왔던 역사가들의 몫으로 남겨졌다.[14] [그러므로] 오늘날의 학문적 풍토에 있어서 사정이 급변하고는 있지만, 지금이야말로 사람들이 이른바 과학혁명이라 불러온 [역사적] 사건 내에서 자연사가 차지하는 위치를 재평가해 볼 적절한 시기일 수 있을 것이다.[15]



사에 관해 중요한 연구들을 지속해 온 전통 역시 포함되어야 할 것이다.

12 '기계론적 세계관'을 같은 시기의 자연사적 탐구들과 결합하려는 시도로는 Richard S. Westfall, *The Construction of Modern Science: Mechanisms and Mechanics* (New York, 1971; Cambridge, 1977), pp. 82-104를 보라.

13 Marie Boas Hall, *The Scientific Renaissance, 1450-1630* (London, 1962; New York, 1966), pp. 50-67; A. Rupert Hall, *The Scientific Revolution, 1500-1800: The Formation of the Modern Scientific Attitude* (London, 1954), pp. 275-302; revised edition as *The Revolution in Science 1500-1750* (London, 1983), pp. 331-346; A. Rupert Hall, *From Galileo to Newton* (London, 1963; New York, 1981), pp. 75-215.

14 Keith Thomas, *Man and the Natural World: Changing Attitudes in England 1500-1800* (London, 1983); J. H. Plumb, "The Acceptance of Modernity," *The Birth of a Consumer Society: The Commercialization of Eighteenth-Century England*, eds. Neil McKendrick, John Brewer and J. H. Plumb (Bloomington, 1982), pp. 316-334; Joseph M. Levine, *Doctor Woodward's Shield: History, Science and Satire in Augustan England* (Berkeley, 1977); idem, "Natural History and the History of the Scientific Revolution," *Clio* 13 (1983), 57-73.

15 예를 들어 다음을 보라. Katherine Park and Lorraine J. Daston, "Unnatural Conceptions: The Study of Monsters in 16th and 17th-Century France and

## I. 근대 초기의 자연사

16, 17세기의 자연사는 **레스 나투라이**(*res naturae*), 즉 자연적인 것들에 관한 탐구로 정의될 수 있다. 플리니우스(Gaius Plinius Secundus, 23-79)와 디오스코리데스(Pedanius Dioscorides, c.40-90) 시대 이후 자연사[의 주제]는 하늘과 땅에 관한 모든 서술들(여기에는 우주론, 천문학, 지리학, 지지학(地誌學), 광물학, 기상학 그리고 그와 같은 부류의 여타 주제들이 포함된다)과, 땅에 사는 생명체들 및 그것들의 존재이유(그러므로 어류, 새, 곤충 및 다른 동물들, 허브, 관목과 교목, 그리고 그것들이 인간에게 가지는 경제적, 의학적 효용들, 또한 사람들의 도구, 복식, 전통과 믿음들에 관한 탐구를 포괄한다)를 포함한다. 최근에 필립 슬로안(Phillip Sloan)이 지적한 것처럼, 이러한 고대의 자연사 전통은 실질적으로 백과사전적 전통과 일치한다. 그러나 슬로안은, 근대에 들어서는 그가 헤르메스 전통이라고 부르는 것에서 유래한 새로운 자극이 존재했음에 주목하고 있다.[16] 확실히 자연사 항목에 포함된 토픽 목록에 화학 정도를 부가한다면 우리는 그 주제들이 로버트 보일(Robert Boyle, 1627-1691)이 '피지올로기(*physiology*)' 라고 불렀던 것 혹은 데이비드 럭스(David Lux)[의 연구]가



England," *Past and Present* 92 (1981), 20-54; Paula Findlen, "Jokes of Nature and Jokes of Knowledge: the Playfulness of Scientific Discourse in Early Modern Europe," *Renaissance Quarterly* 43 (1990), 292-331; William B. Ashworth, Jr., "Natural History and the Emblematic World View," Lindberg and Westman, *op. cit.* (주 6), pp. 303-332. 자연사 서지 학회(the Society for the Bibliography of Natural History)는 1983년에 자연사 학회(the Society for the History of Natural History)로 개명되었고, 새로운 *Journal of the History of Collections*는 1989년에 처음 출간되었다.

**16** Phillip R. Sloan, "Natural History, 1670-1802," *Companion to the History of Modern Science*, eds. R.C. Olby, G.N. Cantor, J.R.R. Christie and M.J.S. Hodge (London, 1990), pp. 295-313.

보여주었듯이 프랑스 학자들이 '피지끄(*physique*)' 라고 불렀던 것과 사실상 동일하다는 것을 발견하게 된다.[17] 17세기 중엽이면 화학적 방법은 광물, 식물 그리고 동물의 성분을 분석하는 가장 중요한 도구로 채택돼 있었다. 내가 덧붙이고 싶은 것은, 16세기의 자연사 탐구가 부활한 히포크라테스 전통으로부터도 부가적인 추동력을 얻었다는 것인데, 당시 히포크라테스 전통은 많은 화학자들까지도 의식적으로 추종하던 면밀한 관찰방법으로 여겨졌다.[18]

슬로안을 따라 자연철학이 인과적 분석을 그 목표로 삼는 데 반해 자연사는 기술(記述)을 목적으로 한다고, 그래서 둘은 분리될 수 있다고 말하는 것은 연구의 동기를 북돋운다는 측면에서는 유용할지도 모르겠다. 그렇게 구분한다면 우리는, 동시대인들이 자연철학을 사태의 원인에 관한 탐구로 이해했기에 자연사는 지식 그 자체보다는 지식에 이르는 수단이었다고 말할 수도 있을 것이다. 그러나 슬로안 식으로 자연사와 자연철학 사이에 분명하고 견고한 경계를 그을 수 있을지는 다소 의심스럽다. 플리니우스가 전자, 아리스토텔레스가 후자로 경도된 것에서 볼 수 있듯이 분명히 이 쪽 혹은 다른 쪽으로 향하는 경향은 존재했다. 그러나 플리니우스는 사물들뿐 아니라 원인들에 관해서도 글을 썼고, 아리스토텔레스 또한 발견보다는 분석을 강조하면서도 전자 역시 당연히 중요하다고 생각했다.[19] 근대 초 유럽의 많은 자연철학자들은 원인에 관한 이론



**17** 보일은 자신의 저작에서 자연철학자들이 탐구하는 대상을 서술하는 용어로 일관되게 '피지올로기(*physiology*)' 라는 단어를 사용하고 있다. David S. Lux, *Patronage and Royal Science in Seventeenth-Century France: The Académie de Physique in Caen* (Ithaca, 1989).

**18** Wesley D. Smith, *The Hippocratic Tradition* (Ithaca, 1979); Iain M. Lonie, "The 'Paris Hippocrates': Teaching and Research in Paris in the Second Half of the Sixteenth Century," *The Medical Renaissance of the Sixteenth Century*, eds. Andrew Wear, Roger K. French, and Iain M. Lonie (Cambridge, 1985), pp. 155-174, pp. 318-326; Vivian Nutton, "Hippocrates in the Renaissance," *Sudhoff's Archive* 27 (1991), 420-439.

적 추론을 전개하기에 앞서 사실을 곧바로 이해해야 한다고 주장했다. 예를 들어 산과 알칼리에 관한 17세기 프랑스인들의 어느 대화를 살펴보면 '사실'을 도입하는 이는 철학자이고, 지적 의심을 제기하는 이는 경험주의자라는 것을 알 수 있다.[20] 그리고 역사가들이라면 그들 자신의 실제 경험으로부터 너무나도 분명히 깨닫고 있을 테지만, 이론과 기술(記述)은 심대한 영향을 주고받기 마련이고, 이러한 사실은 17세기 사람들 역시 잘 알고 있던 바였다.

[그리하여] 프랜시스 베이컨(Francis Bacon, 1561-1626)은 자연사적인 경험과 실험의 수집을 토대로 삼아 자신의 과학철학을 구축하였던 것이다. 이제 소위 '베이컨적' 경험주의라는 것이 진정으로 과학적이라기보다는 다소 소박하게 보이게 된 이후로도 많은 시간이 흘렀다.[21] 그러나 한스 슬로안 경(Sir Hans Sloane, 1660-1753)은 왕립학회의 회장이 되었던 말년에 이르러, '사실이라는 것(matters of fact)'은 지식의 정수 그 자체라고 쓰면서, 그러한 것들을 밝힐 수 있다는 사실에 흥분한 적이 있다.



> 나에게 그러한 설명들이 도대체 무슨 소용이 있는지 묻는다면, **자연사**에 관한 지식이란 사실이라는 것에 대한 관찰에 다름 아닌데, 그것은 다른 대

19 아리스토텔레스와 경험주의에 관해서는 G. E. R. Lloyd, *Magic, Reason and Experience* (Cambridge, 1979), pp. 200-225를 보라. 플리니우스에 관한 가장 좋은 개관은 여전히 Lynn Thorndike, *A History of Magic and Experimental Science* (New York, 1923), Vol. 1, pp. 41-99이다.

20 François André, *Entretiens sur l'acid et l'alcali, où sont examinées les objections de M. Boyle contre ces principes* (Paris, 1672), trans. 'J. W.' as *Chymical Disceptations: Or, Discourse upon Acid and Alkali. Wherein are Examined the Objections Of Mr. Boyle against these Principles* (London, 1689).

21 베이컨의 철학을 좀더 세심하게 살핀 최근의 연구들로는 다음을 참조할 수 있다. Peter Urbach, *Francis Bacon's Philosophy of Science: An Account and Reappraisal* (LaSalle, Illinois, 1987); A. Pérez-Ramos, *Francis Bacon's Idea of Science and the Maker's Knowledge Tradition* (Oxford, 1988); John C. Briggs, *Francis Bacon and the Rhetoric of Nature* (Cambridge, 1989).

부분의 것들보다 확실하고, 내 빈약한 생각으로는 **추리**(reasonings), 가설 그리고 **추론**(deductions)보다도 실수에 종속되는 정도가 덜하다, 라고 대답하겠다. … 이러한 것들이야말로 우리의 감각이 오류를 일으키지 않는 한 우리가 확신할 수 있는 것들이고, 아마도 창조 이후로 계속하여 우리가 지금 알아낸 그 상태 그대로 존재해 왔으며 또한 세상이 종말에 이를 때까지도 그대로 남아 있을 것들이다.[22]

토마스 브라운 경(Sir Thomas Browne)이 거짓된 것들로부터 참된 것을 가려내려 할 때 사용한 아름다운 언어가 예증하듯, 17세기의 많은 사람들에게 진정한 사실을 발견하고 세세한 항목들을 분류해 내는 일은 대단히 신선하고 새로운 것으로 보였다. 그러나 이는 지식을 향한 특정한 태도를 가정하고 있는 것이기도 했다. 의학사에서 '존재론(ontology)' 이라 설명돼 온 것을 향한 철학적 운동은 오늘날의 우리에게는 너무 단순하거나 '실증주의적(positivistic)' 으로 보일 수 있겠지만, 당시 그러한 운동은 유럽 전역에 걸쳐 많은 관심과 환대를 받았는데, 심지어 프랜시스 베이컨 경의 저작들이 잘 알려져 있지 않았던 곳에서도 사정은 다르지 않았다.[23]

그러므로 자연사에 관한 연구들을 재검토하는 일은 바람직하다고 할 수 있을 것이다. 토마스 버크(Thomas Birch)의 『왕립학회사(*History of the Royal Society*)』를 어느 페이지라도 펼쳐, 가령 1682년 12월 6일에 열렸던 모임에 관한 보고를 살펴보면, 자연사가 왕립학회에 얼마나 중심적이었는지를 잘 알 수 있다. 모임은 인디고(indigo) 팅크를 살아있는 개의 창자



22 Hans Sloane, *A Voyage To the Islands Madera, Barbados, Nieves, S. Christophers and Jamaica, with the Natural History of the Herbs and Trees, Four-footed Beasts, Fishes, Birds, Insects, Reptiles, etc*. (London, 1707), sig. Bv. G.R. De Beer, *Sir Hans Sloane and the British Museum* (Oxford, 1953) 역시 참조하라.

23 의학적 존재론에 관해서는 예를 들어 Peter H. Niebyl, "Sennert, Van Helmont, and Medical Ontology," *Bulletin of the History of Medicine* 45 (1971), 115-137을 보라.

속으로 주입하는 것에 관한 토론으로 시작했다. 색깔로 보건대 팅크는 세 시간이 지나 암죽관(lacteal, 소장의 융털에 분포되어 있는 림프관. 음식의 영양분을 흡수하는 기능을 한다 — 역자주)으로 들어간 것 같았다. 이는 애블리온비(Ablionby) 박사, 타이슨(Tyson) 박사 그리고 슬레어(Slare) 박사에게 직접 실험을 해보고 그에 관해 보고를 해달라는 요청으로 이어졌다. 이어 스미스(Smith) 박사는 암죽관 속에 집어넣은 방향물질이 암죽(chyle) 속에 남아 있다고 보고하였고, 리스터(Lister) 박사는 암죽에 관한 한 편의 논문을 발표했는데 거기에는 암죽이 왜 흰색인지에 관한 추론이 포함돼 있었다. 그루(Grew)는 리스터의 추론에 반대했는데, 이는 식물 속의 '유액(乳液, milk)' 과 나아가 반추동물의 창자에 관한 논의로 이어졌다. 다음으로 동인도의 바타비아(Batavia)에 있는 네덜란드인 내과의사 빌렘 텐 레이너(Willem Ten Rhijne, 1647-1700)가 학회 앞으로 보낸 편지가 낭독되었고, 이 편지에 관한 토론으로 인해 누군가는 첼시 약제 정원(Chelsea physic garden)에서 자라고 있는 녹나무(camphor tree)는 텐 레이너가 보낸 것이며, 나아가 아브라함(Abraham Van Munting)인 것으로 추정되지만 그의 아들 알베르투스(Albertus Van Munting)일 가능성도 있는 반 문팅(Van Munting)이 열대식물, 심지어 계피와 육두구(肉荳蔲, nutmeg)까지도 '프리즐란드(Friesland)' 에서 키울 수 있었다고 공표하게 되었다.(사실은 프리즐란드와 마찬가지로 네덜란드 북부에 있는 흐로닝헨(Groningen)에서였다). 이로 인해 보르헤세 공(Prince Borghese)이, 비, 천둥 그리고 지하의 열을 일으킬 수 있다고 알려진, '플럼부스 마리누스(plumbus marinus)' 를 왕립학회에 약속한 바 있다는 누군가의 언급이 이어졌다. 잉글랜드와 뉴잉글랜드의 여러 지방에서 산출된 흑연에 관한 보고들과 함께 광물에 대한 더 깊은 토론이 계속되었고, 리스터 박사에게 자기적 성질을 띠는 석화된 회(灰, petrified ash) 한 조각을 보내달라는 요청이 있었다. 논의는 황철광(pyrite)과 약효가 있는 샘에 관한 것으로 이어졌고, 인디고 팅크를 개 두 마리의 십이지장(duodenum)에 주입한 또 다른 보고로 되돌아갔다. 마침내 평소와 다를 바 없이 모임은 로버트 후크(Robert Hooke, 1635-1703)의 실험과 함께 끝이 났다. 특별히 명기되지 않은 물체가 겨우 물에 잠길 정도로만 배치되었고, 잠시 후에 물체가 담겨져 있던 용기에 충격을 가하자 그 물체는 물속으로 더욱 깊이 가라앉았다.[24]

자연에 존재하는 진기한 것들, 생리학과 해부학, 식물학에 관한 이러한 종류의 일반적인 논의와 종결 시연(closing demonstration)은, 왕립학회, 1663년 특허장에 적힌 명칭대로 하자면 '자연지식을 증진하기 위한 런던 왕립학회(The Royal Society of London for the Promoting of Natural Knowledge)'의 업무에 꽤 전형적인 것이었다.[25] 분명히 잉글랜드의 회원들은 유사한 소식통을 통해 이탈리아, 프랑스 그리고 여타 지역의 연구들뿐 아니라 네덜란드와 네덜란드 식민지에서 행해지고 있던 훌륭한 연구들에 관해서도 아주 잘 알고 있었다. 소화관 내의 암죽에 관한 논의는 임파선의 발견으로 이어졌던 네덜란드인의 연구가 자극한 것이었다. 이 시기는 안토니 반 레벤후크(Antonie van Leeuwenhoek, 1632-1723)가 왕립학회에 편지를 보내 활발한 관심을 불러일으켰던 시기와도 일치한다. 더욱이 왕립학회는, 텐 레이너가 바타비아에서 보낸 전갈로 인해, 침술(acupuncture)에 관한 유럽인 최초의 설명이 포함돼 있는 그의 책을 출판하기도 하였다.[26] 텐 레이너의 책은 또한 뜸질(moxibustion)에 관해서도 설명하고 있었는데, 왕립학회는 네덜란드 동인도회사 공사의 아들 헤르



24 Thomas Birch, *The History of the Royal Society of London*, 4 vols. (London, 1756-1757), Vol. 4, p. 119.

25 Robert G. Frank, Jr., "Institutional Structure and Scientific Activity in the Early Royal Society," *Proceedings of the 14th International Congress of the History of Science* 4 (Tokyo, 1975), 82-101; R.P. Stearns, "The Relations Between Science and Society in the Later Seventeenth Century," *The Restoration of the Stuarts: Blessing or Disaster?* (Washington, D.C., 1960), pp. 67-75; Michael Hunter, *Establishing the New Science: The Experience of the Early Royal Society* (Woodbridge, 1989).

26 Willem Ten Rhijne, *Dissertatio de arthritide* (London, 1683).

만 부스호프(Hermann Busschof)로부터 그것에 관해 들은 적이 있던 콘스탄테인 호이겐스(Constantijn Huygens, 1596-1687)를 통해 이미 그 이야기를 전해들은 상태였다. 호이겐스는 헤이그에 있던 잉글랜드 대사 윌리암 템플 경(Sir William Temple)에게 통풍을 누그러뜨리는 방법으로 뜸질 처방을 추천한 적이 있는데, 템플은 그 처방이 무척이나 효력이 있다는 것을 알게 되어, 그 덕에 펠멜가에 살고 있던 그의 이웃 토마스 시덴햄(Thomas Sydenham)은 후일 통풍에 관한 자신의 책에서 그 주제를 다루게 되었다.[27] 왕립학회가 그 처방에 관심을 가지고 있었기에, 그들은 텐 레이너의 책을 출판했을 뿐 아니라 뜸질에 관한 부스호프의 네덜란드어 책을 영어로 번역하도록 의뢰하기도 했다.[28]

## II. 스왐메르담과 그의 사회적 환경



얀 스왐메르담(Jan Swammerdam, 1637-1680)의 고도로 숙련되고 광범위한 연구를 간략히 살펴봄으로써 우리는 17세기의 자연사적인 탐구의 범위와 중요성을 보여주는 또 다른 사례를 확인할 수 있다.[29] 스왐메르담의

27 다음을 참조하라. George Rosen, "Sir William Temple and the therapeutic use of moxa for gout in England," *Bulletin of the History of Medicine* 44 (1970), 31-39. 로젠은 '쥬리큼(Zulichem)'이 호이겐스였다는 것을 인식하지 못했다. 이와 관련해서는 다음을 보라. J.A. Wrop, ed., *De Briefwisseling van Constantijn Huygens (1608-1687)*, 6 vols. (s-Gravenhage, 1911-1917), Vol. 6, Letter No. 6995, "Aan H. Oldenburg," A la Haye, ce 16/26 Nov. 1675, pp. 368-369. 시덴햄에 관해서는 Thomas Sydenham, *Tractatus de podagra et hydrope* (London, 1683)을 참조하라. 이 책은 1684년 제임스 드레이크(James Drake)에 의해 영역된 후 여러 차례 번역되었다. 관련 구절은 끝에서 세 번째 단락에서 확인할 수 있다.

28 Herman Busschof and Hermann Roonhuis, *Two treatises, the One Medical, of the Gout, ... the Other Partly Chirurgical, Partly Medical* (London, 1676).

29 스왐메르담에 관한 요약은 다음의 연구들에 기초한 것이다. Cole, *op. cit.* (주 2); G.A. Lindeboom, ed. and comp., *Ontmoeting met Jan Swammerdam* (Kampen,

아버지는, 세계 각지에서 온 배들이 정박해 있는 암스테르담 조선소 바로 옆에 약제상 가게를 소유하고 있었고, 당시의 다른 많은 이들처럼 중국산 자기와 그밖의 물건들을 수집하기 시작했는데, 여기에는 동인도에서 회항한 선원들에게서 구입하곤 했던 이국풍의 산물들(exotica)과 자연산물들(naturalia)이 포함돼 있었다. 그의 아버지가 가지고 있던 진열장(cabinet)은 꽤나 유명해졌다. 스왐메르담은 어린 시절에 이미 자신의 진열장을 만들기 시작했고, 특히 곤충 수집에 관심을 보였다. 몇 년 지나지 않아 그는 1,200여 개나 되는 곤충을 수집하였고, 이를 표본으로 만들어 슬라이드에 고정시키고 가지런히 배열해 두었다.

그러나 암스테르담에서 제공한 기회는 스왐메르담의 식견을 더욱 넓혀 주었다. 그는 학위를 수여하지 않는다는 것을 제외하고는 거의 모든 점에서 대학이나 마찬가지였던 지역학당(Athenaeum)에서 훌륭한 교육을 받았는데, 그곳은 도시의 학식 있고 온후한 섭정자(regent)들에 의해 설립된 지 얼마 되지 않은 곳이었다.[30] 스왐메르담은 또한 도시의 네 명의 시

1980); idem, "Jan Swammerdam als microscopist," *Tijdschrift voor de Geschiederis der Geneeskunde, Natuurwetenschappen, Wiskunde en Techniek* (이하 *Tijd. Gesch. Geneesk. Natuurw. Wisk. Tech.*) 4 (1981), 87-110; idem, ed. and comp., *Het Cabinet van Jan Swammerdam (1637-1680)* (Amsterdam, 1980); idem, "Jan Swammerdam (1637-1680) and his *Biblia Naturae*," *Clio Medica* 17 (1982), 113-131; Marian Fournier, "Jan Swammerdam en de 17e eeuwse microscopic," *Tijd. Gesch. Geneesk. Natuurw Wisk. Tech.* (1981), 74-86; idem, *The Fabric of Life: The Rise and Decline of Seventeenth-Century Microscopy* (Ph.D. dissertation, Twente University, 1991), pp. 82-97; R.P.W. Visser, "Theorie en Praktijk van Swammerdams wetenschappelijke methode in zijn entomologie," *Tijd. Gesch. Geneesk. Natuurw Wisk. Tech.* 4 (1981), 63-73, Daniel C. Fouke, "Mechanical and 'Organical' Models in Seventeenth-Century Explanations of Biological Reproduction," *Science in Context* 3(3) (1989), 365-381, Frans P.M. Francissen, "Vroege nederlandse bijdragen tot de kennis van Ephemeroptera of Eendagsvliegen," *Tijd. Gesch. Geneesk. Natuurw Wisk. Tech.* 7 (1984), 113-128. 한편, Olga Pöhlmann, *Jan Swammerdam: Natuuronderzoeker en Medicus*, trans. H.W.J. Schaap (Amsterdam, 1944)는 스왐메르담의 삶을 주제로 한 소설적 전기이다.

장 중 한 명이었던 요하네스 후더(Johannes Hudde)로부터 자그마한 유리 방울을 가지고 현미경용 렌즈를 만드는 법을 배웠는데, 후더는 레벤후크가 렌즈 제작 기술을 개량할 그만의 방법을 찾기 전에 그에게 렌즈 만드는 기술을 가르치기도 했던 이였다. 스왐메르담은 통상 800-900배 배율의 렌즈를 가지고 연구한 듯하지만, 후더의 방법으로 만들어진 렌즈 중 가장 섬세한 것은 2,200배의 배율을 가능하게 했던 것으로 알려져 있다.[31] 이러한 도구의 도움으로 스왐메르담은 곤충에 관한 몇 가지 굉장히 놀라운 해부학적 연구를 수행할 수 있는 기법들을 개발했고, 그리하여 토스카나의 대공인 메디치가의 젊은 코시모가 1668년 그의 진열실을 방문했을 때, 스왐메르담은 애벌레를 해부하여 나비의 날개가 될 무언가가 이미 애벌레의 몸속에 들어 있는 모습을 보여줄 수 있었다. 대공은 스왐메르담의 연구에서 확인할 수 있는 숙련된 기술과 지적 능력에 큰 인상을 받아, 그가 곤충 컬렉션을 피렌체로 가지고 와서 자신을 위해 봉사한다면 12,000길더의 돈을 주겠다고 했지만, 스왐메르담은 이를 거절했다. 얼마 지나지 않아 그가 방대한 『곤충의 일반사(*Historia insectorum generalis*, 1669)』를 네덜란드어로 출판했을 때, 그는 그 책을 암스테르담의 시장들에게 헌정했고, 그들은 답례로 200길더의 사례금을 수여하였다.[32]



**30** H. Brugmans, ed., *Gedenkboek van het Athenaeum en de Universiteit van Amsterdam 1632-1932* (Amsterdam, 1932); Chris L. Heesakkers, "Foundation and Early Development of the Athenaeum Illustre at Amsterdam," *Lias* 9 (1982), 3-18.

**31** Lindeboom, "Jan Swammerdam als microscopist" (주 29), pp. 96-101; Fournier, "Jan Swammerdam" (주 29), pp. 75-76. 렌즈의 배율(power)에 관한 진술은, 상당 부분 P. Harting, *Het microscoop, deszelfs gebruik, geschiedenis en tegenwoordige toestand* 3 vols. (Utrecht, 1848-1850)에 기초한 Lindeboom의 바로 앞의 글, pp. 98-101에서 인용한 것이다.

**32** 1670년의 암스테르담에서 200길더면, 1라스트(last, 2턴[tun, 큰 술통] 혹은 대략 2미터톤[metric dead-weight tonnes])의 밀을 구입할 수 있었다. 만약 100길더라면 1라스트의 호밀을, 15길더라면 1턴의 청어를 살 수 있었다. 또한 1620년의 라이덴에서 12파

이즈음 스왐메르담은 또한 아주 훌륭한 해부학자가 되어 있었다. 암스테르담에서 실험에 경도된 몇몇 내과의사들과 연구하면서 그는 상당한 해부기술을 습득하였고, 더욱 큰 표본을 보존하고 조사할 수 있는 새로운 기법들을 발전시켰다. 교수들이 정력적으로 해부학, 식물학, 화학, 임상학 연구를 추진하고 있던 라이덴 대학에 가기도 전에 스왐메르담은 반 호르너(Van Horne) 교수에게 큰 인상을 남길 기술들을 발전시켰는데, 반 호르너는 일찍이 다른 기관들 사이에서 흉부 도관(duct)을 발견했던 사람이었다. 라이덴에서 반 호르너의 격려를 받는 가운데 스왐메르담은 근육과 호흡에 관해 선구적이라 할 수 있는 연구를 수행했다. 그는 살아있는 개와 개구리를 자신의 방이나 반 호르너의 집에서 해부했다. 그의 의학 학위논문은, 데카르트주의에 강한 영향을 받았던 1660년대와 1670년대 초의 그의 선생들처럼 그 역시 생리학적 기계론자라는 것을 보여주었다.

암스테르담의 아버지 집으로 돌아와서도 스왐메르담은 한 작은 내과의사 집단의 일원으로서 집중적인 비교해부학 연구를 계속했는데, 그 내과의사 집단은, 도시 섭정자들의 친구로서, 화학자이자 식물학자였고 당대의 가장 뛰어난 해부학자 중 하나였던 제라드 브라지우스(Gerard Blasius)가 주도하고 있었다. 사설 의학협회(Collegium Medicum Privatum)라는 이 내과의사 집단은, 1665년 10월에서 1666년 2월 사이의 모임에서 볼 수 있듯 때로는 일주일에 한 번 이상 만나기도 하며 20년에 이르는 기간 동안 회합을 유지했던, 사실상 하나의 연구 집단이나 마찬가지였다.[33] 스왐메르담은 해부재료 비용을 지불했던 반 호르너와 함께



운드의 호밀빵 덩어리는 6.4스타위버(stuiver, 20스타위버가 1길더였다)를 주고 구입할 수 있었다. 한편, 네덜란드 해군 선장은 월급으로 30길더를 받았고, 일반 선원은 10길더 정도를 받았다. 다음을 참조하라. N.W. Posthumus, *Inquiry into the History of Prices in Holland* (Leiden, 1946-1964), Vol. 2, pp. 770, 783; A.T. van Deursen, *Plain Lives in a Golden Age: Popular Culture, Religion and Society in Seventeenth-Century Holland*, trans. Maarten Ultee (Cambridge, 1991), p. 6; Charles R. Boxer, *The Dutch Seaborne Empire 1600-1800* (London, 1965), pp. 337-342.

라이덴에서 연구를 계속했고, 그 와중에 반 호르너는 사설 의학협회의 모임에 참석하기 위해 암스테르담까지 다녀오곤 했다. 스왐메르담은 도시 내과의사이자 협회 회원이었던 마티어스 슬라두스(Mathias Sladus)의 허가를 얻어 도시 병원 피터스하스트하위스(Pietersgasthuis)에서 해부학 연구를 할 수 있게 되었다. 슬라두스가 1669년에 은퇴하고, 반 호르너가 1670년 초에 죽은 뒤에는 시장 중 한 명이었던 콘라드 반 뵈닝헨(Coenraad Van Beuningen)이 그를 위해 병원에서 사체를 해부할 수 있는 허가를 받아주었다. 반 뵈닝헨은 파리에서 스왐메르담을 처음 만났는데, 당시 그는 네덜란드 대사였고, 스왐메르담은 내내 아주 친한 친구이자 든든한 지지자였던 멜키세덱 테브노(Melchisédec Thévenot)를 만나러 온 참이었다. 반 뵈닝헨 역시 줄곧 테브노의 견실한 친구였다.

스왐메르담은, 그가 자신의 발삼(balsam)이라고 불렀던 것으로 신체 부위를 저장하는 새로운 기법을 개발했다. 그는 심지어 양 한 마리 전체와 한 달 된 아이를 '발삼' 처리하기도 했다. 그는 또한 몸 도관(導管, vessel)에 밀랍을 주사하는 새로운 기법을 상당히 발전시켰는데, 착색한 밀랍을 사용하여 그것을 상이한 도관에 주입해 보면 시각적으로 각각이 구분됐던 것이다. 그리하여 그는 가장 미세한 부분에 이르기까지 기관(氣管, trachea)은 흰 밀랍으로, 폐동맥은 유사하게 붉은 밀랍으로 채우고, 폐정맥은 장밋빛 밀랍으로, 기관지 동맥의 작은 구멍은 화염과 같은 붉은 물질로 채워 넣은 흉부 표본을 마련할 수 있었다. 이때 간 역시 비슷하게 발삼과 밀랍으로 처리되었다. 이러한 기법들은 곧 라이덴의 교수 안토니우스 눅(Antonius Nuck)에 의해 더욱 발전되었는데, 그는 림프계를 아주 상세히 밝혀내기 위해 수은 표본을 사용하였다.[34] 생애 후반기에 이르러



33 G.A. Lindeboom, "Het Collegium Privatum Amstelodamense (1664-1673)," *Nederlands Tijdschrift voor Geneeskande* 119 (1975), 1248-1254. 하름 뵈커스(Harm Beukers)는 1991년 9월 라이덴에서 발표한 한 논문에서 17세기가 다할 때까지도 사설 의학협회가 존재했음을 보인 바 있다.

스왐메르담은 기계론 철학의 핵심적인 부분들을 의심하게 되었으며 한동안 종교적 신비주의자 앙트와네트 뷰리뇽(Antoinette Bourignon)의 열렬한 추종자가 되기도 했으나, 그의 자연사 연구는 아주 높은 수준에서 여전히 계속되었다.

스왐메르담의 삶에 관한 이와 같은 짧은 요약이 그의 관심사와 학문적 활동의 범위를 실상 그대로 드러내 줄 수는 없겠지만, 몇 가지 중요한 논점들, 즉 스왐메르담과 같은 이들의 연구를 확실히 전위적이라고 생각했던 학자들과 후원자들의 국제적 네트워크(그는 런던 왕립학회의 회원들과 파리 과학 아카데미의 구성원들에게 잘 알려져 있었다)가 존재했다는 것, 그리고 그러한 연구를 수행하기 위해서는 엄청난 양의 시간, 자금, 기술과 학식이 필수적으로 요구되었다는 것, 또한 화학적, 해부학적, 생리학적 연구 및 현미경을 사용한 연구와 표본의 수집 및 준비 작업은 종교-철학적인 관심과 하나로 얽혀 있었다는 것 정도는 소략하나마 드러내 주고 있다. [여전히] 우리는 과학혁명을 수학이나 역학과 관계되는 어떤 것으로 바라보던 이전의 개념을 고수하며, 거기에 잘 들어맞는 당대의 연구들에 비해 스왐메르담의 연구는 그 가치가 떨어지는 것이라고 평가해야만 할까?

비록 그렇게 큰 성공을 거둔 것은 아니었지만 스왐메르담 세대가 데카르트주의를 채택하여 자연사에 적용하려 한 첫 세대였다면, 그보다 나이가 많았던 동료, 제라드 브라지우스의 세대는 분명히 데카르트주의가 아주 많은 이들의 마음을 사로잡기 전에도 높은 수준의 연구가 행해졌음을 보여준다. 브라지우스는 덴마크 국왕 아래에서 복무했던 건축가의 아들



34 G. A. Lindeboom, "Dog and Frog: Physiological Experiments," *Leiden University in the Seventeenth Century: An Exchange of Learning*, eds. T. H. Lunsingh Scheruleer and G. H. M. Posthumus Meyjes (Leiden, 1975), pp. 279-293; Antonie M. Luyendijk-Elshout, "Le système lymphatique au dix-septième sièele: rèalitès et fantaisies," *Janus* 52 (1965), 283-288.

이었고, 1645년에 대학 교육을 위해 라이덴으로 오기 전까지는 카스파르 바르톨린(Caspar Bartholin)과 함께 코펜하겐에서 공부했던 것으로 보인다. 그는 1660년에 암스테르담 의학부 임시 교수이자 도시 내과의사가 되었고, 곧 병원 내과의사가 되었으며 1666년에는 전임 교수, 1670년에는 시(市) 사서(司書) 그리고 1681년에는 자연 및 예술을 위한 러시아 아카데미(Russian Academy for Nature and Art)의 회원이 되었다.[35] 브라지우스는 스왐메르담과 같은 이들과 함께 연구했을 뿐만 아니라 니콜라스 스테노(Nicholas Steno)와 같은 젊은이를 격려하기도 했다. 사람들에게 알려진 스테노의 첫 해부학적 발견은 양의 머리 속에 있는 주요한 구강(口腔, oral cavity) 타액원, 이하선(耳下腺, parotid gland) 도관을 찾아낸 것이었는데, 이는 그가 브라지우스와 함께 공부하기 위해 암스테르담에 도착한 지 3주 만에 이뤄진 것이었다.[36] 브라지우스는 대부분 암스테르담 시장들에게 헌정한, 상당히 많은 양의 책을 저술하고 편집했다. 일반 대중들을 상대로 해부학에 관해 설명하고 있는 한 짧은 논고의 서문에서 그는 해부학이 그 의학적 유용성 때문만이 아니라 그것이 가져다주는 인간과 자연에 관한 일반적인 이해[의 증진이]라는 측면에서도 모두에게 중요하다고 설명하고 있다.[37] 실제로 브라지우스는 해부학에 관한 저술만 출판한 것이 아니라 화학에 관한 저술도 출판했다. 더 나아가 브라지우스는 지역학당의 교수로서, 의학협회의 지도적 구성원으로서 그리고 병원 내과의사로서, 병원의 넓은 안마당에 위치하고 있던 암스테르담 식물



35 브라지우스에 관해서는, Brugmans, *op. cit.* (주 30), pp. 163-164, 180-181, 394, 415; Cole, *op. cit.* (주 2), pp. 330-332; Lindeboom, *op. cit.* (주 33), p. 1250; *BWN*(*Biographisch Woordenboek der Nederlanden*); *NNBW*(*Nieuw Nederlandsch Biografisch Woordenboek*)를 참조하라. *BWN*과 *NNBW*를 보면, 상트페테르부르크 과학 아카데미의 전신이었던 것으로 보이는 단체에 브라지우스가 임용되었던 것을 알 수 있다.

36 Gustav Scherz, "Steno," *DSB*(*Dictionary of Scientific Biography*).

37 Gerard Blasius, *Ontleeding des Menschelyken Lichaems* (Amsterdam, 1675).

원에서 수습 외과의사들과 약제상들에게 식물학을 가르치기도 했다.

## III. 수집물과 교화

유럽의 식물원은 당대의 가장 거대한 연구 실험실이었다.[38] 식물원은 모든 곳에 있었으며 엄청난 재원을 필요로 했다. 후에 변호사가 된 영국인 윌리엄 셰라드(William Sherard)가 대륙을 여행했을 때 처음으로 간 곳이 파리의 식물원(Jardin des Plantes)이었고, 그곳에서 그는 투르네포르(Tournefort)와 함께 화학과 식물학을 연구했다. 거기서 셰라드는 라이덴의 의학교수이자 식물학자였던 파울루스 헤르마누스(Paulus Hermannus)를 만났는데, 그 역시 투르네포르를 만나러 와 있던 참이었다. 헤르마누스는 셰라드를 라이덴으로 초대했다. 셰라드는, 그 자신이 1698년에 편집한 헤르마누스의 연구에 관한 책에서, 라이덴 식물원(Leiden Garden)을 현대의 에덴동산처럼 묘사했다. 그 책에서 셰라드가 언급한 것은 라이덴과 암스테르담의 놀라운 식물원들만이 아니었다. 그는, 오라녀공(Prince of Orange)과 헤이그 근방의 '조그플리트(Sorgfliet)'에 있는 한스 빌렘 벤팅크(Hans Willem Bentinck)의 정원들, 바몬드(Warmond) 근방의 '오드 데이링어(Oud-Teylinghe)'에 있는 이로니무스 베버닝(Hieronymus Beverning)의 정원들, 노오드 베이커하우트(Noord-wijkerhout) 근처의 '뢰벤호스트(Leeuwenhorst)'에 위치한 카스파 파글(Caspar Fagel) 소유의 정원들, 다니엘 데스마트(Daniel Desmaret)나 헤이그에 있는 시몬 반 보몽(Simon van Beaumont), 할름(Haarlem) 근방의 '스파른하우트(Sparen-



38 J. Kuijlen, C.S. Oldenburger-Ebbers and D.O. Wijnands, *Paradisus batavus: Bibliografie van plantencatalogi van onderwijstuinen, particuliere tuinen en kwerkerscollecties in de Nordelijke en Zuidelijke Nederlanden (1550-1839)* (Wageningen, 1983).

Hout)' 에 있는 필립 드 플린(Philips de Fline)의 정원들, 그리고 요하네스 반 리트(Johannes van Riedt), 풀라스 부인(Frau Pullas), 루넌(Loenen) 지방의 '베버호프(Vijverhof)' 에 위치한 아흐너스 블로크(Agnes Block)의 정원들과 같이 그 자신이 네덜란드에서 볼 수 있었던 많은 사설 정원들에 관해서도 언급하고 있었던 것이다.[39]

해부학 강당 역시 정원들과 마찬가지로, 최신 지식을 학생들에게 주입시키는 장소 이상의 역할을 하고 있었다. 해부학 이미지들은 신체, 생명의 숨겨진 구조, 우리 각각에 임박한 죽음 그리고 이 세상의 덧없음에 관한 도덕적 의미로 가득차 있었다.[40] 스스로 이러한 의미들을 곧잘 감득(感得)해 내지 못하는 사람들을 위해, 라이덴에서 해부학 강의가 열리지 않았던 봄부터 가을까지 대학 해부학 강당은 인간의 해골로 가득 채워져 있었다([그림 1]). 말하자면 몇몇은 짧은 삶에 관한 라틴어 모토가 적힌 현수막을 들고 있고, 한 명은 덧없음을 표현하기 위해 소를 탄 채 깃이 달린 모자를 쓰고 있으며, 나무 옆에 서 있는 둘은 아담과 이브임을 식별케 해주는 상징물을 들고 있는 식이었다. 아래의 벽에는 이 세상과 다음 세상에 관한 다양한 도덕적 주제를 다루고 있는 예술작품들이 걸려 있었다.[41] 거기에 더해 각 도시의 예술적 전통 역시 개별 도시의 상이한 해부학 수행 방식과 관련돼 있었을 것이다.[42] 한마디로 자연에 관한 연구는



**39** Paulus Hermannus, *Paradisus Batavus* (Leiden, 1698); Johann Heniger, "Der Wissenschaftliche Nachlass von Paul Hermann," *Wissenschaftliche Zeitschrift der Universität Halle* 18 (1969), 527-560; John Prest, *The Garden of Eden: the Botanic Garden and the Recreation of Paradise* (New Haven, 1981).

**40** W. S. Heckscher, *Rembrandt's Anatomy of Dr. Nicolaas Tulp: Am Iconological Study* (New York, 1958); W. Schupbach, *The Paradox of Rembrandt's Anatomy of Dr. Tulp* (London, 1982).

**41** T. H. Lunsingh Scheurleer, "Un amphithéâtre d'anatomie moralisée," Scheurleer and Meyjes, *op. cit.* (주 34), pp. 217-277.

**42** Jan C. C. Rupp, "Matters of Life and Death: the Social and Cultural Conditions of the Rise of Anatomical Theatres, with Special Reference to Seventeenth-Century

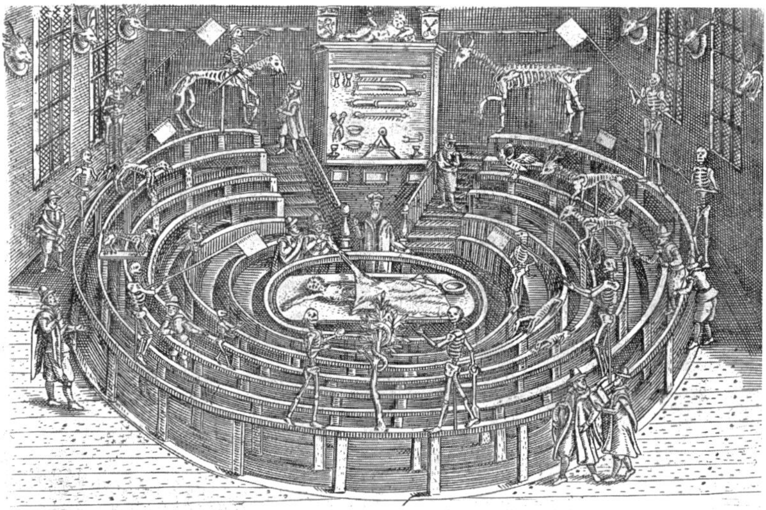

그림 1. 라이덴 대학의 해부학 강당. 1612년, 크리스페인 데 파세(Chrispijn de Passe)의 작품을 본떠서 요하네스 메우르시우스(Johannes Meursius)가 조각한 판화. 해부가 행해지지 않았던 봄에서 가을 사이에 볼 수 있던 모습을 상세히 그리고 있다(그러나 주목할 점은, 작가가 개복한 여성을 해부대 위에 배치하는 것을 꺼려하지 않았다는 사실이다). (Reproduced by courtesy of The Trustee of The Wellcome Trust, London)



엄청난 노력과 세세한 항목들에 대한 관심을 요구했을 뿐 아니라 사람들을 교화하기도 했다.

한 가지 점에서 우리는 존 맨드빌 경(Sir John Mandeville)의 『여행기(*Travels*)』에 나오는, 흥미롭지만 믿기지 않고 기적 같기만 한 14세기의 이야기들로부터 그리 멀리 떨어져 있지 않은 것 같다. 즉, 눈에 보이는 이 모든 혼란스러움 아래에 하느님의 섭리가 깔려 있다는 것이다. 스왐메르담, 레벤후크 그리고 다른 대다수의 네덜란드 자연사학자와 자연철학자들의 정서적 성향은 영국에서는 '자연신학(natural theology)', 네덜란드에서는 '물리-신학(physico-theology)'이라 불렸던 것으로 이끌리고 있었다.[43] 가장 일반적인 수준에서 이 모든 탐구의 목적을 분명히 해보자

Holland," *History of Science* 28 (1990), 263-287.

면, 맨드빌과 스왐메르담은 모든 것이 교화를 위한 것이라는 견해에 동의했을 것이다. 그러나 아주 중요한 차이가 있다. 맨드빌의 독자들에게 시가(詩歌)와 자연철학의 차이는 결코 분명하지 않았던 데 반해, 스왐메르담의 독자들에게 하느님의 지혜는 이(louse)의 형상에서도 볼 수 있는 것이었지만 이를 노래한 시가는 세세한 항목들에 이르기까지 부정할 수 없을 정도로 틀림없어야만 하는 것이었다. 그는 테브노에게, "나는 이제 이의 해부체 속에서 하느님의 전능하신 손길이 현현하심을 당신에게 드러내는 바이니, 그 해부체 속에서 당신은 경이로움이 경이로움 위에 쌓여 있음을 알게 될 것이고, 하나의 미세한 입자 속에도 하느님의 지혜가 분명히 드러나 있음을 발견하게 될 것입니다"라고 썼다.[44] 세세한 신체적 항목들은 본질적인 것이 되었다.

이러한 가치의 변화는 암스테르담의 또 다른 해부학 교수, 즉 암스테르담 외과의 길드(Amsterdam Surgeons' Guild)의 수장이자 조산원 감독자(Supervisor of Midwives)이기도 했던 프레드릭 라위스(Frederik Ruysch)의 연구에서도 분명히 확인할 수 있다. 17세기 말 라위스는 그의 집에 크고 유명한 수집물 진열실을 가지고 있었다. 그 진열실은 조개껍질이나 광물에서부터 인공적 유물들과 건조시켜 보존한 식물들, 나비에서 포유동물을 아우르는 각종 동물들이 표본 슬라이드에 올려진 것에 이르기까지 엄청나게 많은 수의 희기한 것들과 자연에 존재하는 진기한 것들을 전시해 놓고 있었고, 건조시키고 밀랍 처리를 하거나 알코올 속에 보존한 해부 표본들 역시 엄청나게 많이 마련해 놓고 있었다. 라위스의 집에서 이러한 전시물들로 채워져 있던 다섯 칸의 방에는 많은 방문객들이 찾아들었고, 그중에서도 특히 표트르 대제(Tsar Pyotr, 1672-1725)의 경우에는 라위



43 특히 다음을 보라. Rienk H. Vermij, *Secularisering en natuurwetenschap in de zeventiende en achttiende eeuw: Bernard Nieuwentijt* (Amsterdam, 1991).

44 G. A. Lindeboom, ed. and trans., *The Letters of Jan Swammerdam to Melchisédec Thévenot* (Amsterdam, 1975), pp. 104-105.

스가 죽었을 때 그의 상속인들로부터 상속물 전부를 사들여서는 상트페테르부르크에 그 전시관을 세울 정도였다.

라위스의 진열실에서 중심 장식물이었던 것은, 삶의 무상함을 표현하는 알레고리들에 맞춰 진열돼 있던 상당수의 아기들과 태아들의 해골 무리였다. 다수의 자그마한 손가락들은 "vita humana lusus(인간의 삶은 그저 게임일 뿐이다)"와 같은 라틴어 모토를 가리키고 있었다. 그 옆에는 미라로 만들어진 아기들이 레이스 달린 옷을 입은 채 작은 관 속에 누워 있었고, 몇몇은 유리로 만든 의안을 낀 채 방문객을 응시하고 있었다. 마지막으로 작품의 압권(pièce de résistance)은 열 가지의 보물들(thesauri)이었는데, 여기에는 죽음을 주제로 하여 신장, 쓸개, 낭석을 가지고 조립했던 정교한 디오라마들, 그리고 건조시킨 정맥과 동맥으로 만든 나무에 다양한 포즈를 취하고 있는 태아의 해골이 올려져 있는 것들이 포함돼 있었다. [그림 2]에 그려져 있는 세 번째 보물(thesaurus)을 보면 중심 인물상은 자신이 연주하는 바이올린 반주에 맞춰 "아, 운명이여, 쓰디쓴 운명이여!"라고 한탄의 노래를 부르며 하늘을 바라다보고 있고, 그 오른쪽에는 작은 인물상이 미세한 신장결석을 박아 넣은 지휘봉으로 음악에 박자를 맞추고 있다. 더 오른쪽으로 가면 밀랍을 주사한 양의 창자와 경화된 정관(male vas deferens)으로 만든 창을 둘러맨 해골이 있는데, 이는 사람의 첫 순간이 곧 마지막 순간이기도 하다는 전언을 담고 있다. 이제 왼쪽 편을 보면 덧없음(vanitas)의 상징인 깃털을 꽂은 인물상이 있고, 앞쪽에는 하루살이를 손에 든 자그마한 해골상이 위치해 있다. 하루살이는 한 유명한 책에서 스왐메르담이 이미 다룬 바 있는 곤충인데, 그 책은 성체로 사는 날이 단지 하루뿐이라는 추정된 사실에 근거하여 주로 도덕적 논증을 펼치고 있는 것이었다.[45]



**45** Antonie M. Luyendijk-Elshout, "Death Enlightened: A Study of Frederik Ruysch," *Journal of the Americar Medical Association* 212(1) (1970), 121-126.

그림 2. 세 번째 보물. 하위베르츠(Huyberts)의 동판화. Frederik Ruysch, *Opera Omnia* (1721–1727), Vol. 4 (Reproduced by courtesy of The Trustee of The Wellcome Trust, London)

분명히 우리는 라위스의 진열실에서 자연의 세세한 항목들에 관한 엄격한 관심을 간파해 낼 수 있다. 그러나 거기에는 훨씬 더 많은 것이 있다. 도판에 그려진 생물체에 관한 묘사뿐만 아니라 동물, 식물 그리고 해부학 표본 상태의 생체 유물들도 주의 깊은 세심함을 드러내고 있었다. 그러나 그것들이 더 심오한 의미를 전달했다는 사실 또한 분명하다. 우리는 생체 유물들에서 그것들의 외적인 형태 이상을 깨달을 수 있다. 자연에 관한 탐구가 사실상 물질주의적(materialistic)인 것이었고 도서관 밖에서 더욱더 광범위하게 이루어지고 있기는 했으나, 그것은 여전히 인문주의적이고 문예적인 목적, 즉 교화라는 목적과 분리되지 않았던 것이다.

이제, 그러한 관심들을 '소박한' 경험주의나 '엄격하지 않은' 과학, 혹은 어떤 식으로든 부족한 것으로 치부하고 넘어가지 않을 때에야, 비로소 우리는 근대 초기의 학자들이 얼마나 많은 시간과 에너지를 그와 같은 자연사적 탐구에 바쳤는지를 차츰 깨닫게 될 것이다. 실제로 우리가 당대의 '거대과학'을 찾는다면, 우리는 화학을 포함한 자연사가 [과학적 연구에 기울인] 그 시기의 노력 한가운데에 놓여 있었음을 발견하게 된다. 수천 명의 사람들로 구성된 커다란 네트워크들이, 관측은 이뤄질 것이고 진기한 것들은 보고될 것이며 표본들은 세계의 모든 지역으로부터 수집될 것이라고 확신했고, 이 모든 것이, 지방민들, 협잡꾼들과 허풍선이들, 상인들과 선원들, 여행자들과 군인들, 신사들과 귀족들, 교수들과 사제들에 의해 이뤄질 것이라고 믿었다. 무엇이 '사실'을 구성하는가를 결정하는 일은 협동적 연구, 기술적 전문성, 그리고 책과 병 수집품, 껍질과 돌, 해부학 강당과 식물원, 유리제품, 화학제품, 도구, 기구 및 기계, 살아있거나 죽은 식물과 동물, 종이, 그림 그리고 우편가방을 이용할 권리를 필수적인 것으로 만들었다. 이런 일의 상당 부분을 수행하기 위해서는 부유한 자들과 권력을 가진 자들의 후원, 법적 보호와 허가 그리고 엄청나게 많은 돈이 필요했다. [가령] 1680년대 당시 암스테르담 식물원을 위해 새로운 표본들을 수집하고 그것을 운영하는 데 매년 대략

1,200길더의 돈을 쏟아 부어야 했는데, 이는 도시의 의사들과 약제상들에게 부과한 세금, 벌금 그리고 수수료에서 지불되었다.[46] 한편 당연히도 이러한 당대의 거대과학은, 때로 호사스러운 도판을 포함하고 있는, 출판서적들과 『철학회보(*Philosophical Transactions*)』와 같은 정기 간행물에서 자세하게 다뤄졌고, 그 와중에 부유한 방문자와 평범한 방문자 모두를, 유럽 전역에 펴져있는 해부학 강당과 식물원들, 진기한 진열실로 끌어들였다.

## IV. 결론

우리의 시선을 왕립학회 너머로 돌린다면, 우리는 자연적인 것(*res naturae*)에 관한 논의를 중심으로 조직된 많은 공식적, 비공식적 과학 아카데미들을 발견하게 된다. 테브노와 같은 귀족 후원자를 둘러싼 파리의 여러 집단들과 왕립 식물원(Royal Jaridn des Plantes)은 물론이고 심지어 과학 아카데미(Académie des Sciences)까지도 그러한 관심사를 공유하고 있었으니,[47] 과학 아카데미의 첫 출판물이, 후에 [사람들로 하여금] 클로



**46** "Register bevattende jaarlijkse rekening en verantwoording aan de commissarissen van de Hortus Medicus, 1683-1793," Gemeentelijke Archiefdienst Amsterdam, P. A. 27/29.

**47** Rio Howard, "Guy de La Brosse: Botanique et chimie au début de la révolution scientifique," *Revue d'Histoire des Sciences* 31 (1978), 301-326; idem, "Medical Politics and the Founding of the Jardin des Plantes in Paris," *Journal of the Society for Bibliography of Natural History* 9 (1980), 395-402; idem, "Guy de la Brosse and the Jardin des Plantes in Paris," *The Analytic Spirit*, ed. Harry Woolf (Ithaca, 1981), pp. 195-224; idem, *La bibliothèque et le laboratoire de Guy de la Brosse au Jardin des Plantès à Paris*, Ecole Pratique des Hautes Etudes, Histoire et civilisation du livre, n. 13 (Geneva, 1983); Alice Stroup, *A Company of Scientists: Botany, Patronage, and Community at the Seventeenth-Century Parisian Royal Academy of Sciences* (Berkeley, 1990).

드 페로(Claude Perrault)의 이름을 연상케 한, 동물에 관한 익명의 연구물 이었음을 상기해 보는 것이 유익할 수 있겠다.[48] 데이비드 럭스는 최근에, 루이 14세의 국무대신 콜베르가 캉(Caen)에 있던 단명한 왕립 아카데미로 하여금 많은 시간을 어류 해부에 할애하도록 만들고자 했음을 보인 바 있다.[49] 치멘토 아카데미(Accademia del Cimento)를 비롯한 이탈리아의 초기 과학 학회들 역시 의학적 주제나 자연사적 주제에 관한 저작들을 출판했고, 해부학자 말피기(Marcello Malpighi, 1628-1694)의 명성은 갈릴레오에 버금갈 정도가 되었다.

더욱 북쪽으로 올라가면, 우리는 1652년 요한 로렌쯔 보쉬(Johann Lorenz Bausch) 박사에 의해 창설되었고 주로 게르만인들로 구성돼 있었던 자연탐구학회(Academia Naturae Curiosorum)와 그 구성원들에 의해 발표되었던 많은 자연사 출판물들이나, 코펜하겐의 토마스 바르톨린(Thomas Bartholin)을 중심으로 한 덴마크 계열의 단체와 그들이 출판했던 『악타 메디카 하프니엔시아(*Acta Medica Hafniensia*)』, 그리고 암스테르담의 사설 의학협회를 발견하게 된다. 약간의 명성을 가진 대학이라면 어느 곳을 막론하고 식물원과 해부학 강당, 자연사 표본 수집물들을 가지고 있었다. 이러한 일에 막대한 돈을 쏟아 부은 이들에는 왕이나 주요 대학들만이 아니라 사적으로 관심을 가지고 있었던 일반인들 역시 포함돼 있었고, 직접 인간의 몸을 해부할 수 있었던 것은 아니지만 공개 해부가 있을 때면 지체 높은 이들은 항상 앞자리를 차지했으며, 일반 대중들 역시 구석에나마 자리를 얻어 앉을 수 있었다. 18세기쯤 되면 현대적인 물리학 교육 방식과 유사한 자연철학 교육 전통이 시작됐다고 말할 수 있을지 모르겠지만, 17세기까지 학식 있는 이들의 서신교환뿐만 아니라



48 *Mémoires pour servir à l'histoire naturelle des animaux* (Paris, 1671); Claude Perrault, *Description anatomique d'un cameleon, d'un castor, d'un dromadaire, d'un ours, et d'une gazelle* (Paris, 1669).

49 Lux, *op. cit.* (주 17).

정규 교과과정의 대다수를 차지하고 있던 주제는 자연사였다.

물론 많은 과학사가들이 주장해 왔듯이 자연사적 연구는 당대의 '진짜(real)' 과학에 주변적인 것에 불과했는지도 모른다. 그러나 누가, 존 레이(John Ray)가 외떡잎식물과 쌍떡잎식물을 구분한 것이나 실비우스(Sylvius)와 보일이 알칼리와 산을 구분한 것이, 진자 운동을 둘러싼 논의들에 비하면 그 중요성이 뒤떨어지는 사소한 것일 뿐이라고 말할 수 있을까? 또한 우리가 대담한 새 이론의 사례를 찾을 때, 인간의 신체란 속까지 단단한 살덩어리라기보다는 대부분은 용기에 담긴 액체와 같은 것이라는 관념이나 모든 생명체는 종자나 알에서 유래한다는 관념을, 지구가 태양 주위를 운동한다는 생각과 과연 동등하게 취급해서는 안 되는 것일까?[50] 심지어 데카르트까지도 네덜란드에 있을 당시 얼마간의 시간을 해부학적 탐구에 심취하여 보내지 않았던가.[51]

이제 글을 마무리하며 대륙이 아닌 옥스퍼드의 사례, 즉 에드워드 타이슨(Edward Tyson)의 경우를 마지막으로 검토해 보도록 하자. 그는 로버트 플롯(Robert Plot)이 개인 지도교수이자 자연사 교육 편성을 담당하고 있던 [옥스퍼드 대학의] 마그달렌 홀(Magdalen Hall)로부터 1667년에 입학 허가를 받았다. 타이슨은 뛰어난 [학자였던] 로버트 모리스 아래에서 식물학을 공부했을 것이고, 그의 해부학적, 식물학적 연구에 관해 커다란 존경심을 담은 글을 썼던 플롯과는 분명히 해부학을 함께 공부했을 것이다. 1677년 런던으로 옮긴 뒤에 타이슨은 자연사의 저명한 후원자였던 로버트 후크를 방문했는데, 후크는 타이슨을 보살펴 주었고 그를 왕립학회의 회원으로 추대해 주었다. 타이슨은 이내 런던의 학자들 사이에서도 지도적인 인사가 되었다. 말할 필요도 없이 그는 파리와 암스테르

50 Edward G. Ruestow, "The Rise of the Doctrine of Vascular Secretion in the Netherlands," *Journal of the History of Medicine and Allied Science* 35 (1980), 265-287, 특히 p. 272.

51 G. A. Lindeboom, *Descartes and Medicine* (Amsterdam, 1979).

담에서 행해지고 있던 비교 해부학 연구들에 관해 잘 알고 있었는데, 이는 그가 쓴 『오랑우탄(*Orang-outang*)』을 살펴보면 분명하게 드러난다. 한편 타이슨은 후크와 함께 하루살이의 일생에 관한 스왐메르담의 책 『하루살이에 관하여(*Ephemeri vita*)』의 영어 번역본을 출판하는 일을 돕기도 했다.[52] 타이슨의 전기를 쓴 애슐리 몬터규의 말을 빌리자면, 돌고래(porpoise)에 관한 타이슨의 해부학은 "단순히 일반 생물학의 방법을 약술하고 있는 것에 머무르지 않고, 일반 의학의 방법에 관해서도 소략한 설명을 제시하고 있는데, 항상 체계적이고 실험적인 방법론에 중점을 두고 있다. 의학은 인간에 관한 실험 생물학으로서 자연사의 영역에 도입되고 있다 …."[53]

요컨대 그 어느 때보다도 자연사학자들은 사실이 중요하다고 주장했다. 사실은 정말로 중요했을 것이다. 그들은 그들이 가진 선구적 탐구 기법에 정통하기 위해서 엄청난 에너지, 기술, 시간 그리고 자원들을 들여야만 했다. 그러나 그들이 사실을 직접 획득하는 것에만 신경을 쏟은 것은 아니었다. 물론 실용적인 이로움도 있었다. 그러나 그들의 연구에 깔려 있었던 더 깊은 목적은 도덕적 교화였다. 그러한 교화는 어떤 이들에게는 혁명적으로, 심지어는 전복적으로까지 보였던 보편적 원리들을 상술하는 것에 의해서라기보다는 세세한 항목들에 정통함으로써 이뤄질 수 있었다. 한편, 한스 슬로안과 같은 이들에게 '사실이라는 것'을 발견한다는 것은 지루한 일이 아니라 흥미진진한 새로운 모험으로 여겨졌다. 사물들의 집적(assemblage of things)은 사람들에게 도덕성을 상기시키는



52 Edward Tyson, *Orang-outang, sive homo silvestris: or, the anatomy of a pygmie compared with that of a monkey, an ape and a man To which is added a philological essay concerning the pygmies, the cynocephali, the satyrs, and sphinges of the ancients. Wherein it will appear that they were either apes or monkeys, and not men, as formerly pretended* (London, 1699); Swammerdam, *Ephemeri vita: or, the natural history and anatomy of the Ephemeron* (London, 1681).

53 Ashley Montague, *op. cit.* (주 2), p. 100.

강당뿐 아니라 천국에나 있을 법한 정원도 창조해 냈다. 그러므로 과학혁명이란 개념은 틀림없이 이와 같은 거대과학, 당대의 최전선의 연구를 포함해야만 할 것인바, 그렇지 않다면 적절치 못한 개념이 되고 말 것이다.

그렇다면 다시 조지 서턴으로 돌아가 보자. 50여 년 전 서턴은 타이슨에 관한 애슐리 몬터규의 책에 서문을 쓴 적이 있다. 그는 다음과 같이 주장했다.

> 타이슨이 행한 해부학적 분석이 가치 있다는 것은 그리 과장이 아니며, 나는 그의 『오랑우탄(*Orang-outang*, 1699)』이 과학사의 획기적인 저작 중 하나라는 저자의 주장에 동의한다. 물론 나로서는 이 저작이 『인체 해부에 대하여(*Fabrica*, 1543)』나 『천구의 회전에 관하여(*Revolutiones*, 1543)』 혹은 『자연철학의 수학적 원리(*Principia*, 1687)』와 같은 반열에 오를 수 있을지를 확신할 수는 없지만, 이 문제는 내가 토론하고 싶은 문제가 아니다. 그처럼 상을 나눠주는 일은 역사가들의 임무가 아니다. … [그저] 『오랑우탄』은 과학과 철학에 신기원을 이룩했던 저작이었다라고 기술해두는 것으로 충분할 것이다. 그러나 타이슨이 베살리우스, 코페르니쿠스 혹은 뉴턴과 같은 대중적 명성을 얻지 못했기에 다소 강하게 주장할 필요는 있겠다.[54]

동감이다(Amen).



54 *Ibid.*, p. xvi.

제 2 부

# 실험의 권위

## 실험실 설계와 과학의 목적:

안드레아스 리바비우스와 티코 브라헤 __ 오웬 한너웨이

## "실험의 정확성":

18세기 후반 화학에서 측정의 정밀성과 추론의 정밀성 __ 잔 골린스키

**과학자** 하면 대부분 흰 가운을 입고 시험관을 든 채 실험실에서 연구에 몰두하는 모습을 우선 떠올리기 쉽다. 이처럼 오늘날 실험은 과학을 특징짓는 중요한 요소이다. 그러나 이런 점 때문에 근대과학에 실험이 도입된 것이 얼마나 획기적인 변화였는지에 대해 종종 질문을 던질 생각을 못하게 된다.

사실 중세 아리스토텔레스주의는 자연과 인공을 엄격하게 분리하고, 인간의 조작이 개입된 것은 자연철학자가 아니라 장인이나 기술자가 다루어야 한다고 여겼다. 이런 이유로, 근대 초 실험이 과학의 믿을만한 방법으로 자리잡기까지 많은 저항이 있었고, 이 저항을 극복하기 위한 많은 노력들도 뒤따랐다. 한편, 근대 초 과학에서 실험이 지니는 불확실한 지위는 역으로 실험에 대해 많은 의미를 부여할 수 있는 가능성을 열어놓기도 했다.

오웬 한너웨이(Owen Hannaway)의 「실험실 설계와 과학의 목적: 안드레아스 리바비우스와 티코 브라헤」는 과학활동의 새로운 공간으로 실험실이 막 부상하던 근대 초, 두 과학자의 화학 실험실 설계를 비교하고 있다. 이들 실험실 설계는 물리적 공간 배치 이상의 것을 말해 주었는데, 그것은 과학이 어떻게, 어떤 목적으로 추구되어야 하는가에 대한 두 과학자의 태도 차이를 반영한 것이었다. 한너웨이는 이 글에서 여러 이미지 분석을 통해 그 차이를 가려낼 뿐만 아니라, 그 태도를 형성했던 다양한 지적 · 이데올로기적 영향들까지도 찾아내고 있다.

과학혁명기를 거치면서 물리학 분야에서 실험은 믿을만한 방법으로 자리를 잡게 되었지만, 다른 과학 분야에 그 영향이 미치기까지는 꽤 긴 시간이 지나야 했다. 잔 골린스키(Jan Golinski)의 「"실험의 정확성": 18세기 후반 화학에서 측정의 정밀성과 추론의 정밀성」은 프랑스 화학자 라부아지에의 물 분해 · 합성 실험과 그에 대한 영국 화학자들의 반응을 다루고 있다. 라부아지에와 영국 화학자들은 이론을 논증하는 데 있어서 정밀한 실험이 하는 역할에 대해서 매우 큰 인식의 차이를 보였다. 라부아지에는 정교한 실험 도구와 정밀한 실험에서 나온 정확한 실험 결과가 곧 이론의 옳음을 보여주는 것이라고 주장했던 반면, 영국 화학자들은 정밀한 실험 결과와 이론의 확증을 분리시켜 생각했다. 또한 과학을 대중적인 계몽의 도구로 생각했던 영국 화학자들에게 값비싼 정밀 실험도구, 정확성에 대한 지나친 강조는 실험의 폭넓은 재연 가능성을 제한하는 것이면서 동시에 독단적인 모습으로 비추어졌다. 요컨대, 라부아지에와 영국 화학자들 사이의 논쟁은 과학에서 실험의 역할에 대한 논쟁인 동시에 실험의 사회적 기능에 대한 논쟁이기도 했던 것이다.

이처럼 불안했던 실험의 지위는 19세기 유럽 대학에 실험실이 만들어지고 실험이 정규교육의 일부로 인정받으면서 점차적으로 확고해지게 된다. 그러나 대학에 실험 교육이 도입되는 과정을 살펴보면, 발견이나 이론의 검증과 같은 과학적인 목적보다 합리적인 정신을 키워준다는 인성 교육 측면이 더욱 강조되었던 것을 발견할 수 있다. 요컨대, 과학 활동에 실험이 필수불가결하다는 인식은 비교적 최근에 등장한 생각이었던 것이다.

# 실험실 설계와 과학의 목적

## 안드레아스 리바비우스와 티코 브라헤

오웬 한너웨이(Owen Hannaway)
김봉국 역

근대 초기 과학의 역사에서 실험실은 그 중요성에도 불구하고 소홀히 다루어져 왔다. 실험실이 언제 어디서 자연에 관한 연구를 수행하는 특별한 장소로 등장했는지 물으면, 지금으로서는 명확히 답변하기 힘든 문제들이 제기된다. 실험실(*laboratory*)이라는 단어의 어원조차 모호하다. 그 각 나라말들의 어원인 라틴어 명사 '라보라토리움(*laboratorium*)'은 분명 그리스, 로마 시대로부터 유래한 단어가 아니다. 이 단어가 중세에 사용되었던 증거는 있다. 하지만 16세기 말까지 이 단어에 지금과 비슷한 의미가 부여되지는 않은 듯하다. 여러 가지 징후들로 보아 애초에 실험실은 오직 연금술과 화학하고만 결부되어 있었다. 점차적으로 이 용어가 자연 현상에 대한 조작적인 연구가 행해지는 특별한 장소를 지칭하는 단어로 확장된 것으로 보인다.[1] 물론 근대 초기 과학에서의 실험실의 발전

Owen Hannaway, "Laboratory Design and the Aim of Science: Andreas Libavius versus Tycho Brahe," *Isis* 77 (1986), 585-610 

1 어떤 권위 있는 고전 라틴어 사전에도 *laboratorium*이라는 단어는 기재되어 있지 않다. Charles Du Cange, *Glossarium mediae et infimae Latinitatis*, new ed. enlarged by Leopold Favre (Paris: Librairie des Sciences et des Arts, 1938)에는 이 단어의 중세 용법이 드러나는 두 인용문이 실려 있다. 앞선 시기(1347년)의 인용에서는 단순히

을 폭넓게 조망하려는 연구는 화학실험실뿐만 아니라, 해부학 강당(anatomy theater), 경이로운 것들로 가득 찬 진열실(cabinet of curiosities), 식물원(botanical garden), 천문대 등을 포괄하여 다루어야 한다.

초기 실험실과 화학 및 연금술의 관계와 함께, '라보라토리움'이라는 단어가 갖는 어원상의 새로움은 본 주제의 더욱 심오한 의미를 드러낸다. 실험실의 출현은 새로운 과학 연구방식의 등장을 암시한다. 이런 연구는 특화된 기구, 기법, 장치를 사용하여 자연을 관찰하고 조작하는 행위를 수반하며, 기구, 기법, 장치를 제작 · 사용하기 위한 개념적 지식과 숙련된 손재주를 요구한다. 고대 혹은 중세의 과학에서 체계적인 관찰이나 기구의 활용이 없었다는 것은 아니다. 하지만 이런 행위 유형에 대한 강조는 16-17세기에 부상한 새로운 과학의 전형적인 특징 중 하나였다. 이러한 강조가 이루어지는 가운데, 과학의 의미 자체도 변화했다. 더 이상 과학은 단지 **지식의 한 유형** — 어떤 이가 지식(*scientia*)을 파악하는 것 — 이 아니라 점차 **하나의 활동 양식** — 어떤 이가 과학(science)을 행하는 것 — 이 되어갔다. 그러한 활동에 특화된 새로운 이름의 장소가 이 시기에 출현했다는 점은 그 변화의 힘을 가늠케 해준다.[2]



노동 업무(task of labor)란 의미로 쓰이고 있다. 두 번째(1451년) 인용에서는 수도원의 맥락에서 사용되었으며 작업장(workshop)이란 의미로 쓰인 듯하다. 특히, 두 번째 용법은 *scriptorium* 및 *dormitorium*과 유사하기 때문에 흥미롭다. (그리고 이 단어는 Du Cange가 인용한 문장에서도 사용된다.) 그렇지만, 나는 이를 뒷받침하는 증거를 알지 못하며, 또한 수도원 작업장을 의미하는 통상적인 단어는 *officina*이기도 하다. 무언가 제기하는 듯하면서도 결론이 빈약한 논문인 J.R. Christianson, "Cloister and Observatory. Herrevad Abbey and Tycho Brahe's Uraniborg," University of Minnesota, Ph.D. 1964 (University Microfilms, Inc. Ann Arbor, Mich. 66-1685)에는 수도원과 이 논문의 주제 사이에 있었을 법한 연결고리가 제시되어 있다.

2 지금까지 실험실은 근대 초기 과학의 역사에서 그리 중요하게 부각되지 않았다. 실험실과 특히 관련 있어 보이는, 과학 기구의 역사, 실험의 역사, 근대 초기 과학에서 학자와 장인의 상호 작용, 과학 단체의 역사와 같은 잘 확립된 주제들을 다루는 논문들에서도, 실험실은 제대로 다루어지지 않았다. 마지막 주제의 경우, 초기 실험실에 관한 (아마도 이상화되어 있겠지만) 흥미로운 설명으로, William Eamon and Françoise

실험실의 부상과 관련된 몇 가지 쟁점을 분명히 하기 위해, 나는 근대 초기 실험실 중 가장 상세하게 계획되었던 두 가지를 비교하려 한다. 하나는 우라니보르그(Uraniborg), 즉 티코 브라헤(Tycho Brahe, 1546-1601)의 거대한 성채-천문대(castle-observatory)로, 이 덴마크 천문학자는 1598년 출판한 천문관측기구에 관한 책에서 별도의 화학실험실까지 갖춘 이 천문대를 상세히 설명했다.[3] 다른 하나는 안드레아스 리바비우스(Andreas Libavius, 1555-1616)의 화학의 집(Chemical House)으로, 그는 1606년 발행한 화학교과서 2판 해설서의 1부에서 화학의 집과 실험실을 상세히 서술했다.[4]

본격적인 논의에 앞서, 두 계획에 관한 몇 가지 사실을 우선 명확히 해야만 한다. 첫째, 여기서 묘사되는 대상은 단순한 실험실이 아니라, 과학 실행을 위한 구역이 별도로 설계된 '완전한 거주 공간' 이다. 그러므로 우리는 실험실의 새로운 요소를 더 넓은 사회적 맥락 아래서 평가할 수 있

Paheau, "The Accademia Segreta of Girolamo Ruscelli: A Sixteenth Century Italian Scientific Society," *Isis* 75 (1984), 327-342, 특히 pp. 340-342을 참고할 수 있다.

**3** Tycho Brahe, *Astronomiae instauratae mechanica* (Wandsbek, 1598). 이 아름다운 책의 덜 화려한 두 번째 판본은 티코가 죽은 후 뉘른베르크(Nuremberg)에서 1602년에 발행되었다. 이 논문에서 나는 쉽게 구할 수 있는 판본인 *Tychonis Brahe Dani Opera omnia*, eds. J. L. E. Dreyer, H. Raeder, and E. Nystrom (이하 **Brahe, *Opera***), 15 vols. (Copenhagen: Gyldendal, 1913-1929), Vol. V (1923), pp. 1-162를 참고했다. 또한 나는 영어 번역본인 *Tycho Brahe's Description of His Instruments and Scientific Work as given in* Astronomiae instauratae mechanica (*Wandsburgi*, 1598), trans. and eds. Hans Raeder, Eis Strömgren Bengt Strömgren (Copenhagen: Munksgaard, 1946)을 참고했다.

**4** *Commentariorum alchymiae Andreae Libavii Med. D. pars prima sex libris declarata* (이하 Libavius, *Commentariorum pars prima*) (Frankfurt, 1606). 화학의 집과 실험실에 대한 묘사는 Bk. I, pp. 92-99에 실려 있다. 이 책은 리바비우스의 *Alchymia* (Frankfurt, 1606) 2판 해설서의 두 부분 중 첫 번째 부분에 해당한다(1판은 *Alchemia*라는 제목으로 1597년에 출판되었다). 이 책의 복잡한 서지 목록에 관한 해설은 J. R. Partington, *A History of Chemistry*, 4 vols. (London: Macmillan, 1961-1970), Vol. II, pp. 247-250을 참고할 수 있다.

다. 둘째, 우라니보르그는 1576년에서 1597년까지 브라헤가 거주하며 연구했던 실제 건물인 데 반해, 화학의 집에 대한 리바비우스의 계획은 결코 실현되지 않았으며 아마 그렇게 의도되지도 않은 듯하다. 자신이 묘사한 화학의 집과 상당히 유사했을 건물에서 리바비우스가 화학 실험을 수행하는 동안, 그의 계획은 이상화되었다. 셋째, 이런 설명과 묘사를 통한 비교는 우연히 이루어진 것이 아니다. 브라헤가 우라니보르그에 관한 설명을 천문관측기구를 묘사한 글에 포함시켰듯이, 리바비우스도 화학자와 실험실을 수용하기에 적합한 건물에 관한 계획을 그의 화학기구 해설의 부록으로 내놓았다. 나는 더 나아가서 리바비우스가 우라니보르그에 구현된 과학의 의미와 스타일에 대한 공공연한 비판으로서 자신의 계획을 제안했음을 보이려 한다. 이런 모든 사실은 나의 목적에 도움이 된다. 왜냐하면 나는 건축술의 관점에서 두 건물의 기능과 미학을 비교하려는 것이 아니라, 16세기말 서양 문화에 갓 출현한 새로운 과학 활동의 지적 · 이데올로기적 뿌리를 조사하는 길잡이로서 두 계획을 활용하려고 하기 때문이다.[5]



5 리바비우스가 실제로 자택에 실험실을 소유했는지는 분명하지 않다. 리바비우스의 필사 원고에 정통한 룻지미에스 후빅키(Wlodzimierz Hubicki)는 로텐부르크와 코부르크의 자택에 실험실이 있었다고 단정적으로 말했다. 이에 관해서는 Wlodzimierz Hubicki, "Andreas Libavius," *Dictionary of Scientific Biography*, ed. Charles C. Gillispie, 16 vols. (New York: Scribners, 1970-1980), Vol. VIII, pp. 309-312, 특히 p. 311을 참고하라. 하지만 나는 브루스 모란(Bruce Moran)과 편지를 주고받다가 1606년 9월 22일 자콥 모사누스(Jacob Mosanus)가 조셉 뒤센(Joseph Duchesne)에게 보낸 편지에 주목하게 되었다. 이 편지에는 당시 모사누스가 모리츠(Moritz of Hessen-Kassel)의 요청으로 리바비우스의 연금술 연구를 조사하기 위해 코부르크에 있었던 리바비우스를 두 달여 간 방문했다는 설명이 담겨 있다. 이 편지에서 모사누스는 리바비우스의 집에 화로가 있지 않았다고 말한다. 하지만 모사누스가 방문했을 때는 리바비우스가 코부르크로 막 이사했을 시점이며, 따라서 아직 그의 연구실을 마련할 기회를 가지지 못했을 수도 있다. 이 편지는 Bruce Moran, "Privilege, Communication, and Chemistry: The Hermetic-Alchemical Circle of Moritz of Hessen-Kassel," *Ambix* 32 (1985), 110-126, 특히 p. 113에 인용되어 있다.

이런 건축술의 논쟁을 주동한 안드레아스 리바비우스는 비범한 화학자였다. 작센 지방의 의사이자 교육자였던 그는 16세기 말 루터파 스콜라 인문주의에 큰 영향을 받았다. 젊은 시절 리바비우스는 타우버강(Tauber) 계곡의 로텐부르크(Rothenburg)에서 시 소속 의사이자 장학관으로 활동하며 도시 공공업무에 종사했다. 그 후 리바비우스는 코부르크(Coburg)로 이사하여 1607년부터 1616년 죽을 때까지 아카데믹 김나지움(Academic Gymnasium)의 학장으로 재직했다. 지적 훈련과 사회적 신분에 걸맞게, 리바비우스는 의학, 교육, 종교의 영역에서 모든 종류의 광신에 맞서 지칠 줄 모르게 싸웠다. 또한 그는 프랑크푸르트의 인쇄기에 쉴 새 없이 밀어 넣은 방대한 양의 저서들을 통해, 각 분야에서 자신이 합리적인 정통으로 인정하는 것들을 변호하고 방어했다.[6]

광신에 반대하는 리바비우스의 여러 강경한 논쟁들은 파라켈수스(Philippus Aureolus Paracelsus, 1493-1541) 추종자들을 향했다. 파라켈수스주의자들은 농민과 장인의 직관적 지혜를 찬양했고, 이에 더하여 자연과 은총의 빛을 통해 특별한 깨달음에 도달해야 한다고 주장했다. 이런 주장은 교육과 의료의 영역에 있는 리바비우스의 전문적 세계의 토대에 도전하는 것이었다. 특히 16세기 말 파라켈수스주의(Paracelsianism)가 헤르메스주의(hermeticism), 카발리즘(cabalism), 각종 르네상스 마술, 종교융합주의와 함께 독일의 몇몇 개신교 궁정들과 (리바비우스의 입장에서 더욱 불길하게도) 루돌프 2세(Rudolf II, 1576-1612, 신성로마제국의 황제) 치하의 프라하 황실에 스며듦에 따라, 리바비우스는 더 큰 위협을 느꼈다. 리바비우스는 이러한 사태의 배후에서 자애로운 평화주의자인 체하는 칼뱅주의자들의 비밀스러운 음모를 읽어내려 했다. 리바비우스가 보기

6 리바비우스의 생애에 관해서는 Hubicki, "Libavius"(주 5)를 참고하라. 리바비우스 생애와 업적을 문화적 맥락에서 논하는 것으로는 Owen Hannaway, *The Chemists and the Word: The Didactic Origins of Chemistry* (Baltimore: Johns Hopkins University Press, 1975), pp. 75-151을 참고하라.

에 칼뱅주의자들은 신성로마제국의 정치적 안정, 정통 루터파 교리의 존속, 그리고 멜란크톤(Melanchthon, 1497-1560)의 아리스토텔레스주의로 대표되는 인문주의 전통에 위협이 되었다. 리바비우스는 궁정, 비밀결사(cabals), 화학철학(chemical philosophy)을 모두 적이라고 생각했다.[7]

하지만 이런 날이 선 논쟁은 리바비우스의 파라켈수스 비판이 지닌 부정적 영향만을 보여줄 뿐이다. 좀더 건설적인 태도는 그의 화학 교과서 『알키미아(*Alchymia*)』에 나타난다. 이 책에서 리바비우스는 화학 기법과 실행을 총망라하여 명확하게 보임으로써 파라켈수스주의자들로부터 주도권을 되찾아오려 애썼다. 그는 화학의 기교(chemical arts)에 관한 문헌을 박식하게 검토하면서 유일무이한 깨달음을 강조하는 파라켈수스주의자들의 주장을 약화시켰다. 또한 리바비우스는 화학을 백일하에 드러내고 확립된 담론의 역사적 전통 내에 위치지움으로써 숙련자들의 비밀주의로부터 처방전을 탈환해 냈다. 리바비우스는 화학의 기교에 관한 축적된 문헌들 — 마치 수사학처럼 사람들의 마음을 움직여 행동에 나서도록 하는 문헌들 — 로부터 사람들을 지적으로 납득시킬 수 있는 화학 기법 및 처방의 변증적(dialectic) 논리를 "창안"해 냈다.[8]

『알키미아』 해설서 1부에 실려 있는 화학의 집에 관한 계획은 기교와 과학으로서의 화학에 관한 리바비우스의 설명이자 논쟁이다. 이를테면 리바비우스는 화로와 기구의 상세 취급법의 서문 격으로, 이런 장비들을 배치하고 화학적 조작을 실행하기에 적합한 장소, 다시 말해 실험실을 묘사한다. 이런 실험실은 화학자가 연구하면서 동시에 거주하는 집에 위치한다. 하지만 문제가 이처럼 간단치 않음이 리바비우스의 책에서 금방



7 Hannaway, *Chemists and the Word* (주 6), pp. 75-116을 참고하라. 유럽 대륙의 궁정 파라켈수스주의에 관해서는 R. J. W. Evans, *Rudolf II and His World: A Study in Intellectual History*, 1576-1612 (Oxford: Clarendon Press, 1973), 특히 pp. 196-242와 Moran, "Privilege, Communication, and Chemistry" (주 5)를 참고하라.

8 Hannaway, *Chemists and the Word* (주 6), pp. 117-151.

명확해진다. 리바비우스는 티코 브라헤의 우라니보르그에서 드러나는 호사로움과 장엄함을 직접적으로 지적하고, 두 건물의 구조적 설계를 결정했을 만한 신비적 상징을 비꼬아 언급함으로써, 독자가 곧 자신의 많은 논쟁 중 하나에 말려들게 될 것임을 공고하고 있는 것이다.[9]

리바비우스와 달리, 티코 브라헤는 따로 소개할 필요가 거의 없다. 브라헤는 근대 초기 수리천문학의 위대한 삼인방 중에서 중간에 있었던 인물로, 그의 양옆에는 코페르니쿠스(Nicolaus Copernicus, 1473-1543)와 케플러(Johannes Kepler, 1571-1630)가 서 있다. 브라헤 하면 1572년 신성 관측이 떠오르는데, 그는 이 발견을 통해서 천상계가 영원불변한다는 아리스토텔레스의 주장에 의혹을 제기했다. 또한 브라헤는 1577년 혜성을 관측했고, 이를 바탕으로 행성을 나르는 동인으로 간주되던 수정체 천구의 존재를 논박했다. 마지막으로 그는 티코 우주체계의 창안자로, 태양은 지구를 중심으로 돌도록 놔둔 채 다른 행성들이 태양 주위를 선회하게 함으로써 지구가 여전히 우주의 중심에 놓일 수 있게 해주었다. 하지만 브라헤의 업적을 이런 순수 개념적인 용어로만 표현하면, 그의 필생의 연구에서 나타나는 진정한 특징이 가려지게 된다. 브라헤는 수리천문학에서 관측의 기초를 체계적으로 쇄신하는 데에 평생을 바쳤다. 브라헤의 첫 관측은 1563년에 시작되었는데, 16세 학생 신분으로 양각기 하나를 이용해 목성과 토성의 합(合)을 관측해 냈다. 또한 브라헤는 세상을 떠나는 1601년까지 더욱 복잡하고 풍부한 방법들을 활용하여 천문도를 계속 작성해 나갔으며 관측기구의 설계와 사용법에 변화를 주어 관측천문



9 Libavius, *Commentariorum pars prima* (주 4), Bk. I, pp. 92-93. 리바비우스는 대세계와 소세계의 형상 혹은 상형적 단자(hieroglyphic monad)라는 관점에서 볼 때, 우라니보르그의 기하학적 디자인을 신비주의적으로 해석할 필요가 없다고 말한다. 우라니보르그가 태양빛과 별빛이 들어오게 하는 데 최적의 형태임을 말하는 것으로 충분하다는 것이다. 또한 리바비우스는 약간 비꼬는 투로, 그가 플라톤의 "원형(roundness)"을 가치 없다고 생각하지 않았으며 자신의 건물을 설계하는 데 있어 호머의 삼각 연쇄를 무시하지도 않았다고 덧붙였다(p. 93).

학의 정확성을 향상시켰다. 브라헤가 죽은 후 10년이 채 안돼 등장한 갈릴레오 망원경의 극적인 새로움으로 인해, 육안 관측기구를 개량한 브라헤의 성취가 빛바랠 수도 있다. 하지만 수리천문학에서 케플러의 업적은 피사의 망원경에 거의 빚진 것이 없으며, 오히려 덴마크의 육분의(sextant), 사분의(quadrant), 시차자(parallactic ruler), 혼천의(armillary sphere)를 사용한 측정 결과에 전적으로 의존했다. 이런 관측기구들은 우라니보르그 성채-천문대와 함께 『천문학 부흥을 위한 기구들(*Astronomiae instauratae mechanica*)』에 설명되어 있다.[10]

리바비우스가 평범한 화학자가 아니었듯이, 브라헤도 보기 드문 천문학자였다. 브라헤 — 혹은 조상으로부터 물려받은 칭호인 크누스트루프(Knudstrup) 영주 — 는 덴마크 봉건 귀족의 일원이었다. 1576년 덴마크왕 프레드릭 2세(Frederick Ⅱ, 1534-1588)는 티코에게 우라니보르그 천문대 건설 용도로 벤(Hven) 섬을 하사하여, 그곳에서 천문학 연구를 수행하도록 해주었다.[11] 브라헤는 1597년까지 이곳에 살면서 연구했다. 하지만



10 브라헤의 삶과 저작을 가장 잘 분석한 책은 J. L. E. Dreyer, *Tycho Brahe: A Picture of Scientific Life and Work in the Sixteenth Century* (Edinburg: Adam & Charles Black, 1890; New York: Dover, 1963)와 Wilhelm Norlind, *Tycho Brahe: En levnadsteckning med nya bidrag belysande hans liv och verk* (Lund: Gleerup, 1970)이다. 이 외에도 Victor E. Tyoren, "Tycho Brahe: Past and Future Research," *History of Science* 11(1973), 270-282을 참고하라.

11 브라헤는 왕과 봉건적 관계를 맺은 귀족이었다. 그는 궁정사람이 아니었으며 그 일원이 되지 않으려고 저항했다. 브라헤가 벤 섬에 그의 저택을 건설하는 데 필요한 돈을 바로 받기는 했지만 섬 자체는 봉건적 양도 증서의 형태로 하사되었다. 그 후에도 왕은 스칸디나비아 도처의 봉건 영지를 수여하는 방식으로 브라헤의 천문학 연구를 후원했다. 왕의 브라헤 후원에 관해서는 J.R. Christianson, "Tycho Brahe and Patronage of Science, 1576-1597," *American Philosophical Society Year Book, 1972* (Philadelphia: American Philosophical Society, 1973), pp. 572-573 (a preliminary report)와 Christianson, "Tycho Brahe's German Treatise on the Comet of 1577: A Study in Science and Politics," *Isis* 70(1979), 110-140, 특히 pp. 117-118를 참고하라. 또한 아래의 각주 17을 참고하라.

젊은 크리스티안 4세(Christian IV, 1588-1648)가 즉위한 후 왕과의 관계가 악화됨에 따라, 브라헤는 자신의 기구들과 연구에 어울리는 새로운 장소를 찾아서 벤 섬과 덴마크를 떠나게 된다.[12] 『천문학 부흥을 위한 기구들』의 1판(1598)은 이런 이전 계획의 필수적 요소였다. 이 책은 우라니보르그에서 가져온 브라헤 자신의 인쇄기로 인쇄되었고, 홀스타인(Holstein) 귀족 하인리히 폰 란차우(Heinrich von Rantzau)의 반츠벡(Wandsbek) 성 — 브라헤가 잠시 머물렀던 함부르크 근교의 성 — 에서 정식으로 출판되었다. 이 저작에는 벤 섬의 성채-천문대와 그곳의 관측기구들에 관한 상세한 해설이 실렸으며, 당시까지 브라헤가 성취한 업적들에 관한 설명도 들어 있다. 현존하는 대부분의 사본들은 군주들과 저명한 궁정 인사들에게 증정된 판본이었던 것으로 알려져 있으며, 상당수의 책에 손으로 채색한 판화가 실려 있고 몇 권은 비단과 벨벳으로 화려하게 제본되어 있다. 이 책은 브라헤가 최우선 교섭대상으로 염두에 두었던 신성로마제국의 황제 루돌프 2세에게 헌정되었다. 이런 시도는 결과적으로 성공했는데, 황제는 브라헤를 프라하로 초청하여 천문대와 실험실을 재건할 부지로 베낙키(Benatky)의 성을 하사했던 것이다. 『천문학 부흥을 위한 기구들』은 분명 평범한 책이 아니며, 실은 인쇄 역사에서도 유례없는 책일지 모른다. 이 책은 출판의 전과정을 관리 · 감독할 정도의 재력을 갖춘 귀족의 저작이다. 게다가 브라헤는 궁정의 하급직위 정도가 아니라 봉건영지 이상의 대가를 바라면서 이 책을 황제에게 헌정했다.[13]

12 브라헤가 덴마크를 떠나게 된 정황에 관한 논의는 각주 10에 인용된 Dreyer, *Brahe*, pp. 214-276과 Norlind, *Brahe*, pp. 240-266 (둘다 주 10 참조)을 참고하라. 이 사건은 덴마크 왕과 귀족들 사이에서 고조되었던 권력다툼의 맥락에서 파악할 필요가 있다. 이러한 권력다툼은 크리스티안 4세 재위기에 정점에 달했으며, 이로 인하여 1660년 덴마크에서 봉건귀족 신분이 폐지되고 말았다. 이와 관련된 쟁점들에 관해서는, Knud J.V. Jespersen, "Social Change and Military Revolution in Early Modern Europe: Some Danish Evidence," *Historical Journal* 26(1983), 1-13을 참고하라.

13 헌정된 판본을 비롯하여 대략 40여 권에 달하는 사본들의 목록과 그에 관한 해설은 각주 10에 인용된 Norlind, *Brahe*, pp. 266-293에 기술되어 있다. 이 목록은 초창기의

나는 리바비우스가 브라헤의 책 『천문학 부흥을 위한 기구들』의 양질의 초판본 중 한권을 가지고 있었는지, 아니면 브라헤 사후 1년 뒤인 1602년 뉘른베르크(Nuremberg)에서 출판된 약간 하찮은 외관의 2판을 구해서 보았는지 알지 못한다. 훗날 출판된 보급판은 더 작고 덜 정성들여 인쇄된 판형으로, 확실히 리바비우스가 평소 취급하던 책들과 훨씬 흡사했다. 화학의 집과 화학 기구들에 관한 리바비우스의 설명이 실려 있는 『알키미아』의 해설서는 충분한 크기의 2절판 책이다. 하지만 비좁은 2단 편집과 얇은 종이장은, 이 책의 출처가 프랑크푸르트의 변변찮은 상업 인쇄소임을 드러내 준다. 두 책의 외관상의 차이는 그 내용으로까지 이어지는데, 이내 리바비우스는 자신과 자신의 책을 덴마크 귀족과 그 귀족의 저작으로부터 갈라놓는 사회적 격차를 몸소 통렬히 의식하고 있다고 밝힌다. 리바비우스는 화학의 집과 실험실 계획을 소개하면서 자신과 브라헤가 처한 상황의 차이를 숨김없이 드러낸다. 그는 건축가를 고용하고 석재와 목재로 설계를 구현하는 데 필요한 재력과 후원이 자신에게 모두 부족하다고 시인한다. 그러면서도 리바비우스는 화학자에게 적합한 거주지와 작업장에 관한 계획 혹은 "착상"을 제안한다.[14] 정면도



것이지만 여전히 유용한 목록인 B. Hasselberg, "Einige Bemerkugen über Tycho Brahes *Astronomiae instauratae Mechanica Wandesburgi 1598*," *Vierteljahrsschrift der Astronomischen Gesellschaft* 38(1903), 180-187을 바탕으로 작성되었으며, 하셀베르크와 다른 사람들이 "Weitere Exemplare von Tycho Brahes Mechanica," *Zentralblatt für Bibliothekswesen* 21(1904), 396-403에서 인용한 추가 사본들에 관한 다양한 보고서들이 첨가되어 있다. 이 증정본을 받은 사람들로는 Ferdinand de Medici, Grand Duke of Tuscany, Duke Frederick William of Saxony, Prince Maurice of Orange, Archbishop of Salzburg, Duke Heinrich Julius of Braunschweig 등이 있다. 루돌프 2세의 판본은 1598년 1월에 브라헤의 장남이 루돌프 2세에게 직접 헌정했는데, 이에 대해서는 각주 10에 인용된 Breyer, *Brahe*, p. 265를 참고하라. 브라헤가 황실 수학자로서 봉급을 받긴 했겠지만, 그가 황제와의 교섭에서 황실로부터 떨어진 영지 — 프라하로부터 20여 마일 떨어진 베낙키 — 를 요구했다는 점은 주목할 만하다. 하지만 브라헤는 건설비용이 부족하여 그곳에 또 하나의 우라니보르그를 세울 수 없었다. *Ibid.*, pp. 278-287, 298.

와 평면도에 묘사된 조화롭지 못한 우스꽝스러운 두 건물은 시각적으로 리바비우스의 말에 힘을 실어준다([그림 2]와 [그림 6], [그림 7], [그림 8]을 한번 비교해 보라). 브라헤의 건축가들이 설계하고 세운 벤 섬의 비범한 성과는 반대로, 리바비우스는 훨씬 평범한 양식의 건물을, 즉 그가 적고 있듯이 "왕족의 저택이 아니라 중간계층 민간인을 위한 주택"을 제안한다.[15] 비례와 원근이 안 맞고 3층으로 올라가는 계단조차 보이지 않는 화학의 집 도안은 건축 지식과 기술의 부족을 드러내지만, 다른 한편으로 한 가지 착상을 분명히 전달하고 있다. 이 건물은 이웃집과 독립되어 사유 부지 위에 세워진 16세기 독일의 도시 주택이었다. 이것은 성채 과학(*Burgwissenschaft*)에 대한 부르주아적(*bürgerlich*) 대응물인가? 아마 그럴지도 모른다. 그렇지만 이런 건축 논쟁의 이데올로기적 공세를 완전히 이해하려면 우선 벤 섬의 우라니보르그를 논해야만 한다.

1576년 프레드릭 2세는 티코 브라헤에게 벤 섬을 하사하여 이 천문학자를 덴마크에 붙잡아 두고자 했다. 이 당시 브라헤는 천문학에 몰두하기 위해서 모국을 영원히 떠나 스위스 바젤(Basel)에 정착하려고 계획했다. 브라헤는 『천문학 부흥을 위한 기구들』에서 당시 심정을 다음과 같이 회상했다.

그 무렵 내 심정은 이랬다. 무국에서 이 연구를 계속하기란 쉽지도 않거니

14 "Sed facultate utriusque auxilii [i.e., of patrons and architects] destituti simus, neque tamen putemus nos hanc opperis partem posse salvo iure et dignitate chymica praeterire, reiectis ad artifices demonstrationibus, ad opulentos vero locupletesque exaedificatione materiali, quantum possumus in Idea delineanda elaborabimus, et quid nobis in haac re consultum videatur, propenemus": Livavius, *Commentariorum pars prima* (주 4), Bk. I, p. 92.

15 "neque enim regiam molimur domum, sed privati hominis et civis mediocris": *ibid.*, p. 96. 리바비우스는 특유의 빈정거리는 투로, 어떤 왕이나 황제가 더 호화롭고 고급스러운 화학의 집을 짓기 전에는 이런 유형의 주택만으로 당장은 족할 것이라고 덧붙인다. 이 논문 안에 실린 모든 번역은 필자가 직접 한 것이다.

와 현명한 처사도 아닌 듯했다. 특히, 스카니아(Scania) 크누스트루프의 저택이나 덴마크의 한 지역에 머무른다면 귀족들과 친구들의 왕래가 잦아질 것이며, 이들의 방문은 철학 연구에 필요한 평안을 깨뜨려 내 연구를 지연시킬 것이기 때문이다.[16]

브라헤가 바라던 은둔생활을 가져다준 벤 섬은 해수면보다 160피트 정도 높은 2,000여 에이커의 백악질 고원섬이다. 이 섬은 엘시노르(Elsinore)-헬싱보르그(Helsingborg) 해협에서 남쪽으로 9마일 떨어진 덴마크 해협에 있다. 벤 섬은 왕실 소유지였다. 프레드릭 2세는 소작 지대를 비롯한 이 섬의 소유권을 브라헤에게 평생 동안 하사했다. 게다가 왕은 브라헤에게 자금을 주어 저택과 천문대 건설에 필요한 비용을 원조했다.[17]

브라헤에게 소유권이 넘어왔을 때 이 섬에는 교회와 풍차 하나 그리고 40여 채의 집이 있는 마을이 있었다. 이 마을의 소작인들은 섬의 상당 지역을 공유 목초지로 사용했고, 바로 이들이 브라헤의 관측기구 개량에 필요한 노동력을 제공해 주었다. 주거 본관과 천문대 외에도 천문관측기구를 제작할 장인들을 위해 작업장이 새로 세워졌다. 이 섬에는 양어지들도 있었는데, 그중 한 곳에 둑을 쌓아 해안 근처에 지어진 물레방아를



16 "Praesentiebam enim, me non satis commode et tuto haec studia in Patria excolere posse, praesertim si in Scani, atque sede mea Knudtstorpiana, aut alibi in ampla quadam Daniae parte haererem, ubi Nobilium et Amicorum creber esset concursus, qui talibus, otium Philosophicumm interrumpendo, impedimento essent": Brahe, *Mechanica*, in *Opera* (주 3), Vol. V, p. 109. 브라헤는 『천문학 부흥을 위한 기구들』의 또 다른 대목에서 운반시 해체할 수 있는 적도의(equatorial armillary)를 설명한다. 브라헤가 제안하기를, 이는 모든 기구의 특징으로 채택되어야 하는데, 천문학자는 "세계시민(cosmopolite)"이 되어야 하기 때문이다. 이런 멋진 표현에 이어서, 브라헤는 — 자신의 높은 지위를 빌어 — 정치가의 무지와 간섭을 무시하고 연구의 영원성을 추구할 수 있는 천문학자의 미덕을 찬양한다. *Ibid.*, pp. 62-63.

17 벤 섬을 브라헤에게 수여한 증서는 Dreyer, *Brahe* (주 10), pp. 86-87에 번역되어 있다. 이어지는 섬에 관한 묘사는 Brahe, *Mechanica*, in *Opera*, Vol. V, pp. 150-152를 참고했다.

돌렸다. 이 물레방아는 본관 건물의 인쇄소에서 사용할 종이를 만드는 데 이용되었다. 성채와 천문대의 주춧돌은 브라헤의 절친한 친구인 덴마크 주재 프랑스 대사 샤를 댄세이(Charles Dançay, 1510-1589)가 1576년 8월 8일에 놓았다. 훗날 이를 기념하기 위해 주춧돌 위에 놓은 비문에는, 브라헤가 왕의 명을 따라 "철학에 관해 그중에서도 별을 고찰하기 위해서(*philosophiae imprimisque astrorum contemplationi*)" 이 건물을 지었다고 기록되었다.[18]

[그림 1]은 매우 정밀하게 정돈된 부지에 둘러싸인 우라니보르그의 본관 건물을 보여준다. 성 자체가 나침반의 방위에 맞춰 배치되었으므로, 외곽의 정방형 귀퉁이는 기본 방위를 가리키며 대각선으로 놓인 길은 정확히 동-서와 남-북으로 뻗어 있다. 저택의 전면은 동쪽을 향하고 외곽 성벽은 돌로 덮인 흙둑이었다. 브라헤에 따르면, 동쪽과 서쪽 귀퉁이의 현관은 "전원풍의 투스카니(Tuscan) 스타일"이었다. 현관 꼭대기에는 개집이 있으며, 수상한 사람의 접근을 알리는 영국산 개 한 쌍이 그곳을 지켰다. 성벽 북쪽 귀퉁이에 있는 건물 — 본관 저택을 본 딴 듯한 건물 — 은 하인들의 거처였다. 이에 상응하는 남쪽 귀퉁이 건물은 인쇄소이며 이곳에서 우라니보르그의 출판물들을 발간했다. 저택 주변의 잘 정돈된 화초 정원은 울타리를 통해 식물원과 분리되었다. 브라헤는 이 식물원에 300종의 나무들이 있다고 말했다.[19]

[그림 2]는 본관 건물의 평면도와 (동쪽) 정면도를 보여준다. 정확한 대칭성이 이 도면에서도 분명하게 나타나는데, 기본적으로 중앙에 정방형 구역이 있으며 그 북쪽과 남쪽 측면에 원형 격실이 배치된다. 지하실과 두 개 층으로 이루어진 중앙 정방형 구역에는 주로 가사구역이 있다. 도면에서 1층의 남동쪽 방(평면도에서 D)은 겨울철 식당으로 묘사되어 있



18 전체 비문은 Brahe, *Mechanica*, in *Opera*, Vol. V, p. 143에 실려 있다.

19 "Arcis Uraniburgi, quoad totam capacitatem explicatio," *ibid.*, pp. 139-141을 참고하라.

그림 1. 성벽과 부지 안의 우라니보르그(Uraniborg). 『천문학 부흥을 위한 기구들(*Astronomiae instauratae mechanica*, 1598)』. 하버드대학 휴턴 도서관(Hougton Library).

다. 다른 세 방(E, F, G)은 여분의 침실로 할당되어 있지만, 침대와 함께 학생용 탁자들이 놓여 있는 점으로 미루어 천문대의 연구가 이곳에서도 이어져 수행되었음을 알 수 있다. (또한 겨울철 식당을 소규모 화학실험실로 전용하려는 개조가 이루어졌다.) 중앙 분수대(B)는 1층의 두드러진 특징으로, 부엌(H) 아래 북쪽 격실 지하실의 펌프식 우물로부터 공급받은 물을 벽면 파이프를 통해 건물 전체로 보낸다. 2층 방 대부분은 기능보다는 색깔로 그 이름이 명시되었다. 북동쪽 방은 붉은 방이고 남동쪽 방도 그냥 푸른 방이다. 서쪽에는 천장이 꽃과 초목으로 장식되고 녹색으로 칠해진 커다란 방이 하나 있는데, 인상과 달리 그 방만은 유일하게 기능에 따라 여름철 식당으로 명명되었다. 저택 꼭대기의 작은 원형 창문들(정면

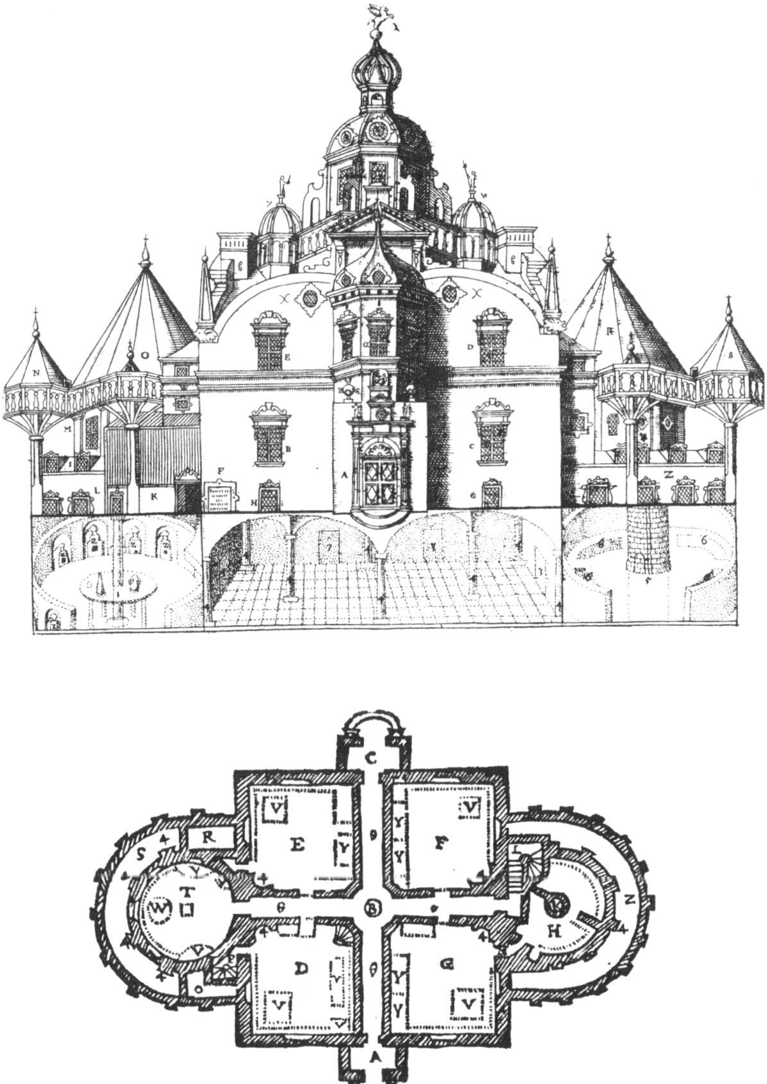

그림 2. 우라니보르그. 본관 건물의 (동쪽) 정면도와 평면도. 하버드대학 휴턴 도서관.

도에서 X)은 여덟 개의 학생용 다락방 침실에 햇빛을 비춰준다. 반면에 저택의 하인들은 성벽 북쪽 모퉁이에 마련된 별도의 건물에 살았다. 본관 건물 위에는 전망대가 있는 팔각 탑이 솟아 있고 종이 달린 시계가 놓여 있다. 그 위에서 페가수스 풍향계가 껑충거리고 있다.[20]

북쪽과 남쪽의 원형 격실은 우라니보르그의 주된 연구 구역이었다. 정면도에서 이 구역은 관측기구가 장착되는 전망대의 뾰족탑 지붕들로 쉽게 식별된다. 각 격실의 큰 전망대는 난간을 통해 각 기둥에 얹힌 두 개의 작은 전망대로 연결되었다. 이곳의 지붕은 여러 방향의 하늘을 노출시키기 위해 지붕의 삼각형 조각들을 떼어낼 수 있게 만들어졌다. 북쪽 격실 아래쪽 1층에는 부엌이 있으며 그 아래 지하 저장실에는 물 공급용 우물과 펌프가 있다. 남쪽 전망대 아래쪽 1층에는 브라헤의 개인 원형연구실이 있다. 그 아래 지하실은 우라니보르그의 본관 화학실험실이다. 화학실험실도 위쪽 연구실처럼 원형이며 중앙 기둥 둘레에 작업대가 설치되었다. 브라헤는 이곳에 16개의 화로가 "적당한 방식으로 둥글게 배치되어 있다"고 말한다. (평면도를 보면 둘레의 벽을 따라 이 화로들이 놓인 듯하다.) 첨부된 텍스트에서 다양한 종류의 화로가 언급되지만 각 화로의 정확한 위치가 따로 상술되지는 않았다. 다만 대부분의 화로들이 열에 잘 견디는 노르웨이 산 베르겐 석으로 제작되었다고 명시되어 있다.[21]

우라니보르그가 완공되고 몇 년이 지난 1584년 무렵, 브라헤는 저택 울타리 너머에 다른 건물을 지었다. "별의 성(Stellaeburg)"이라 불린 이



20 "Explicatio partium majoris et praecipuae domus," *ibid.*, pp. 143-145를 참고하라.
21 브라헤는 화학실험실을 *laboratorium Chymicum, laboratorium Phyronomicum* 과 같이 다양하게 언급한다. *ibid.*, pp. 31, 142, 144, 145. 그는 화로에 관해 다음과 같이 쓰고 있다. "Numerus 2 [in Fig. 2] furnos varii generis circumcirca dispositos utcunque repraesentat. Erantque numero 16." 계속해서 브라헤는 실험실에서 쓰이는 화로의 전반적인 종류를 분류하고 그것들이 무엇으로 만들어졌는지 언급한다. 끝으로 브라헤는 실험실에 있는 모든 것들을 설명하려면 몇 마디 단어로는 불가능하다며 글을 마무리짓는다. *Ibid.*, p. 145.

건물은 일종의 지하천문대였다([그림 3]을 보라). 건물의 반원형 지붕들은 뒤로 젖혀져서 계단식 원형 테라스들의 밑바닥에 있는 몇몇 거대 관측기구들을 건물 밖으로 드러날 수 있게 했고, 원형 테라스들은 작업장이자 전체 건물의 중앙난방장치 역할을 한 중앙의 정방형 구역과 연결되었다. 두 가지 이유에서 지하천문대가 건설되었다. 우선 이런 구조는 바람이 불어도 거대한 관측기구들이 흔들리지 않도록 해주었다. 우라니보르그 전망대에 관측기구들을 장착했을 때 이런 흔들림은 골칫거리였다. 또한 지하천문대 덕분에, 브라헤는 학생 관측팀을 둘로 나누어 동일한 현상을 — 기록을 서로 비교하지 않은 채 — 독립적으로 관측하게 할 수 있었다. 별의 성은 우라니보르그의 화학실험실과 지하 통로를 통해 연결될 계획이었으나, 이 통로는 실제로 완성되지 않았다.[22]

거대한 벽면 4분의는 가장 주목할 만한 관측기구 중 하나로, 이에 대한 묘사는 우라니보르그 연구 공간의 내부 배치가 어떠했는지를 생생하게 전해준다([그림 4]를 보라). 『천문학 부흥을 위한 기구들』에 실린 이 유명한 그림은 벽에 고정된 황동 4분의를 통해 연출되는 광경을 보여준다. 4분의 안쪽 벽면에는 브라헤와 우라니보르그 내부를 묘사하는 벽화가 있다. 이 기구의 위치가 브라헤의 책에 제시되지는 않았지만, 4분의를 정확히 남북 방향인 벽면에 고정 설치했다는 설명은 있다. 이 벽과 수직하게 동서 방향으로 놓인 다른 벽면에는 항성과 행성을 관측할 수 있는 구멍이 4분의의 꼭대기 지점에 뚫려 있다. 티코의 전기 작가 존 드레이어(John. E.L. Dreyer)는 이 4분의가 본관 건물 남동쪽 방([그림 2] 평면도에서 E)의 서쪽 벽에 설치되었다고 주장한다. 이 기구는 두 종류의 관측에 사용되었다. 하나는 별의 고도를 측정하는 것이고 다른 하나는 별의 자오선 통과 시간을 측정하는 것이다. 첫 번째 경우 [그림 4]의 F에 있는 사람과 같은 관측자가 구멍을 통해 별을 바라보면서 4분의의 눈금을 읽는

22 "Stellaeburgi Explicatio," *ibid.*, pp. 146-149를 참고하라.

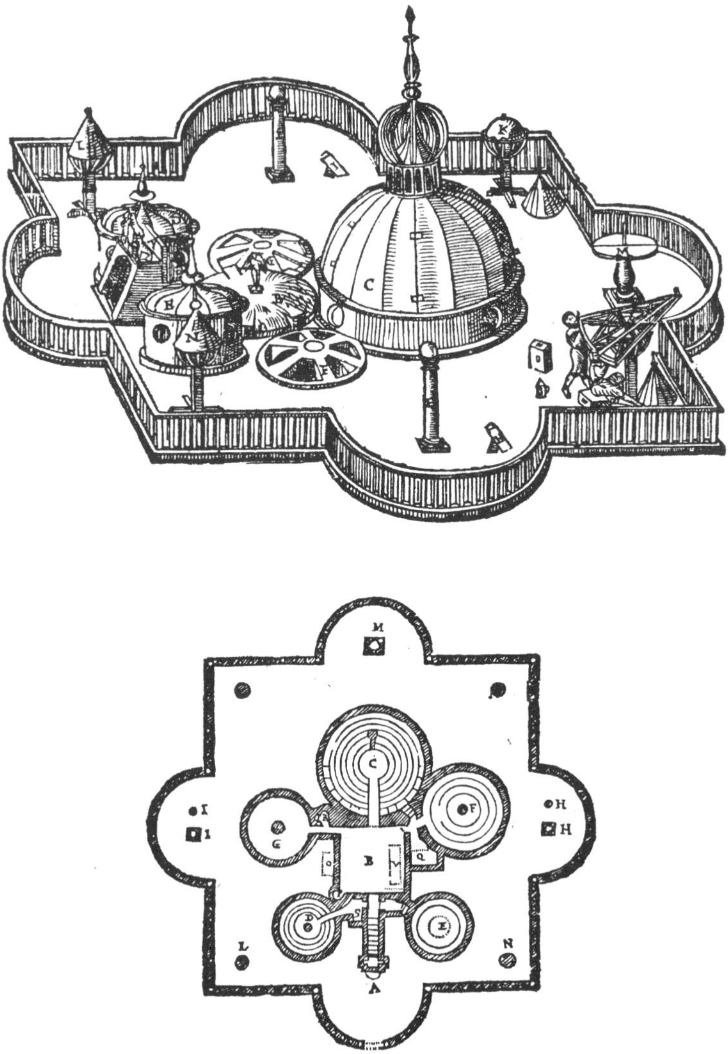

그림 3. 별의 성(Stellaeburg). 전경과 평면도 하버드대학 휴턴 도서관.

그림 4. 우라니보르그. 벽면 4분의 하버드대학 휴턴 도서관.

다. 탁자에 앉은 협력자는 이 치수를 기록한다. 자오선 통과 시간이 필요할 경우, 세 번째 협력자가 통과 순간에 시계를 보고 시간을 읽어낸다.[23]

4분의 안쪽의 그림에서 티코 브라헤는 마치 빛이 들어오는 구멍을 가리키는 듯 오른손을 들어올린 채 탁자에 앉아 있다. 이 초상화는 브라헤의 초빙으로 아우크스부르크(Augsburg)에서 덴마크로 온 화가 토비어스 겜펠린(Tobias Gemperlin)의 작품이다. 브라헤는 자신을 꼭 닮게 그린 이 초상화가 그의 고귀함과 명성을 인상적으로 전달한다고 평했다.[24] 브라헤 발밑에는 충실함과 명민함을 상징하는 듯한 사냥개 한 마리가 쉬고 있다. 브라헤의 머리 뒤편 벽감에는 시계장치를 이용해 태양과 달의 운행을 흉내 낸 지구본이 놓여 있다. 지구본 양편에는 브라헤의 후원자이자 군주인 프레드릭 2세와 그의 왕비 소피아(Sophia)의 초상화가 걸려 있다. 지구본 위에는 브라헤의 서재 일부가 보인다.

한편 초상화의 배경은 우라니보르그의 내부 모습을 보여준다. 사실 이 배경은 또 다른 예술가이자 우라니보르그의 건축가인, 요하네스 스틴윈켈(Johannes Stenwinckel of Emden)의 작품이다. 배경은 아마도 본관 남쪽 격실의 횡단면을 보여주는 듯하다. 최상층은 수치를 읽는 관측자와 기구들이 있는 전망대를 묘사한다. 그 아래 중간층은 브라헤의 연구실로 탁자에서 계산하고 있는 조수들이 보인다. 기둥 뒤에는 브라헤가 아우크스부르크에서 별자리를 기록하여 만든 거대한 천구의(celestial globe)가 있다. 아치 모양 천장의 지하실은 화학실험실이다.[25]



23 관측기구와 그 사용법에 관한 설명은 Brahe, *Mechanica, ibid.*, pp. 29-31에 실려 있다. 이에 관한 드레이어의 설명은 *Brahe* (주 10), pp. 99-100을 참고하라. 이 기구의 사용법은 우라니보르그 본관이 정확한 방위각에 맞춰 정렬되었던 이유를 해명해 준다.

24 Brahe, *Mechanica*, in *Opera*, Vol. V, p. 30.

25 *Ibid.*, p. 31. 그림 맨 위의 풍경은 세 번째 예술가인, 크론보그(Kronborg)의 왕실 화가 존(John of Antwerp)의 작품이다. 벽화에 묘사되어 있는 브라헤의 조수들에 관한 설명은 다음을 참고하라. Victor E. Thoren, “Tycho Brahe as the Dean of a

브라헤는 이 화학실험실에 관한 설명과 관련해, "나는 어릴 적부터 천문학 못지않게 이 주제에 끌렸고 적지 않은 비용을 들여가며 열심히 연구했다"고 적고 있다. 또 다른 곳에서 브라헤는 아우크스부르크에 체류하던 1569년부터 화학에 관심을 가졌으며 1572년 신성 출현으로 천문학에 완전히 몰두했던 기간에만 잠시 화학을 보류했다고 이야기했다.[26] 브라헤는 화학을 결코 포기하지 않았으며, 그의 책에서는 이런 화로 앞에서의 연구에 관한 암시가 종종 등장한다. 브라헤의 화학의 특징과 목표를 정확히 파악하기란 쉽지 않지만, 브라헤가 쓴 책의 여러 문맥들에서 파라켈수스의 견해가 나타나는 것을 볼 때 그가 파라켈수스의 저서에 영향을 받았음은 의심의 여지가 없다. 첫 번째는 우주론적 맥락이다. 브라헤는 1572년 신성과 1577년 혜성을 논할 때 — 전적으로 지지하지는 않지만 — 파라켈수스의 불 개념이 그럴 듯하다면서 천상계 변화를 설명해 주는 하늘의 원소로 인용한다. 다른 곳에서 브라헤는 북극광(aurora borealis)이 바로 전염병의 전조인 유황증기(sulfureous vapor)이며, 화학적으로 조제된 지상계의 황으로 이 전염병을 치료할 수 있다고 언급한다. 이런 효능은 동류가 동류를 치료한다는 파라켈수스의 원리에 근거한 것이다.[27] 브라헤가 실제 화학 치료법을 준비했음은 페스트, 간질, 피부 감염증 등의 특별한 종류의 질병에 관해 그가 상세히 적고 있는 서로 연관된 세 가지 저방과 이것을 총체적으로 취해 만들어진다는 보편 약제를 통해서 입증된다.[28] 브라헤의 화학을 관통하는 중심사상은 우주론적이면



Renaissance Research Institute," *Religion, Science, and Worldview: Essays in Honor of Richard S. Westfall*, eds. Margaret J. Osler and Paul Lawrence Farber (Cambridge: Cambridge University Press, 1985), pp. 275-295.

**26** Brahe, *Mechanica*, in *Opera*, Vol. V, pp. 31, 108.

**27** Christianson, "Brahe on the Comet of 1577" (주 11), pp. 128, 133을 참고하라. 브라헤가 인용한 동류를 치료하는 동류에 관해서는 Dreyer, *Brahe* (주 10), pp. 130-131을 참고하라.

**28** Karin Figala, "Tycho Brahes Elixier," *Annals of Science* 28(1972), 139-176은 남

서도 의학적이다. 다시 말해 그것은 지상 및 지하에서 자라는 것들과 하늘에서 일어나는 현상의 힘과 효력이 조화를 이룬다는 믿음이다. 이런 관계는『천문학 부흥을 위한 기구들』의 표제 페이지와 판권 페이지에 있는 한 쌍의 삽화와 격언에 표현되어 있다([그림 5] 참고). 표제 페이지의 삽화에는 컴퍼스를 손에 들고 천구의에 기댄 채 하늘을 응시하는 신을 닮은 인물상과 그 옆에 푸토(putto, 큐피트 같은 어린아이의 나체상)가 보인다. 이 삽화는 "올려다봄으로써 아래를 살펴보게 된다(*suspiciendo despicio*)"는 격언을 전한다. 판권 페이지의 삽화에는 몇 가지 약초를 손에 든 채 천으로 덮인 흙 둔덕에 기대고 있는 신을 닮은 인물상과 그의 팔을 돌돌 감싸고 있는 아이스쿨라피우스(Aesculapius, 의약과 의술의 신)의 뱀이 보인다. 한편, 푸토는 덮여진 천 옆으로 다가가 아래쪽의 몇몇 화덕들과 화학기구들을 응시하고 있다. 여기서의 격언은 "내려다봄으로써 위를 살펴보게 된다(*despiciendo suspicio*)"이다.[29] 이렇듯 브라헤에게 하늘을 관찰하고 사색하는 것은 지상계의 결실을 화학적으로 면밀히 조사함으로써 보완되는 것이었다. 그렇기 때문에 브라헤는 화학을 "지상계의



아 있는 필사원고와 출판본을 참고해 이러한 약제들에 관해 분석했다. 치료법의 체계적 정리는 티코가 벤 섬을 떠나려 했던 일과 긴밀히 연관된다. 피갈라가 복원한 필사본에는 하인리히 폰 란차우에게 바친 헌정사가 실려 있는데, 여기서 브라헤는 1597-1598년 그를 머무르게 해주고『천문학 부흥을 위한 기구들』을 출판하게 해준 반츠벡 성의 환대에 감사의 뜻을 전하고 있다. 헌정사는 폰 란차우와 그의 측근들이 이 치료법에 대해 비밀을 지킬 것을 명문화하고 있다(pp. 170-173). 치료법 중 하나는 흑사병이 창궐한 1599년 황제 루돌프 2세에게 바쳐졌다.

**29** 브라헤는 1588년 8월 17일 수학자 크리스토퍼 로스만(Christopher Rothman)에게 보낸 편지에서 이 모토의 의미를 설명했다. Brahe, *Opera*, Vol. VI, pp. 144-146을 참고하라. 여기서 브라헤는 한편으로 행성과 항성, 다른 한편으로 원석, 금속, 식물 사이의 조응을 이야기하는 것에 더하여, 행성, 인간 신체의 부분, 금속 사이의 유비를 일반적인 용어로 논의한다. 계속해서 그는 현상의 원인을 살피는 통상적인 학문(physics)은 이것들에 대해 알려주지 못한다며, "손으로 느끼고, 눈으로 보며, 내외부 감각으로 인지하는 것들"에 대해서 배우려는 사람은 "피론주의 학파(Phyronomic School)"로 가야만 한다고 쓰고 있다.

그림 5. 티코 브라헤의 『천문학 부흥을 위한 기구들(*Astronomiae instauratae mechanica*, 1598)』의 표제 페이지(위)와 판권 페이지(아래)에 실려 있는, 천문학과 화학의 상보성을 설명하는 삽화. 하버드대학 휴턴 도서관.

천문학(terrestrial astronomy)"이라고 불렀다.[30] 그렇다면 당시 우라니보르그 지하에 화학실험실을 배치하고 그것을 별의 성 지하천문대와 연결하려 했던 계획은, 어쩌면 기능적인 목적 외에도 상징적인 의미를 지녔던 것인지도 모른다.

브라헤의 화학의 세부 내용 자체가 다소 불명확하다면, 우리가 그것에 무지한 이유도 그리 불가사의하지는 않다. 브라헤는 『천문학 부흥을 위한 기구들』에서 자신의 성취를 설명한 후, 화학에 관한 자신의 태도를 피력했다.

> 나는 화학에 흥미를 느끼고 이를 조금 알고 있는 저명하고 박식한 사람들 외에 귀족이나 왕족들과도 이 문제에 관해 터놓고 이야기하기를 꺼려하지 않을 것이다. 그리고 그들이 의로우며 화학의 비밀을 지킬 것이라는 확신이 들면, 적당한 시기에 화학에 관한 몇 가지 사실을 그들과 공유할 생각이다. 왜냐하면 그런 사실이 누구나 아는 상식이 되어 버리는 것은 바람직하지 않기 때문이다.[31]



**30** 다음을 참고하라. *Ibid.*, p. 145. 『천문학 부흥을 위한 기구들』의 이어지는 문장은 다음과 같다. "Quin et in Spagyricis praeparationibus, seu Pyronomicis exercitiis non minimam impendi curam; ut hoc obiter hic indicem cum eae quas tractat materiae Coelestibus corporbus et influentiis analoae sint. Ideo terrestem Astronomiam appellare soleo": Brahe, *Opera*, Vol. V, pp. 117-118. 브라헤가 화학의 동의어로 사용한 몇몇 단어들은 *ars spagyrica, labor phyronomicus, exercitia phyronomica*이다.

**31** "De quibus cum Illustribus et Principibus viris, aliisque praestantibus et Eruditis, qui talibus afficiuntur, atque eorum cognitionem aliquam habent, ingenue conferre atque nonulla iis communicare per occasionem tergiversabor; modo mihi de eorum voluntate constiterit, quodque ea secreta habituri sint. Talia enim vulgaria fieri nec expedit, nec expedit, nec aequum est": *ibid.*, p. 118. 이런 언급이 얼마나 의도된 것인지는 브라헤가 화학 치료법에 관해 썼을 때 그것을 홀스타인 귀족 하인리히 폰 란차우와 황제 루돌프 2세에게 넘겼다는 점에서 알아차릴 수 있다(주 28을 보라). 당시 상황에서 이런 치료법이 연금술의 비밀을 찾아 헤매기로 소문난 루돌프를 겨냥하지 않았다고 보기는 힘들다.

이런 비밀주의와 귀족적 냉담함의 결합은 리바비우스의 이상, 즉 화학은 공유된 정보를 자유롭게 이용하는 진정한 학문이 되어야 한다는 이상과 정면으로 충돌했다. 리바비우스는 이런 이상을 1595년 화학 서한에서 최초로 명확하게 표명했다. 당시 리바비우스는 브라헤에게 크게 기대하고 있었고, 우라니보르그 성과 폰 란차우 일가가 화학적 실행의 "대망의 은신처"가 될 것이라 말했다.[32] 실제로 폰 란차우와 브라헤의 이름은 『알키미아』의 초판(1597)의 서신교환자 목록에 실려 있으며, 리바비우스는 이들로부터 화학에 관한 정보를 얻곤 했다. 하지만 이 목록은 『알키미아』의 2판(1606)에서 빠지게 된다. 이 때쯤 리바비우스는 앞서 말한 화학에 대한 브라헤의 태도를 간파했으며, 자신이 그토록 경멸한 신비주의적 연금술의 중심지인 루돌프의 프라하와 브라헤의 밀접한 연관성을 완전히 깨닫게 되었던 것이다.

리바비우스가 화학의 집에 관한 계획을 세워갈 무렵 두 권의 책이 그의 수중에 있었음이 분명하다. 한권은 우라니보르그를 상술한 브라헤의 『천문학 부흥을 위한 기구들』이고, 다른 한권은 리바비우스가 거느리지 못한 설계자와 건축가를 대신해 준 비트루비우스(Marcus Vitruvius Pollio)의 『건축십서(*De architectura*)』이다.[33] 리바비우스는 화학자에게 필요한 거주지와 작업장을 설계할 때 고려할 사항들을 열거하면서 서둘러 요점으로 나아간나. 이 구절은 고스란히 인용할 가치가 있다.

32 다음을 참고하라. Libavius, *Rerum chymicarum epistolica forma liber primus* (Frankfurt, 1595), "Praefatio ad lectorem," n.p. 브라헤, 폰 란차우, 덴마크 파라켈수스주의자들 일반에 대한 리바비우스의 초기 견해를 보여주는 다른 흥미로운 증거들에 관해서는 Figala, "Tycho Brahe's Elixier" (주 28), p. 142, n. 15를 참고하라.

33 리바비우스가 비트루비우스의 『건축십서』에 의존했음은 그가 사용하는 용어나 잦은 인용에서 쉽게 확인할 수 있다. Libavius, *Commentariorum pars prima*, Bk. I, pp. 92-99와 *passim*을 참고하라. 내가 이용한 『건축십서』 판본은 Loeb Classical Library edition of Vitruvius, *On Architecture*, ed. and trans. Frank Granger (London: Heinemann; New York: Putnam, 1934)이다. [국역: 오덕성 옮김, 『건축십서』(기문당, 2006)]

우리는 경건한 활동을 무시하거나 올바른 삶의 의무를 경시하면서, 단지 자신의 캄캄한 화로에 둘러싸인 채 초췌해진 화학자를 원치 않는다. 오히려 우리가 바라는 화학자는, 시민사회에서 인성(humanitas)을 기르고 올곧은 가정을 거쳐 자신의 직업을 윤택케 하며, 그 결과 온갖 덕행에 힘써 고장의 조력자이자 조언자로서 동료들을 도울 수 있는 사람이다. 따라서 우리는 화학자가 남들보다 자신의 연구를 돋보이게 하기 위해서 사적 연구실과 은신처로 사용할 키메이온(chymeion) 혹은 실험실을 고안하지는 않을 것이다. 오히려 우리가 화학자를 위해 준비하려는 바는, 고상한 사회 참여와 자유민의 삶에 적합한 거주지와 그런 생활에 필요한 온갖 비품들이다. 그러므로 화학자는 믿음직한 하인과 가족의 어머니가 돌보는 고향의 영지 외에도, 도시에 집을 마련하여 법규를 소중히 하는 경건한 나라에 살도록 해야 한다.[34]

이 구절은 브라헤를 향한 의도적인 비판이다. 브라헤는『천문학 부흥을 위한 기구들』에서 자신이 벤 섬에 홀로 머물기 전부터 동료 귀족들과 거리를 두려 했으며 심지어 고국을 떠나려 마음먹었다고 밝혔다. 리바비우



34 "Volumus chymicum nec pietatis exercitia intermittere, nec a caeteris vitae honesto [*sic*] officiis immunem furnulis duntaxat obscuris immori; sed in societate civili humanitatem colere, honestaque familia professionem suam illustrare, ut in omnem virtutem intentum habeat animum, et adminiculis consilique patriam et sociis queat adesse. Itaque non χυμεῖον duntaxat seu laboratorium ei affingimus, quanquam hoc sit futurum, uti studium proprium et interius, ita etiam exercitum prae caeteris conspicuum, sed una honestae conversationis liberalique vitae domicilium, quod et ea comprehendat, unde ad vivendum satis commode peti possint adminicula, eidem attribuimus. Praeter praedia itaque rustica per administros fidos matremque familias procuranda, habeat in urbe domum, vivatque in civitate orthodoxae pietatis et legum correctissimarum amantissima": Libavius, *Commentariorum pars prima*, Bk. I, p. 92. 만일 브라헤가 벤 섬에서 귀족 출신이 아닌 내연의 처와 함께 살았으며 그의 자식들이 사생아였음을 리바비우스가 알고 있었다면 (아마도 그런 듯한데), 이 인용의 마지막 문장은 브라헤를 향한 개인적 비난을 담고 있는 듯하다. Dreyer, *Brahe* (주 10), pp. 70-72를 참고하라.

스는 과학에만 전념하는 은둔생활이 시민의 책임을 소홀히 하는 것이라고 말한다. 리바비우스는 화학자를 섬의 성채에 격리시키는 대신에 도시의 주택 아래에 둔다. 그렇다고 리바비우스가 사생활을 무시한 것은 아니다. 그의 계획에서 사적 영역과 공적 영역의 경계는 확실히 존재하지만 언제나 그 경계를 가로지를 수 있다. 만약 그렇지 않다면 시민사회는 존재할 수 없게 된다. 이는 화학의 집에 관한 리바비우스의 설명에서 다양한 방식으로 되풀이되는 중요한 주제 중 하나이다. 집은 사유지 위에 자유롭게 세워지면서도 따로 고립되지 않는다. 리바비우스는 "이웃집이 화학자의 쾌적한 생활을 방해하여 갑갑하게 하거나 화학의 집으로 들어오는 빛을 차단하지 않는 한" 이웃 건물을 화학의 집 북쪽 면에 가능한 가까이 두어도 무방하다고 보았다.[35] 빛은 리바비우스의 설계에서 두 번째 중요한 주제이며 종종 첫 번째 주제와도 서로 연관된다. 리바비우스는 브라헤의 지하실로부터 화학을 끄집어내어 대낮의 빛 아래 드러내려고 애썼다. 과학에 필요한 것은 은밀한 격리가 아니라 공공연한 드러냄이었다.

화학의 집을 견학하려면 상상력이 필요하다. 리바비우스는 집과 관련된 자신의 일상경험들을 비트루비우스 책에 대한 독해와 연관짓는 데 어려움을 겪었음이 분명하다. 내가 보기에, 화학의 집의 정면도와 평면도([그림 6], [그림 7], [그림 8])에는 비트루비우스가 설명한 로마 저택의 몇 가지 특징들을 독일의 도시 주택에 적용하려는 시도가 나타난다. 독일 주택은 높고 뾰족한 박공(膊栱)과 가파르게 흘러내리는 기와지붕이 특징이지만, 그의 화학의 집은 실제 저택에 걸맞게 이웃 건물과 분리되어 사유부지 위에 세워진다.[36] 남동쪽 정면도([그림 6])에서 볼 수 있듯이, 본관



35 "Ab hac item parte habitator admittere quam proxime vicinam potest, modo ab ea non opprima tur, suisque commoditatibus et luce libera perfrui negetu": Libavius, *Commentariorum pars prima*, p. 93.

36 리바비우스는 평면도([그림 8])에서 정면도([그림 6]과 [그림 7])에 묘사된 것보다 좀

그림 6. 화학의 집. (남동쪽) 정면도. A: 현관 탑의 출입문, B: 나선형 계단의 창문들, C: 채소 저장실의 창문, D: 주침실의 동쪽 창문, E: 저장실의 동쪽과 남쪽 창문, F: (거실로도 사용될 수 있는) 겨울철 식당, G: 중앙홀 중간층에 빛을 비추는 원형 창문들, H: 손님용 침실, I: 중앙홀 최상층에 빛을 비추는 커다란 창문, K: (중앙홀 쪽으로 열릴 때 공연을 위해 사용될 수 있는) 회랑이 있는 홀의 창문, L: 박공 창문들, M: 목재 저장실의 창문, N: 코아귤라토리움(*coagulatorium*)의 창문, O: 조수 작업실의 돌출 창문, P: 실험실 조수 침실의 창문, Q: 중간층의 거실, R: 배수 홈통이 있는 부엌 창문, S: 그림 전시실의 창문, T: 아래층 중앙홀의 통풍구들, V: 지하 저장실의 통풍구, X: 동쪽 지하 저장실의 문, Y: 와인 저장실의 문, Z: 아래층 중앙홀의 빗장 창문. 미 국립 의학 도서관(National Library of Medicine).

그림 7. 화학의 집. (북동쪽) 배면도. A: 연구실 창문들, B: 아디툼(*adytum*) 혹은 화학자의 정신 휴양실, Γ: 실험실 창문, Δ: 프로바토리움(*probatorium*) 혹은 시금 실험실, E: 실험실 조수 침실의 서쪽 창문, Z: 중간층 거실의 창문, H: 그림 전시실의 창문, Θ: 이름 없는 방, I: 화학약품 저장실의 창문, K: 화학기구 저장실의 창문, Λ: 화장실과 하수배관, M: 세면장 혹은 목재 저장실, N: 주침실의 북쪽 창문, Ξ, O, Π: 가족용 침실, P: 침실과 거실로 나뉘어 있는 손님용 침실, Σ: 최상층 찬방, T: 실험실 배수구, Y: 실험실 화로의 열을 조절하기 위한 공기 통풍구, Φ: 실험실 굴뚝, X: 시금 실험실, Ψ: 아디툼 방, Ω: 박공 창문, 5: 배면 굴뚝. 〈미 국립 의학 도서관〉.

더 많은 건물 부지의 윤곽을 그리려 시도한다. 리바비우스는 비트루비우스의 주장에 맞춰 방들을 배치하는 데 큰 어려움을 겪었다. 그는 고전시대 관습으로부터의 일탈을 정당화하기 위해서, 편리함과 불을 이용해 모진 기후로부터 스스로를 보호해야 하는 독일인이 이탈리아인보다 실내 생활을 더 많이 한다는 사실에 호소한다(*ibid.*, p. 95). 이것은 기후가 민족성에 미치는 영향에 대한 상세한 설명을 싣고 있는 비트루비우스의 서론에 대한 역설적인 반론이다. 이탈리아인들에게 유리한 것들은 다른 민족들, 특히 북부인들에게 적대적인 것이 된다. Vitruvius, *On Architecture* (주 33), Vol. II, pp. 10-20을 참고하라.

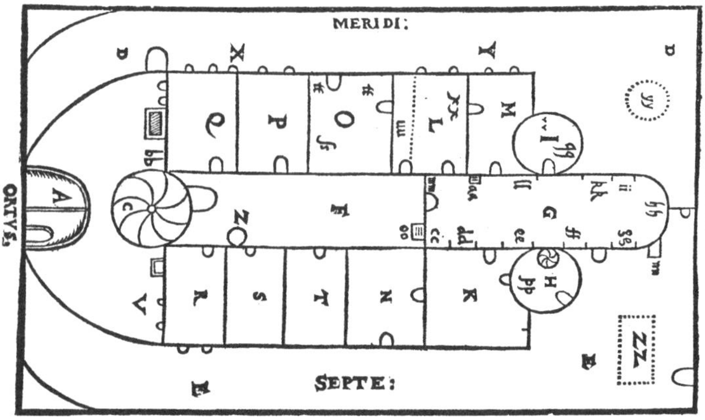


그림 8. 화학의 집. 평면도. 평면도의 몇몇 특징들은 — 주로 건물 외부에 관한 것들 — 정면도와 배면도에서 볼 수 없는 것들이다. 기호 Ω 는 문을 지칭. A: 동쪽 현관, [B]: 포르티코가 있는 테라스(표시되어 있지 않지만 아마도 현관과 집 출입문 사이에 위치), C: 아래층과 위층 중앙홀로 통하는 나선형 계단, D: 정원, E: 북쪽 보도, F: 아래층 중앙홀 혹은 실험실 통로, G: 실험실, H: 연구실로 통하는 나선형 계단이 있는 아디툼, I: 시금 실험실 탑, K: 화학약품 저장실, L: 조수 작업실, M: 실험실 조수 침실, N: 화학기구 저장실, O: 코아굴라토리움, P: 목재 저장실, Q: 남쪽 저장실, R: 채소 저장실, S: 세면장 혹은 목재 저장실, T: 탈의실, V: 식량 저장실, X: 와인 저장실, Y: 실험실 저장실, [Z]: 도랑(표시되어 있지 않음), aa: 실험실 저장실 출입구, bb: 와인 저장실 출입구, cc: 한증막, dd: 회분 욕실, ee: 일반 욕실, ff: 하향식 증류기구, gg: 승화기구, hh: 공용화덕(*focus communis*), ii: 반사식 화로, kk: 단계형 증류기구, ll: 나선형 증류기구, mm: 화장실, nn: 풀무, oo: 석탄 저장실, pp: 철학용 화로, qq: 시금 화로, rr: 시금 저울, ss: 응결 수집 용기, tt: 옷감 섬유를 사용하는 증류, uu: 압착판, xx: 책상, 조제 탁자, 제분용 막자사발, yy: 연못, zz: 초석, 명반, 황산염 작업장. 미 국립 의학 도서관.

건물에는 우라니보르그의 세 개의 층에 상응하는 세 개의 층이 있다. 하지만 리바비우스의 경우, 첫 번째 층이 지상에 있으며 바로 이곳에 화학 실험실이 위치한다는 점이 의미심장하다. 북동쪽 배면도([그림 7])에는 집 뒤편에 있는 세 개의 탑이 보인다. 이 탑은 실험실의 일부이며 그 모양과 개수는 의심할 바 없이 우라니보르그의 원형전망대를 본떴을 것이다. 심지어 리바비우스는 브라헤의 별의 성에 상응하는 참호 형태의 초석 작업장([그림 9])을 저택 주변부지에 두기도 했다.[37] 현관에 들어가면, 우리는

**37** Libavius, *Commentariorum pars prima*, Bk. I, p. 99. 리바비우스는 자신이 라자루스 엑커(Lazarus Ercker)의 도해를 가져다 썼다고 밝히고 있다. Ercker, *Treatise on*

2층으로 통하는 나선형 계단이 있는 원형탑([그림 6]의 B, [그림 8]의 C) 안에 서 있게 된다. 두 번째 문은 건물 내부로 우리를 안내한다. 일단 여기서 건물의 서까래까지 이르는 중앙홀([그림 8]의 F)을 마음속에 떠올려야 한다. 중앙홀의 북쪽과 남쪽 통로에는 개별 방들이 있으며, 전부는 아니지만 여러 방들([그림 8]의 R, S, T, N과 Q, P, L)이 중앙홀로 직접 통한다. 1층에 상응하는 2, 3층의 방들 앞에 그것을 한바퀴 둘러싼 회랑이 있음을 상상할 수 있다.[38] 중앙홀은 집 안 깊숙이 이어지다가 한 벽에 이르러 돌연 끝이 난다. 이 벽에는 문이 하나 있고 문 뒤에는 실험실 구역([그림 8]의 G)이 있다. 벽과 문이 모두 중요하다. 벽은 친지와 시민과 고객이 출입해도 좋은 공적 공간인 중앙홀과, 화학자가 학문을 행하는 사적 공간인 라보라토리움을 갈라놓는다. 반면 문은 둘 사이에 절대적인 장벽이 있어서는 안 된다는 점을 상기시킨다. 공적 의무를 소홀히 하면서 학문에 전념하는 것은 형편없는 동료이자 불량한 시민의 징후이므로, 실제로 화학자는 이 문을 자주 넘나들 것이다.[39]

평면도와 정면도의 모든 방들은 목적에 따라 특화되었다. 중앙홀에서



*Ores and Assaying*, trans. A. G. Sisco and C. S. Smith (Chicago: University of Chicago Press, 1951), p. 311을 참고하라.

**38** 리바비우스가 집의 정면([그림 6])에서 나선형 계단을 보여주고 있고 집 뒤편([그림 7])으로 돌출된 실험실의 후미가 2층 높이까지만 이르기는 하지만, 리바비우스는 중앙홀과 인접 실험실이 건물 내부에서 3층을 통과해 시붕까지 이르는 것으로 그리고 있는 듯하다. 왜냐하면 리바비우스가 3층의 남동쪽 모퉁이([그림 6]의 K)에 있는 방에서 회랑 쪽으로 방문을 열어 놓아 중앙홀에서의 웅변, 음악, 연극 상연을 감상할 수 있다고 언급하기 때문이다. Libavius, *Commentariorum pars prima*, Bk. I, p. 96을 참고하라. 이는 3층으로 이어지는 통로라는 풀리지 않는 문제를 남겨놓는다.

**39** 리바비우스의 집에서 문의 중요성은 평면도([그림 8])에서 그것들이 명확히 표시되어 있다는 점으로부터 알 수 있다. 또한 리바비우스가 집에 중앙홀을 두었다는 점도 중요하다. 비트루비우스가 말하기를, 중앙홀은 다른 이를 방문하는 것으로 자신의 의무를 다하는 평범한 사람들의 집에는 필요치 않으며, 단지 공직에 있는 사람들이 손님을 받는 데 필요한 것이다. Vitruvius, *On Architecture* (주 33), Vol. II, p. 36을 참고하라. 따라서 화학자의 집에 중앙홀이 있다는 점은 리바비우스가 공직에 종사하는 사람을 그 집의 주인으로 생각했다는 사실을 보여준다.

떨어져 있는 1층 방들은 저택 관리나 실험실과 관련이 있다. 2, 3층 방들은 화학자와 그의 가족용 사실(私室)이다([그림 6], [그림 7], [그림 8]의 기호 해설을 보라).[40] 리바비우스는 가사 기능과 관련해 위층 방들 — 주침실, 자녀 침실, 거실, 식당, 부엌, 홀, 가족실, 손님용 침실 — 을 설명하면서, 화학자의 가정생활을 생생하게 그려낸다. 대조적으로 브라헤는 방의 색으로 집안을 네 구역으로 나누어 설명하고 그의 연구조수들을 이야기할 뿐 가족 성원에 대해서는 일절 언급하지 않는다. 은연중에 우라니보르그는 형편없는 친구이자 불량한 시민의 은신처가 되었다. 또한 우라니보르그는 무심한 가장(*paterfamilias*)의 집이었던 것이다.

1층과 실험실로 돌아가자. 중앙홀 통로 북쪽에는 가장 먼저 비트루비우스의 오포로테카(*oporotheca*) 혹은 과일과 채소를 비축하는 식량저장실([그림 8]의 R)이 있다.[41] 그 다음에는 욕실이 있고 바로 옆에는 탈의실과 화장실이 있다([그림 8]의 S와 T). 남쪽 통로의 첫 번째 구역(Q)은 또 다른 일반 저장실이며, 그 옆은 목재 저장실(P)이다. 북쪽과 남쪽 통로의 방들은 실험실 활동과 관련이 있다. 평면도 북쪽의 N과 K는 각각 실험실에서 사용되는 휴대용 용기와 유리 제품, 그리고 원료와 화학약품을 보관하는 저장실이다. 이 두 방으로 출입하려면 실험실을 통과해야만 한다.

남쪽 통로에는 별도의 작업 구역이 세 곳 있다. 평면도([그림 8])의 O는 코아굴라토리움(*coagulatorium*) 혹은 필트라리움(*filtrarium*)이라는 방이다. 이곳에서는 여과, 결정화, 침전과 같은 분리 및 정제 작업이 진행되며, 이 작업을 수행하려면 화로 말고 다른 특별한 기구가 필요하다. 이 구역으로 들어가려면 실험실 조수들의 일반 작업구역인 프라이파토리움(*praeparatorium*)이라는 인접한 방([그림 8]의 L)을 통과해야 한다. 정면도에 보이듯 이 방([그림 6]의 O)에는 벽 밖으로 돌출된 창이 차례로 나있다.



40 이런 방들의 설명에 관해서는 Libavius, *Commentariorum pars prime*, Bk. I, pp. 96-97를 참고하라.

41 1층 방들에 관한 설명은 *ibid.*, pp. 93-94에 근거했다.

그림 9. 화학의 집. 초석 작업장.
미 국립 의학 도서관.

리바비우스는 이 창의 용도가 가능한 많은 빛을 방안에 들게 하는 것이라고 설명한다. 이는 실용적 의미와 상징적 의미를 동시에 지닌다. 기능적으로 햇빛은 결정화와 침전 같은 몇몇 화학작용을 촉진하며, 상징적으로 화학의 모든 절차는 대낮의 빛 아래 드러나야 하는 것이다.[42] 또한 이 방에 중앙홀로 통하는 출입문이 있고, 그 결과 실험실 조수들조차 이 집의 공적 공간으로부터 고립되지 않음에 주목해야 한다. 맨 끝에 있는 방([그림 8]의 M)은 실험실 조수의 침실이며 조수들이 직통으로 실험실에 드나들 수 있는 위치에 있다. 또한 조수들은 실험실이 내려다보이는 벽에 난 창문을 통해 그 방에서 진행되는 작업 과정을 빈틈없이 살펴볼 수 있다.[43]



**42** "Volumus autem, ut tam praeparatorium, quam coagulatorium ab anteriore tabulato reductum sit in hemicyclum moenianum seu podium, ut radii solares toto die excipi ad opera quaedam in Sole peragenda queant, cuius rei plenior et perfectior sit administratio in aulaeo hypostego": *ibid.*, p. 93. 또한 아래 주 45의 p. 96을 참고하라.

**43** "Itaque ex praeparatorio et cubiculo tam ianuae, quam fenestrae in laboratoriu tendant, ut prospici operae queant, et vigilanti oculo observari, si quando assidere perpetuo non est necesse": *ibid.*, p. 93.

실험실 자체([그림 8]의 G)는 앱스(apse, 교회당의 동쪽 끝의 후진(後陣))와 흡사하게 건물 뒤편으로 돌출되어 있다. 실험실 양 편에는 반원형 예배당을 닮은 두 개의 작은 탑이 서 있다([그림 7]을 보라). 실제로 리바비우스가 이 부분을 설명할 때 사용하는 어휘들 — 예컨대, 아이데스(*aedes*), 아디툼(*adytum*), 셀라(*cella*) — 은 집 못지않게 예배당이나 교회를 상기시킨다.[44] 리바비우스는 건물의 이 부분을 독자들에게 소개하면서 이내 자신의 실험실과 브라헤의 실험실을 차별화한다. 티코는 원형실험실을 만들었고 마치 불카누스(Vulcan, 불과 대장장이의 신)를 모신 신전처럼 땅 밑에 놓아 그 운명을 지하세계 신의 수중에 맡겼다. 반면 리바비우스의 실험실은 서쪽 커다란 창문에서 내리쬐는 햇빛에 노출되며 이 빛은 연구의 전 과정을 밝게 비춘다.[45] 브라헤는 자신의 화로 16개를 서로 구분하지 않은 채 원형실험실 둘레에 "채워 넣었다." 반면 리바비우스는 명칭이 붙은 10개의 화로를 — 신전 벽의 수많은 조각상들과 흡사하게 — 특별히 지정된 주변장소에 배치했다. 실험실 맨 앞에는 공용화덕(*focus communis*)이 놓인다. 리바비우스는 이 화덕이 화학연구뿐만 아니라 가사용으로도 사용된다고 명기해 놓았다([그림 8]의 기호 해설을 보라). 남쪽 탑([그림 8]의 I)은 광석에 함유된 금속의 양적 비율을 측정하는 시금



44 *Ibid.*, pp. 94-95. 여기서 우리는 리바비우스가 즐겨 사용하는 단어의 이중적 의미를 엿보게 된다. 아이데스는 처소나 거주지를 의미하지만, 좀더 특별하게는 신전과 같은 신의 처소를 지칭하며 바로 이 맥락에서 리바비우스는 이 단어를 사용한다. 마찬가지로 아디툼은 숨겨진 은신처나 비밀의 장소를 의미하지만, 그것의 전문적 의미는 성직자가 신전으로 들어서는 신전의 한 부분이다. 마지막으로 셀라는 물건을 저장하기 위한 방이나 수납실이기도 하지만, 신의 조각상이 놓이는 신전의 특정 부분을 지칭하기도 하며 비트루비우스도 그러한 의미로 이 단어를 사용했다. 여기서 리바비우스가 이중적 의미를 쉽게 사용할 수 있었던 것은 비트루비우스가 묘사하는 두 가지 주된 유형의 건물이 집과 신전이기 때문이다. 아래의 주 47을 참고하라.

45 "Tycho rotundum id fecit et subterraneum, veluti Vulcano sacrum, damnatumque orci manibus. Nos id Solis dignmur luce": *ibid.*, p. 94. 이 단락에서 설명된 방들에 관해서는 *ibid.*, pp. 94-95를 참고하라.

(試金) 실험실, 프로바토리움(*probatorium*)이다. 그 안에는 휴대용 시금화로와 저울이 있다. 상응하는 북쪽 탑([그림 8]의 H)은 화학자들의 정신휴양 장소인 아디툼(*Adytum*)이다. 이 곳에도 화로가 갖추어져 있으며 그곳의 나선형 계단은 위층 연구실로 통한다.

리바비우스는 우라니보르그와 화학의 집의 차이를 다음의 짧은 네 문장에서 분명하게 표현하려 했다. "그[브라헤]는 왕실의 후원을 통해 천상의 저택 한복판에서 호화롭게 살 수 있었다. 미약한 인간(*homunciones*)인 우리는 작은 불꽃(*scintilula nostra*)에 만족한다. 이 학문, 즉 화학에서는 상이한 것들이 언제나 끌어 오르려는 중이다. 이를 위해서는 더 많은 기구들이 필요하고, 이는 결국 더욱 더 많은 것들이 오고가야 함을 의미한다."[46] 내 생각에는, 하나의 이미지와 한권의 책이 — 사회적 · 우주론적 차이에 주목하게 하는 반복적 지소사(指小辭, diminitives)의 의미심장한 사용과 더불어 — 이 구절을 이해하는 데 도움을 준다. 이미지는 바로 우라니보르그의 벽면 4분의에 있는 그림이다([그림 5]를 보라). 여기서 브라헤는 왕실 후원자들의 초상화 아래의 의자에 기댄 채 영원히 빛나는 하늘의 별을 가리킨다. 반대로 리바비우스는 생성되고 소멸하는 지상세계에 속하는 화로의 순간적인 불꽃을 살려놓기 위해서 여기저기로 분주히 달리고 있는 화학자를 되살려낸다. 이런 차이는 분명 사색하는 삶(*vita contemplattva*)과 행동하는 삶(*vita activa*)의 차이와 관련이 있다. 하나는 연구실에 앉아 신성한 사물의 진리를 사색하는 천문학자-철학자의 삶이다. 다른 하나는 과학과 시민의 책임 모두에 신경을 쓰는 육체적 · 사회적으로 활동적인 화학자의 삶이다.

내 생각에, 이 구절에서 리바비우스에게 영향을 주었던 책은, 과학이 영원한 하늘의 형상을 연구하는 데에만 제한될 필요가 없으며 덧없이 변

46 "Illi licuit regio sumtu splendore aedium superiorum luxiari. Nos homunciones scintillula nostra sumus contenti. Fervent in hac operae variae. Itaque etiam adminicula desiderat plura, quae plures discursus et transitus requirunt": *ibid.*, p. 94.

화하는 지상의 형상도 포괄해야 한다고 주장했던 사람에 의해 씌어졌다. 이 사람은 바로 자신의 책 『동물에 관하여(*On the Parts of Animals*)』에서 생물에 관한 연구를 옹호했던 아리스토텔레스(Aristoteles, 384BC-322BC)이다. 아리스토텔레스의 주장은 다음과 같다. 비생성적이고 불멸하며 영원히 지속되는 천상계의 물체는 본성상 우리의 마음을 사로잡아 그것을 연구케 한다. 하지만 쉽게 다가갈 수 없으므로, 그것들은 우리의 감각으로부터 멀어지게 되며 결국 우리의 지식과도 동떨어지게 된다. 반면 동식물의 변화무쌍한 형상에 관한 연구는 본질적으로 덜 매력적이고 이따금 혐오스럽기도 하지만, 그것들에 둘러싸여 살아가면서 그에 관한 상세한 지식을 얻을 수 있는 굉장한 기회를 제공해 준다. 아리스토텔레스는 결론 내린다. "따라서 우리는 하찮은 동물을 연구하는 것에 철없는 반감을 가지며 주춤하여서는 안 된다. 자연의 온갖 영역은 모두 경이롭다. 방문객들이 부엌에서 불을 쬐는 헤라클리투스(Heraclitus)를 발견하고 들어서기를 망설였을 때, 헤라클리투스는 마치 부엌에도 신성이 있다는 듯한 태도를 보이며 그들에게 염려 말고 어서 들어오라고 말했다고 한다. 마찬가지로 우리는 혐오감을 버리고 모든 종류의 동물들을 과감히 연구해야만 한다."[47] 어떤 신성이 리바비우스 실험실의 공용화덕(*focus communis*) 주변 적소에 배치된 화로들에서 흘러나온 불꽃의 한복판에 현전할 수 있었을까? 이런 식으로 문제를 제기하면 우리의 경건한 루터파 선생이 내놓지 않은 대답에 이르게 된다. 그 불꽃은 바로 화로와 가정의 로마 신, 라레스(*Lares*)와 페나테스(*Penates*)를 강하게 암시한다.[48]

이제 우리는 우라니보르그에 대한 대응으로서 화학의 집이 지니는 이데올로기적 의미를 완전히 이해할 수 있는 입장에 있다. 의사이자 교사



**47** Aristotle, *De paribut animalium*, trans. William Ogle (Oxford: Clarendon Press, 1911), 1.5.

**48** 이러한 신들의 조상은 로마 주택 화로 주변의 작은 제단에 놓인다. 따라서 신전과 집의 구성 요소들은 이런 가정 종교(domestic religion)의 표현에서 함께 융합된다.

로서 대부분의 생애를 도시 공공업무에 바쳤으며 많은 책들을 왕손이 아니라 신성로마제국의 여러 자유도시에 헌정한 리바비우스는, 브라헤의 성채-천문대 도전하기 위해 시민 인문주의의 밑천을 전적으로 끌어다 썼다.[49] 한스 바론(Hans Baron)은 이탈리아 초기 르네상스를 다룬 고전적인 저작에서 이런 정치-문화 이데올로기의 주요 주제들을 서술했다. 그의 설명은 세 가지 근본적 요소를 지적한다. 첫째, 정치와 사회에 참여하는 삶이 학문과 사색으로 물러나는 삶보다 우월하다는 확신이 당시에 있었다. 리바비우스의 도시 주택은 화학자의 사회 참여를 허용하도록 설계되고 배치되었음이 분명하다. 이는 별에 관해 사색하는 우라니보르그와 대조적인데, 브라헤는 낯선 사람의 접근에 개가 짖어대는 두꺼운 성벽으로 둘러싸인 성채에서 일체의 교제를 끊은 채 자기충족적인 호화로움에 스스로를 고립시켰다. 둘째, 시민 인문주의는 가족을 건전한 사회의 토대로 소중히 했다. 리바비우스의 집에서 연구 공간과 거주 구역은 구분되지만 서로 연결되기도 한다. 집안을 안내하며 들려주는 리바비우스의 설명은 가족과 함께 살면서 그 책임을 다하는 가장으로서의 화학자를 쉽게 떠올리게 한다. 반면 우라니보르그에 관한 브라헤의 설명을 들어도, 결코 우리는 브라헤의 가족을 만나지 못하며 집안의 가사 배치에 관해서도 알아내지 못한다. 맞닥뜨리는 사람은 학생들과 조수들뿐이다. 셋째, 시민 인문주의는 현인의 삶이 완벽한 삶이라는 생각을 거부하면서 그 대신에 시민을 찬양했다. 바론을 인용하면, 이러한 시민은 "연구뿐만 아니라 인간의 사회적 의무를 양어깨에 짊어지고 동료 시민을 위한 공무에 봉사함으로써 인성을 완성해 낸 사람들"이다. 이런 바론의 이야기는 화

49 리바비우스가 쓴 헌정사의 예로는, 라티스본(Ratisbon)의 의원들과 행정관들에게 바친 *Rerum chymicarum episolica forma liber primus* (Frankfurt, 1595)와 아우크스부르크(Augsburg)의 의원들과 행정관들에게 바친 *Alchemia* (Frankfurt, 1608), 그리고 고타(Gotha)의 의원들과 행정관들에 바친 *Dialectica Philippo-Ramaea* (Frankfurt, 1608)가 있다.

학자에 대한 포부를 밝히는 리바비우스의 말을 완벽히 되풀이하고 있다. "우리는 화학자들이 시민 사회에서 인성을 기르고 올곧은 가정을 거쳐 자신의 직업을 윤택케 하며, 그 결과 온갖 덕행에 힘써 고장의 조력자이자 조언자로서 동료들을 도울 수 있기를 바란다."[50] 여기에 드러난 정조는 자신의 이야기를 들려주는 브라헤의 정조와 극명하게 대비된다. 브라헤는 고국에 대한 책임으로 인해 자신의 연구가 방해받기를 꺼려하면서 동료들과 귀족들을 멀리 피했던 것이다.

시민 인문주의에 관한 바론의 설명을 한 천문학자에 대한 화학자의 비판에까지 확대하여 적용하는 것이 다소 과장이라 생각할지 모르겠다. 하지만 인문주의자 리바비우스는 활동적인 생활과 덕을 추구하는 삶을 위협하는 천문학과 수학을 경고하기에 나무랄 데 없는 원전에 의지할 수 있었다. 이는 다름 아닌 키케로(Cicero)였다. 키케로는 『의무론(*De officiis*)』에서 가이우스 술피치우스(Gaius Sulpicius)와 섹스투스 폼페이(Sextus Pompey)를 높게 평가했다. 그들은 천문학과 기하학에 열정적이면서도, 과학의 진리를 추구하느라 도덕적 미덕을 추구할 수 있는 유일한 장인 활동적인 삶을 도외시하지 않았다는 것이다. 이렇듯 화학자를 시민 인문주의자로 묘사하는 것은 리바비우스 화학의 지적 원천과 완전히 부합한다. 키케로주의(Ciceronianism)는 루터파 인문주의 멜란크톤 전통의 핵심이었으며, 리바비우스는 그 전통의 강력한 대변인이었다. 철학자로서의 웅변가를 찬미하는 키케로주의는, 지식이자 실행으로서의 화학 체계에 변증론적이고 수사학적으로 접근하려는 리바비우스의 시도에 근간이 되었다. 따라서 리바비우스가 집과 실험실의 화학자를 묘사할 때, 마치 로마의 웅변가와 닮은 것으로 설명하는 것에 놀라서는 안 된다.[51]



**50** Hans Baron, *The Crisis of the Early Italian Renaissance: Civic Humanism and Republican Liberty in an Age of Classicism and Tyranny*, 2nd ed. (Princeton, N.J.: Princeton University Press, 1966), p. 7; Libavius, *Commentariorum pars prima*, Bk. I, p. 92. 라틴어 인용은 위의 주 34에 있다.

웅변(술)을 논하게 되면 리바비우스의 실험실 설계에 대한 또 다른 차원의 분석이 가능해지며, 이를 통해 리바비우스 과학의 이데올로기적 외관을 그것의 지적 틀에 좀더 적절하게 맞춰볼 수 있다. 리바비우스는 루돌프 아그리콜라(Rudolph Agricola, 1444-1485)를 필두로 하여 필립 멜란크톤과 요한 슈투름(Johann Sturm, 1507-1589)을 거쳐 페트루스 라무스(Petrus Ramus, 1515-1572)로 이어진 북부 교육 인문주의의 전통에 속해 있었다. 또한 리바비우스 자신이 바로, 필리포-라무스주의(Philippo-Ramist)라고 평했던 변증론과 수사학 교과서를 집필하기도 했다. 이 일화에 관한 논리학사와 변증론사의 설명에 따르면, 이러한 흐름은 아리스토텔레스 논리학의 『범주론(*Categories*)』이나 『분석론(*Analytics*)』이 아니라, 『토피카(*Topics*)』에 대한 강조로 특징지워지며, 이러한 강조는 수사학에 대한 키케로의 토포스적(topical) 접근을 통해 적잖이 강화되었다. 이러한 — [말의] 위치(*loci*) 혹은 장소(places)라고 자주 불렸던 — 토포스(topic)는 어떤 주어진 주제에 관한 지식의 보고(寶庫)에서 이용할 만한 것들을 발견하고자 할 때에 의지해야 하는 공통의 표제 혹은 핵심 개념이었다. 이런 장소에는 연설, 강의 제목, 진상 주장을 위한 화제들이 배치



51 Hannaway, *Chemists and the Word* (주 6), pp. 117-119와 Cicero, *De officiis* 1.6, trans., W. Miller (Loeb Classical Library) (1913; Cambridge, Mass.: Harvard University Press, 1961), pp. 20-21를 참고하라. 맥락은 넉을 추구하는 네에서 지식이 있어야 할 곳이다. 키케로는 지혜에 대한 열망이 자연적이고 도덕적인 권리라고 인정했지만, 두 가지 실수를 피해야 한다고 말했다. 첫째는 알려지지 않은 것을 알려진 것으로 간주하는 태도이고, 둘째는 어렵고 불명확한 문제에 너무 많은 시간과 노력을 쏟아 붓는 태도이다. 이런 실수를 피하기만 하면, 도덕적으로 올바르고 풀 가치가 있는 문제들에 들어간 시간은 보상받을 것이다. 키케로는 이를 성취한 인물의 예로 천문학의 가이우스 술피치우스와 수학의 섹스투스 폼페이를 인용한다. 행정관(B.C 169)과 집정관(B.C 166)을 역임한 가이우스 술피치우스 갈루스는 피드나(Pydna) 전쟁 전야에 월식을 예측하여 군대의 혼란을 방지했다. 폼페이 장군의 삼촌 섹스투스 폼페이는 키케로를 개인적으로 알고 있었고, 키케로는 섹스투스 폼페이의 수학과 스토아 사상에 대한 깊은 조예를 높게 평가했다. *Cicero On Moral Obligation*, trans., John Higginbotham (Berkeley/Los Angeles: University of California Press, 1967), p. 187을 참고하라.

된다. 이러한 전통에서 모든 담화술 — 좀더 적절하게는 "논거발견(invention)" 활동 — 은 주장들을 그 장소로부터 빼낸 후, 판단(judgement) 혹은 논거배치(disposition)라는 변증의 두 번째 단계에서 그러한 주장들을 적절하게 배치하는 것으로 진행된다. 장소의 수와 본성은 변증 이론의 일화에서 많은 변화를 겪었지만, 한 가지 주제가 전체 발전 과정을 관통하고 있다. 그것은 바로 장소의 구별성(discreteness)과 장소의 조직화 기능에 대한 강조이다. 이러한 과정은 외관상으로 계속 분기해 나가는 라무스 분류표(bracketed tables) — 리바비우스가 화학 분야(art of chemistry)를 체계화하는 데 사용했던 유형의 분류표 — 의 확장에서 절정에 달했다.[52]

리바비우스의 안내를 받으며 화학의 집 안을 돌아다닐 때, 우리는 집 안 장소들의 중요성과 그것들 간의 구별성에 대한 강조를 몇 번이고 듣게 된다. 마지막 구절에서 리바비우스는 건물의 상징적 설계를 역설적으로 비꼬면서 자신의 평면도에 담긴 중요한 사상을 밝힌다. 단지 이 집에서는 화학의 용기들(기구들)이 눈에 띄게 되며 가장 적절한 방식으로 스스로를 드러낸다(*potissimum prae se ferunt*)는 점이 바로 그것이다.[53] 이런 생각은 브라헤의 지하 실험실에 대한 리바비우스의 비판에서도 중요한 논점이었다. 리바비우스는 브라헤의 실험기구들이 원형실험실의 화로들



**52** 이 일화를 다룬 많은 연구들은 다음과 같다. Wilbur S. Howell, *Logic and Rhetoric in England, 1500-1700* (Princeton, N.J.: Princeton University Press, 1956); Walter J. Ong, *Ramus, Method, and the Decay of Dialogue* (Cambridge, Mass.: Columbia University Press, 1960); W. Risse, *Die Logik der Neuzeit*, Bk. I (Stuttgart-Bad Cannstatt: Friedrich Fromman Verlag, 1964); C. Vasoli, *La dialettica e la retorica dell' umanesimo* (Milan: Feltrinelli, 1968); Lisa Jardine, *Francis Bacon: Discovery and the Art of Discourse* (Cambridge: Cambridge University Press, 1974), 특히 Ch. 1, pp. 17-58. 이 전통과 리바비우스의 연관, 리바비우스의 변증론 및 수사학 교과서에 관해서는 Hannaway, *Chemists and the Word* (주 6), pp. 134-151을 참고하라.

**53** "Hoc in nostra ichnographia observatum cupimus, quod etiam Chymica vasa potissimum prae se ferunt": Libavius, *Commentariorum pars prima*, Bk. I, p. 93.

주변에 떼지어 모여 있었다(*frequentaverit stipaveritque*)고 지적한다. 이는 실험기구들이 분리되어 배치되지 않아 서로 구별되지 않았음을 암시한다. 리바비우스는 계속해서 말한다. "우리는 우리의 것 중 일부를 군중으로부터 확실하게 격리시켜 놓았는데, 한 장소에서 모든 것들이 수행될 수는 없기 때문이다."[54] 앞에서 리바비우스가 화로를 실험실에 배치하는 방법, 예컨대 명칭이 붙은 화로들을 특정한 방이나 벽(*cella*)에 할당하는 방식을 이미 살펴보았다. 실로 화학의 집 전체는, 학문의 조직적 실행을 성취하기 위해서, 장소들 내부에 배치되는 일련의 장소들이다. 르네상스 토포스적 논리학의 본원(本源)이라 평가받는 루돌프 아그리콜라는 변증의 장소(dialectical places)가 그렇게 불리는 이유를 "확신을 갖는 데 필요한 기구들이 마치 용기나 보물 상자 안에서처럼 그 장소 안에 배치되기 때문"이라고 말했다.[55] 화학의 집 안에 있는 장소들에는 주장이 아니라 물질의 정수를 뽑아내는 화학기구들이 비치되는데, 이는 화학기구들을 대낮의 빛 아래 노출시켜 진정한 학문의 결과물로서의 미덕을 보여주기 위함이다. 말하자면, 실험실은 화학의 특정 장소들이 수용되는 공통의 장소인 것이다. 이런 견지에서 우리는 건물에 관한 리바비우스의 설명이 시작되는 구절의 의미를 완전하게 이해할 수 있다. 리바비우스는 이렇게 적고 있다. "이제 화로와 용기라는 주제를 논하기에 적당한 때가 되었다. 하지만 이런 화로와 용기를 배치하고 보관할 장소(*locum*)가 아직 창안된



54 "Quanquam Tycho suum laboratorium sedecim fornacibus freqentaverit stipaverique, id, quodei facere in rotunditate capaci licuit. Nos quasdam separavimus a turba": *ibid.*, p. 94. 나는 군중(*turba*)에 대한 리바비우스의 언급에서, 그가 3중의 언어유희를 즐기고 있다고 생각한다. 첫째, 그는 각각의 화로를 적절한 장소에 놓아 그것에 질서를 부여하려 한다. 둘째, 그는 실험실 둘레에 화로를 배치하여, 종종 인접한 중앙홀을 방문하는 군중들로부터 화로를 격리시킨다. 마지막으로, 그는 이렇게 함으로써 저명한 — 그들의 비유적 말이 잘 알려진 연금술 저작에 모여 있는 — 연금술 철학자의 트루바 필로소포룸(*turba philosophorum*)으로부터 화학을 구분한다.

55 Rudolph Agricola, *De inventione dialectica* (Paris, 1529), Bk. I, Ch. ii, p. 8, quoted and translated in Ong, *Ramus* (주 51), p. 118.

(*inventum*) 적이 없음을 알아야 한다. 화로와 용기의 교묘한 배열(*constitutio*)은 화학에 막대한 이득을 가져다줄 수 있다."[56] 이렇듯 변증 이론의 전문 용어들이 지닌 이중적 의미를 활용하는 것은 리바비우스의 특징이며, 그 발상에 있어서는 전형적인 키케로주의이다.

마지막으로 이런 변증적 장소들의 건축술적 배치는 고전 수사학의 필수 요소인 기억술을 상기시킨다. 『웅변교수론(*Institutio oratoria*)』에서 퀸틸리아누스(Marcus Fabius Quintilianus, c35-c95)는, 웅변가가 연설을 기억하는 데 도움을 얻고 싶으면 친숙하고 넓은 장소에 서 있는 자신을 상상하라고 권고한다. 그런 다음에 웅변가는 집 안 여기저기에 있는 많은 독특한 방들에 자신의 담화 주제와 관련된 인상적인 이미지들을 배치하면 된다. 그 결과, 웅변가는 연설을 진행할 때 자신이 이 방 저 방을 돌아다닌다고 상상하면서 연설의 여러 부분들을 떠올리게 하는 이미지들을 활용할 수 있을 것이다.[57] 리바비우스는 기억을 위해 인위적 보조물을 사용해서는 안 된다고 강조하는 지적 전통에 속했고, 특히 그것들에 구현된 상징적이고 표상적인 사고방식에 적대적이었다. 그렇지만 일종의 반전된 기억 체계라고 부를 수 있는 리바비우스의 화학의 집 건물은 흥미롭게도 이런 기억술과 공통점이 있다. 리바비우스의 과업은 그가 불러내



56 "Ad fornacum vasorumque accedere disciplinam iam maturum erat. Sed intelligimus, extruendis reponendisque nondum inventum esse locum, cuius ingeniosa constitutio maximum potest ad exercitium huius artis afferre momentum": Libavius, *Commentariorum pars prima*, Bk. I, p. 92. 콘스티튜오는 "배열" 혹은 "배치"라는 뜻 외에도, 변증 이론에서 "정의"와 "질문의 요점"이라는 의미도 지닌다.

57 Quintillian, *Institutio oratoria*, trans., H.E. Butler (Loeb Classical Library), 4 vols. (London: Heinemann; New York: Putnam, 1920-1922), Vol. IV, Bk. XI, Ch. ii, pp. 17-26을 참고하라. 사실 퀸틸리아누스는 연설에 인위적 보조물을 사용하는 것에 회의적이었다. Paolo Rossi, *Clavis universalis: Arti mnemoniche e logica combinatoria da Lullo a Leibniz* (Milan: R. Ricciardi, 1960)와 Frances A. Yates, *The Art of Memory* (1966; Harmondsworth: Penguin Books, 1969), 특히 pp. 37-41을 참고하라.

야 하는 낯선(unfamiliar) 건물의 장소들에 질서 잡힌 학문의 기구들을 배치하는 것이다. 리바비우스는 아니었다고 할지라도, 우리는 친숙한 기억 장소에서 나오는 고전적 이미지를 대체하려는 그의 노력과, 실험실 과학의 기구들을 둘러싸는 새로운 건물에 대한 리바비우스의 설계가 서양 문화에서 지니는 상징적 의미를 이해할 수 있다.

그렇다면 실험실의 설계를 비교하는 것은 우리에게 무엇을 이야기해주는가? 첫째, 우리는 고전 전통이 근대 초기 과학에 남긴 지적이고 이데올로기적인 유산을 과소평가해서는 안 될 것이다. 우리는 근대 과학의 발전에서 수학적 방법이 중요했음을 인식하는 것과 함께, 수학과 관련없는 다른 유형의 과학적 실행도 등장했음을 알아야만 한다. 이런 새로운 과학의 모양을 만들었던 지적 양식을 이해하려고 할 때, 수학적이고 분석적인 전통 외에도 고대 철학의 변증적이고 수사학적인 전통을 바라보는 것이 중요하다. 전자가 우주의 신성하고 영원불변하는 존재의 확실성을 납득시키고자 힘쓴다면, 후자는 변하기 쉬운 존재들에 대해 지적으로 설득시켜 인간들이 사회적 · 정치적 영역에서 행동하도록 하기 위해 애쓴다. 이런 두 가지 지적 양식은 지식을 추구하는 데 있어 서로 구별되는 사회적 맥락을 정의했다. 하나가 사색적 연구와 영원한 진리 추구에 전념하면서 움츠러드는 삶을 불러낸다면, 다른 하나는 인류의 진보를 추구하면서 사교적이고 활동적으로 사회에 참여하는 삶을 불러낸다.

우리는 이런 두 가지 삶의 양식을 각각 이 글의 두 명의 주인공이 드러내는 삶을 통해 살펴보았다. 사색적 양식은 우리가 보통 천문학과 연관짓는 인물, 즉 티코 브라헤를 통해 드러난다. 반면 활동적 양식은 화학자 안드레아스 리바비우스를 통해 드러난다. 하지만 이와 같은 [삶의] 범주를 이와 관련된 각각의 과학과 동일시하면서, **관측** 과학인 천문학은 사색적인 삶과 연관되고 **실험실** 과학인 화학은 활동적인 삶과 연관된다고 결론짓는 것은 잘못이다. 이러한 단순 구분에 반하는 증거들이 있다. 키케로처럼 리바비우스도 적절한 마음가짐으로 천문학을 추구하면 달력 수정,

천궁도 제작, 불규칙한 우주 현상 예측을 비롯하여 사회 · 정치적으로 유용한 — 그것이 없었다면 사회 · 정치적 안정이 위협받았을 — 실천들로 이어질 수 있음을 잘 알고 있었다. 반면 사색적인 삶을 받아들였던 브라헤는 자신의 실험실 안에서 화학에 몰두했다. 이런 명백한 역설에 대한 해답은 과학의 주제가 아니라 과학이 추구하는 목표에 있다. 브라헤는 화학 — 지상계의 천문학 — 을 행했고, 그 결과 신성하게 창조된 우주의 조화를 지하 실험실의 어둠 속에서 밝혀냈을지도 모른다. 이런 우주의 조화는 그의 화로에서 만들어진 산물을 하늘의 빛나는 물체들 — 브라헤가 천문대의 테라스에서 어두운 밤하늘을 바라보면서 응시했던 물체들 — 과 연관시켜 주었다. 브라헤는 아래를 내려다봄으로써 위를 살펴보았고, 위를 올려다봄으로써 아래를 살펴보았다. 그의 실행은 사색을 위한 것이었다.[58] 반대로 리바비우스는 — 대낮의 빛에 완전히 노출된 — 화로에서 만들어진 산물을 통해 우주론적 의미가 아니라 그것이 인류에 가져다 줄 이득을 드러내기 위해서 자신의 실험실을 고안했다. 그의 실행은 사회적 유용성을 위한 것이었다. 실험실이 특정 과학 분야와 관련된 것이 아니듯이 활동적인 혹은 사색적인 삶과 배타적으로 동일시될 수는 없다. 그럼에도 실험실 설계는 우리에게 더 많은 것을 이야기해 줄 것이다.



**58** 나는 이러한 해석이 프랜시스 예이츠(Frances A. Yates)나 다른 학자들의 잘 알려진 해석과 충돌한다는 점을 잘 알고 있다. 이들은 마술, 헤르메스주의, 파라켈수스주의를 자연에 대한 인간의 지배를 표명하며 새롭게 정립된 활동적 정신과 동일시한다. 하지만 이에 대해서 나는 루돌프 2세 체제에 관해 말한 에반스(R. J. W. Evans)의 편에 서려 한다. "이 당시 합스부르크 영토에서 일어난 분쟁은 자연을 수용할 것인가 아니면 지배할 것인가 사이의 지적 대결을 정치적으로 반영한 것이었다. 그리고 마술과 상징을 지닌 오래된 우주론은 세계에서의 인간의 역할에 대한 좀더 활동적인 관점을 견지하면서도, 기본적으로 인간의 최고 목표는 사색이라는 전통적 관념을 유지했다." *Rudolf II and His World* (주 7), p. 4. 나는 브라헤가 과거의 우주론인 지구중심설에 집착했던 것에 더하여 그의 우리나보르그 설계에서 에반스가 설명한 긴장이 나타난다고 생각한다.

# "실험의 정확성"

## 18세기 후반 화학에서 측정의 정밀성과 추론의 정밀성

잔 골린스키(Jan Golinski)
천현득 역

> 이런 종류의 실험을 두고 그처럼 **정확한**(nice) 체하다니 참으로 우스꽝스러운 일이 아닐 수 없다! 그들은 언젠가 달의 무게도 **드램**(dram), **스크루플**(scruple), **그레인**(grain) 단위로까지 말하려 들 것이다. 아니, **일 그레인의 몇 분의 일까지** 말해 줄지도 모른다! (오히려) 각 사람이 지닌 **뇌용량**과 **정직성** 및 **공정함**을 확인해 줄 확실한 실험이 있으면 좋을 텐데. 이것이야말로 과학에 무엇보다도 **절실히 필요한 것**이다.
>
> (Robert Harrington, 1804)[1]

18세기 과학사 연구에서 정량화(quantification)는 중요한 관심거리였다. 물리과학에서 사회과학에 이르기까지 다양한 분야에서, 진보는 측정의 정밀성(precision)을 높이고 수학적 형식으로 표현하는 쪽으로 그려졌다.

Jan Golinski, ""The Nicety of Experiment": Precision of Measurement and Precision of Reasoning in Late Eighteenth Century Chemistry," *The Values of Precision*, ed., M. Norton Wise (Princeton, N.J.: Princeton University Press, 1995), pp. 72-91 ⓒ 1995 by Princeton University Press, translated and printed with permission of the author and publisher through EYA(Eric Yang Agency).

1 Robert Harrington, *The Death-Warrant of the French Theory of Chemistry* (London, 1804), p. 217. (칼라일의 별난 외과의사인 해링턴은 19세기의 첫 십년에도 여전히 반(反)-플로지스톤 화학에 반대하여 저항하고 있었다.)

뉴턴의 『프린키피아』에 나타난 확실성과 예측력을 본받으려는 분야들은 정밀 측정(precision measurement)의 방법을 선호했던 것으로 보였다. 최근에 나온 한 연구 모음집은 여러 분야에서 "정량화 정신(quantifying spirit)"이 드러나는 방식을 살펴봄으로써, 이것이 이루어진 폭넓은 배경을 보여 주고 있다.[2] 이에 따르면 통계적 방법, 정밀 측정, 수학적 형식화, 그리고 소위 기하학적 추론 스타일은 계몽기 풍경(Enlightenment landscape)의 도처에 널리 퍼져 있었다고 한다. 그 책의 저자들은 이러한 실천들이 기상학 자료와 지도제작용 측량을 편찬하는 것과 같은 다양한 활동 속에서 어떤 관계를 맺고 있었는지 탐구했다. 또한 대수적 분석(algebraic analysis)의 모형이 인공 언어나 식물 분류학과 같은 영역으로 어떻게 뻗어 나갔는지도 고찰했다. 그러면서 도구(instrumentation)의 개선과 급성장하던 국가 관료제가 이런 활동의 대부분에 배경 상황을 제공해 주었다고 지적했다.





이런 점에 비추어 볼 때, 1770년대와 1780년대 "화학혁명"을 거치면서 정량적 방법들이 화학에 도입된 문제는 재고할 만한 가치가 있는 것 같다. 앙투안 라부아지에(Antoine Lavoisier, 1743-1794)는 화학 반응에 관여한 물질의 무게를 결정하고 그 때 일어나는 열 교환을 측정하기 위해 저울이나 열량계와 같은 측정 기구들을 사용하였다. 그렇게 해서 그는 연소, 하소, 호흡에서 교환되는 것(entity)은 플로지스톤이 아니라 바로 산소라는 자신의 주장을 입증하고(establish) 널리 수용되도록 할 수 있었다. 반응물과 생성물의 양을 정밀하게 측정하는 것은 화학 반응에서 무게가 보존됨을 전제한 것이면서 동시에 보여주는 것이기도 했는데, 그러한 정밀 측정은 라부아지에가 찾던 증명을 제공해 주었던 것이다. 이에 대해, 이미 수학화된 실험물리학이 라부아지에를 통해 화학에 영향을 미친 것

2 Tore Frängsmyr, J.L. Heilbron, and Robin E. Rider, eds., *The Quantifying Spirit in the Eighteenth Century* (Berkeley, 1990).

으로, 즉 그를 그 영향의 전달자로 해석하는 방식이 있었다. 화학은 더 정밀한 과학이 보증한 방법을 흡수함으로써 성숙기에 도달하게 되었다는 것이다. 그러나 이런 설명은 이 당시 실험물리학의 성격을 다소 일반적으로 특징지어 실험물리학이 이미 수학적 형태를 획득했다는 의심스러운 가정에 근거하고 있기 때문에 설득력이 약하다.[3]

최근에 이루어진 또 다른 연구에 따르면, 라부아지에의 무게 측정법은 그 자신의 고유한 탐구 활동(investigative practice) 양식에 깊이 뿌리내리고 있었다. 프레데릭 홈즈(Frederic L. Holmes)는 라부아지에의 "생명의 화학(chemistry of life)"에 관한 작업을 예리하게 다룬 바 있는데, 그에 따르면 라부아지에는 매번 무게를 확실히 측정했으며 이는 화학 반응에 관여한 물질들의 총 무게가 어떤 반응에서도 항상 보존된다는 불변의 확신에 이끌린 것이었다. 홈즈는 라부아지에가 이런 확신을 가지고 기록된 자료들을 조정(adjustment)했다는 사실을 많은 사례를 통해 드러내보였다. 라부아지에가 반복적으로 사용한 대차대조표(balance sheet)는 무게 보존에 대한 그의 신조를 구현하고 있을 뿐 아니라 독자들에게 그것이 입증되었음을 보여주는 데에도 사용되었다.[4] 이런 통찰을 확장하여 노턴 와이즈(Norton Wise)와 베르나데뜨 벤소드-뱅상(Bernadette Bensaude-Vincent)은 라부아지에가 대차대조표 방법을 다른 분야들, 예컨대 정치경제학과 같은 분야들에 이떻게 적용했는지 탐구했다. 와이즈는 "balance(균형, 저울)"가 계몽기 합리주의에 널리 이용되었던 "중재 기술(mediating technology)"을 의미했다고 주장했다. 라부아지에가 저울의 일종으로 볼 수 있는 열량계 등 특별한 종류의 실험기구를 사용한 점, 그

3 Arthur L. Donovan, "Lavoisier and the Origins of Modern Chemistry," *The Chemical Revolution: Essays in Reinterpretation*, ed. Donovan (*Osiris*, 2d ser., 4, (1988)), 214-231; Anders Lundgren, "The Changeing Role of Numbers in 18th-Century Chemistry," *Quantifying Spirit* (주 2), pp. 245-266.

4 Frederic L. Holmes, *Lavoisier and the Chemistry of Life: An Exploration of Scientific Creativity* (Madison, Wisc., 1985), 특히 pp. xviii-xix, 276-283, 388-402.

리고 무게의 보존 관계를 통해 반응물과 생성물을 연결하는 등식을 사용한 점 등이 좋은 예에 해당한다.[5] 무게 측정으로 나온 숫자들은 관계식으로 표현될 수 있어서 이제 화학적 변화를 대수적 형태로 표현할 수 있게 되었는데 이는 신속하고 분명한 의사소통을 가능케 하는 매우 효과적인 수단을 제공해 준 것으로 여겨졌다.

여기서 나의 취지는 위의 연구들이 내포하고 있는 것으로 보이는 한 가지 생각을 발전시키는 것이다. 즉, 라부아지에의 정밀 측정은 그것이 사용된 특정한 맥락 안에서 그 중요성을 획득했다는 것이다. 그는 무게 및 다른 양들을 측정하여 대차대조표 안에 배치하려 했는데, 이는 물질의 총량이 보존되는 일반적인 자연의 질서 안에서 화학종들이 변환된다는 것을 보여주는 것이었다. 이와 같이 정량화는 논증(argument)과 긴밀히 연결되어 있었고, 내가 특별히 검토하고 싶은 것도 바로 이 연결이다. 나는 어떻게 이런 측정들이 라부아지에가 옳았다는 것을 다른 이들에게 설득하는 데 쓰였는지(혹은 그렇게 의도되었는지), 그리고 어떻게 그 측정들이 때때로 설득에 실패했는지를 조사할 것이다. 정밀 측정이 라부아지에의 논증 양식의 일부라고 말한다고 해서, 그것이 단지 피상적인 중요성만을 가진다거나 혹은 수사학적으로 이용되는 정밀성이 실험적 실천에서 사용되는 정밀성과 연결되지 않는다고 말하려는 것은 아니다. 반대로, 나는 정밀성에 대한 라부아지에의 수사법이, 실험적 실천의 특정 양식, 그리고 그것이 동원했던 (도구 및 사회의) 밑천들과 긴밀하게 연결되어 있어서, 그로부터 그 설득력의 많은 부분을 끌어냈다고 주장하는 것이다.



---

**5** M. Norton Wise, "Mediations: Enlightenment Balancing Acts, or the Technologies of Rationalism," *World Changes: Thomas Kuhn and the Nature of Science*, ed. Paul Horwich (Cambridge, Mass., 1993), pp. 207-256. Bernadette Bensaude-Vincent, "The Balance: Between Chemistry and Politics," *The Eighteenth Century: Theory and Interpretation* 33 (1992), 217-237.

그럼에도 불구하고 그 당시에 라부아지에가 수행한 측정의 의미에 대해 쉽게 합의에 이른 것은 아니었다. 그의 연구는 화학자들 사이에 오랜 논쟁을 불러일으켰고, 그 논쟁에서 정량화의 문제가 분명하게 제기되었다. 정량화가 설득의 밑천인 한, 그것은 논쟁적인 것이었다. 1780년대 내내, 많은 영국의 화학자들은 라부아지에의 주장을 지속적으로 거부했다. 1785년 파리에서 행한 물의 분해와 합성에 대한 공개 시연(public demonstration)에서 반응물질의 무게와 기체들의 부피에 대한 이른바 정밀 측정이 이루어졌지만, 라부아지에의 주장은 여전히 거부되었다. 조셉 프리스틀리(Joseph Priestly), 리차드 커완(Richard Kirwan), 제임스 케어(James Keir), 윌리엄 니콜슨(William Nicholson) 등은 이런 측정에 설득되지 않았다. 그들은 라부아지에가 실험적 "사실들"이라고 규정했던 것에 지속적으로 의문을 던졌다. 이 사례에서 정량화는 그 자체로 논쟁거리였던 "사실" 주장들과 결합되면서 격렬한 저항을 받았다.

영국의 화학자들에게 정밀성을 강조한 라부아지에의 어법은 분명 **수사로** 보였다. 영국 화학자들이 그렇게 생각한 이유는 그들이 일군의 대안적인 논증 규약(discursive convention) 내에서 연구했기 때문이지, 그들 스스로가 어떤 수사적 틀의 제약에서도 자유로웠기 때문은 아니다. 특히 프리스틀리와 케어는 화학자들이 해석적 이론에 오염되지 않은, 이른바 사실에 관한 이야기(factual narratives)로 의사소통하기를 기대했다. 라부아지에는 이런 규약을 따르지 않는 것으로 보였기에, 그들은 라부아지에가 자신의 주장을 위해 실험도구와 논증의 요소들을 모아 조립해 놓은 새로운 구조물(construction)을 다시 분해해야 했다. 열량계와 저울은 물질적 · 설득적 밑천들의 네트워크와 연결되었고, 그것들은 홈즈가 18세기 화학 실험실의 "장기 지속(longue durée)"이라고 불렀던 전통과의 급진적 단절을 만들어 냈다.[6] 정밀 측정은 이 밑천을 구성하는 요소들 가운

6 Frederic L. Holmes, *Eighteenth-Century Chemistry as an Investigative Enterprise*

데 하나였기 때문에 라부아지에의 반대자들에게 문젯거리였다. 크게 볼 때, 문제가 되었던 것은 화학적 실천이 어떻게 수행되어야 하는가였다.

내가 영국의 플로지스톤 화학자들의 저항을 묘사하고 있긴 하지만, 이는 그들의 관점을 뒷받침하기 위해서가 아니라 측정과 논증을 밀접하게 연계시키는 것이 얼마나 의심스러울 수 있는지를 알아보기 위해서이다. 그들은 정밀 측정과 논증적 추론(때로 "기하학적" 추론으로 불림)이 연결된다는 주장에 이의를 제기했다. 라부아지에는 실험의 정확성(accuracy)에서 그 결과가 직접 연역될 수 있다고 주장한 반면, 비판자들은 소위 측정과 논증(demonstration) 사이의 밀접한 연계에 의문을 품었다. 그러므로 그 논쟁에 초점을 맞추면, 이러한 연계가 어떻게 라부아지에에 의해서 구성되었고 또한 반대자들에 의해 해체되었는지 깨달을 수 있다.

라부아지에와 같은 편이었던 수학자 비오(Jean Baptiste Biot)는 플로지스톤에 반대하는 화학자들에 대해 이렇게 썼다. "그들은 실험의 정확성과 추론의 엄격성 사이의 연결이 필연적이라고 느꼈다."[7] 반면, 라부아지에의 반대편이었던 케어는 동일한 그룹에 대해서, "그들은 실험 방법에서의 정밀성 덕에 자신들의 추론이나 논증에서도 같은 정도의 정밀성과 정당성을 확보하게 되었다고 믿은 것 같다"고 적었다.[8] 그 말의 뜻은, 그런 믿음에는 아무런 근거도 없다는 것이었다. 측정의 정밀성에 추론(reasoning)의 정밀성을 연계시킨 것이 바로 문제의 핵심이었다. 비판자들은 라부아지에의 주장을 정확한 측정이 플로지스톤 이론을 결정적으로 반증했다는 것으로 받아들였는데, 이것은 어느 정도 정당했다. 그리

(Berkeley: University of California, 1989), 특히 5장을 보라. 그리고 Maurice Daumas, "Precision of Measurement and Physical and Chemical Research in the Eighteenth Century," *Scientific Change: Historical Studies*, ed. A.C. Crombie (London, 1963), pp. 418-430도 보라.

7 Jean Baptiste Biot, *Essai sur l'Histoire Générale des Sciences Pendant la Révolution Française* (Paris, 1803), p. 22.

8 James Keir, *The First Part of a Dictionary of Chemistry* (Birmingham, 1789), p. vii.

고 그들은 그런 주장에 콧방귀를 뀌었다. 측정의 정밀성과 추론의 정밀성이 라부아지에의 실천에서는 "정량화 정신"의 두 요소로 긴밀하게 묶여 있었지만, 도버 해협 건너 편에서는 별개의 것이었다.

라부아지에는 1760년대에 과학자로서 첫발을 내딛을 때부터 지질 조사에서 온도 · 기압 측정 방법을 사용했고, 비중측정(hydrometric) 방법을 광천수(mineral-water) 분석에 적용했다. 1780년대에는 전통적인 화학이론에 반대하는 운동에 정밀 측정 방법을 활용하기 시작했다. 삐에르 시몽 드 라플라스(Pierre Simon de Laplace)와의 공동연구는 이 운동에 매우 중대한 역할을 했는데, 이들의 협력연구의 결과는 1783년에 「열에 관한 논문(Mémoire sur la Chaleur)」으로 나오게 되었다. 최근에 리사 로버츠(Rissa Roberts)는 어떻게 그 두 사람이 처음에는 이름도 없던 새로운 기계를 제작하고 설명했는지를 보여주었다. 그들은 그 기계가 반응시 열 교환을 측정하기 위한 장치로서 손색이 없다고 소개하면서, 그 장치가 열 이론과는 무관하다고 공언했다.[9] 후에 그 장치에 "열량계(calorimeter)"라는 이름이 붙여진 것은 라부아지에의 『화학 원론(*Taité élémentaire de Chimi*, 1789)』에서였다. 반면, 죠시아 웨지우드(Josiah Wedgewood)와 아데어 크로포드(Adair Crawford)와 같은 실험가들은 라부아지에와 라플라스의 실험을 재연하는 데 어려움을 겪자 그 기계의 작동을 문제삼았다. 1797년 익명의 영국 지술기는 "(프랑스 화학자들의) 새로운 학파가 최대한 정밀하게" 결과를 제시했다고 할지라도, "프랑스 화학자들이 무척이나 뽐냈던 실험 과정의 정확성은 믿을만한 것이 못 된다"고 평했는데, 이는 당시의 일반적인 평가를 반영한 것으로 보인다.[10]

9 Lissa Roberts, "A World and the World: The Significance of Naming the Calorimeter," *Isis* 82 (1991), 198-222.

10 T. H. Lodwig and W. A. Smeaton, "The Ice Calorimeter of Lavoisier and Laplace and Some of Its Critics," *Annals of Science* 31 (1974), 1-18. [무명], *Critical Examination of the First Part of Lavoisier's Elements of Chemistry* (London, 1797), pp. 20-21.

열량계의 경우는 정밀 측정으로 청중들을 확신시키기 위해 라부아지에가 1780년대 초반부터 매우 정교한 기구들을 사용하기 시작했던 사정을 보여준다. 당시 유력한 화학자들 가운데 그의 동지는 아무도 없었다. 대부분은 플로지스톤이 타고 있는 물체에서 빠져나오는 물질로서 존재한다고 확신했다. 아일랜드 화학자인 리처드 커완은 라부아지에의 연소 이론에 대한 정교한 대안을 만들었는데, 이는 상당한 지지를 받았다. 커완의 관점에서 보면, 타고 있는 물체에서 빠져나온 플로지스톤은 대기 중의 플로지스톤 빠진 공기(dephlogisticated air)와 결합되어 고정된 공기(fixed air, [이산화탄소])를 형성했다. 그러고 나면 이 고정된 공기는 고체 잔여물과 화학적으로 결합해서 금속회나 산을 형성했다. 그의 설명은 플로지스톤의 존재를 유지하면서도, 몇몇 연소와 하소의 경우에서 무게가 증가하는 현상을 다룰 수 있는 이점이 있었다.[11]

라부아지에가 자신의 연소 이론에 대한 대안들에 직면하고도 성공할 수 있었던 것은 논쟁에 끼어든 새로운 문제, 즉 물의 합성 [문제] 덕분이었다. 1781년 헨리 캐븐디쉬(Henry Cavendish)는 가연성 공기(inflammable air, [수소])와 플로지스톤 빠진 공기의 혼합물에 전기 불꽃을 일으켜 물을 만들어 냈다. 그는 두 가지 설명을 검토하고는, 물은 가연성 공기와 플로지스톤 빠진 공기의 혼합물의 일부로, 일종의 응축(condensation) 반응을 통해 그 결합(combination)에서 풀려나온 것이라는 설명이 더 그럴듯하다고 제안했다.[12] 캐븐디쉬의 논문이 오래 지연되어 채 출판되기도 전인 1783년 6월 라부아지에는 그 실험을 되풀이했다. 그는 그 반응에 대한 새로운 해석으로, 물은 두 기체가 결합했을 때 나오는



11 Richard Kirwan, "Remarks on Mr. Cavendish's Experiments on Air," *Philosophical Transactions* 74 (1784), 154-569; Michael Donovan, "Biographical Account of the Late Richard Kirwan, Esp.," *Proceedings of the Royal Irish Academy* 4 (1850), lxxxi-cxviii.

12 Henry Cavendish, "Experiments on Air," *Philosophical Transactions* 74 (1784), 119-153.

유일한 산물이고, 그래서 캐븐디쉬나 다른 화학자들의 주장과는 달리, 물은 하나의 원소가 아니라 화합물(compound)이라고 발표했다.[13] 이러한 해석은 과거 라부아지에 자신의 이론에서 골치 아픈 예외 사례에 해당했던 두 종류의 현상들을 설명했다. 즉, 금속이 산에 녹을 때 발생하는 가연성 공기는 물이 분해된 산물이라고 설명할 수 있었다. 그리고 가연성 공기에 의해 납 회(lead calx)와 다른 금속회가 환원되는 현상은 가연성 공기가 금속회(혹은 산화물)에서 나온 산소와 결합하여 물을 합성한 것으로 이해될 수 있었다.

라부아지에는 그 결과를 보고하면서, 아직 반응에 사용된 기체들의 양을 정확히 측정하지 못했음을 인정했다. 그렇지만 그는 "전체가 그것의 부분들과 똑같다는 것은 기하학에서만큼이나 물리학에서도 명백히 참이기" 때문에, 소비된 기체의 양과 생성된 물의 무게가 같게 나올 것으로 가정할 수 있다고 썼다.[14] 이는 라부아지에의 논증에서 가장 중요했던 방법을 보여주고 있는데, 즉 그는 정밀측정을 통해 물이 화합물이라는 자신의 주장을 논증하려고 했던 것이다. 반응물과 생성물의 무게가 같다는 것을 최대한 정확하게 입증하면 자신의 주장을 증명해야 하는 부담이 줄어들 것이었다. 기하학의 비례식보다는 대수 방정식이 무게의 결정을 포함하는 논증 모형을 제공했다.

그러나 다른 이들은 그 반응에 대한 라부아지에의 해석을 받아들이지 않았다. 캐븐디쉬는 1784년 드디어 실험보고서를 출판하면서 플로지스톤에 반대하는 라부아지에의 설명을 언급하기는 했으나, 자신은 납득이 되지 않는다고 분명히 밝혔다. 버밍엄의 증기기관 제작자이자 프리스틀리의 친구였던 제임스 와트(James Watt)도 이와 유사하게 "현상을 구제

13 A. L. Lavoisier, "Mémoire dans lequel on a pour objet de prouver que l'eau n'est point une substance simple," *Oeuvres de Lavoisier*, 6 vols. (Paris, 1864-1893), Vol. II, pp. 334-359.

14 *Ibid.*, p. 339.

할” 대안적인 방식이 여전히 남아 있다고 주장했다.[15] 캐븐디쉬와 와트는 라부아지에의 설명에서 실험 현상을 기술하는 부분과 이론적 해석이라고 여겨지는 부분을 구분하는 데 아무런 어려움이 없었고, 후자는 기각해 버렸다. 그들은 그 대신에 추측성 설명을 제시했는데, 이것은 무게 방정식에서 이끌어 낸 대수적 증명이 가진 잠재적 난점을 지적하고 있었다. 와트의 견해에 따르면, 플로지스톤 빠진 공기는 플로지스톤이 제거된 물이 잠열(latent heat)과 결합되어 있는 것으로 간주되었고, 가연성 공기는 플로지스톤에 약간의 물과 잠열이 더해져 있는 것이었다. 두 공기가 결합하면 열과 함께 물이 빠져나오게 되는 것이었다. 이것은 열과 플로지스톤이, [화학] 변환을 나타내는 방정식에서 빠져서는 안 될 필수 반응물질이라는 것을 함축했다. 그래서 반응 용기에 담겨 있는 무게를 잴 수 있는(ponderable) 물질들의 무게 관계로는 그 반응에 참여한 요소들을 모두 포괄하지 못할 수도 있었다. 아마도 그 용기의 벽을 관통할 수도 있는 다른 존재자(entity)들은 그것들이 결합되어 있었던 물질의 무게에 영향을 주었는지도 모른다.



이것을 계기로 라부아지에는 물이 화합물이라는 자신의 주장이 받아들여지려면 6월의 시연보다 더 설득력 있는 증명이 필요함을 깨달았다. 1783-1784년 가을과 겨울의 몇 달 동안, 그는 그런 증명을 마련하려고 애썼다. 그는 반응물과 생성물의 양을 더 정확하게 측정하는 쪽으로 접근했다. 이 점에서 그는 가스파르 몽쥬(Gaspard Monge)의 예를 따랐다. 몽쥬는 메지에르(Mézières)에 있는 공병학교인 왕립 기술학교(École Royale du Génie)에서 실험물리학을 가르치고 있었다. 1783년 6월과 7월, 몽쥬는 라부아지에의 실험과는 독자적으로 물의 합성에 대한 실험을 했다. 그는 반응 기체들의 부피와 비중을 측정하여, 그 무게가 생성된 물의 무게와 (거의 정확하게) 같음을 입증했다.[16]

15 James Watt, “Thoughts on the Constituent Parts of Water,” *Philosophical Transactions* 74 (1784), 329-353. 특히 pp. 329, 333.

이 실험을 반복하기 위해, 라부아지에는 뮤스니에(Jean-Baptiste Meusnier)의 도움을 얻었다. 메지에르에서 몽쥬의 학생이었던 그는 안에 담긴 기체의 부피를 측정할 수 있는 용기를 설계하는 일에 착수했다. 그러는 동안 그 둘은 물을 분해해서 구성요소들로 분리하는 실험을 수행했다. 그들은 새빨갛게 달아오른 철제 포신에 증기를 통과시켰다. 이 증기는 분해되어서, 그 중 산소는 철과 결합하여 산화물을 형성했고, 가연성 공기는 파이프에서 빠져나와 분해되지 않은 물과 함께 채집되었다. 1784년 4월 라부아지에는 자신의 성공을 과학 아카데미에 보고했고, 그 결과를 전년도의 합성 실험에 대한 자신의 미출간 보고서에 포함시켰다. 유도 과정은 보여주지도 않은 채, 그는 물에 대한 두 기체의 조성비를 제시했다. 생명의 공기(산소) 12 대 가연성 공기(수소) 22.924345. 이로부터 그는 1파운드 무게의 물을 구성하는 요소들의 무게를 소수점 8자리까지 계산했다. 생명의 공기 0.86866273파운드 대 가연성 공기 0.13133727파운드, 총 합계 물 1.00000000파운드.[17] 라부아지에가 더 신빙성 있는 결합비를 결정하기 위해서는 추가적인 실험이 필요하다고 언급하기는 했으나, 그는 사실 자신의 설득전(戰)에 그 이상의 무기를 배치하고 있는 상태였다. 반응물과 생성물의 무게가 동등함을 보여주는 대수적인 증명 형태에 이제 소수점 아래 8자리까지 주어진 무게 측정값이 보태졌던 것이다. 그렇게 긴 수치들이 (우리가 살펴볼 것처럼) 설득력 있는 값인지 의문스러웠지만, 그것은 고도의 정밀한 측정술에 대한 전문적 지식이 필요함을 시사하고 라부아지에의 주장을 더욱 그럴 듯하게 만들기 위해 제안된 것으로 보인다.



16 Carl Perrin, "Lavoisier, Monge and the Synthesis of Water," *British Journal for the History of Science* 6 (1973), 424-428.

17 A. L. Lavoisier and J. B. Meusnier, "Mémoire où l'on prouve, par la décomposition de l'eau, que ce fluide n'est point une substace simple," *Oeuvres* (주 13), Vol. II, pp. 360-373; Lavoisier, "Mémoire dans lequel" (주 13), p. 340.

그러나 다시금 의견의 차이는 지속되었다. 라부아지에의 실험에 대해, 커완과 프리스틀리는 라부아지에가 그 실험에 부여하려 했던 함축을 거부했다. 그 둘은 물 분해에 대한 라부아지에의 제안은 당치도 않다고 주장했다. 실제로 일어난 일은 물과 금속의 결합에 의해 플로지스톤(가연성 공기)이 철에서 빠져나온 것이었다. 프리스틀리는 라부아지에와 뮤스니에의 실험을 재연해 보고, 이것을 1785년 2월에 왕립학회에 보고했다. 여기서 그는 가연성 공기의 출처가 물이 아니라 철이라고 주장했다. 캐븐디쉬와 와트처럼, 프리스틀리는 라부아지에가 실험 철학자들의 규약을 위반했다고 비난했는데, 그 규약이란 실험 철학자들이 현상에 대해 가설적인 이론적 설명을 입히지 말고 관찰한 것만 기술해야 한다는 것이었다.[18]

물이 두 기체의 화합물이라는 자신의 주장이 이렇게 완고한 저항에 부딪히게 되자, 라부아지에는 더욱 엄격하고 강력한 증명을 위해 자신의 실험 연구를 계속해나갔다. 그는 실험의 "사실"과 자신의 비판자들이 해석 혹은 "가설"이라고 주장했던 것 사이에 세웠던 경계를 후퇴시키려고 했다. 그는 물이 본질적으로 화합물이라는 것을 사실로 만들려고, 즉 의심의 여지없이 실험에서 곧바로 추론된 것으로 만들려고 애썼다. 이것은 새롭고 더 정교한 기구를 활용하여 전례 없는 정확도로 정량적 무게를 측정함으로써 성취될 수 있었다. 그의 노력은 1785년 2월 27일과 28일 파리 아스날(Arsenal)에서 보여준, 물의 분해와 합성에 대한 치밀하게 준비된(set-piece) 대규모 시연에서 절정에 달했다. 이 자리에서 라부아지에는 그의 실험적 실천 양식의 모든 요소들을 끌어 모아 그의 주장을 증명하려고 했다. 즉, 정확한 도구와 방법이 그 설득력을 극대화하기 위해 적재적소에 배치되었다.[19]



**18** Joseph Priestley, "Experiments and Observations Relating to Air and Water," *Philosophical Transactions* 75 (1785), 279-309.

**19** Maurice Daumas and Denis Duveen, "Lavoisier's Relatively Unknown Large-

새로운 실험의 분해 부분은 라부아지에와 뮤스니에가 그 전 해에 이루었던 것에서 크게 변하지 않았다. 그러나 물을 합성하는 작업은 매우 정교한 새 기구를 사용하여 전례 없는 주의를 기울여 수행되었다. 기구 제작자 삐에르 메그니에(Pierre Mégnié)는 뮤스니에의 설계도에 따라 1783년 말 무렵 새로운 기체 용기(pneumatic vessel)를 만들었다. 그 즈음에 그는 라부아지에를 위해 두 개의 저울도 만들었는데, 새로운 기술을 사용해서 저울대를 매달고 진동을 줄였다. 둘 중에서 더 큰 것은 100,000분의 1 정도로 정확하게(즉, 소수점 5자리까지) 1파운드의 무게를 잴 수 있는 것으로 평가받았다.[20]

전통적인 공기통(pneumatic trough)에서 유래한 새로운 기체 용기(gas holder)는 물 위에 떠있는 탱크 안에 기체들을 저장하고, 여기에 기체의 부피를 측정할 수 있도록 눈금을 덧붙였다. 조정 평형추를 하나 설치하면 용기 밖으로 나오는 기체의 흐름을 일정하게 유지할 수 있었다. 칼리브레이션(calibration, 눈금 조정)을 한 후에 눈금을 읽어내면 용기에 담겨 있는 기체의 부피로 환산할 수 있었다. 그리고 다양한 온도와 압력 조건 하에서 산소와 수소의 밀도가 어떻게 되는지를 기록한 표가 준비되어 있었는데, 이것을 가지고 기체의 무게를 계산할 수 있었다.[21] 매 측정마다 정확성을 얻기 위한 노력이 이어졌다. 버니어(vernier)를 사용하여 부피 눈금을 가리키는 바늘의 위치는 각도 1도의 소수점 둘째자리까지 읽어낼 수 있었다. 버니어는 온도계와 기압계에도 적합한 것으로 보였다. 온도계는 레오뮈르(Réaumur) 1도의 소수점 첫째자리까지 읽을 수 있었고, 기

Scale Decomposition and Synthesis of Water, February 27 and 28, 1785," *Chymia* 5 (1959), 113-129; Holmes, *Lavoisier* (주 4), pp. 237-238.

**20** Maurice Daumas, *Lavoisier: Théoricien et Expérimentateur* (Paris, 1955), 특히 6장; id., "Les appareils d'experimentation de Lavoisier," *Chymia* 3 (1950), 45-62.

**21** 나는 다른 논문에서 이 시연에 사용된 기구에 대해 보다 상세히 묘사했다. "Precision Instruments and the Demonstrative Order of Proof in Lavoisier's Chemistry," *Osiris*, 2d ser., 9 (1994), 30-47.

압계는 (1인치의 1/12이 되는) 수은 한 줄의 소수점 첫째자리까지 읽을 수 있었다. 라부아지에는 초기 광물학 연구 이래로 온도계와 기압계의 정확성에 관심을 가져왔었는데, 이제 그는 그 중에서도 가장 정밀한 기구들을 이용했다.[22]

라부아지에는 라플라스, 뮤스니에, 몽쥬의 도움을 받아 칼리브레이션을 마친 후, 과학 아카데미가 지명한 12명의 증인들을 포함해 약 30명의 학자들을 시연에 초청했다. 이틀에 걸쳐 두 번의 분해 실험과 한 번의 합성 실험이 행해졌다. 분해 실험에서 발생한 수소는 합성 실험에 다시 쓰여서, 붉은 수은 회(mercury calx)를 가열하여 얻은 산소와 함께 사용되었다. 사용된 기체들의 무게와 그것들이 결합하여 만든 물의 무게는 주의 깊게 계산되었다.

시연에 참여한 사람들 가운데 많은 이들이 설득되었다. 아카데미 회원들은 기구를 검사하고, 측정하고, 그리고는 그 결과의 기록에 자신들의 이름을 서명했다. 목격하기, 기록하기, 인증하기의 절차는 그 결과의 신뢰성을 보증해 주었을 뿐 아니라, 참가자들이 결과의 타당성에 대해 책임지게끔 했다. 몽쥬와 아카데미의 많은 수학자와 물리학자들은 정밀 측정에 대해 더 많은 경험을 쌓았기 때문인지, 라부아지에의 학설에 대한 자신들의 지지를 굳혔다. 그 반면에 그 자리에 함께 있었던 사쥬(Balthazar-Georges Sage)와 보메(Antoine Baumé) 같은 화학자들은 라부아지에의 이론에 계속해서 반대했다. 결정적인 사건은 화학자 베르톨레(Claude-Louis Berthollet)가 라부아지에의 관점으로 전향한 것이었는데, 얼마 후 그는 "그 아름다운 실험" 덕분에 물이 정말 화합물이라고 확신하게 되었다고 전했다.[23]



**22** 측정의 정확성은 뉴욕 주 이타카에 있는 코넬 대학 도서관, 과학사 서고의 라부아지에 원고(MSS)에 남아 있는 실험 노트를 검토하여 추정하였다. 온도계와 기압계의 정확성에 대해서는, Theodore S. Feldman, "Late Enlightenment Meteorology," *Quantifying Spirit* (주 2), pp. 143-177, 특히 pp. 156-157과 p. 166을 보라.

회의론은 넓은 화학자 사회에서도 살아남았다. 1786년 2월, 그 실험에 대한 간략한 설명이 뮤스니에의 이름으로 *Journal polytype des sciences et des arts*에 실렸다.[24] 아마도 그 원고는 라부아지에가 쓴 초고에 기초했을 것이다. 뮤스니에는 종합 보고서를 만드는 일도 분명히 맡았으나, 그 보고서는 결국 출간되지 않았다. 논문에 기구를 나타내는 두 개의 삽화가 들어 있기는 했으나 실제로 사용된 정교한 방법에 대해서는 극히 불충분한 정보만을 줄 뿐이었다. 기체계량기(gasometer)를 칼리브레이션하는 과정이나 정확한 측정을 얻기 위해 기울였던 세심한 주의에 관해서는 어떤 묘사도 없었다. [반면] 한 분해 실험의 결과 값이 제시되었는데, 여기에는 소비된 물의 무게, 실험 전후의 포신의 무게, 그리고 채집된 가연성 공기의 무게가 포함되어 있었다. 모든 무게들은 파운드(pound), 온스(ounce), 드램(dram), 그레인(grain) 단위로 보고되었는데, 가장 작은 단위인 그레인으로 측정한 모든 숫자들에까지 정밀성을 기했다. 2드램 3그레인이 모자란 것은 증기와 가연성 공기가 기구의 틈으로 빠져나간 탓으로 해석되었다. 합성 실험에서도 그 정도로 정밀하게 결과 값이 제시되었다. 이번에는 물이 반응물의 총 무게보다 30 1/2 그레인만큼 무거웠는데, 이것은 측정 절차의 정확성에 대한 추가적인 증거로 해석되었다. 즉, 기체용기가 조금 데워진 효과까지 반영된 결과라는 것이었다.

이런 설명에는 정확성에 대한 라부아지에 특유의 수사가 지닌 요소들



23 C.L. Berthollet, "Mémoire sur l'acide marin déphlogistiqué," *Observations sur la Physique* 26 (1785), 321-325. 특히 p. 324; H.E. LeGrand, "The 'Conversion" of C.L. Berthollet to Lavoisier's Chemistry," *Ambix* 22 (1975), 58-70, 특히 pp. 67-68; Carleton Perrin, "The Triumph of the Antiphlogistians," *The Analytic Spirit: Essays in the History of Science in Honor of Henry Guerlac*, ed. Harry Woolf (Ithaca, N.Y., 1981), pp. 40-63, 특히 pp. 49, 55-56, 62.

24 A.L. Lavoisier and J.B. Meusnier, "Développement des derniérs expériences sur la décomposition et la recomposition de l'eau," *Oeuvres* (주 13), Vol. V, pp. 320-334.

이 나타나는데, 아마도 논문 작성에 미친 그의 영향이 반영된 것으로 보인다. 무게는 그레인이나 심지어 몇 분의 1그레인까지 상세하게 기록되었다. 그리고 부족하거나 초과된 양이 비교적 적다는 것은 정확한 측정이라는 권위를 동원하여 물은 화합물이라는 주장을 뒷받침했다. 뮤스니에는 물에서 생명의 공기와 가연성 공기의 비가 85 대 15라고 발표했다. 이 수치는 쉽게 기억되었고, 라부아지에의 입장을 지지하는 이들 사이에 널리 퍼졌다.[25] 최종적으로 화학의 앞날을 내다보는 주장들, 즉 화학의 미래는 다른 물리과학들에 주목할 만한 진보를 가져다준 방법들을 채택하는지 여부에 달려있다는 주장들이 그 수치들을 뒷받침해 주었다. 무게와 측정으로 조성을 분석하는 것은 현상적 성질들을 비교하거나 친화력을 기록하는 것보다 더욱 객관적이고 확실한 방법을 제공했다. 높아진 정밀성의 기준에 맞추어 화학 실험을 수행하려면 틀림없이 더 많은 수고가 들 테지만, 이는 과학이 결코 되돌릴 필요가 없는 길을 따라 꾸준히 전진할 것이라는 확신에 의해 충분히 보상될 것이었다.



후속 연구에서, 라부아지에는 자신의 절차가 물의 조성 이론을 확실하게 확립했음을 되풀이하여 보여주었다. 하센프라츠(Hassenfratz)와 아데(Adet)가 세운 새로운 화학기호체계에 관한 보고서에서, 라부아지에는 정확한 측정과 정확한 추론(reasoning)의 밀접한 관계에 대해 언급했는데, 그것은 1787년 6월 27일 아카데미에서 발표되었다. "가장 굳건히 확립된 것으로 보이는 현대 이론의 한 가지 핵심은 물의 형성, 분해, 그리고 재결합이다. 가연성 공기 15그레인과 생명의 공기 85그레인을 함께 태워 정확히 100그레인의 물을 얻고, 분해의 방법으로 동일한 원소(principle)

25 예를 들어, C.L. Berthollet, "Considérations sur les Expériences de M. Priestley," *Annales de Chimie* 3 (1789), 63-114, 특히 p. 71; Thomas Garnett, *Outline of a Course of Lectures on Chemistry* (Liverpool, 1797), p. 74; Jeremiah Joyce, *Dialogues in Chemistry,* 2 vols. (London, 1807), Vol. I, p. 219. Holmes, *Lavoisier* (주 4), p. 237도 보라.

들을 똑같은 비율로 되찾을 수 있다는 것을 보고나서, 어떻게 그 이론을 의심할 수 있겠는가?"[26]

위의 구절에서, 물의 조성에 대한 라부아지에의 논증은 다음의 네 가지 구성요소로 구별될 수 있을 것이다. 첫째, 각 부분(가연성 공기와 생명의 공기)의 무게를 더하면 전체의 무게가 된다. 둘째, 이제 결합비가 알려졌다(15:85). 셋째, 그 무게들은 매우 정확하게 측정되었다("정확히 exactly"). 넷째, 이 절차는 어떤 의문도 남기지 않고 물의 조성 이론을 정당하게 받아들이게 한다. 이후의 언급들에서는 네 번째 요점이 늘상 주장되었다. 그래서 다음해 커완이 쓴 『플로지스톤에 관한 에세이(*Essay on Phlogiston*)』의 불어판에 덧붙여진 논평에서, 라부아지에는 정밀한 방법의 사용과, 그로 인해 가능하게 된 증명의 우수성 및 직접성을 연계시켰다. 그는 1785년 시연에 대해 다음과 같이 썼다.

> 가장 기억할 만한 실험들 가운데 하나인 이러한 이중의 실험은, 거기에 수반되었던 철저한 정확성으로 인해, 물이 분해되고 재합성될 수 있다는 것과, 산소(oxigene)와 수소(hydrogene)라는 두 원소(principle)들로 분해된다는 것을 보여준 논증(demonstration)으로 간주될 수 있다. 다만, 논증이라는 단어가 어쨌든 자연철학과 화학에서 사용될 수 있다면 말이다. … 우리가 제시한 증명은 … 논증의 절차에 따른 것으로, 그와 동일한 절차의 실험에 의한 것이다. 공략해야 하는 논증 실험에 의한 것이라는 말이다.[27]



라부아지에의 비판자들은 상황을 이런 식으로 보지 않았다. 라부아지에는 물이 화합물이라는 주장을 정밀 실험이 필요한 논증 실험(demon-

**26** A.L. Lavoisier, "Rapport sur les nouveaux caractères chimiques," *Oeuvres* (주 13), Vol. V, pp. 365-378, 특히 pp. 370-371.

**27** Richard Kirwan, *An Essay on Phlogiston and the Composition of Acids*, ed. William Nicholson, 2d ed. (London, 1789), pp. 59-61에서 인용된 Lavoisier의 글.

strative experiment)이라는 개념과 연결지음으로써 사실적 주장을 특정한 과학적 실천 모형과 연관시켰다. 이런 전략이 라부아지에의 진술에 힘을 실어주기는 했지만, 공격받을 수 있는 점 또한 많이 드러냈다. 반대자들은 라부아지에가 사용한 실험기구의 적절성과 신뢰성, 실험의 재연가능성, 실험을 보고하는 논증 형식(discursive form)에 의문을 제기하였다. 라부아지에가 주장한 정확성과, 그 정확성이 기하학적 기준에 맞는 증명을 제공한다는 함축도 그 타당성이 의심되었다.

프리스틀리는 1785년 실험에서 수행된 측정의 정밀성에 대해 다소 불만족스러워했다. 10년도 더 지난 후에 그것을 재검토하면서 그는 이렇게 썼다. "내가 볼 때, 실험에 사용된 기구는 결론이 필요로 하는 만큼의 정확성을 지니지는 못했다. 그리고 결과를 끌어내기까지 너무도 많은 수정, 오차 허용(allowance), 계산이 들어갔다." 그러나 정확성 자체는 사실 프리스틀리의 진짜 관심사가 아니었다. 정확한 측정 시도는 그다지 그를 설득하지 못했는데, 주된 이유는 정밀 측정의 방법이 실험의 재연가능성을 줄였기 때문이었다. 내가 다른 곳에서 주장했던 것처럼, 재연은 프리스틀리가 꿈꾸던 민주적이고 평등한 과학 문화가 가진 중요한 특성이었다. 정교한 실험도구와 복잡한 방법들을 채택하면 그러한 재연은 어려워지게 될 것이었다.[28] 특히, 그는 합성 실험이 "매우 다루기 어렵고 값비싼 실험 기구를 필요로 하고, 그것을 사용하는 데 많은 주의를 기울일 필요가 있어서 자주 실험을 반복할 수 없으므로 이러한 상황에서 수행된 실험은 산출된 결과의 확실성을 의심하지 않을 수 없게 만든다"고 지적했다.[29]





**28** Jan Golinski, *Science as Public Culture: Chemistry and Enlightenment in Britain, 1760-1820* (Cambridge, 1992), 3장. John G. McEvoy, "The Enlightenment and the Chemical Revolution," *Metaphysics and Philosophy of Science in the Seventeenth and Eighteenth Centuries*, ed. R.S. Woolhouse (Dordrecht, 1988), pp. 307-325; id., "Continuity and Discontinuity in the Chemical Revolution," *Osiris*, 2d ser., 4 (1988), 195-213.

프리스틀리가 비판한 부분들은 케어의 책 『화학사전 1편(*First Part of a Dictionary of Chemistry*, 1789)』에서도 되풀이되었다. 라부아지에는 화학이 단단한 사실의 기반 위에 세워져서 그[추론의] 결론들이 기하학적 논증에서 보이는 정도의 확실성을 지닐 수 있다고 주장한 바 있는데, 케어는 이것을 물고 늘어졌다.[30] 라부아지에의 주장과는 달리, 케어는 물의 조성을 포함해서 새로운 화학 이론의 많은 면이 여전히 가설적이라고 주장했다. 그래서 "기하학에 사용되는 정밀한 방법"은 화학에는 적용될 수 없었다. 대신, 화학자들은 물체의 현상적 성질을 조사하고 분류하는 데 만족해야 했다. 그런 접근 방식은 끊임없는 진보를 약속한 당대의 자연사를 모델로 삼은 것이었다. "수학적 논증과 확실성을 추구하는 대신, 화학적 현상들이 관찰되고 배열되는 다양한 방식(mode)들을 검토하고 그것들을 비교하는 데 만족한다면 … 확실성을 개연성과, 논증된 진리를 가설과 지속적으로 구분한다면 … 우리의 지성은 시간과 반복된 실험만이 가져올 수 있는 진보(improvement)를 향해 항상 열려있게 될 것이다."[31]

29 Joseph Priestley, *Considerations on the Doctrine of Phlogiston and the Decomposition of Water* (Philadelphia, 1796; repr. ed. William Foster, Princeton, 1929), pp. 34, 41; id., *The Doctrine of Phlogiston Established and that of the Composition of Water Refuted* (Northumberland, Penn, 1800), p. 77.

30 앞서 인용된 구절에 덧붙여, 케어는 라부아지에가 『화학원론』에서 주장한 것에 대응했을 수도 있다. 라부아지에의 주장은 다음과 같았다. "화학은, 기초 기하학과 같이 모든 부분들이 밀접히 연결된 하나의 완전한 과학이 되는 데 유리하지 않다. 그럼에도 불구하고 현재의 진보는 급속하고, 최신 이론이 만족스러운 방식으로 사실들을 정돈하기에, 우리는 우리 시대에도 화학이 성취할 수 있는 완전성에 가까워지는 것을 바랄 수 있을 것이다." A.L. Lavoisier, *Traité élémentaire de Chimi*, 2 vols. (Paris, 1789), Vol. I, p. xii; cf. Lavoisier, *Elements of Chemistry in a New Systematic Order, Containing all the Modern Discoveries*, trans. Roberts Kerr (Edinburgh, 1790), p. xx. 또한 라부아지에가 교육받는 동안에 느꼈던 것처럼, 전통적 화학이 기하학의 엄밀성을 획득하지 못한 것에 관한 언급은 날짜가 없는 다음의 원고에 실려 있다. "Sur la manière d'enseigner la chimie," in Bernadette Bensaude-Vincent, "A View of the Chemical Revolution through Contemporary Textbooks: Lavoisier, Fourcroy and Chaptal," *British Journal for the History of Science* 23 (1990), 435-460, 특히 p. 457을 보라.

따라서 논증된 사실의 지위는 해석되지 않은 현상 혹은 날(raw)것의 현상에만 주어져야 하고, 모든 해석은 똑같이 가설로 판단되어야 했다. 이런 구분을 유지함으로써 화학은 진리를 향해 한 계단씩 전진하기를 바랄 수 있을 것이었다. 라부아지에가 물의 조성을 사실로 만들기 위해 노력하고, 그 목적을 위한 도구로 정밀 측정을 활용했지만, 케어와 프리스틀리는 그런 학설이 사실일 수 있다는 생각을 거부했다. 합의에 의해 받아들여진 현상이 자연 지식에 확실한 기초를 제공해 줄 것이므로, 그들은 그 기초 위에 인식론을 세우려 했다. 해석은 이런 현상에 질서를 부여하기 위해 어떤 가설적 도식을 적용하는 것으로, 그것은 아무리 해도 사실 자체에 비해 부차적인 타당성만을 지녔다.[32] 라부아지에는 자신의 이론이 논증적 증명의 지위를 가진다고 주장했지만, 영국의 비판자들에게 이는 독단주의로 보였다. 비판자들은 라부아지에가 그런 힘을 부여하는 것에 반대하여, 사실성(factuality)에 대한 평등주의적 수사법을 동원하여 대응했다. 이리하여 케어와 프리스틀리는 정밀 측정과 라부아지에의 증명이 유관함(relevance)을 부정했다. 그들이 현상적 사실과 해석 사이의 간극이라고 보았던 것을, 정밀 측정을 통해 다리 놓을 수 있다는 생각은 가당치 않은 것이었다.

라부아지에의 다른 비판자들은 정밀 측정의 기획에 보다 호의적이었다. 커완은 1780년대 내내 물의 조성 이론과 플로지스톤에 반대하는 다른 측면들에 대해서는 꾸준히 반론을 폈지만, 그 프랑스 화학자[라부아지에]를 "실험 철학에 수학에 가까운 정밀성을 도입한 최초의 사람"이라고 칭찬했다. "직접적이고 정확한 측정으로" 하소(calcination)시 금속의 무게가 늘어난다는 것을 증명했던 것처럼, 그는 정밀 측정이 라부아지에의 주장을 증명해 줄 수도 있다는 것을 원칙적으로는 받아들였던 것으로 보

31 Keir, *Dictionary* (주 8), pp. ix-x.

32 Cf. Wilda C. Anderson, *Between the Library and the Laboratory: The Language of Chemistry in Eighteenth-Century France* (Baltimore, 1984), pp. 83, 96-97.

인다.[33]

이는 과학 강연가이자 저술가이며 기구 제작자였던 윌리엄 니콜슨(William Nicholson)이 라부아지에의 정밀성 추구(practice of precision)에 대해 정교하게 비판하면서 택했던 입장이기도 했다. 1788년 드 푸르크로아(Antoine Fran ois de Fourcroy)의 『자연사 및 화학 원론(*Elements of Natural History and Chemistry*)』의 번역본에서 니콜슨은 다음과 같이 논평했다. "이런 종류의 실험에서 생성물의 양에 크게 의지하는 것을 용인한다면, 이 대목에 많은 철학자들이 동의하지는 않겠지만, 물을 구성하는 두 원소(principle)들의 결합비에 대해 답을 주는 라부아지에의 [실험] 결과는 그의 결론에 많은 힘을 실어줄 것이다."

정밀 측정은 어쩌면 라부아지에의 이 사례에 상당한 힘을 더해 줄 수 있었을지도 모른다. 그러나 더 일반적인 이론적 문제들이 해결되지 않는 한, 그의 방법은 결정적인 것으로 받아들여질 수 없었다. 실험 절차와 결론은 운명을 같이 했다. 니콜슨은 오늘날 "실험가의 회귀(experimenters' regress)"라 알려진 문제를 가려내고 있었던 것이다. 그가 말하기를 플로지스톤의 옹호자들은 여전히 라부아지에의 실험에 대해 그럴듯한 대안적 설명을 가지고 있었다. 물의 결합 이론을 거부한 캐븐디쉬의 1784년 논문은 그 자체가 "정밀성의 걸작"이었다. 편견 없는 독자라면 "결정적 실험에 이르지 못했기 때문에" 플로지스톤의 문제는 아직 해결되지 않았다고 결론 내려야만 할 것이었다. 그리고 이런 상황에서 정밀 측정 자체는 실험을 결정적으로 만들지 못했다.[34]

커완이 쓴 『플로지스톤 소론』의 영어판(2판)에 실린 서론에서, 니콜슨



33 Kirwan, *Essay on Phlogiston* (주 27), pp. 3, 7.

34 Antoine François de Fourcroy, *Elements of Natural History and Chemistry*, trans. William Nicholson, 4 vols. (London, 1788), Vol. I, pp. xvi-xvii. 니콜슨은 화학자들 사이의 계속된 불일치를 반영하여, 1796년까지 자신의 대중적인 교과서인 *The First Principles of Chemistry*, 3d ed. (London, 1796)에서 플로지스톤 이론을 삭제하지 않았다.

은 정밀 측정이 라부아지에의 주장에서 어떤 역할을 하는지에 대해 다시 논평했다. 그는 소위 증명의 수단으로서 정밀 측정의 수사적 기능을 예리하게 지적했다. "… 라부아지에 씨의 실험에서 무게를 언급하는 것은 물의 결합과 분해를 증명하기 위해 인용된 논거 중 중요한 부분을 차지했다." 그러나 니콜슨에게 어떤 측정들, 특히 기체의 무게 측정은 받아들이기 어려운 정도의 정확성을 주장하는 것으로 보였다. 그가 지적하기를, 기체를 담는 용기의 무게를 측정하는 것이 어렵기 때문에 기체의 무게를 라부아지에가 주장하는 만큼 정밀하게 측정하기는 어려웠다. 그런 식으로 "정당성을 인정받기 어려울 정도로 정확성을 주장하는 것은" 아마도 지나치게 많은 자리수를 기입한 비중표를 사용하거나 분수를 소수점 자리를 늘려서까지 표현한 데서, 혹은 기구의 한계를 넘어선 정확도까지 무게를 기록한 데서 발생했을 것이다. 요컨대 라부아지에는 여섯, 일곱, 심지어 여덟 자리까지 무게를 기록한 데 반해, 니콜슨은 단지 세 자리만 신빙성이 있다고 평가했다. 그는 철저한 정확성을 유지해서 논증적 증명을 얻었다는 주장은 매우 의심스럽다고 결론지었다. 이렇게 라부아지에의 세 번째 요소가 가진 약점을 노출시켜, 니콜슨은 네 번째 요소의 설득력을 손상시켰다.



> 만일 마지막 자리 숫자까지 이 결과들이 참이라고 주장하는 것을 부정한다면, 어떤 경우에는 실험의 정확도를 천 배나 과장한 이 기다란 수치들은 참된 과학에는 불필요한 숫자의 퍼레이드에 불과하다는 것을 보여줄 뿐임을 알아야 한다. 그리고 이보다 더 중요한 것은, 실험의 실제 정확성이 감춰져 있다면, 실험의 **철저한 정확성(exactitude scrupuleuse)**이 정말로 **논증 절차**(de l'ordre demonstratif)에 따른 증명을 가능하게 해주는지 다소 의심할 수밖에 없다는 것이다.[35]

**35** Kirwan, *Essay on Phlogiston* (주 27), pp. viii, xi.

니콜슨의 캠페인은 1790년 출간된 『화학의 제일 원리(*First Principles of Chemistry*)』에서도 지속되었는데, 그는 그 책에서 한 장에 걸쳐 저울의 정확성에 대해 썼다. 숙련된 장인이 만든 표준적인 정밀 저울은 최대 다섯 자리까지 정확하다고 여겨졌다. 근래에 램스덴(Jesse Ramsden)이 (하나는 화학자 포다이스(George Fordyce)를 위해, 다른 하나는 왕립학회를 위해) 만든 두 개의 저울은 여섯 자리까지 합당한 어림(reasonable guess)이 가능한 것으로 생각되었다. 니콜슨은 다음과 같이 결론지었다.

> 저울에 대한 이 같은 설명으로부터 젊은 학생들은 다섯, 여섯, 심지어 일곱 자리까지 적힌 비중표를 비롯한 이론적 도출 결과들의 진실성을 온당하게 평가할 수 있을 것이다. 화학에서 보게 되는 이런 종류의 이론적 결과값들은 무게 측정의 허용된 정확성에 의존하지, 그 자체로 정당화되진 않기 때문이다. 일반적으로 무게가 다섯 자리까지 주어지면, 마지막 수치는 어림이거나 추측이다. 그리고 더 많은 자릿수까지 적었다면, 그것은 저자가 의도적으로 속였거나 아니면 무게를 분수 표현으로 바꿀 재능이 부족해서, 혹은 다른 이유로 속인 것이다.[36]

여기서 니콜슨의 요점은 유효 숫자를 깨닫는 것이 필요하다는 것이다. 저울의 정확성이 알려지면 비중표는 정당한 자릿수보다 더 많은 자릿수를 기록해서는 안 되었다. 측정기구의 한계를 넘어 정당한 자릿수보다 더 많은 자릿수까지 결과값이 늘어나면, 실험가들은 자진해서 계산 결과를 잘라야 하고 심지어는 자료에서 숫자들을 버리기까지 해야만 한다. 라부아지에가 그러한 인색함을 실천하지 않았다는 사실은 그의 "이론적 도출 결과"의 타당성을 훼손하는 것으로 여겨졌다.[37]



36 William Nicholson, *The First Principles of Chemistry* (London, 1790), pp. 67-69, 인용된 부분은 pp. 69-70.

37 Guerlac의 다음 언급과 비교해 보라. "유효 숫자에 대한 무시나 무지는 오차론을 완전히 이해하기 전에는 특징적인 것이었다." Henry Guerlac, "Chemistry as a Branch

라부아지에는 그런 비판을 피하려는 어떤 행동도 하지 않았다. 사실, 라부아지에가 『화학원론(*Traité élémentaire de Chimi*, 1789)』에 쓴 의견들이 저울의 오차에 대한 니콜슨의 논평을 유발한 것은 당연한 일이었다. 라부아지에는 자신의 교과서에서, 포탱(Nicholas Fortin)이 1780년대 후반에 자신을 위해 제작해 준 두 기구들이 램스덴의 기구를 제외한 다른 어떤 기구들보다 더 정확하다고 썼다. 그는 각 기구의 정밀성이 어느 정도인지 추정했다.(하나는 약 1/10 그레인의 정확성으로 20온스까지 측정할 수 있었고, 다른 것은 약 1/100그레인의 정확성으로 1드램까지 측정할 수 있었다.) 하지만 그는 그 기구들로 수행한 측정에서 정당하게 인용할 수 있는 유효 숫자가 어디까지인지 분명하게 말하지 않았다. 그는 또한 유효 숫자의 문제를 무시하고, 화학자들에게 온스, 드램, 그레인 대신에 파운드의 소수 단위로 무게를 측정하도록 권했다. 커(Rebert Kerr)가 영역본에서 빠뜨린) 변환(conversion)의 한 예에서, 라부아지에는 당당하게 일 파운드의 소수점 일곱 자리까지 계산했다. 즉 모두 여덟 자리였다. (역시 커가 생략한) 책의 뒷면에 있는 표에서, 그레인을 아홉 자리로 된 파운드의 소수 표현으로 변환한 값이 독자들에게 제시되었는데, 아홉 자리는 그 당시 존재하던 어떤 저울의 정확성의 한계도 넘어서는 것이었다.[38]

그러므로 니콜슨이 『화학사전(*Dictionary of Chemistry*, 1795)』에서 자신의 주장을 되풀이할 필요성을 느꼈던 것은 놀라운 일이 아니다. 물의 합성 실험을 논의하고, 특히 본래 실험보다 상당히 길게 보고된 푸르크로아(Fourcroy), 보클랭(Vauquelin), 세갱(Séguin)이 수행한 재연실험을 언급하면서, 그는 물이 화합물로 증명되었음을 기꺼이 받아들였다는 점을 드러냈다. 그럼에도 불구하고 계속하여 프랑스 화학자들에게 실험 절차의



of Physics: Laplace's Collaboration with Lavoisier," *Historical Studies in the Physical Sciences* 7 (1976), 193-276, 특히 p. 253, n. 145.

**38** Lavoisier, *Traité* (주 30), Vol. II, pp. 330-334, 561-563; cf. Lavoisier, *Elements* (주 30).

한계를 상기하도록 했다. 니콜슨에 따르면, 기체의 무게는 측정된 부피를 통해 계산되었고 온도와 압력에 따라 보정되었으며 단위 부피당 표준 무게 값을 사용하여 무게로 환산되었다. 분명히, 계산의 정확성은 표준을 얼마나 정확하게 정했는가에 달려있었는데, 그것은 무게가 24,179그레인인 구 안에 들어있는 810입방 인치의 기체를 가지고 정해졌다. 이 용기 안에서 수소의 무게는 딱 35그레인이었고, 이는 (니콜슨이 지적한 대로) 저울이 "상당한 정확도"를 가진다고 가정한 결과였다. 이 측정에서 1/4그레인의 오차는, 반응한 수소의 무게에서 처음의 두세 자리를 빼고는 전부 영향을 미칠 것이었다. 그래서 "그 결과에서 처음 세 자리를 뺀 모든 수치는 기껏해야 추정치로 간주될 수 있을 뿐이었다." 더 많은 양을 가지고 수행한 실험의 결과라면, 아마도 네 자리까지는 정확했을 것이다.

니콜슨은 이 단계까지는 라부아지에의 기본 주장을 의심하지는 않는다고 강조했다. "…이런 철학자들의 충실성(fidelity)을 의심할 수 없기에, 그리고 물의 생성물이 너무나 확연히 태운 공기의 무게와 일치하기 때문에, 그 실험은 생명의 공기와 가연성 공기가 보통 연소하는 온도에서 어떤 적절한 비율로 결합하여 물을 형성한다는 것을 증명했다고 인정할 수 있다."[39] 그의 요점은 측정이 매우 정확하다는 것에 호소한다고 해서 언제나 실험 결과가 이론의 그럴듯함을 높여주는 것은 아니라는 것이었다. 이용할 수 있는 기구들이 허용하는 한계를 넘어서 과도하게 정확성을 주장하는 것은 오히려 결과의 설득력을 떨어지게 했다. 라부아지에가 측정의 정밀성과 논증의 정밀성을 연결한 반면, 니콜슨은 정밀성의 한계("실험의 정확성 nicety")를 인식하는 것이 실험의 주장을 제시하는 데 더 적절한 방법이라고 말했다.

이런 생각은 당시 실험 과학에서 널리 알려지지 않았다. 18세기 후반



39 William Nicholson, *A Dictionary of Chemistry*, 2 vols. (London, 1795), Vol. II, pp. 1021-1023.

정밀 측정업에 종사했던 사람들, 예를 들면 삼각 측량이나 기압측고법을 통한 고도측정과 같은 분야에 종사했던 사람들은 대개 유효 숫자의 문제에 예민하게 반응하지 않았다.[40] 실험 기구에 관하여 "nice(민감한, 까다로운)" (혹은 니콜슨의 "nicety정확성 · 미묘함")이라는 단어의 용법이 의미하듯이, 민감한 기구들이 특히 오류를 일으키기 쉽다는 인식은 있었다.[41] 하지만 만일 어떤 수치가 기구가 보증하는 것보다 더 큰 정확성을 주장할 경우, 그런 숫자들이 계산 결과에서 버려져야 한다는 주장은 매우 드물었다.

니콜슨이 이런 점을 지적할 수 있었던 것은 아마도 수학 교사이자 화학과 자연철학 강연자로서, 그가 교육적 관심을 가지고 있었기 때문이었을 것이다. 1788년 출판된 기압측고법에 대한 서론에서, 그는 그 분야의 선도적인 종사자들이 계산한 사례들을 보여주었다. 그는 얼마나 많은 소수점 아래 자리들이 늘상 유효 숫자를 고려하지 않은 채로 다루어지는지를 보인 후에 다음과 같이 적었다. "… 이 계산에서 소수점 아래 자리들이 대부분 유지되고 있지만, 일반적으로는 단지 어떤 수의 소수점 첫째 자리까지만 유지된다고 해도 충분히 정확하고 수고도 훨씬 덜 수 있을 것이다."[42] 물론, 이것이 유효 숫자 원칙(doctrine)을 어떤 식으로 명료하



40 Sven Widmalm, "Accuracy, Rhetoric, and Technology: The Paris-Greenwich Triangulation, 1784-88," *Quantifying Spirit* (주 2), pp. 179-206, 특히 pp. 195-196; Theodore S. Feldman, "Applied Mathematics and the Quantification of Experimental Physics: The Example of Barometric Hypsometry," *Historical Studies in the Physical Sciences* 15 (1985), 127-197.

41 *Oxford English Dictionary*는 로버트 보일의 저작에서부터 19세기 초반까지 "현저한 정밀성, 정확성, 혹은 미세함을 포함하거나 요구하는"을 의미하는 "nice"의 사례를 기록해 놓았다. 다른 의미들은 의심스러움과 불확실성, 그리고 (저울이나 다른 기구들의) "정교하게 준비되거나 조정됨"이라는 의미를 포함한다. 니콜슨은 그가 라부아지에의 실험에 대해 썼을 때, 이런 용법을 반영했다. 그의 실험은 "극단적으로 nice했다. 그래서 관찰의 최대 정확성이 결과를 식별하는 데 필수적이다. 그런 경우에 쉽게 실수할 수 있다. 아니, 좀처럼 실수를 피할 수가 없다." A.F. de Fourcroy, *Elements of Natural History and Chemistry*, ed. Nicholson 2d ed., 3 vols. (London, 1790), Vol. I, p. xiii.

게 표현하고 있는 것은 아니었다. 니콜슨은 특정한 기구의 한계를 엄밀하게 이해하기 보다는 "충분히 정확하다"는 느낌에 따라서 쭉 늘어져 있는 소수점 아래 숫자를 잘라야 한다고 제안했다. 그렇지만 그 조항은 기압측고법의 종사자들에게서 흔히 보이는 긴 소수점 아래 자리들에 반대하는, 즉 스스로를 부정하는 규정을 의미했다. 니콜슨이 비전문가들을 대상으로 측정과 계산의 기술을 보여주는 과정에서 그런 점을 지적했다는 것이 상관있을 수도 있다. 이런 언급을 한 직후, 그는 돈이나 숙련된 기술 같은 실질적인 밑천이 부족한 사람들이 기압을 이용한 측량법에 접근할 수 있는 가능성에 대해 논했다. "충분히 정확한" 측정을 인정한 것에는, 가능한 그런 밑천들이 접근하기 쉬워야 한다는 실험가 집단의 비전(vision)이 함축되어 있었던 것으로 보인다.

라부아지에의 측정 기술을, 단순히 물리학의 방법을 화학으로 옮긴 것으로 보는 설명방식은 그의 성취에서 문제거리였던 특징들을 포착하지 못한다. 반대자들의 관점에서 문제를 생각해 보면 이것을 알아볼 수 있다. 라부아지에는 수학자들과 공학자들의 연대를 진척시키고, 세련된 기구들을 만들어 내며, 치밀하게 준비된 시연에 청중들을 불러 모음으로써, 국소적인 차원에서 정밀 측정의 문화를 만들어내는 데는 성공했지만, 이런 실천들의 설득력을 더 널리 전파하려는 초기 시도는 실패했다. 프리스틀리나 케어 같은 비판자들은 정확한 측정을 기하학적인 증명 방식과 짝지으려는 시도에 분개했는데, 그들이 볼 때 그러한 증명 방식은 화학에 적용될 수 없는 것이었다.

니콜슨의 비판은 이러한 논쟁을 거치면서 정확한 측정에 의한 증명이 지니는 한계에 대해 새로운 이해가 나타날 수 있었음을 보여주다. 1790년대 즈음이면 니콜슨과 많은 화학자들이 플로지스톤에 반대하는 라부아지에의 주장에 기꺼이 동의하려 했고, 그의 측정(예를 들면, 물의 조성

42 William Nicholson, *An Introduction to Natural Philosophy,* 3d ed. (Philadelphia, 1788), pp. 320-330, 인용은 p. 328.

실험)의 폭넓은 타당성을 인정하게 되었다. 그러나 합의 형성 과정은 라부아지에가 원했던 것으로 보이는 형식을 따르지 않았다. 니콜슨은 다음과 같이 논평했다. 종교적이든 형이상학적이든 아니면 과학적이든 간에, 각종 논쟁에서 "올바른 논증의 직접적인 힘이 사람들을 전향하게 만드는 경우는 거의 없다. 하지만 적들을 논박하려고 자신의 주장을 되풀이하면서 직접적인 방식으로 변화한다."[43] 라부아지에는 "올바른 논증의 직접적인 힘"과 같은 것, 즉 청중들이 동의하도록 만드는 절차와 논증의 정확성을 추구했던 것으로 보이지만, 니콜슨은 덜 직접적이지만 보다 효과적일 수 있는 설득 양식을 지적하고 있었던 것이다.

그러한 비판은 라부아지에에 앞장서 반대했던 프리스틀리의 나라, 영국에서 등장했다고 보는 것이 적절할 것이다. 프리스틀리는 공공 영역에서 자연 현상을 입증하기 위해서는 실험 방법의 재연에 높은 가치를 두어야 한다는 입장에서 라부아지에를 반대했다. 프리스틀리는 재연 가능성이 제한적이고 오류 가능성이 특별히 높다는 이유로 정밀 측정의 방법 자체를 비난했지만, 니콜슨은 이 점에서는 프리스틀리를 따르지 않았다. 하지만 그는 실험 절차가 공적인 조사(public scrutiny)에 열려있어야 하고 오류의 가능성을 분명히 인정해야 한다고 주장했다. 이런 담론 속에서 정밀성의 가치와 그 한계에 대한 인식은 각각 자신의 자리를 갖게 될 것이었다. 이것은 합의 형성에서 라부아지에의 수사법이 끌어들이지 않았던, 일정 정도의 타협(give-and-take)이 있었음을 뜻한다. 또한 합의에 도달하기 위해서 실험 측정에 요구되던 정확도를 줄였음을 의미한다. 영국에서 라부아지에의 정밀 측정은 그가 의도했던 논증의 정밀성과는 분리되었던 것이다.



43 *Ibid.*, Vol. I, p. vi.

# 제3부
# 생물학과 사회의 상호작용

현대 사회에서 과학의 인식론적 지위는 상당히 높아서, 흔히 "과학적"이라는 말은 객관성을 신뢰할 수 있음을 강조할 때 사용된다. 더 나아가 "과학적"은 정치적 중립성을 의미하는 것으로 해석될 때도 있다. 그러나 과학사 연구들이 밝혀낸 바에 따르면 과학의 객관성, 정치적 중립성은 일종의 "신화"에 불과하다. 과학이 다른 분야에 비해 좀더 객관적일 수는 있겠지만, 과학도 인간이 하는 일이기에 다양한 사회적 이해관계들, 선입견들로부터 자유로울 수 없기 때문이다.

이런 점은 진화론이나 인간 과학에서 특히 두드러지게 나타난다. 인간/인종을 다루는 이런 과학들에서는 인종이나 젠더에 대한 기존 관념들이 쉽게 과학 안으로 녹아들기 때문이다. 낸시 레이즈 스테판(Nancy Leys Stepan)은 「인종과 젠더: 과학에서 유비의 역할」에서 과학에서 은유(metaphor)와 유비(analogy)가 수행하는 적극적인 역할을 검토하고 있다. 19세기 인종과 젠더에 관한 "과학적" 연구들은 생물종으로서 백인남성의 우월성을 보여주는 "과학적 증거"들을 확보하고자 했다. 이를 위해 과학자들은 백인남성의 타자(他者)로 백인여성과 "열등한 인종" — 보통은 흑인 — 을 설정하고, 타자들 간의 유사성을 강조함으로써 백인남성의 우월성을 보이려 했다. 이 때 은유와 유비는 사회적인 편견들이 과학에 녹아들어가는 통로의 역할을 했다고 낸시 스테판은 지적한다.

피터 보울러(Peter J. Bowler)의 「진화론의 사회적 함의들」은 19세기 진화론이 사회에 적용되는 모습을 보여주고 있다. 진화론의 영향으로 탄생한 사회다윈주의, 우생학, 인종주의는 당시 사회 체제를 정당화함으로써 기존 체제를 유지, 강화하는 역할을 했다. 보울러의 연구는 진화론의 사례를 통해 과학과 사회의 상호작용이 어떤 방식으로 일어났는가를 흥미롭게 드러내 준다.

생물학 연구와 사회적 이해관계가 서로를 정당화하고 강화시키는 과정을 보여 준 두 편의 연구는 오늘날 우리에게 시사하는 바가 크다. 사회문화적인 가치들이 과학연구에 녹아들어가는 것을 피할 수 없고 그것이 자연스런 과정이기는 하지만, 바람직하지 못한 사회적 편견을 반영하여 사회적인 약자를 억압하는 수단으로 과학이 이용된다면 과학과 과학자들은 그 책임에서 자유로울 수 없다. 따라서 과학의 가치중립성, 정치적 중립성이라는 이름 뒤에 숨어 이런 종류의 문제에 눈을 감기보다는 과학이 사회적인 편견을 담을 가능성들을 충분히 인지하고 경계해야 할 필요가 있다. 또한 과학자가 아닌 일반인들은 과학이 그 바깥 영역에 대해 이야기를 할 때 어디까지가 과학의 권위가 미치는 곳이고 어디부터가 아닌지를 가려낼 줄 아는 비판적인 안목을 키워야 할 것이다.

# 인종과 젠더

## 과학에서 유비의 역할

냈시 레이즈 스테판(Nancy Leys Stepan)
정세권 역

은유(metaphor)는 문학이론에서 중심적인 위치를 차지하지만, 과학이론에서 은유 및 은유가 매개하는 유비(analogy)의 역할에 대해서는 여전히 논쟁 중이다.[1] 과학에서 은유와 유비, 그리고 모형에 대한 논쟁이 벌어지는 한 가지 이유는 지적인 측면에서 과학이 누려온 특권적인 지위 때문이다. 과학은 전통적으로 비은유적 · 경험적 · 보편적인 지식의 창고이자 정치적으로는 중립적인 지식으로 특권적 지위를 누려 왔다. 17세기 과학혁명기 동안 은유는 상상, 시적 환상이나 주관적 형상 심지어 거짓(untruthfulness)과 연결되었고, 진실되고 꾸밈없으며 객관적인 지식, 즉 과학 그 자체와는 대립적인 것이었다.[2]

Nancy Leys Stepan, "Race and Gender: The Role of Analogy in Science," *Isis* 77 (1986), 261-277 ⓒ 1986 by The History of Science Society, translated and printed with permission of the author and publisher.

1 은유란 이름이나 기술적(descriptive) 용어를, 서로 다르지만 유사한, 그러면서도 그 용어가 적절하게 들어맞는 어떤 대상에 이입시키는 비유적 용법이다. 막스 블랙(Max Black)에 의하면 "모든 은유는 유비 혹은 구조적 대응을 중재하는 것이라고 말할 수 있다.": Max Black, "More About Metaphor," *Metaphor and Thought*, ed. Andrew Ortony (Cambridge University Press, 1979), pp. 19-43 중 특히 p. 31. 이 글에서는 은유(metaphor)와 유비(analogy)를 호환 가능한 용어로 사용했다.

2 G. Lakoff and M. Johnson, *Metaphors We Live By* (Chicago, London: University of

20세기 논리실증주의자들 역시 과학적 언어와 은유적 언어를 구별했다.[3] 유비 혹은 유비에 기반한 모형이 자신들의 사고에서 중요하다고 과학자들이 주장할 때, 과학철학자들은 은유가 과학적 진술(utterance)에서 **핵심적인** 지위를 갖는다는 과학자들의 주장을 기각하려 했다. 프랑스의 이론물리학자 피에르 뒤엠(Pierre Duhem)은, 은유와 유비가 과학에서의 **설명**에 중요하다는 주장을 비판한 것으로 잘 알려져 있다. 그에 의하면 과학의 목적은 모든 이론을 수학적 진술로 환원하는 것이었다. 즉 모형들은 과학적 발견 과정을 도울 수 있지만 일단 그 기능을 수행하고 나면 유비는 과학에서 비본질적인 것으로 버려질 수 있으며, 이론은 유비 없이도 홀로 유지될 수 있었다.[4]

과학과 은유 사이에 만들어진 이분법의 결과는, 명백하게 은유적 혹은 유비적인 과학은 "전과학(prescientific)"이나 "사이비과학(pseudo-scientific)"으로만 간주될 수 있으며 따라서 기각될 수 있다는 것이었다.[5] 과학은 진실한 것(truthfulness) 혹은 경험적 실재와 동일한 것으로 간주되었기 때문에, 수많은 현대과학의 은유적 특성은 인정받지 못했다. 그리고 인정받지 못해 왔기 때문에, 콜린 터베인(Colin Turbayne)이 지적한 바와 같이 과학에서의 모형은 "모형화된 것"과 혼동하기 쉬웠다. 콜린의 예를 들자면 자연은 은유를 통해 기계적인 것**처럼 보였다고** 생각하기보다는, 자연은 기계적**이다**라고 생각하기 쉬웠다는 것이다.[6]

---

Chicago Press, 1980), p. 191. 과학에서의 은유를 비본질적이라거나 해로운 것이라고 비판하는 과학자들의 공격은 과학혁명 이전으로 거슬러 올라간다.

**3** A. J. Ayer, *Language, Truth and Logic* (New York: Dover, 1952), p. 13.

**4** 뒤엠에 대해서는 Carl H. Hempel, *Aspects of Scientific Explanation and Other Essays in the Philosophy of Science* (New York: Free Press, 1965), pp. 433-477을 참조할 것. 헴펠은 "유비 및 유비적 모형에 대한 모든 언급들은 과학적 설명에 대한 체계적 언술에서 중요하지 않다"는 뒤엠의 견해에 동의하였다(p. 440).

**5** 이 점에 대해서는 Jamie Kassler, "Music as a Model in Early Science," *History of Science* 20 (1982), 103-139를 참조할 것.

**6** Colin M. Turbayne, *The Myth of Metaphor* (Columbia: University of South

그러나 최근 과학사학자들과 과학철학자들의 관심이 과학에 대한 논리적 재구성에서 벗어나 문화 안에 존재하는 과학에 대한 "자연주의적(naturalistic)" 관점으로 이동함에 따라, 과학에서 은유와 유비 그리고 모형의 역할이 인정받기 시작했다.[7] 은유에 대한 최근의 저서에서 토마스 쿤(Thomas S. Kuhn)은 유비가 과학에서 근본적인 것이라고 주장했다. 또한 리차드 보이드(Richard Boyd)는 유비가 "하나의 과학 이론에서 대체할 수 없는 언어적 장치의 일부분"이라고 주장했다. 보이드에 의하면, "더 이상 적합한 문자상의 표현이 알려지지 않은" 이론적 주장을 표현하기 위해 과학자들이 은유를 사용하는 경우가 있기 때문이다.[8] 이제 어떤 과학철학자들은, 은유와 유비가 단지 과학적 발견을 위해 심리학적인 도움을 주거나 학습을 돕는 장치가 아니라 과학 이론의 구성요소라고 주장할 각오도 되어 있다.[9] [지금까지] 우리는 은유를 단순한 장식이나 시적 허

Carolina Press, 1970), p. 24.



**7** 은유와 과학에 대한 일반적인 연구로는 Philip Wheelwright, *Metaphor and Reality* (Bloomington: Indiana University Press, 1962); Max Black, *Models and Metaphor* (Ithaca, N.Y.: Cornell University Press, 1962); Mary Hesse, *Models and Analogies in Science* (Notre Dame, Ind.: University of Notre Dame Press, 1966); Richard Olson, ed., *Science as Metaphor* (Belmont, Calif.: Wadsworth, 1971); W.M. Leatherdale, *The Role of Analogy, Model and Metaphor in Science* (Amsterdam: North-Holland, 1974); Ortony, ed., *Metaphor and Thought* (주 1); Roger S. Jones, *Physics as Metaphor* (Minneapolis: University of Minnesota Press, 1982) 등이 있다. 그리고 Warren A. Shibles, *Metaphor: An Annotated Guide and History* (Whitewater, Wisconsin: Language Press, 1971)는 은유와 언어 그리고 실재의 일반적인 문제들에 대해 광범위하게 설명해 주는 지침서이다.

**8** Thomas S. Kuhn, "Metaphor in Science," *Metaphor and Thought*, ed. Ortony, pp. 409-419, 특히 p. 414; Richard Boyd, "Metaphor and Theory Change: What Is 'Metaphor' a Metaphor For?" *ibid.*, pp. 356-408, 특히 p. 360.

**9** 과학에서 유비의 중심적인 위치를 옹호하는 내용은 N.R. Campbell, "What Is a Theory," *Readings in the Philosophy of Science*, ed. Baruch A. Brody (Englewood Cliffs, N.J.: Prentice-Hall, 1970), pp. 252-267을 참조할 것. 시블즈(Shibles)도 *Metaphor* (주 7), p. 3에서 "각각의 과학계는 다양한 담론의 세계로 팽창되는 수많은 기본적인 은유에 기초하고 있다"고 주장한다.

구로 간주하는 것에서부터 과학 사상 그 자체에 본질적인 것이라고 생각하는 것까지 한바퀴 돌아본 셈이다.

비록 과학에서 은유와 유비의 역할이 인정받게 되었다고 하더라도 과학적 은유에 대한 엄밀한 이론은 이제 막 다듬어지고 있는 중이다. 이 글은 그러한 이론의 발전에 일조하기 위해 쓰여졌다. 특히 과학적 유비의 문화적 원천, 과학적 추론에서 유비가 하는 역할, 유비의 규범적 귀결 및 유비의 변화 메커니즘과 관련한 일련의 질문들을 탐구하는 데 생명과학의 역사에서 나타났던 특정한 유비를 검토할 것이다.

## I. 인종과 젠더: 강력한 과학적 유비

여기서 고찰할 유비는 인종을 젠더와 연결시킨 것인데, 이 유비는 19세기와 20세기 인간 변이에 대한 과학적 이론을 만드는 과정에서 전략적인 위치를 차지했다.

잘 알려진 바와 같이 후기 계몽주의 시대부터 인간 변이를 연구한 학자들은 인종적 차이를 실재의 중요한 측면으로 제기하였고, 인종적 차이에 대한 광범위한 담론들도 정교해지기 시작했다.[10] 19세기에 들어 성적인(sexual) 차이와 젠더(gender)의 차이에도 점점 관심을 두게 되면서 젠더는 인종과 상당히 유사한 것으로 이해되었다. 과학자들은 젠더의 차이를 설명하기 위해 인종적 차이를 이용했고 물론 그 역도 가능했다.[11]

10 Nancy Stepan, *The Idea of Race in Science: Great Britain, 1800-1960* (London: Macmillan, 1982), 특히 제1장을 참조할 것.

11 인종과 젠더에 대한 유비의 체계적인 역사는 존재하지 않는다. 유비는 예전부터 인식되어 왔으며, 인체측정학이나 의학, 발생학에서 유비의 많은 예들은 Stephen Jay Gould, *The Mismeasure of Man* (New York: W.W. Norton, 1981); John S. Haller and Robin S. Haller, *The Physician and Sexuality in Victorian America* (Urbana: University of Illinois Press, 1974)에서 볼 수 있다.

따라서 여성의 가벼운 뇌, 불완전한 뇌 구조는 열등한 인종의 그것과 유사하다는 주장이 제기되었고, 이러한 근거를 바탕으로 여성들의 지적 열등함이 설명되었다.[12] 관찰을 해 보면 여성은 흑인처럼 폭이 좁고 어린 애처럼 허약한 두개골을 가지고 있었고, 이것은 "우월한" 인종의 남성이 가지고 있는 더욱 건강하고 둥근 머리 특성과는 아주 다른 것이었다. 마찬가지로 고등한 인종의 여성은, 그만큼 비대하게 돌출된 것은 아니지만 열등한 인종이 가지고 있는 원숭이같이 돌출된 턱을 가지는 경향이 있었다.[13] 여성과 열등한 인종은 독창적이기보다는 선천적으로 충동적이고 감정적이며 흉내내기 좋아하고, 백인 남성에게서 발견되는 추상적 추론 능력이 없다고 생각되었다.[14] 그러나 진화생물학은 여기서 한 발 더 나아간 유비를 제시했다. 진화론적 용어에서 여성은 남성의 "진보적 측면"에 비추어 볼 때 "보수적인 요소"였다. 고등한 인종의 남성들은 새로운 생물학적, 문화적 경향을 이끄는 반면, 여성은 열등한 인종에게서나 발견되는 한층 "원시적인" 특성을 유지하기 때문이었다.[15]

19세기 중반 독일의 선구적인 인종 연구가였던 칼 포크트(Carl Vogt)는, 여성의 두개골은 여러 측면에서 유아, 더 많은 점에서는 열등한 인종의 것과 비슷하며, 많은 열등한 인종들의 성인남성이 지닌 "출렁거리는" 복부는 아이를 많이 낳은 코카서스 인종의 여성과 비슷하며, 그 남성들



12 Haller and Haller, *The Physician and Sexuality* (주 11), pp. 48-49, p. 54. 홀러가 인용한 두개골 측정학에 대한 글 중에서는 특히, J. Mcgrigor Allen, "On the Real Differences in the Minds of Men and Women," *Journal of the Anthropological Society of London* 7 (1869), cxcv-ccviii, 특히 p. cciv; John Cleland, "An Inquiry into the Variations of the Human Skull," *Philosophical Transaction, Royal Society* 89 (1870), 117-174를 참조할 것.

13 Havelock Ellis, *Man and Woman: A Study of Secondary Sexual Characters* (1894; 6th ed, London: A. & C. Black, 1926), pp. 106-107.

14 Herbert Spencer, "The Comparative Psychology of Man," *Popular Science Monthly* 8 (1875-1876), 257-269.

15 Ellis, *Man and Woman* (주 13), p. 491.

의 가는 종아리와 평평한 넓적다리는 원숭이와 비슷하다고 주장했다. 포크트의 이런 주장들은 인간의 차이를 연구하는 과학에서는 이미 상투적인 내용들이었다.[16]

인종과 젠더 사이의 유비는 너무나도 근본적이었기 때문에, 성적인 차이를 설명할 때면 인종적 특성에 대한 주요한 해석방식이 항상 환기되었다. 예를 들어 과학자들이 인종을 별개의 "종", 즉 교배를 해도 생존능력을 지닌 "잡종"을 만들 수 없는 그런 "종"으로 설명하는 것처럼, 남녀의 차이를 분석하는 과학자들은 종종 여성들도 별개의 "종"을 형성한다고 말했다. 여성들이 자신들의 성에 상응하는 경계를 넘으려고 할 때면, 과학자들은 이러한 여성들이 성심리적(psychosexual) 잡종으로 퇴화할 위험이 있다고 주장했다.[17] 성선택에 대한 다윈의 이론은 인종적, 성적 차이 양자에 적용되었고, 이는 미국의 에드워드 코프(Edward D. Cope)의 신라마르크주의도 마찬가지였다.[18] 과학적 이론화 과정에서 젠더와 인종의 유사한 위치를 보여주는 최근의 확실한 예는 호르몬 생물학의 역사에서 찾아볼 수 있다. 20세기 초 해부학자이자 인종연구가였던 아서 키스 경(Sir Arthur Keith)은 인종적 차이를 당시 새롭게 발견된 "내분비물" 혹은 호르몬의 병리적 장애로 해석했다. 거의 같은 시기 성에 대해 솔직해야 한다면서 선구적으로 성다양성을 연구한 해브록 엘리스(Havelock Ellis)는, 남녀의 신체적, 성심리적 구조에서 볼 수 있는, 작지만 그에게는 아주 중요한 차이를 설명하기 위해 내분비물을 이용했다.[19]



16 Carl Vogt, *Lectures on Man: His Place in Creation, and in the History of the Earth* (London: Longman, Green, & Roberts, 1864), p. 81.

17 James Weir, "The Effect of Female Suffrage on Postenity," *American Naturalist* 29 (1895), 198-215.

18 Charles Darwin, *The Descent of Man, and Selection in Relation in Sex* (London: John Murray, 1871), Vol. II, Chs. 17-20; Edward C. Cope, "The Developmental Significance of Human Physiognomy," *American Naturalist* 17 (1883), 618-627.

19 Arthur Keith, "Presidential Address: On Certain Factors in the Evolution of

간단히 말해 열등한 인종은 인간종의 "여성적인" 형태를 의미하는 것이었고, 여성은 젠더적인 측면에서 "열등한 인종"을 의미하는 것이었다. 그러나 포크트의 예에서 알 수 있듯이, 이러한 유비는 인종과 젠더 그 이상의 것과 관련되어 있었다. 아주 복잡한 비교나 동일시(identification), 상호참조, 환기된 연관성과 관련된 얽히고설킨 일련의 유비를 통해 (신체적, 정신적, 계급적, 민족적) 다양한 차이들은 인간 변이를 연구하는 생물사회 과학(biosocial science)으로 수렴되었다. 소위 열등한 인종이라는 유비를 통해 여성, 성적 일탈자, 범죄자, 도시 빈민, 정신이상자들은 어떻게든 생물학적으로 "별개의 인종"으로 그려졌다. 이들 별개의 인종과 백인남성의 차이, 별개의 인종 서로간의 유사성은 사회적 위계서열에서 그들의 상이하면서도 열등한 지위를 "설명했다."[20]

유비에 기반하여 인종적, 성적 차이를 다루는 생물사회 과학의 체계적인 역사를 그리는 것이 이 글의 목적은 아니다. 오히려 인종-젠더 유비를 이용하여, 과학 그 자체 내에서 유비적 추론이 어떤 성격을 가지는지를 분석하는 것이 이 글의 목적이다. 과학에서 언제 어떻게 유비가 등장했는가? 유비는 무엇으로부터 스스로의 과학적 권위를 획득했는가? 유비는 어떻게 과학연구를 모양지었는가? 많은 열등한 인종의 성인남성이 많은 자녀를 둔 코카서스 인종의 성인여성과 닮았다고 과학자들이 주장하는 것은 무엇을 의미하는가? 유사성이나 치환에 대한 단순한 이론으로는 그러한 유비를 설명하지 못한다. 자연 속에서 과학자들이 "발견했다"



Human Races," *Journal of the Royal Anthropological Institute* 64 (1916), 10-33; Ellis, *Man and Woman* (주 13), p. xii.

**20** Nancy Stepan, "Biological Degeneration: Races and Proper Places," *Degeneration: The Dark Side of Progress*, ed. J. Edward Chamberlin and Sander L. Gilman (New York: Columbia University Press, 1985), pp. 97-120, 특히 pp. 112-113. 차이에 대한 다양한 고정관념이 어떻게 얽혔는지에 대해서는 Sander L. Gilman, *Difference and Pathology: Stereotypes of Sexuality, Race, and Madness* (Ithaca, N.Y.: Cornell University Press, 1985)를 참조할 것.

고 여기는 닮음과 차이를 구성하는 데 있어 유비는 어떠한 도움을 주는가? 유비와 은유의 어떠한 이론들이 과학에 대한 비판적 연구에 가장 효과적으로 적용될 수 있는가?

## II. 과학적 은유의 문화적 기원

과학에서의 특정한 은유와 유비는 사회적으로 과학이 생산되는 것과 어떻게 관련되는가? 어떤 이유로 특정한 유비는 선택되고 다른 것은 선택되지 않는가? 그리고 특정한 유비는 왜 과학자 공동체에 의해서 수용되는가? 이런 문제는 보다 면밀한 탐구가 요구되는 주제들이다.

워렌 시블즈(Warren Shibles)에 의하면, 문학작품에서는 충격적인 은유가 그냥 "비처럼" 온다.[21] 그러나 과학에서 은유와 유비는 임의적이지도, 단순히 개인적이지도 않다. 어떠한 은유도 그렇지는 않을 것이다. 사실 특정한 은유나 유비를 과학으로서 수용가능한 것으로 만드는 것은, 그 속에 "임의성"을 감지하게 할 만한 것이 없기 때문이다.

최근 스티븐 툴민(Stephen Toulmin)이 지적한 바와 같이, 과학에서 은유와 유비를 선택하는 데 작용하는 제약조건은 매우 다양하다. 연구 대상의 성격(예를 들면 유기물 vs. 무기물), 이를 연구하는 과학 공동체의 사회적 구조(예를 들면 계급), 그리고 관련 분야나 분과의 역사, 이 모든 것이 특정한 유비의 등장 및 그 성패에 중요한 역할을 담당한다.[22] 이따금씩 은유는 놀랄만치 새롭기도 하지만 경우에 따라서는 이미 그 문화 속에 존재하던 은유를 새로운 방향으로 확장시키기도 한다.

인간의 차이를 연구하는 과학의 경우, 인간의 변이를 체계적으로 연구



21 Shibles, *Metaphor* (주 7), p. 15.

22 Stephen Toulmin, "The Construal of Reality: Criticism in Modern and Postmodern Science," *Critical Inquiry* 9 (1982), 93-111, 특히 pp. 100-103.

하기 시작한 18세기 후반의 과학자들이 사용한 유비는, 오랫동안 지속되면서 익숙해져 이미 문화적으로 승인된 은유들의 산물이었다. 인간 변이와 차이는 "자연 바로 그 곳에서 그들이 실제 존재하는 그 자체로서" 경험된 것이 아니었다. 오히려 차이에 대한 경험과 이해를 구성하고 본질적으로 차이의 대상을 창조하는 은유적 체계를 통해서, 그리고 그것에 의해서였다. 은유적 체계는, 계급과 인종 그리고 성별 차이, 문명인과 야만인 사이의 차이, 부자와 가난한 자, 아이와 어른의 차이를 경험하고 "볼" 수 있는 "렌즈"를 제공했다. 샌더 길맨(Sander Gilman)은 『미치광이 바라보기(*Seeing the Insane*)』에서 "우리는 세계를 보는 것이 아니다. 오히려 우리 주위 세계의 표상을 통해 문화적으로 받아들일만한 방식으로 세계를 인식하는 법을 배운다"고 썼다.[23]

인간의 차이에 대한 "근본 은유(root metaphors)" 중 많은 것들은 그 기원이 불분명하다. 라코프(G. Lakoff)와 존슨(M. Johnson)은, 문화의 근본적인 가치는 "보통 그 문화 가운데 가장 기본적인 개념의 은유적 구조"와 양립 가능하다고 주장했다.[24] 놀랄 것도 없는 것이, 서양 문화에서 "타자" 혹은 "열등한 사람"이라고 은유적으로 표현된 사회그룹들은 사회적으로 권리를 박탈당했다. 권리가 박탈된 이유는 각 집단마다 그리고 각 시기마다 다양했다. 이미 고대 그리스에서 아리스토텔레스는 "천성적인" 열등함을 근거로 삼아 여성을 노예에 비유했다. 윈드롭 조단(Winthrop Jordan)은 중세 초기 흑백 사이에는 이진법과 같은 대립이 분명하게 정립되어 있었다고 설명했다. 그에 의하면 검은 색은 비열함, 범죄, 사악함, 추함과 같은 것으로 인식되었던 반면 흰색은 미덕, 순수함, 신성함 그리고 아름다움과 동일시되었다.[25] 시간이 지날수록 검은 피부의 사람들은

23 Sander L. Gilman, *Seeing the Insane* (New York: John Wiley, 1982), p. xi.

24 Lakoff and Johnson, *Metaphors We Live By* (주 2), p. 22. 근본 은유에 대해서는 Stephen Peeper, *World Hypothesis* (Berkeley, Los Angeles: University of California Press, 1966), p. 91을 참조할 것.

원숭이에 비유되었고, 그들의 유아스러움, 야만성, 짐승과 같은 성격, 지나친 성적 행위, 지적 능력의 결여가 강조되었다. "이디오피아인," "아프리카 사람," 특히 "호텐토트"는 백인남성적이지 않은 모든 것을 나타내기 위해서 만들어진 것이었다. 이러한 표현은 타자의 "열등함"을 표현하고 이해할 수 있는 풍부한 유비적 원천을 제공하였다. 예를 들어 서양 문명에서 광기가 표상되는 것을 연구하면서 길먼은, 어떻게 흑인이라는 은유가 미친 사람을 설명하기 위해 차용되고 그 역과정도 성립되었는지를 보여준다. 비슷한 유형의 유비 속에, 가난한 노동자들은 유럽의 "야만인"으로, 범죄자는 "니그로"로 표상되었다.

그리고 19세기 과학자들이 인종적 차이와 성적 차이 사이의 유비, 혹은 인종적 차이와 계급적 차이 사이의 유비를 제안했을 때, 그리고 그러한 유비를 기초로 하여 새로운 자료들을 만들기 시작하였을 때, 인간의 차이와 유사함에 대한 그들의 해석은 널리 수용되었다. 이는 당시의 문화적 기대치와 그들의 해석이 기본적으로 일치했기 때문이었다. 이 특정한 과학에서 은유와 유비는 놀랄 정도로 새로운 것이 아니었다. 다만 탐구되지 않아 흩어져 있던 낡은 것이었다. 과학자들의 공헌은 지금까지 무의식적으로 받아들여진 유비를 자각된 이론으로 끌어 올린 것이었다. 또한 과학자들은 그 유비에 수반된 의미들을 확장했고 새로운 관찰과 비교를 통해 그 범위를 넓혔으며, 전문적인 언어와 새로운 기법을 통해 정확성을 부여했다. 또 다른 성과는, 유비가 과학의 언어 속에서 "자연화"되면서 그 은유적 성격이 감추어진 것이었다.

잘 알려진 이러한 유비가 과학으로 정교해지는 과정에서, 그 선두를 달린 것은 인종에 대한 연구였다. 이는 부분적으로 흑백의 차이가 아주 "분명해" 보였기 때문이고, 또 다른 한편으로 노예폐지운동으로 인해 인



25 Winthrop D. Jordan, *White over Black: American Attitudes toward the Negro, 1550-1812* (New York: Norton, 1977), p. 7.

종적 차이 및 사회적 불평등의 문제가 정치적으로 긴박해졌기 때문이었다. 인종에 대한 연구로부터 열등함과 원숭이와의 연관성이 제기되었다. 인간과 원숭이의 턱 돌출을 비교하여 얻어진, 자연에서의 위계서열을 나타내는 수치인 안면 각도를 이용하여 흑인이 백인종보다 원숭이에 훨씬 더 가깝다는 주장이 제시되었다. 이후 이러한 수치는 유비적 과학에서 널리 사용되었다.[26] 열등함의 표시로 굳어진 이후 안면 각도와 검은 색은 다른 열등한 집단과 인종을 설명하기 위해 유비적으로 확장될 수 있었다. 예를 들어 다윈의 사촌이자 영국 우생학과 통계학의 선구자였던 프란시스 골턴(Francis Galton)은, 흑인과 원숭이의 턱을 사용하여 아일랜드 사람을 설명했다. 그는 "감자 대기근 이후 아일랜드를 방문해 본 사람들은 대체로 아일랜드 사람들의 얼굴 유형에서 턱이 상당히 튀어나왔다는 사실, 다시 말해 아래턱의 돌출이 흑인에 매우 가깝다는 사실을 알아차렸다"고 언급했다.[27]

인간의 차이와 닮음에 관한 유비적 과학에서 특히 중요한 것은, 인간의 두개골에 대한 측정과 체계적인 연구였다. 인간의 차이를 연구하는 학자들에게 두개골이 중요했던 이유는 두개골이 뇌를 감싸고 있다는 사실 때문이었는데, 두개골의 형태 및 크기상의 차이는 지적, 사회적 행동 면에서 추정된 차이와 서로 관련되어 있다고 가정되었다. 유인원, 열등한 인종, 여성, 범죄자, 하층계급, 그리고 아이들 사이의 유비에 외면상의 정확도를 제공한 것은, 두개골과 뇌의 무게, 그리고 대뇌 표면의 주름 등의 치수였다. 캘리퍼스(callipers), 두개측정기(cephalometer), 머리계측기(craniometer), 머리지지기(craniophores), 정수리뼈 각도계(parietal goniometer) 등 새로운 측정기술을 제공한 사람들은 바로 인종을 연구하던 과학자들이었다.[28] 1840-1850년대부터 과학자들은 작은 안면각도, 이

**26** Stepan, *The Idea of Race in Science* (주 10), pp. 6-10.

**27** Francis Galton, "Hereditary Improvement," *Fraser's Magazine* (1873), 116-130.

에 상응하는 가벼운 뇌, 앞으로 돌출한 아래턱, 그리고 고도의 지적 능력이 위치할 것이라 생각되었던 앞이마 중앙의 불완전한 발달 등을 여성, 범죄자, 백치, 그리고 타락한 사람들의 특성이라고 생각하기 시작했는데, 이러한 특성들은 모두 인종적 과학에서 나온 것이었다. 폴 브로카(Paul Broca) 사후 프랑스의 선구적인 인류학자였던 폴 토피나르(Paul Topinard)는 1870년, 수많은 과학자들이 수십 년에 걸쳐 수집한 수백 개에 이르는 두개골과 뇌로부터 인종적, 성적 차이에 관한 데이터를 모을 수 있었다. 이것은, 코카서스 인종의 여성이 남성보다 턱이 더 튀어 나왔으며 아래턱은 원숭이와 닮았다는 결론, 그리고 "영국이나 스코틀랜드" 출신 여성의 가장 큰 두뇌조차 아프리카 남성의 두뇌 크기와 비슷하다는 결론을 내리기 위함이었다.[29] 일단 인체측정학이라는 새로운 과학에 의해 여성이 열등한 인종과 실제로 유사하다는 사실이 제시되고 이것이 본질적으로 인종주의적인 유비가 됨에 따라, 여성 특유의 특성과 성격들은 반대로 열등한 인종을 유비적으로 이해하는 데 사용될 수 있었다. 그러한 유비는 이제 경험적 실재와 과학적 이론의 무게를 지니게 되었다. 백인 여성과 흑인 사이 혹은 범죄자와 흑인 사이의 유사성은 어쨌든 해당 개인 "속에 들어 있는" 자연의 실재들이었다.



## III. 은유적 상호작용

지금까지 은유와 유비가 19세기 인간의 차이를 연구하는 과학에서 매우 중요한 역할을 담당했음을 살펴보았다. 이제 질문은 얼마만큼의 역할을 담당했는가이다. 여기서 나는 은유가 과학 그 자체로, 다시 말해 은유가

28 이러한 도구와 측정법에 대해서는 Paul Topinard, *Anthropology* (London: Chapman & Hall, 1878), Pt. II, Chs. 1-4.
29 *Ibid.*, p. 311.

없으면 과학이 존재하지 못했을 정도로 기능했다고 주장하고자 한다. 다시 말해 은유와 유비는 과학의 구성요소가 될 수 있다는 것이다.

다른 과학사학자들이 했던 바와 같이 여기서 나는 막스 블랙(Max Black)이 주장한 은유의 "상호작용" 이론을 소개하고자 한다. 왜냐하면 이 글에서 논의하는 은유 및 그로부터 매개된 유비는 상호작용 은유로서 기능했기 때문이고, 상호작용 은유라는 용어로서 은유와 유비를 생각하는 것은 과학에서 은유와 유비의 역할을 분명히 해주기 때문이다.[30]

상호작용 은유라는 표현을 통해 블랙은, 보통 그런 식으로 연결되지 않는 서로 다른 사물들 혹은 사물들의 체계들을 연결시켜 인식적이고 감정적인 관계로 만드는 은유를 말하고자 했다. 블랙은 은유의 "치환"이론을 반대한 리차드(I.A. Richard)의 생각을 따른다. 리차드는, 은유가 두 가지 사물에 대한 실제적인 어떤 것을 간접적으로 말해준다고 주장한 이론, 다시 말해 은유 **문자 그대로의 비유**라거나, 은유를 산문체로 온전히 번역할 수 있다는 이론에 반대했다. 리차드는 대신 "은유를 사용할 때 우리는 상이한 사물들에 대한 두 가지 생각이 함께 작동할 수 있도록 하며, 이 두 가지의 생각이 하나의 단일한 단어나 문구로 지탱될 수 있도록 한다. 여기서 그 단어나 문구의 의미는 두 가지 생각이 상호작용한 결과이다"라고 주장했다. 블랙은 "가난한 사람들은 유럽의 흑인들"이라는 은유에 상호작용 이론을 적용하면서, 리차드의 말을 다음과 같이 변형시켰다. "유럽의 가난한 사람과 미국의 흑인에 대한 우리의 생각은 '함께 작동' 하며 '상호작용' 하여, 그 상호작용의 결과인 의미를 만들어 낸다."[31]



30 Black, *Models and Metaphor* (주 7), 특히 Chs. 3, 13. 또한 Mary Hesse, *Models and Analogies in Science* (주 7); Hesse, "The Explanatory Function of Metaphor," *Logic, Methodology and Philosophy of Science*, ed. Y. Bar-Hillel (Amsterdam: North-Holland, 1965), pp. 249-259; Boyd, "Metaphor and Theory Change" (주 8)도 참조할 것.

31 Black, *Models and Metaphor* (주 7), p. 38. 인용은 I.A. Richard, *Philosophy of Rhetoric* (Oxford: Oxford University Press, 1938), p. 93.

이러한 관점에서 볼 때 그 속의 의미나 인식적인 내용이 제거되지 않는다면 은유는 결코 문자 그대로의 비유 혹은 "동등한" 진술로 환원될 수 없다. 왜냐하면 의미는 은유의 두 성분 사이에서 일어나는 상호작용의 결과이기 때문이다.

이러한 "새로운 의미"는 어떻게 생겨나는가? 여기서 블랙은, 엄격히 말해 은유의 한쪽 편에만 속할 수 있던 "연관된 문구들의 체계"가 상호작용 은유하에서 다른 편에도 적용된다고 설명하면서 리차드의 주장을 보충했다. 그리고 그는, 은유를 작동시키는 것은 "그 문구들이 진짜라는 사실이 아니라, 그것들이 쉽고 자유롭게 환기될 수 있어야 한다는 사실"이라고 부연하였다.[32] 혹은 마리 헤스(Mary Hesse)가 『과학에서 모형과 유비(*Models and Analogies in Science*)』에서 쓴 바와 같이, 이러한 함의는 "개인적인 것이 아니라 정해진 언어 공동체에 아주 공통적인 것이며, 이해받기를 원하는 화자가 미리 가정하는 것"이다.[33] 따라서 위 예에서 "유럽의 가난한 사람"은 "흑인"에만 엄격하게 적용될 수 있는 용어로 이해되고 그 역도 마찬가지이다. 그 결과 가난한 사람은 "별개의 인종," 유럽 문명 한가운데 존재하는 야만인으로 이해된다. 역으로 "흑인"은 진보를 향한 행진에서 지체된 상태로 묶여 있는, 무능하고 게으르며 술에 찌든 사회찌꺼기로 이해된다. "야만성"과 "무능함"이라는 생각 모두, 은유 그 자체가 작동할 수 있는 익숙한 의미체계에 속해 있는 것이다.

블랙의 주장은, 그들의 상호작용과 환기된 관련성에 의해 하나의 은유를 구성하는 각 부분들이 변한다는 것이다. 각각의 부분은 어떤 독특한 방식으로 다른 것과 더욱 비슷하게 보인다. 블랙은 원래 한 문화의 일상적 은유 및 그 상투적인 결합에 관심을 가졌다. 그러나 상투적인 결합 대신, 은유는 더욱 특별하게 구성된 의미체계를 불러일으킬지도 모른다. 과학자들은 자연에 대한 경험적 탐구 및 전문화된 용어와 기술



32 Black, *Models and Metaphor* (주 7), p. 4.
33 Hesse, *Models and Analogies in Science* (주 7), pp. 159-160.

(technology)의 화법을 도입하여 그런 의미체계를 엄밀하게 만드는 데 분주하다.[34] 사실 은유를 과학의 목적에 적합하도록 만드는 것은, 새로운 의미체계, 새로운 가설, 따라서 새로운 관찰을 연상시키는 그 능력일지도 모른다.[35]

예를 들어 19세기 인간의 차이에 대한 유비적 과학의 경우를 살펴보자. 열등한 인종과 여성을 연결시키는 유비를 통해 환기된 의미체계는 사회적 열등함에 관한 개괄적인 것일 뿐만 아니라, 인체측정학과 의학적, 생물학적 연구를 통해 수년간 발달된 한층 정교하고 전문화된 것이기도 하였다. 1860-1870년대 인체측정학, 생물학, 의학 문헌에서 "여성"과 "열등한 인종"이 유비적으로 그리고 상투적으로 결합되었을 때, 은유적 상호작용은 닮음과 차이에 관한 복잡한 의미체계 혹은 한층 전문적인 언어와 관련되었다. (예를 들어 1878년 폴 토피나르가 인용한 바 있는 상이한 인종의 신체 치수들 중에는, 땅에서 견봉(肩峰, acromion)까지의 높이, 상과(上顆, epicondyle), 요골의 경상돌기(the styloid process of the radius), 대퇴골 상부의 돌기(大轉子, great trochanter), 그리고 안쪽 복사뼈(internal malleolus) 등이 포함되어 서로 비교되고 있다.) 유비에 의해 환기된 의미체계는 상대적인 건강과 질병 문제(흑인과 여성은 백인남성보다, 특히 아무런 구속이 없을 때 정신병과 신경쇠약 증상을 더 많이 보인다고 생각되었다), 성적 행동의 문제("열등한 인종"의 여성과 "우등한 인종"의 하층계급 여성은, 특히 매춘부일 경우, 기형적 두개골이나 치아 같은 병리적, 퇴행적 증상뿐 아니라 짐승 같은 성격, 성적 난잡함을 보인다고 생각되었다), 그리고 신체적, 도덕적으로 "유아적인" 특성의 문제를 포함했다.[36]



34 Turbayne, *Myth of Metaphor* (주 6), p. 19.

35 블랙 그 자신은 과학적 은유가 훈련의 전(前)이론적 단계라고 생각했다. 여기서 나는, 은유는 상대적으로 성숙한 과학에서 이론의 발달에 중요한 역할을 한다고 주장한 보이드("Metaphor and Theory Change," 주 8)의 생각을 따른다.

36 "열등한" 인종과 "열등한" 여성의 질병과 성적 특성에 대한 유비의 예로서는 Eugene S. Talbot, *Degeneracy: Its Causes, Signs, and Results* (London: Walter Cott,

이미 언급했듯이, 19세기 유비적 추론에 근거하여 과학자들이 발달시킨 인간집단에 대한 의미체계에서 가장 중요한 것 중 하나는 머리의 모양과 뇌의 크기였다. 흑인과 여성, 하층 계급 그리고 범죄자는 뇌가 가볍다거나 두개골이 작다고 추정되었다. 1859년 파리 인류학회(Société d'Anthropologie de Paris)를 창립한 폴 브로카는 다음과 같이 주장했다. "일반적으로 뇌는 노년기보다 중년기의 어른이, 여성보다는 남성이, 평범한 재능의 사람보다는 탁월한 재능을 지닌 사람이, 열등한 인종보다 우등한 인종이 더 크다. … 다른 것들이 동등할 때 지능의 발달과 뇌의 용량 사이에는 놀랄만한 상관관계가 있다."[37]

이와 같이 뇌와 두개골의 유사성에 근거한 전문적인 의미체계는 1830년대 골상학 문헌에서 처음으로 등장했다. 비록 여성과 흑인 사이의 유비가 그 이전부터 있어 왔지만, 자연에서 여성의 지위 그리고 남성과의 생물심리학적 차이에 대해서는 주로 생식기능과 성적 특성이라는 용어를 통해 논의되었다. 그리고 가장 중요한 유비는 흑인여성(성적 특성의 "기호")과 하층계급의 혹은 "퇴화한" 백인여성에 관련되었다. 모든 인종의 남성들은 자궁을 가지고 있지 않기 때문에, "열등한" 인종의 남성과 "고등한" 인종의 여성을 비교할만한 체계적인 혹은 확실하게 과학적으로 정당화된 근거는 존재하지 않았다.

그러나 1820년대부터 골상학자들은 개인과 집단들의 두개골 형태의 차이에 초점을 맞추기 시작했다. 이것은, 두개골이 뇌 속에 자리잡은 다양한 정신기관들을 충실히 반영하는 기호라는 믿음, 그리고 뇌 기관의 차이가 인간 행동의 차이를 설명한다는 믿음에 바탕한 것이었다. 두개골 구조에 근거하여 여성과 열등한 인종이 직접 비교된 것은 골상학 문헌에서 거의 처음 등장했다. "기관학(organology)"에서 골상학자들은 "다산성

1898), pp. 18, 319-323을 참조할 것.

**37** Paul Broca, "Sur le volume ed la forme du cerveau suivant les individus et suivant les races," *Bulletin de la Société d'Anthropologie Paris* 2 (1861), 304.

(philoprogenitiveness)"의 기관 혹은 "자손에 대한 사랑"을 유발하는 기능에 특히 관심을 기울였다. 이러한 기관과 기능은, 후두부의 상층부가 더욱 발달한 것에서 알 수 있듯이 남성보다 여성에게서 훨씬 더 발달했다고 생각되었다. 프란츠 조셉 갈(Franz Joseph Gall)에 의하면, 동일한 돌출이 원숭이에게서도 발견되며 흑인남녀에게서 특히 잘 발달했다고 생각되었다.[38]

1840-1850년대 무렵 골상학이라는 과학은 쇠락하기 시작했다. 이는 골상학자들이 주장한 뇌 기관들이 신경생리학자들이 기술한 뇌의 구체적인 해부학적 구조와 일치하지 않는 것처럼 보였기 때문이었다. 그러나 뇌의 해부학적 구조 및 기능에 관한 골상학자들 특유의 결론은 거부되었을지라도, 개인 및 집단의 기능 차이가 머리 형태 및 크기의 차이 때문이라는 원리는 거부되지 않았다. 이 원리는, 두개골의 용량에서든 안면 각도에서든, 혹은 뇌 부피와 무게에서든 간에 타고난 재능의 참된 지표를 제공할 수 있는 어떤 수치가 발견될 것이라는 주장의 근거가 되었다. 또한 이 원리는 이러한 수치들을 이용하면 여성과 열등한 인종들이 자연의 등급에서 비슷한 지위를 차지한다는 사실이 드러날 것이라는 주장의 기초가 되었다("등급" 그 자체가 물론 은유적인 구성물이었다).

1850년대 여성의 두개골 치수는 인종과 유비적으로 결합된 두개골 측정학 및 젠더 과학에서 기정사실화되었다. 포그트는 『인간에 대한 강연(*Lectures on Man*)』에서, 서로 다른 인종의 남녀 두개골에서 볼 수 있는 다양한 치수들에 대해 길게 논의했다. 그의 데이터는, 상대적으로 작은 여성의 뇌는 열등한 인종의 뇌와 유사하며, 그 작은 크기는 두 집단이 지적으로 열등하다는 것을 보여주었다. (포크트는 또한 유럽에서 인텔리겐차와 상층 계급이 가장 큰 뇌를 가졌고 농부들이 가장 작은 뇌를 가졌다고 결론 내렸다.)[39] 브로카도 포크트와 비슷한 관심을 가졌다. 브로카 역시 지적

**38** Franz Joseph Gall, "The Propensity to Philoprogenitiveness," *Phrenological Journal* 2 (1824-1825), 20-33.

능력의 부족과 이로 인한 사회적 열등함은 "고등한" 인종의 남성에 비해 여성과 "열등한" 인종의 뇌가 작기 때문이라고 믿었다.[40]

서로 다른 인종에 속한 남녀의 상이한 두개골 용량을 조사한 과학자들의 기발한 결론은, 남녀의 머리 크기 차이가, 유럽인처럼 "문명화된" 종족은 가장 크게, 야만종족은 가장 작게 되면서 역사적으로 점점 벌어져 왔다는 것이었다.[41] 선사시대부터 오늘날까지 계속 증가한 성별 차이는 진화적인 선택압(selective pressure)에 기인한 것으로 여겨졌다. 이러한 선택압은 흑인보다는 백인에게, 여성보다는 남성에게 더 큰 것이라고 생각되었다. 따라서 역설적이게도 야만적인 남성이 야만적인 여성을 닮은 정도에 비해, 문명화된 유럽의 여성들은 문명화된 유럽남성과 훨씬 덜 닮았다. 열등한 종족의 남녀 신체와 뇌가 아주 비슷하다는 "발견"을 통해 과학자들은 흑인남성과 백인여성을 직접 비교할 수 있었다. 남성은 자신이 속한 종의 양쪽 성 모두의 대표로 간주될 수 있었고, 흑인여성은 성적 특성만 아니라면 지능에 대한 유비적 과학에서 실질적으로 무시될 수 있었다.

상호작용적인 은유가 의미의 **체계**를 결합시키기 때문에, 이전에는 은유 속에서 하나의 대상에만 연결되던 다른 특성들이 그밖의 대상들에도 영향을 미치게 된다. 여성과 인종 사이의 유비에 대한 과학적 근거가 마련되자, 여성은 열등한 인종들과 다른 점에서도 유사성이 있다고 생각되었다. 그 좋은 예가 바로 턱 돌출도였다. 턱 돌출도는 아래턱의 돌출 및 열등함을 나타내는 수치였다. 여성과 열등한 인종이 유비적으로 결합됨에 따라, 여성의 "턱 돌출도"에 대한 자료가 수집되었고 "우수한" 인종의



**39** Vogt, *Lectures on Man* (주 16), p. 88. 포크트는 브로카의 자료를 인용하고 있다.

**40** Gould, *Mismeasure of Man* (주 11), p. 103.

**41** 파리의 교회 세 곳에서 얻은 두개골의 용량에 대한 브로카의 연구는 이러한 결론을 내리는 데 아주 중요한 자료였다. 그의 "Sur la capacité des cranes parisiens des devers époques," *Bulletin de la Société d'Anthropologie Paris* 3 (1862), 102-116을 참조할 것.

여성은 이러한 열등함의 기호와 연결되었다. 예를 들어 해브록 엘리스는 19세기 후반 남녀 차이에 대한 경전이라고 할 수 있는『남성과 여성(*Man and Woman*)』에서, 홀쭉하게 돌출한 유럽여성의 턱을 고등 진화의 특성이 아니라 열등한 종족의 특성이라고 언급했다. 비록 백인여성에게 이러한 특성은 열등한 인종과는 달리 "독특하게 매력적"이라고 부연했지만 말이다.[42]

길쭉한 얼굴과 짤막한 얼굴, 긴 머리카락과 짧은 머리카락 등과 관련된 열등한 인종과의 유비를 통해서, 일련의 또 다른 함축적 의미들이 여성에게 부여되었다. 아프리카인들은 유럽인들보다 전체적으로 길쭉한 얼굴을 하고 있었고 따라서 이러한 특징은 열등함을 표시하는 것으로 널리 해석되었다. 별로 놀랄 것도 없이 엘리스는, 전반적으로 여성과 범죄자, 타락자, 정신이상자와 선사시대 인종들은 흑인처럼 뇌 발달의 초기 단계(그 의미상, 훨씬 원시적인 단계)를 나타내는 아주 좁고 길쭉한 머리를 가지는 경향이 있다고 생각했다.[43]



## IV. 유비, 그리고 새로운 과학적 지식의 창조

여성과 열등한 인종을 연결하는 은유와 유비 속에서 과학자들은 기존에 알려져 있지 않았던 유사성의 지점들을 보게 되었다. 뇌 무게와 체형에 관한 통계학이 보여주는 바와 같이 여성은 좀더 "그럴싸한" 흑인이 되었다. 그렇다면 남은 질문, 어떠한 종류의 "그럴싸함"이 연관되었는가?

여기서 다시 은유의 상호작용 이론이 빛을 발한다. 블랙이 말한 바와

42 Ellis, *Man and Woman* (주 13), pp. 106-107.

43 Alexander Sutherland, "Woman's Brain," *Nineteenth Century* 47 (1900), 802-810; Ellis, *Man and Woman* (주 13), p. 98. 그러나 엘리스는 전반적으로 두개골 용량과 뇌 무게로부터 도출될 수 있는 결론에 대해 상당히 조심스러웠다.

같이 유사성의 개념은 모호하다. 혹은 스탠리 피시(Stanely Fish)가 말한 것처럼 "유사성은 누군가가 발견하는 것이 아니라 누군가가 확립해야 하는 무엇이다."[44] 은유는 문자 그대로 받아들여지는 것이 아니다. 은유는 그것에 의해 결합되는 두 가지 대상의 어떤 구조적 유사성을 함축한다. 그 유사성은 은유나 유비가 담긴 구절을 읽어서는 새로울 수도 있지만 문화적으로 이해가능한 것이다.

그러나 영국 백인여성과 아프리카 남성 사이에는, 혹은 "범죄형 인간"과 "야만인" 사이에는 명확하게 유사한 것이 존재하지 않는다. (만약 비슷한 무언가가 존재하는 것처럼 보인다면, 이는 은유가 우리의 문화적, 언어적 체계와 너무 밀접하게 얽혀 있어서 분명한 은유적 특성을 잃어버렸거나 "자연"의 일부처럼 보이기 때문이다.) 오히려 우리가 유사성을 볼 수 있는 것은 은유 덕분이며, 그 유사성은 은유 자체의 도움으로 구성된 것이다.[45] 블랙이 주장한 바와 같이, 은유는 실재의 특징들을 "선택하고 강조하고 억압하고 조직한다." 이러한 은유를 통해서 우리는 은유의 대상이 되는 두 주제 사이의 새로운 연결을 보게 되고, 지금까지 간과되었던 구체적인 것들에 주목하게 된다. 또한 우리는 은유를 통해, 다른 방식으로 봤을 때는 중요하지 않은 것처럼 취급되던 인간경험의 어떤 측면들을 강조하게 되고, 열등함을 나타내는 "기호" 속에 새로운 특징을 만들어 내게 된다.[46] 예를 들어, 남녀 아래턱 모양 사이에 존재한다고 여겨지던 차이에 중요성을 부여한 것은, 열등한 인종과 여성을 결합시킨 은유였다.

그리고 은유는 유사성을 구성하는 스스로의 능력을 통해 새로운 지식을 창조한다. 은유나 유비를 통해 작동하게 되는 모든 범위의 유사성은



**44** Stanley Fish, "Working on the Chain Gang: Interpretation in the Law and Literacy Criticism," *The Politics of Interpretation*, ed. W.J.T. Mitchell (Chicago: University of Chicago Press, 1983), p. 277.

**45** Ortony, *Metaphor and Thought* (주 1), p. 5에 인용된 블랙의 주장.

**46** Black, *Models and Metaphor* (주 7), p. 44.

곧바로 알 수도 없고 반드시 순식간에 예측가능한 것도 아니다. 따라서 은유는 "발견"을 허용하며 경험적 연구를 통해 새로운 정보를 생산할 수 있다. 예를 들어 여성과 인종을 연결하는 은유가 없었다면, 여성의 신체(사지의 길이, 골반의 넓이, 두개골의 형태, 뇌의 무게와 구조)에 대한 많은 자료들은 열등함의 기호로서의 중요성을 얻지 못했을 것이고, 앞서 설명한 방식대로 수집되거나 기록, 해석되지도 않았을 것이다. 사실 인간 집단들 사이의 "차이" 및 유사함과 관련된 유비가 없었다면, 인류학, 범죄학, 젠더 과학과 같은 수많은 거대 프로젝트들도 나타나지 않았을 것이다. 유비는 연구를 이끌고 새로운 가설을 낳았으며, 새로운(대개는 전문적인) 용어를 퍼뜨리는 데 일조했다. 유비는 인간 변이에 대한 탐구대상을 구성하는 데에도 도움을 주었다. 이렇게 해서 만들어진 탐구대상에는 모든 인종들(슬라브인, 지중해인, 스코틀랜드인, 아일랜드인, 황인종, 흑인, 백인, 그리고 적색 인종)뿐 아니라 "유아"와 "광인"과 같은 사회 집단도 포함되었다. 유비는, 이러한 사회적 집단과 관련해서 무엇이 문제인지, 이들의 어떠한 측면들을 더 조사할 필요가 있는지 그리고 어떠한 종류의 측정과 자료들이 과학적 탐구에 중요한지를 정의했다.

간단히 말해 은유는 연구 프로그램으로서 기능했다. 여기서 유비는 토머스 쿤이 『과학혁명의 구조(*The Structure of Scientific Revolution*)』에서 상세히 설명한 과학적 "패러다임"이라는 생각과 밀접하게 연결되어 있다. 사실 쿤 그 자신은 가끔 패러다임이 확장된 은유 같은 것이라고 기술한다. 그리고 쿤은 "블랙이 은유의 기능에서 분리해 낸 것과 똑같은, 상호작용하면서 유사성을 창조하는 과정이 과학에서의 모형의 기능에 있어 또한 필수적"이라고 주장했다.[47]

과학에서 새로운 종류의 지식을 창조할 수 있는 유비의 능력은, 인과

47 Thomas S. Kuhn, *The Structure of Scientific Revolution* (Chicago: University of Chicago Press, 1962; 2nd ed., 1973), 특히 4장; Kuhn, "Metaphor in Science" (주 8), p. 415.

관계에 대한 과학자들의 이해를 체계화하는 방식에서 분명히 볼 수 있다. 헤스(Hesse)는, 과학적 은유가 서로 다른 주제를 결합시킴으로써 단순한 구조적 유사함 이상을 함축한다고 주장했다. 인간의 차이를 연구한 과학의 경우, 유비는 열등한 인종과 여성 사이의 유사함 및 이 두 집단과 남성의 차이에 대해 하나의 비슷한 원인을 넌지시 비추었다. 골상학자들이 봤을 때 원숭이와 흑인, 그리고 여성에게서 볼 수 있는 다산성을 표시하는 거대한 기관의 원인은 타고난 뇌의 구조였다. 진화론자들에게 성적, 인종적 차이는 변이 및 선택과 관련된 느린 적응적 변화의 산물이었으며, 그 결과는 여성 및 열등한 인종의 작은 뇌와 열등한 재능, 고등한 인종의 남성에게서 볼 수 있는 고등 지능과 진화적으로 발달한 특성들이었다. 배리 반즈(Barry Barnes)는 여기서 논의되고 있는 은유 혹은 유비와 관련된 일종의 "재기술(redescription)"을 "설명"이라고 불러야 한다고 주장했다. 왜냐하면 이러한 종류의 재기술은 독자가 실재의 한 측면을 다른 언어로 이해하도록 하기 때문이다.[48]



## V. 유비, 그리고 지식의 억압

과학에서 상호작용적인 은유의 기능과 관련해서 특히 중요한 것은, 은유에 의해 암시된 유사성과 맞지 않는 인간 경험에 대한 정보를 무시하거나 심지어 억압하는 능력이다. "유사성을 창조하는" 능력을 통해 은유는, 그 은유와 조화로운 실재의 측면들을 과학자들이 선택하도록 영향을 미친다. 종종 이러한 선택과정은 상당히 무의식적이다. 스티븐 제이 굴드(Stephen Jay Gould)는 특히, 해부학자와 인류학자들이 인간 우열을 나타

48 Barry Barnes, *Scientific Knowledge and Sociological Theory* (London: Routledge & Kegan Paul, 1974), p. 49.

내는 바람직한 등급이라고 증명될 법한 수치들을 무의식적으로 탐구하고 선택하는 과정에 대해 말한 바 있다. 또한 굴드는 바라던 결과를 얻는 과정에서 직면하는 어려움을 그들이 어떻게 극복하는지에 대해서도 설명했다.

굴드는 인간의 차이에 대한 폴 브로카의 연구를 면밀하게 검토했는데, 왜냐하면 브로카는 과학자 공동체 내에서 높이 평가받고 있었고 수치의 정확도에 있어 하나의 본보기였기 때문이었다. 굴드가 지적하기를, 브로카에게 잘못이 있다면, 그것은 그의 수치 그 자체가 아니라 오히려 브로카가 인간 변이에 대한 유비적 과학 속에 이미 "포함되어 있던" 유사성을 만들기 위해 무의식적으로 수치들을 조작했던 방식이었다. 예를 들어 당시의 다른 과학자들이 여성의 적은 뇌 무게가 어쨌든 부분적으로는 더 작은 신체 크기 때문이라는 것을 잘 알고 있었음에도 불구하고, 뇌 무게로 여성의 열등함을 결론지은 것은 여성의 적은 체중을 감안한 어떠한 보정도 하지 않았음을 의미했다. 브로카는 또한 큰 뇌를 가졌지만 야만적 지능을 가진 곤란한 경우를 자신의 계산에서 삭제함으로써, 혹은 자신의 수집품 중 고등한 인종에서 종종 등장하는 작은 뇌의 "천재들"을 어떻게든 설명함으로써, 머리 크기에 기초한 재능의 등급을 "구제"할 수 있었다.[49]

자연에서는 측정과 비교를 위해 "주어진" 지표들이 따로 없기 때문에 (굴드가 말한 것처럼, 말 그대로 수천 가지 다른 종류의 치수들로 이론적으로는 인간의 신체를 만들 수 있다), 과학자들은 인간의 차이에 대한 자신들의 연구에서 어떠한 선택을 해야만 했다. 백인남성에 비해, 열등한 인종과 여성이 서로 더 가깝다거나, 그들이 원숭이 혹은 아이와 같은 다른 "열등한" 그룹과 가깝다는 사실을 보여주는 비교 지표들을 과학자들이 선택한

49 Gould, *Mismeasure of Man* (주 11), pp. 73-112. 또 다른 예는 Stephen Jay Gould, "Morton's Ranking of Race by Cranial Capacity," *Science* 200 (1978), 503-509를 참조할 것.

다는 것은 그리 놀랄만한 것이 아니다. 이러한 선택과 관련된 전략들은 때로는 희극적이다. 예를 들어 브로카는, 상완골(humerus, 팔꿈치에서 어깨에 이르는 뼈)에 대한 요골(radius, 팔꿈치 아래 두 개의 뼈 중 삼각기둥 모양을 한 바깥쪽 뼈)의 비율을 측정하면서 높은 비율은 곧 원숭이의 특성이라고 추론했다. 그러나 원했던 수치가 나오지 않자 그는 측정을 그만두었다. 굴드에 의하면, 브로카는 심지어 인간의 차이와 열등함을 측정하는 당대 가장 각광받았던 방법, 즉 뇌 무게 측정을 포기했다. 왜냐하면 황인종이 이러한 측정에서 좋은 결과가 나왔기 때문이었다. 이러한 현상은 열등한 종이 작은 머리를 가지고 있다는 "자연의 일반적 법칙"에 예외적인 것이었다. 브로카는 작은 두뇌를 가진 천재를 다룰 때 사용했던 그럴싸한 논거를 가지고 이 곤란한 현상을 어떻게든 다루고자 하였다. 브로카는, 뇌 무게의 등급은 최하급에서만큼이나 최상급에서도 잘 적용되지 않기 때문에 비록 적은 뇌 무게가 항상 열등함을 나타낸다고 하더라도, 큰 뇌 무게가 그 자체만으로 혹은 저절로 반드시 우월함을 나타내는 것은 아니라고 주장했다.[50]



대부분의 과학자들은 사실 체중과의 비율로 따져볼 때 여성의 뇌 무게가 남성보다 더 무겁다는 사실을, 그리고 이것이 분명 남성보다 여성에게 상대적인 이점을 준다는 사실을 알고 있었기 때문에, 당연히 그들은 다른 수치를 구하려 했다. 프랑스의 과학자 레옹스 피에르 매누브리에(Léonce Pierre Manouvrier)는 대퇴골 무게 대비 뇌 무게 비율을 사용했다. 이 비율은 원하던 결과를 제공했고 관련된 유비들을 확실한 것으로 만들어 주는 것이었지만, 당시 어떤 과학자는 이를 "독창적이고 멋지지만 일반 상식과는 거리가 먼 것"이라고 간주하기도 했다.[51] 오늘날의 관점에서 볼 때 더욱 터무니없는 것은, 엘리스가 언급한 이탈리아 학자 두 명의 연구였다. 이들은 사람 발가락의 "물건을 쥐기에 적당한"(즉, 원숭이

**50** Gould, *Mismeasure of Man* (주 11), pp. 85-96.

**51** Sutherland, "Woman's Brain" (주 43), p. 805.

같은) 특성을 이용하여 인간 집단을 비교하였고, 이러한 특성이 백인남성보다는 정상적인 백인여성에게서 더 심하다는 사실을, 그리고 범죄자들, 매춘부, 백치, 그리고 당연하게도 열등한 인종들에게서 매우 두드러진다는 것을 발견했다.[52]

사실 과학의 유비가 지니는 사회적 힘(풍성한 과학적 결실은 논외로 한다면)은, 그 유비가 관련 과학자 공동체의 승인을 잃지 않으면서도 얼마나 정보를 무시하고 해석을 왜곡시킬 수 있느냐에 의해 평가할 수 있는 듯 보인다. 추상적인 수준에서 어떤 이들은, 이 글에서 논의하고 있는 것처럼, 그것을 지탱하기 위해서는 (적어도 20세기 후반의 우리 눈엔) 꽤 명백한 인식상의 왜곡이 동반될 수밖에 없는 유비가 과학자들에 의해 꽤나 빨리 포기되었을 것이라 기대할 수 있다. 그러나 상호작용적인 은유와 유비는 실재의 어떤 측면에 대해서는 탐구자의 관심을 이끌지만 다른 측면에 대해서는 그렇지 않다. 그렇기 때문에, 은유와 유비는 은유적 기대치들을 입증해 주는 엄청난 양의 정보를 양산해 내는 반면, 그러한 기대치들을 위협하는 실재의 또 다른 측면에 대해서는 관심을 다른 쪽으로 유도할 수도 있다. 인종과 젠더 사이의 유비에 깔려 있는 문화적 편견이 널리 승인되었기 때문에, 그 유비는 오랫동안 과학에서 유지될 수 있었다.

예를 들어 여성과 열등한 인종을 서로서로 혹은 원숭이와 더 가깝게 만드는 유사섬과 차이점들 바로 그 지짐으로 관심을 유도함으로써, 인종과 젠더에 대한 은유는 자료를 만들어 냈고 그 자료 중 상당수는 새로운 것이었다. 그리고 이 자료는 그 은유 및 은유가 만들어 낸 관련 함의들에 적합한 것이었다. 은유와 양립불가능한 실재 혹은 인간 경험의 다른 측면들은 무시되거나 "보이지 않게" 되었다. 따라서 수십 년 동안 아래턱 모양을 근거로 흑인이 원숭이와 닮았다고 주장되었던 반면, 백인남성의 얇은 입술이 원숭이와 닮았다는 유사성은 무시되었다.

**52** Ellis, *Man and Woman* (주 13), p. 53.

무시할 수 없는 정반대의 증거들이 나오면, 이러한 증거들은 은유 속에 함축되어 있는 기본적인 가치판단을 표현하기 위해 종종 재해석되었다. 굴드는 작은 얼굴 혹은 털이 없는 것과 같은 유아의 특징이 어른에게 계속 남아 있는 유태성숙(neoteny)을 그 예로 제시했다. 열등함에 대한 유비적 과학의 핵심적인 특징은, 성인 여성과 열등한 인종들이 백인남성들에 비해 정신적으로나 신체적으로 훨씬 더 아이와 같다는 것이었다. 그러나 굴드는 20세기 초 유태성숙이 진화과정의 긍정적인 특성으로 인식되었다고 설명했다. "최소한 한 명의 과학자, 해브록 엘리스는 이 분명한 의미에 굴복하여 여성의 우월함을 인정했지만 그럼에도 흑인에 대해서는 우물쭈물하면서 비슷한 고백을 하지 않았다." 반면 1920년대 후반까지도 네덜란드 과학자 루이스 보크(Louis Bolk)는, 관련된 자료를 "재고찰"하고 결국 백인보다 흑인이 유년기의 가장 유리한 특성들에서 더 많이 이탈했다는 사실을 발견함으로써, 백인남성의 우월함과 흑인 및 여성의 열등함이라는 기본적인 가치판단을 구제하고자 하였다.[53]

반복하자면, 은유와 유비는 원래부터 존재하던 특성을 직접적으로 표현하는 것이 아니라 그러한 특성을 "구성하게끔" 거들기 때문에, 은유는 자신을 확증할 수 있는 데이터를 만들고 외관상 모순적인 데이터를 조정한다. 따라서 자연은 은유를 통해 보여지고, 은유는 과학의 논리 그 자체의 일부가 된다.[54]



53 Gould, *Mismeasure of Man* (주 11), pp. 120-121.

54 호크는, 은유가 "우리의 통찰력을 확장시키는 만큼이나 이를 축소하고 확인시키는 기능을 할 것"이라고 주장하면서 합의를 창출하는 규범적 측면의 은유를 강조한다. Terence Hawkes, *Metaphor* (London: Methuen, 1972), p. 88.

## VI. 변하는 은유

『은유의 신화(*The Myth of Metaphor*)』에서 터베인은, 과학사학자와 과학철학자들이 해야 할 중요하면서도 시급한 임무는 과학에서 은유를 탐색하는 것이라고 제안했다. 과학에서 은유가 익숙해지고 평범해지면 그 은유적 성격이 사라지고 문자 그대로 이해되는 경향이 있기 때문에, 탐색은 필수적이다. 인간의 차이에 관한 유비적 과학은 특히 놀랄만한 사례이다. 19세기 후반 "열등한 인종," "원숭이" 그리고 "여성"과 관련된 유비는 너무나도 익숙해졌고 실로 자명해졌다. 이 때문에 엘리스는 인간종의 남녀 차이에 대한 연구에서, "전형적인 여성"을 측정하기 위해, 한편으론 "어린이" 다른 한편으론 "원숭이," "야만인," "노년의 인간"이라는 기준을 아무런 해명 없이 채택했다. 과학의 언어는 객관성의 언어 및 실재와 동일시되기 때문에, 은유가 독단적인 것으로 변하거나 문자 그대로의 진실 혹은 비은유적인 것처럼 보이는 경향은 특히 과학에서 강하다.

은유가 지적인 결과와 함께 사회적, 도덕적 결과를 지니지 않는다면, 과학에서 실재를 표현하는 은유의 혼란스러움은 덜 중요할 수도 있다. 과학에서의 패러다임이나 모형, 유비에 대한 논의들을 보면 은유적, 유비적 과학의 이러한 측면은 종종 간과된다. 이들 논의는 과학을 행함에 있어 지적인 영향을 미치는 지적 구성물로서의 은유에 주로 초점을 맞추고 있다. 그러나 은유는 그 이상의 것을 수행한다. 은유는 우리의 관념과 행동을 만드는데, 이 관념과 행동들은 은유와 일치하려는 경향을 가진다. 예를 들어 19세기 생물사회 과학들에서는 인종, 젠더, 계급 차이와 관련된 유비가, 인종 및 젠더와 관련된 현상 그 자체를 영속시키는 데 도움을 주는 사회적 결과를 낳았다. 서로 같지 않다는 것은 자연의 "사실"이지 사회 권력관계의 작용이 아니라는 근거를 들면서 과학자들은, 여성과 "열등한 인종"을 위해 사회적 변화를 추구하는 노력들에 저항했고 자신들의 저항을 정당화하기 위해 이러한 유비를 사용했다.

과학에서 은유를 적발하고 폭로해야 할 또 다른 이유는, 우리 스스로가 은유에 의해 이용되거나 희생되거나 혹은 휘말리는 것을 막기 위해서이다.[55] 인간의 차이를 다루는 유비적 과학의 희생양은, 여성 및 "열등한" 인종이라고 개념화된 인간 집단이었다. 이들이 은유를 사용하는 과학자 공동체에서 배제되는 것은 대부분, 천성적인 열등함에 대한 과학적 이론을 만드는 것과 동일한 사회적 분화의 단편이었다. 바로 이러한 배제 때문에 자연적 불균등함에 대한 은유를 확인하고 조사하는 것이 매우 어려웠다.

인종과 젠더 사이의 유비가 결국 기각되었다는 사실은(비록 20세기에 와서야 그렇게 되었지만), 과학에서 은유가 어떻게 변하는가 하는 흥미로운 질문을 낳는다. 왜냐하면 만약 은유가 과학의 논리적 구조의 일부라면, 은유의 변화는 과학의 변화를 낳을 것이기 때문이다. 물론 1962년 쿤이 『과학혁명의 구조』를 출판한 이래로 변화라는 문제는 과학에 대한 주요 이론에서 중심적인 것이었다. 쿤의 공헌은, 하나의 패러다임(과학자 공동체의 믿음, 가치, 기술들로 정의되는)이 다른 것으로 대체되는 과정이 매우 복잡한 역사적 사건이라는 사실, 즉 그 대체과정이 패러다임의 증가된 합리성이나 이해가능성 혹은 다른 패러다임보다 나은 논리 등과 관련된 간단한 문제로 환원될 수 없다는 사실을 보여주었다는 것이다. 그의 연구는 과학적 이론과 경험적 실재 사이의 관계에 대해, 하나의 패러다임이 수용되고 다른 것은 거부되는 근거에 대해, 그리고 변화의 뿌리에 대해 중요한 질문들을 제기하였다. 쿤은 패러다임이라고 하는 것이 사실 실재의 단순한 반영이 아니라 복잡한 인간의 구조물이라고 주장했다. 무엇보다 쿤은, 모든 과학적 지식이란 과학자 공동체의 일원으로서 과학자들이 배우는 "이론과 법칙들 속에 새겨진 것"이라고 강조했다.

55 Turbayne, *Myth of Metaphor* (주 6), p. 27.

그러나 과학자 공동체를 강조했음에도 불구하고 과학혁명에 대한 쿤의 고유한 설명은 사회학자보다는 "주지주의자(主知主義者)"의 경향으로 나아갔다. 쿤은, 과학적 패러다임이 그 내에서 수수께끼 풀이라는 정상적인 과정을 통해 변칙사례를 만들고, 그 변칙사례가 당시 패러다임을 붕괴시키고 다른 것으로 대체하는 방식에 관심을 기울였다. 스스로 인정했듯이 쿤은, 과학에서 새로운 은유가 발생하고 그 결과 새로운 의미가 만들어질 때 사회적, 정치적, 경제적 요인이 담당하는 역할에는 거의 관심을 기울이지 않았다.

그러나 쿤으로부터 일부 자극을 받은 최근의 과학사 및 과학사회학 연구들은 과학자 공동체 그 자체의 중요성을 강조하는 경향을 보이는데, 이때 과학자 공동체는 은유와 유비를 만들고 거부하는 데 있어 과학적 존재일 뿐 아니라 사회적, 정치적 존재로 부각된다. 앞으로는 면밀한 역사적, 사회학적 탐구를 통해 자연의 특정한 표상 혹은 은유가 과학자 공동체의 사회구조(계급구성, 전문직업적 사회화, 이해관계 등)와 어떤 방식으로 연결되는지를 보일 수 있을 것이다. 특정한 과학 공동체나 학파에 의해 고수되던 근본 은유가 불만족스럽게 되는 이유에 대해 다음과 같은 주장도 제기되고 있다. 그렇게 되는 이유는 단지 그 은유에 의해 만들어진 자료가 은유에 "들어맞지" 않아서라기보다, 오히려 정치적, 사회적, 경제적 이유로 인해 사회형태가 변하고 실재 혹은 인간경험의 새로운 측면들이 부각되면서 "눈에 보이게 되고," 새로운 은유가 도입되기 때문이라는 것이다.

인간의 차이에 대한 유비적 과학에서 일어났던 변화들을 다룬 내 연구들의 함의는 사실 이와 비슷하다. 말하자면 정치적, 사회적 삶에서의 변화는, 2차 세계대전 이후 인간과학에서 제안된 인간의 유사성과 평등함에 대한 새로운 은유와 밀접하게 결합되었고, 이러한 은유는 차이와 불평등함에 대한 은유와는 정반대의 것이었다.[56] 은유적 변화라는 주제는 분명 더 많은 연구를 필요로 한다.

## VII. 맺음말

이 글에서 나는 특정한 은유적 혹은 유비적 과학에 대한 역사적 고찰을 통해 제기된 문제들 중 몇 가지만을 지적했다. 완결성 혹은 이론적 종결을 추구할 마음은 없다. 나의 의도는 과학에서 은유와 유비가 작동하는 방식에 초점을 맞추는 것이었다. 또한 일련의 특정한 은유와 유비가 인간 변이에 대한 과학적 연구를 어떻게 만들었는지를 보이는 것이었다. 그리고 나는, 과학적 문헌들이 왜 비은유적으로 "읽혀 왔는지," 이것의 과학적, 사회적 결과는 어떠했는지에 대한 역사적인 이유를 지적하고자 노력했다.

어떤 이들은 내가 "명백히 비과학적이었던" 유비적 과학을 다룸으로써 과학에서의 은유와 유비에 대한 질문에 대답하지 않았다고 주장할지도 모른다. 그러나 그것은 당시 참여자들에게는 분명 비과학적인 것이 아니었으며, 그들이 19세기와 20세기 초 생물학과 인간과학에서 멀리 떨어져 있던 사람들도 아니었다고 생각한다. 나는 인간의 차이에 대한 유비적 과학에서 진실이었던 것이 과학의 다른 은유와 유비에서도 마찬가지로 진실일 것이라는 사실을 다른 연구들이 보여줄 것이라 믿는다.

나는 또한 은유에 대한 이론이 인문학에서만큼이나 과학에서도 결정적이라는 것을 제안하고자 한다. 이러한 은유들이 반드시 "나쁘기" 때문이 아니라 오히려 너무 강력하기 때문에, 우리가 과학적으로 세상을 바라보는 통로인 은유를 밝히기 위해서는 과학에서의 은유에 대한 엄밀한 이론이 필요하다.



**56** Stepan, *Race in Science* (주 10), Chs. 6, 7.

# 진화론의 사회적 함의들

피터 보울러(Peter J. Bowler)
정세권 역

"사회다윈주의"라는 문구는 생존을 위한 잔인한 투쟁에 빠져 있는 인류의 이미지, 진보를 향한 필연적인 단계로서 부적격자 제거를 찬양하는 사회다윈주의자의 이미지를 불러일으킨다. 리차드 호프스태터(Richard Hofstadter)의 걸작 『미국 사상 속의 사회다윈주의(*Social Darwinism in American Thought*)』 덕분에, 이러한 이미지는 종종 자유방임적 자본주의에서 일어나는 치열한 경쟁과 연결되었다. 대중을 착취하여 최대한의 이윤을 얻고자 경쟁했던 19세기 후반 "강도귀족(robber baron)"은 이러한 이미지의 가장 좋은 예이다. 투쟁의 복음을 정당화하기 위해 생산업자들이 다윈주의의 은유를 사용한 것은 당연한 것처럼 보인다. 만약 개체 각각의 경쟁을 통하여 자연이 진보한다면, 적자생존은 인류의 경제적, 사회적 진보를 위한 열쇠가 됨에 틀림없다. 그러나 호프스태터의 책은 다윈주의적 유비가 똑같이 적용될 수 있는 다른 상황들을 보여주었다. 투쟁이 일어나는 가장 중요한 영역이 개인들 사이가 아니라 국가나 인종들

Peter J. Bowler, "The Social Implications of Evolutionism," *Evolution: The History of an Idea* (Berkeley: University of California Press, 1989), pp. 282-306 

사이일 수 있으며, 그 속에서 투쟁은 제국주의와 식민주의, 그리고 노예제도에 정당성을 제공했다. 논의를 조금만 비틀면 심지어 단일한 사회 내에서도 생존경쟁은 우생학과 같은 인위적인 선택의 문제로 바뀔 수 있다. 국가는 부적격자가 증가하는 것을 막기 위해 인류의 번식을 통제했을 것이다.

이와 같이 광범위한 적용영역을 고려해 볼 때, "사회다윈주의"라는 용어가 엄밀하게 정의되기 힘들었다는 사실은 그리 놀랄만한 일이 아니다.[1] 영국 사회진화론에 대한 최근 연구는 심지어 자유주의와 사회주의 역시 자신들의 고유한 목적에 맞게 자연선택이라는 개념을 각색할 수 있었다고 지적했다.[2] 다윈주의 이론을 단순명료하게 인간에게 적용하는 것으로 사회다윈주의를 이해하는 것은 불가능하다. 생물학과 사회사상 사이의 관계는 다양한 방식으로 정립될 수 있었고 각각의 경우 과학적 이론의 한 측면이 선택, 강조되었다. 전쟁이 진화의 촉매 역할을 한다고 찬양했던 사람들은, 개인간의 경쟁이 외부의 적과 싸울 수 있는 국가의 역량을 갉아먹을 것이라고 확신했다. 생물학적 사상들은 새로운 사회적 태도를 고무하기는커녕, 이미 존재하던 이데올로기적 입장을 정당화하는 수단으로 이용되었다. 과학과 이데올로기 사이의 관계는 또한 쌍방향의 과정이다. 즉 과학적 이론은 어느 정도 그들이 태어난 사회적 환경을 본떠 만들어진다. 치열한 자본주의라는 것이 자연선택을 경제문제에 직접 적용한 것처럼 보인다면, 다윈의 이론 그 자체는 맬서스(Malthus)의 영향을 받은 이데올로기적 토대를 가지는 것으로 종종 간주된다는 사실을 기억해야 한다.[3]



1 R. J. Halliday, "Social Darwinism: A Definition," *Victorian Studies* 14 (1971), 389-405; James Allen Rogers, "Darwinism and Social Darwinism," *Journal of the History of Ideas* 33 (1972), 265-280.

2 Greta Jones, *Social Darwinism and English Thought: The Interaction between Biological and Social Theory* (London: Harvester Press, 1980).

3 Robert M. Young, "Malthus and the Evolutionists: The Common Con

역사가들은 생물학적 토대 위에서 사회적 유비가 만들어지는 다양한 방식을 알아야 한다. 그렇지만 "사회다윈주의"라는 단어가 너무 많은 사상들을 포함할 정도로 확장되어서 실제로는 아무 의미도 없게 된다면 얻을 것이 별로 없을 것이다. 다윈이라는 이름은 사회 진보를 전제한 아무 체제에나 붙여졌고, 그 결과 그의 이론은 다른 사상들과 나누었어야 할 모든 불명예를 떠안게 되었다. 반니스터는 19세기 후반 미국 사상계에서 사회다윈주의의 자본주의적 형태가 두드러졌다는 호프스태터의 주장을 반박했다.[4] 그 반박은, 다윈주의적 유비의 내부 논리 및 그 당시의 인기, 이 두 가지를 겨냥한 것이었다. 반니스터에 의하면, 자유주의 역사가들은 투쟁이라는 은유에 대한 이전 세대들의 믿음을 일부러 과장했는데, 이는 자신들의 관점이 이전 세대의 고의적인 무자비함을 훨씬 초월한 것이라고 강조하기 위해서였다. "사회다윈주의"는 자유방임주의를 반대하는 이들이 항상 사용하던 폭언이었다. 자연선택의 논리를 반영한 듯한 많은 표현들이 실제로는 상당히 다른 착상에 기인한 것이기 때문에, 생산업자들이 다윈주의적 언어를 사용한 횟수는 과도하게 계산되기 쉽다. 이것은 개인주의라는 허버트 스펜서(Herbert Spencer) 철학의 정확한 의도에 대한 논쟁을 낳았다. 호프스태터에게 스펜서는 영국에서 미국으로 사회다윈주의를 전해준 인물이었다. 그러나 스펜서는 라마르크주의를 더 선호했기 때문에 생물학에서의 자연선택을 제한적으로 받아들였다. 그리고 그는 자유방임주의를 부적격자 제거를 위한 수단보다는 활황을



Biological and Social Theory," *Past and Present* 43 (1969), 109-145; idem, "Evolutionary Biology and Ideology: Then and Now," *Science Studies* 1 (1971), 177-206; idem, "The Historiographical and Ideological Context of the Nineteenth-Century Debate on Man's Place in Nature," *Changing Perspectives in the History of Science*, eds., M. Teich and R.M. Young (London; Heinemann, 1973), pp. 344-438.

**4** Robert C. Bannister, "'The Survival of the Fittest is Our Doctrine': History or Histrionics?" *Journal of the History of Ideas* 31 (1970), 377-398; idem, *Social Darwinism and Myth in Anglo-American Social Thought* (Philadelphia: Temple University Press, 1979).

위한 촉매제로 보았다고 할 수도 있다.

정치적 입장의 또 다른 극단에서는 다윈주의와 마르크스주의의 관계를 분명히 하는 것도 중요하다.[5] 마르크스는 그 속에 본래부터 포함된 유물론 때문에 진화론을 환영했다. 그러나 처음부터 마르크스는 다윈의 메커니즘이 빅토리아 시대 자본주의의 경쟁적인 분위기를 반영한 것이 아닌가 의심했다. 이미 알려진 바와 같이, 마르크스가 다윈에게 『자본론』 한 권을 헌정하겠다고 제안했다는 일화는 관련된 서신들을 오해해서 만들어진 것이었다.[6] 투쟁에 대한 다윈의 개념과 계급투쟁이 역사의 동력이라는 마르크스의 믿음 사이에는 아주 느슨한 유비만을 이끌어 낼 수 있다. 왜냐하면 마르크스의 믿음은 변증법이라는 철학에 그 기원을 두고 있기 때문이다. 혁명 이후 러시아는 리센코 사건에서처럼 다윈주의에 대체로 냉담했다.

선택이론에 대한 마르크스주의자들의 거부는 이해할 만하지만 이 때문에 자본주의와 다윈주의 사이의 관계가 명백하다고 오해해서는 안 된다. 스펜서가 라마르크주의자였다는 사실은, 자유 기업가사회가 제안했던 모델이 생물학적 유사물(analog) 이상이었다는 것을 말해준다. 스펜서의 입장은 또한 진화에 대한 비다윈주의적 모델이 사회적 논쟁에서 중요한 역할을 담당했을 수도 있었음을 보여준다. 그러나 대다수의 라마르크주의자들은 만인을 위한 더 나은 조건을 만드는 방법으로 국가의 개입에 기반한 사회정책을 선택했다. 그들은 그 결과로 생긴 개선의 효력들이 유전되면 인종 그 자체의 진정한 생물학적 진보를 이끌 것이라고 기대했



5 Paul Heyer, *Nature, Human Nature, and Society: Marx, Darwin, Biology and the Human Sciences* (Westport, Conn.: Greenwood Press, 1982).

6 Ralph Colp Jr., "The Contact between Karl Marx and Charles Darwin," *Journal of the History of Ideas* 35 (1974), 329-338; Lewis S. Feuer, "Is the Darwin-Marx Correspondence Authentic?" *Annals of Science* 32 (1975), 45-63; Margaret A. Fay, "Did Marx Offer to Dedicate Capital to Darwin?" *Journal of the History of Ideas* 39 (1978), 133-146.

다. 우생학 운동 역시 국가의 통제를 요구했지만, 부적격자의 번식능력 억제라는 아주 다른 목적에서였다. 우생학 운동의 기원에 대해 쓴 광범위한 문학작품들은 다윈주의와는 관계없는 과학적 영감의 또 다른 근원을 보여준다. 우생학은 다윈 이론의 영향을 받아 영국에서 만들어졌지만, 멘델주의 유전학이라는 새로운 과학을 이용할 수 있게 된 이후부터는 미국에서 더욱 활발히 번성했다. 그래도 초기 유전학자들은 자연선택을 진화의 메커니즘으로 받아들이지 않았다. 인간종의 나쁜 유전자는 인위적인 선택에 의해 제거되어야 한다는 그들의 주장은, 자연의 진화가 더 적합한 유전자의 급속한 복제를 통하여 진행된다는 가정에 기초한 것은 아니었다.

과학적 이론은 종종 보다 근본적인 입장 차이에서 비롯된 기존 논쟁에 동화되곤 하는데, 이 때문에 생물학 사상과 사회 사상 사이에는 복잡한 상호작용이 생긴다. 이미 언급한 많은 정치적 입장의 차이는, 개인의 특성을 결정하는 데에 '본성과 양육(nature vs. nurture)' 중 어느 것이 더 중요한가라는 질문에 대한 상반된 의견을 반영한다.[7] 본성 즉 유전이 가장 근본적이라고 믿는 사람들은, 개선된 환경과 교육이 특성에 유익한 영향을 준다는 주장을 거부할 것이다. 개인이 나쁜 특성을 물려받는다면, 아무것도 그를 도와줄 수 없고 도와주려는 시도조차 돈 낭비일 뿐이다. 이러한 태도는, 나쁜 특성의 주된 원천이라고 인식된 하층 계급의 수와 세력을 제한할 필요가 있다는 보수적인 정치적 입장으로 나아간다. 부적격자의 제거는 자연선택이나 인위적 선택, 즉 사회다윈주의나 우생학에 의해 일어날 수 있었다. 다윈주의와 멘델주의 모두 우생학을 위한 과학적 근거를 제공할 수 있었다. 왜냐하면 양자 모두 개인의 생물학적 특성을

**7** Nicholas Pastore, *The Nature-Nurture Controversy* (New York: King's Crown Press, 1949); Hamilton Cravens, *The Triumph of Evolution: American Scientists and the Heredity-Environment Controversy, 1900-1941* (Philadelphia: University of Pennsylvania Press, 1978).

결정하는 데 유전의 힘을 강조하였기 때문이다. 반대로 상대적으로 유전의 힘을 덜 강조한 라마르크주의자들의 입장은, 양육이 본성의 한계를 극복할 수 있다는 극단적인 형태의 믿음으로 간주될 수 있다. 이들은 인류가 더 나은 환경 속에서 개선될 수 있으며 나아가 이러한 개선이 세대를 거쳐 유전될 수 있다고 믿는다. 사실, "양육"을 지지하는 사람들이 더 나은 조건이 더 나은 인류를 만들 것이라 주장하는 데는, 어떠한 유전적 효과에 대한 가정도 필요하지 않다. 이러한 이유 때문에, 자유주의 사상은 생물학적 라마르크주의의 붕괴에도 불구하고 20세기 내내 번성했다.

어떠한 특정 생물학 이론보다도 심대한 위력을 발휘한 또 다른 태도는, 위계서열적인 용어로 인간의 차이를 생각한 경향이었다. 우생학과 사회다윈주의는 한 사회 내 개인들의 서열에 근거한 것이었다. 어떤 이들은 다른 사람들보다 선천적으로 더 능력있다고 간주되었는데 이는 상하층계급으로 분화된 사회를 반영한 것이었다. 상이한 인종들을 순위 매기려는 경향은 훨씬 더 널리 퍼져 있었다. 유럽인들은 항상 다른 인종들이 자신들보다 열등하며 그 열등함의 정도는 기술적, 사회적 발전 수준에 의해 측정될 수 있다고 생각했다. 열등한 인종이란, 원숭이로부터 고등한 존재인 인간이 진화하는 과정 중 초기 단계에 해당한다고 생각되기 쉬웠다. 다윈주의는 진화의 분기적 성격을 강조했기 때문에 이론적으로는 진보의 직선적인 위계라는 개념을 잠식했어야 했다. 그러나 실질적으로 모든 진화론자들은 인류 기원의 직선적인 이미지를 받아들였고, 당시 널리 퍼져 있던 인종적 편견을 정당화하는 데 이를 이용했다. 라마르크주의는 위계적 접근법에 더욱 쉽게 적용될 수 있었다. 왜냐하면 진화란 배아(embryo)가 자신의 최종 목적을 향해 점진적으로 발달하는 것을 본떠 이루어진다는 믿음과 라마르크주의가 밀접하게 연결되었기 때문이다. 확실하게 정의된 인종적 위계서열을 확립하려고 분투했던 생물학자들은 거의 항상 라마르크주의의 핵심 요소와 자신들의 생물학적 사상을 결합시켰다. 사회적 편견을 "과학적 이론"으로 고쳐 표현하는 것은 비다윈주의적 노선에 있던 사람들이 더 심했다. 비록 이 경우 근본적인 사회적 편견이 너무 만연해서 어떠한 이론도 그것을 완전히 벗어날 수는 없었지만 말이다.

## I. 사회다윈주의

가장 익숙한 모습의 사회다윈주의는, 생존경쟁이라는 용어로 빅토리아 시대 자본주의의 경쟁적인 풍조를 정당화하려 했던 시도이다. 그러나 최근 몇몇 역사가들은 이런 식의 논지가 얼마나 사용되었는지에 대해 의문을 제기했다. 이러한 이견은 다윈 그 자신의 신념들을 둘러싼 비슷한 의견 차이에서도 나타난다. 다윈이 호전적인 개인주의를 조장했다는 공공연한 비난에서부터[8] 다윈이 그러한 생각에 찬성하지 않았다는 의견까지[9] 다양한 해석의 여지가 있다고 그린은 설명하였다.[10] 다윈의 글 속에는 어떤 식으로든 해석될 수 있는 문구들이 있다. 그린은 다윈이 경제적 경쟁을 찬성하는 당대의 사상으로부터 영향을 받았으며 그 영향을 알고 있었다고 주장했다. 다윈은 인간의 진화과정에서 개인간, 그리고 종족간 투쟁의 역할을 알고 있었다. 또한 그는 문명화된 공동체 내에서 선택이 완화되면 그 인종에게 해로울 수 있다고 우려했다. 동시에 다윈은 자유방임적 정책의 극단적인 결과를 받아들이려 하지는 않았다. 그는 자신의



8 Marvin Harris, *The Rise of Anthropological Theory: A History of Theories of Culture* (New York: Thomas Y. Crowell, 1968).

9 Derek Freeman, "The Evolutionary Theories of Charles Darwin and Herbert Spencer," *Current Anthropology* 15 (1975), 211-237.

10 John C. Greene, "Darwin as a Social Evolutionist," *Journal of the History of Biology* 10 (1977), 1-27. Reprinted in Greene, *Science, Ideology, and World View: Essays in the History of Evolutionary Ideas* (Berkeley, Los Angeles, London: University of California Press, 1981).

이론이 나폴레옹이나 부정한 무역업자들에게 정당성을 부여했다는 신문 기사를 읽고 충격을 받기도 하였다. 비록 인종 내에서 열등한 형질의 확산을 막을 무언가가 필요하다고 느꼈을지라도, 폭력과 계략으로 점철된 경쟁을 보고 싶어 하지는 않았다.

정치적 영역 속에 다윈의 이론을 적용하려 했던 가장 중요한 시도라고 존스가 이해했던 움직임과[11] 다윈을 연결시켜 보면, 다윈의 독특한 생각에서 볼 수 있는 외관상의 역설은 해결될 수 있다. 그 움직임이란 호전적인 모습의 사회다윈주의가 아니라 한층 전통적인 자유주의이다. 이러한 자유주의의 주요한 목적은 지주귀족사회의 힘을 제한하는 것이었다. 이들 자유주의자들은 지배계급의 존재에 대해서는 반대하지 않았지만 기존 지배계급의 타락한 자질에 대해서는 반대했다. 자유주의자들은 새로운 형태의 **자연스러운** 귀족사회를 경험했다. 전문 직업 계급의 형태로 등장한 이 귀족사회는 사회의 지배적인 세력이 될 자격이 있었다. 다윈주의와 종교 사이의 논쟁은, 부분적으로 이 새로운 계급이 과거 전통적인 권위의 상징이었던 교회를 공격하는 수단으로 진화이론을 이용한 결과로 해석될 수 있다.[12] 다윈 그 자신도 다운(Down)에서 마을의 대소사를 총괄하는 지방 유지라는 위치에 있었다. 헉슬리와 같은 사람은 국가적 차원의 공무에서 점점 중요한 역할을 담당하기도 했다. 무어는, 웨스트민스터 성당에 다윈을 매장한 것이야말로 다윈의 추종자들이 새로운 지배계급으로 자신들의 지위를 확립하고 이러한 "새로운 지배 아래에서" 과거의 사회 위계서열 대부분을 방어하고자 했던 것이라고 주장했다.[13]



**11** Jones, *Social Darwinism and English Thought* (주 2).

**12** Frank Miller Turner, "The Victorian Conflict between Science and Religion: A Professional Dimension," *Isis* 69 (1978), 356-376; Adrian Desmond, *Archetypes and Ancestors: Palaeontology in Victorian London, 1850-1875* (London: Blond and Briggs; Chicago: University of Chicago Press, 1982).

**13** James R. Moore, "Charles Darwin Lies in Westminster Abbey," *Biological Journal of the Linnean Society* 17 (1982), 76-100.

새로운 지배계급의 우월성은 이미 증명된 것으로 받아들여졌기 때문에, 이러한 운동의 논리적 후속편은 호전적인 사회다윈주의는 아니었다. 만약 사회 위계서열 밑바닥의 부적격자 수가 공동체에 짐이 될 정도로 많아지면, 이에 대한 해결책은 굶주림이 아니라 그들의 번식을 막기 위한 정부의 통제였다. 비록 다윈 자신은 인간에 대한 인위적인 선택을 의심했지만, 전문 직업 계급은 19세기가 끝나갈 즈음 점점 우생학으로 경도되었다.

더욱 극단적인 형태의 사회다윈주의는 경제적 경쟁을 자유롭게 하기 위해 완전한 자유방임정책을 취해야 한다고 주장했다. 국가는 모든 이들이 자신의 능력에 따라 성공하거나 망하도록 내버려 두어야 하며 개인행동의 자유를 제한하려는 모든 시도를 철회해야 한다. 진보는, 최적자가 우월한 경제적 지위를 차지하기 위해 그들 방식대로 싸울 수 있어야, 그리고 부적격자는 그 결과를 감수할 때에만 가능한 것이었다. 이것이 호프스태터가 자본주의 정신의 본질적인 부분이라고 설명한 사회다윈주의의 이미지였다. 자유로운 기업시스템을 옹호하기 위해 어떤 생산업자들은 다윈주의적 수사를 사용하기도 했지만, "생존경쟁"이라는 은유의 인기가 과대평가되었다는 반니스터의 반박도 음미해 보아야 한다.[14] 논쟁은 어쩔 수 없이 허버트 스펜서 및 그 추종자들이 조장한 자유방임적 개인주의의 극단적인 형태가 진정 어떠한 성격을 가지고 있는가에 집중될 수밖에 없다.

자유방임주의에 대한 스펜서의 옹호는 그의 초기작 『사회정역학(*Social Statics*, 1851)』에서부터 노년작 『인간 대 국가(*The Man versus the State*, 1884)』에 이르기까지 분명했다. 그는 원시적이면서 권위적인 사회로부터 근대 자본주의로의 발전은 인간 진화에 있어 핵심적인 단계로 바라보았다. 수많은 개인의 축적된 노력으로 진보를 이룩하기 위해서 자유는 가장 중요한 것이었다. 또한 자유는 모든 개인이 사회발전과 조화를

14 Heyer, *Nature, Human Nature, and Society* (주 5).

이루는 데 없어서는 안 될 것이었다. 스펜서는 국가가 대외적인 문제에만 관여해야 한다고 주장했다. 그의 입장에서 보면 내부적으로 개인들의 삶과 활동을 규제하려는 시도는 국가의 일이 아니었다. 오늘날 당연한 것으로 여겨지는 보건복지, 교육, 빈민구제에 대한 국가통제는 있어서는 안 될 것이었다. 예를 들어 의사나 교사가 되고자 하는 이들은 자유롭게 그러한 목적을 추구해야 하며, 그들의 봉사에 사람들이 지갑을 열 수 있도록 설득하는 한 성공할 것이다. 자신의 일에서 유능하지 않다면, 일부 부주의한 고객들에게 손해만 끼친 후 그는 실패하게 될 것이다. 이런 경우 대중을 보호하는 것은 더 이상 국가의 책임이 아니었다. 스스로의 무능함에서 비롯된 불행으로부터 실패자를 감싸는 것이 국가의 책임이 아니듯 말이다.

스펜서의 추종자, 특히 예일대학 경제학자였던 윌리엄 그레엄 섬너(William Graham Sumner) 역시 비슷한 견해를 옹호했다. 섬너의 철학은 "철저하게 탐색하고 게걸스럽게 취하라, 그렇지 않으면 죽을 것이다(root, hog, or die)"라는 표현으로 요약될 수 있었다. 그는 자신보다 더 우월한 수업능력을 보여줌으로써 자신의 지위를 빼앗아 가라고 아무에게나 공공연히 도전했다. 노력하지 않는 사람들에게는 어떤 동정심도 허용되지 않았다. 섬너에 의하면 게으름과 무능함은 본인이 날 때부터 받은 벌이었고 그 고통을 덜어주려는 어떠한 시도도 허약함을 확산시킬 것이었다. 생산업자들 역시 스펜서의 주장을 받아들였고, 아니면 최소한 그의 철학에 따라 행동할 것이라고 공언했다. 철도왕 제임스 힐(James J. Hill)이나 록펠러(John D. Rockefeller)는 "적자생존"이라는 표현을 사용해 자유로운 경쟁을 정당화했고, 앤드류 카네기(Andrew Carnegie)는 스펜서의 열광적인 신봉자가 되었다.

선택이라는 유비가 누렸던 폭넓은 인기에 대한 호프스태터의 주장은 지금까지 논쟁이 되어 왔나. 섬너소차도 진정한 진보는 자유로운 기업가 정신으로부터 비롯될 것이라는 스펜서의 낙관주의적 관점을 공유하지 않았다. 열거된 사례들에도 불구하고 기업가 공동체 내에서도 삶의 양식으로서의 적자생존을 제한적으로만 받아들였다는 주장이 제기되어 왔다.[15] 경쟁자를 제거하는 데 성공한 이들은 이런[스펜서의] 방식으로 자신들의 무자비함을 정당화하고 싶었을지 모르지만 보통의 기업가들 대다수는 스스로 비난받기 쉽다는 점을 너무나도 잘 알고 있었기 때문에 똑같이 생각할 수 없었다. 기업가 공동체 외부에서는 사회진화론의 비다윈주의적 형태 또한 인기를 얻고 있었다.

스펜서 철학이 다소 지지를 얻었다는 사실을 인정하더라도, 그것이 자유방임주의를 자연선택의 짝으로 어느 정도 표현했는지에 대해서는 여전히 질문해 보아야 한다. 사실 양자의 관계는 기껏해야 허술한 유비일 뿐이다. 경제적 경쟁의 궁극적인 목적은 독점을 성취하는 것이고, 그 시점이 되면 자연선택의 모든 이익은 멈출 것이었다. 성공적인 사람은 동료를 제치고 사회를 지도하지만, 자신의 형질을 물려줄 후손이 없다면 더 이상 그에 상응하는 생물학적 효력은 없다. 많은 경우 부의 대물림이 능력의 유전과 일치하지 않는다는 것이 분명하지만, 부는 계속해서 정치적 권력을 발휘한다. 실제로 이 점은 월러스(A.R. Wallace)가 사회주의를 옹호하기 위해서 사용했다.[16] 월러스는, 부의 차별이 모두 없어진다면 남편과 아내는 자연이 의도한 것처럼 자신들의 생물학적 특성을 위해 배우자를 고를 것이라고 주장했다.

스펜서의 사회철학은 자연선택이라는 형태보다는 "자립(self-reliance)"의 덕목들에 대한 빅토리아 시대의 대중적 믿음이 표현된 것으로 볼 수 있다. 이러한 덕목들은 새뮤얼 스마일즈(Samuel Smiles)의 『자조론(*Self-Help*, 1859)』 [국역: 공병호 옮김, 『새뮤얼 스마일즈의 자조론』(비즈니스북스,

15 Irvine Wyllie, "Social Darwinism and the Businessman," *Proceedings of the American Philosophical Society* 103 (1959), 629-635; Bannister (각주 4).

16 John R. Durant, "Scientific Naturalism and Social Reform in the Thought of Alfred Russel Wallace," *British Journal for the History of Science* 12 (1979), 31-58.

2006)]에 잘 예시되어 있었다. 또한 스펜서의 사회철학은 프로테스탄트 직업윤리의 자연화(naturalization)이기도 했다. 무어는 많은 자유주의적 프로테스탄트들이 스펜서의 철학을 자신들의 전통적인 도덕의 연장으로 보았다고 설명한 바 있다.[17] 자유방임주의의 가장 중요한 목적은 부적격자를 제거하는 것이 아니라 그들이 스스로의 노력으로 개선될 수 있도록 독려하는 것이었다. 어리석음보다 게으름이 진보를 막는 더 큰 장애물로 간주되었고, 이에 대한 해답은 게으름을 없애는 것이 아니라 더 열심히 노력하도록 이끄는 것이었다. 이는 실패의 벌로 가해지는 고통을 덜어주지 않음으로써 가장 훌륭히 성취될 것이다. 스펜서는 강자에 의해 약자가 밀리는 것이 자유방임주의의 결과 중 하나라는 사실을 인정했으며, 1884년 『인간 대 국가』를 집필할 즈음 당시 등장하던 사회주의가 사회의 악성 요소를 증식시키고 있다고 확신했던 것도 분명하다. 국가의 지원이 없다면, 이러한 부적격자들이 사회의 짐이 될 정도로 증가할 수 없을 것이었다. 스펜서의 철학에서 진보의 진정한 원천은 실패와 가난의 위협으로 촉발된 개인의 노력이었다. 사회주의는 부적격자가 살아남을 수 있게 할 뿐만 아니라 사회 발전에 필수적인 자립의 자질을 파괴하는 것이었다. 불행에 대한 두려움은 모든 이들에게 새로운 경제적 상황에 어떻게 적응해야 할 것인가를 가르쳐주며, 다음 세대는 부모로부터 직접 그 교훈을 배우게 된다. 그러한 정책은 사회다윈주의보다는 사회라마르크주의의 모습에 가까운 듯하며, 이는 생물학에서 스펜서가 라마르크주의를 더욱 선호했음을 말해준다. 사회다윈주의를 관통했던 많은 것들이, 사실 자연선택이라는 유비에는 거의 혹은 조금도 빚진 것이 없는, 이런 종류의 스펜서주의였다고 주장할 수도 있다.



**17** James R. Moore, "Herbert Spencer's Henchmen: The Evolution of Protestant Liberals in Late-Nineteenth-Century America," *Darwinism and Divinity: Essays on Evolution and Religious Belief,* ed. J. Durant (Oxford: Basil Blackwell, 1985), pp. 76-100.

19세기가 끝날 무렵 스펜서의 인기는 이미 사그라지고 있었다. 그는 많은 나라를 휩쓴 민족주의의 물결을 두고 비효율적인 군국주의 사회로의 회귀라고 비난했다. 그러나 민족주의는 기존 자유방임적 개인주의보다 훨씬 더 강력한 것이었다. 정복과 식민지 팽창을 기대하며 많은 사람들이 느낀 짜릿한 자만심은 똑같이 사회다윈주의라고 불릴 수 있는 두 번째 단계의 경쟁을 설명해 준다. 스스로 최적자가 될 것이라는 믿음이 확고했던 국가들 사이에서 "적자생존"이라는 구호는 국가간 투쟁이라는 관점에 불가피하게 적용되었다. 미래에 전쟁이 발발할 것이라는 예상은, 이전에 자유 기업가정신을 강조하던 것과는 앞뒤가 맞지 않게 국가적 단결을 호소하는 것으로 이어졌다. 따라서 다윈주의적 수사에도 불구하고 국가간 투쟁이라는 개념은, 생물학적 선택 메커니즘의 주요 특징인 개인간 경쟁이라는 개념으로부터 등을 돌렸다.

국가적 단결의 중요성은 월터 배젓(Walter Bagehot)의 『물리학과 정치학(*Physics and Politics*, 1872)』에서 강조되었다. 배젓은 자연선택의 주요 원리를 사회에 적용하면서, 역사 전체에 걸쳐 가장 강력한 국가는 주변 약소국을 지배했으며 문명의 발달에 공헌한 점으로 보아 항상 최적자였다고 주장했다. 열등한 국가는 제거되지 않으면 정복당해 왔고, 정복국가로부터 그 장점을 배웠다. 그러나 배젓의 이론은 선택이론의 참뜻과는 거리가 있었는데, 이는 진보의 주요한 동력이 정부의 증진된 힘이었다는 그의 주장에서 분명하게 볼 수 있다. 배젓은 개인간 경쟁을 환호하기보다, 종교를 포함한 사회의 의지에 개인을 굴복시키는 데 도움이 되는 것들을 찬양했다. 교회와 국가는 국가의 힘을 위하여 하나가 되어야 하며 사상의 자유는 억제되어야 한다. 역사 전체에 걸쳐 고도의 조직화를 달성한 국가들은 정복자가 되었다. 이는 똑같은 요인이 여전히 국가간 경쟁을 지배해야 한다는 것을 의미했다.

국가간, 인종간 경쟁이 인간의 진보를 위해 필수적이라는 믿음은 20세기 초까지 널리 퍼져 있었다. 백인종이 다른 인종보다 계속해서 우월하고 싶다면 생물학적 퇴화를 예방해야 한다는 주장에 기초하여, 우생학 운동은 상당 부분 호소력을 얻었다. 고고인류학자들 중 어떤 이들은, 인간 진화의 화석자료를 보면 열등한 유형의 인간들이 우등한 이들에 의해 항상 전멸되어 왔음을 알 수 있다고 애써 주장했다.[18] 유럽에서 네안데르탈 인종이 사라진 것은, 현재 백인종이 미국이나 오스트레일리아의 원주민들을 멸종시키고 있는 과정의 초기 사례로 이해되었다. 1949년에 와서 아서 키스(Arthur Keith)는 부족간, 인종간 투쟁을 주요한 추진력으로 상정한 인간 진화이론을 만들었다. 의미심장하게도 키스를 비롯하여 인종간 투쟁을 옹호한 많은 학자들은, 고등한 인종이 만들어지는 방법에 대한 설명으로서 자연선택에는 별로 관심을 가지지 않았다. 선택은 단지 진보의 행진에서 지체된 인종들을 제거하는 소극적인(negative) 과정일 뿐이었다. 투쟁이라는 개념은 생물학에서의 다윈주의 이론과는 독립적으로 작용하는, 그 자체로 생명을 지니는 것이었다.



다윈주의는 또한 영어권 국가 외부의 세계에서도 중요한, 하지만 때로는 모순적인 영향을 미쳤다. 프랑스의 경우 생물학적 다윈주의는 그다지 강력하지 않았고 사회다윈주의는 개인간 투쟁이라는 개념을 거의 강조하지 않았다.[19] 독일에서는 상이한 이데올로기적 배경을 지닌 사상가들이 진화론을 수용했고 기꺼이 스스로를 다윈주의자라고 부르기도 하였다.[20] 역사가들은, 최강국의 권력을 행사하는 수단으로 전쟁을 찬양했던 군국주의적 형태의 사회다윈주의에 더욱 많은 관심을 기울여 왔다.[21] 그

**18** Peter Bowler, *Theories of Human Evolution: A Century of Debate, 1844-1944* (Baltimore: Johns Hopkins University Press; Oxford: Basil Blackwell, 1986).

**19** Linda A. Clark, *Social Darwinism in France* (University, Ala.: University of Alabama Press, 1984).

**20** Alfred Kelly, *The Descent of Darwinism: The Popularization of Darwinism in Germany, 1860-1914* (Chapel Hill: University of North Carolina Press, 1981).

**21** Gunter Zmarzlik, "Social Darwinism in Germany," *Republic to Reich: The Making of the Nazi Revolution,* ed. H. Holborn (New York: Pantheon, 1972), pp.

러나 최적자의 지배라는 이러한 생각이 군사 엘리트에 의해 빚어진 다윈주의의 단순한 악용만은 아니었다. 오히려 이는 독일의 탁월한 다윈주의자, 에른스트 헤켈(Ernst Haeckel)이 조장한 것이었다.[22] 헤켈은 진화라는 것을, 자신의 준종교적(quasi-religious) 철학인 "일원론(monism)", 즉 영혼과 물질의 통합을 원리로 하는 철학의 토대로 삼았다.[23] 일원론자 동맹(Monist League)이라고 불리는 조직은 일원론을 독일 전체로 확산시켰다. 국가가 중간계급보다는 군부에 의해 통합되어 있다는 사실에 실망하면서도, 헤켈 및 그의 추종자들은 이내 강력한 중앙정부 배후에서 권력을 휘둘렀다. 진화로부터 그들은, 전체 역사에서 이웃을 지배하는 우월한 인종에 의해 진보가 달성되어 왔다는 사실을 배웠다. 그 이상의 진보를 이루기 위해 투쟁은 계속되어야 하며, 다음 단계는 세계의 권력자로서 독일의 등장이 될 것이었다. 헤켈은 1차 세계대전 내내 열렬한 국가주의자였으며, 독일이 결국 패배하자 몹시 낙담하였다. 일원론자 동맹의 회원들은 이후 독일인의 타고난 우월함과 그들의 궁극적 승리가 불가피하다는 점을 강조하면서 나치 이데올로기의 등장에 중요한 역할을 했다.

헤켈은 국가가 강해지기 위해서는 통합되어야 하며 중앙집중적으로 조직되어야 한다고 주장했다. 이러한 주장은, 영국 소규모 상업주의의 반영이라는 이유로 독일에서는 기각된 스펜서의 개인주의와 정반대되는 것이었다. 강력한 국가는 내부적 분쟁에 의해 갈갈이 찢겨져서는 안 되며, 그 운명의 방향을 지시하는 지도자 아래에서 통합되어야 했다. 신기하게도 종(species)과 사회의 내부적 발달에 대해서는 헤켈 역시 스펜서처럼 라마르크주의자였다. 그러나 스펜서는 군국주의로부터 자본주의로



435-474.

22 Daniel Gasman, *The Scientific Origins of National Socialism: Social Darwinism in Ernst Haeckel and the Monist League* (New York: American Elsevier, 1971).

23 Niles S. Holt, "Ernst Haeckel's Monist Religion," *Journal of the History of Ideas* 32 (1971), 265-280.

의 이행을 찬양한 반면, 헤켈은 국가간 경쟁이 더욱 중요한 동력이라고 주장했다. 따라서 국가는 구성원인 시민들을 더욱 굳건한 의지의 집단으로 향상시켜야 했다. 스펜서는 인간이 진보의 방향을 통제할 수 없기 때문에 본성이 그 고유한 과정을 따르게끔 두어야 한다고 주장했다. 반면 헤켈은 인간이 진취적 기상을 가질 수 있으며 미래에 대한 스스로의 전망에 따라 강력하고 새로운 국가를 만들 수 있다고 믿었다.

투쟁을 통한 진보라는 말 그대로의 개념과는 별개로, 독일 이데올로기 속에는 선택 메커니즘과의 실질적인 유비에 의존한 것이 거의 없었다. 분명 다윈은 인간의 진보에 있어 국가간 정복의 역할을 인정했다. 그러나 나치즘 및 스펜서주의는 라마르크주의와 다윈주의의 서로 다른 두 결합에 그 생물학적 기원을 두고 있었다. 나치는, 주변 국가 사람들에 비해 우월하다는『보크(*Volk*)』지(誌)의 인종주의적 감수성, 왜곡된 니체의 초인 개념, 국가에 대한 헤겔의 관념철학을 포함한 독일 사상의 여러 측면들을 끌어들였다. 국가에 대한 시민의 종속, 국가의 목적은 위대한 지도자의 열망으로 표현될 수 있다는 믿음, 이러한 것들은 분명 다윈주의보다는 이상주의의 성격을 가지는 덕목이었다.



## II. 우생학

국가가 가장 부적합한 시민의 증가를 제한할 의무를 지닌다는 주장은 우생학 운동의 토대가 되었다. 다윈 자신도 부적격자를 더 이상 엄격히 제거하지 않는 문명사회에서 자연선택의 완화로 인해 발생하는 문제점을 지적했다. 자유방임적 사회다윈주의의 약점은, 사회의 가장 부적합한 구성원들을 그냥 방치해서는 완전히 소멸시키기 어렵다는 점이었다. 사실 거대 도시의 빈민가는 최악의 인간형질이 번식하는 지역으로 간주되고 있었다. 빈곤은 열등한 능력의 직접적인 결과로 간주되었기 때문에 자연스럽게 사회의 극빈층은 열등형질을 가장 많이 가지고 있다고 추정되었다. 다윈의 사촌이었던 프란시스 골턴(Francis Galton)은, 이런 문제가 걷잡을 수 없게 되었으며 국가가 적격자와 부적격자의 상대적 비율을 통제하는 데 적극적인 역할을 해야 한다고 최초로 주장했다. 빈민가에서 열등한 사람들의 증식은 인종 퇴화라는 위협이 되며 공동체의 자원을 소모하는 것이다. 반대로 가장 뛰어난 능력을 가진 전문직의 사람들은 상대적으로 적은 자녀를 가지려고 한다. 유일한 해결책은 이러한 자연적 경향을 뒤집을 목적으로 국가가 개입하는 것이었다. 골턴이 보았을 때, 사실상 인위적인 선택일 수밖에 없는 방법들을 통해 인종의 형질을 개선하려는 운동은 거의 종교적인 중요성을 지니는 것이었다. 그의 연구는 전체 우생학 운동의 토대를 마련했다.[24]

골턴은 1883년에야 우생학이라는 단어를 고안했지만, 1883년 훨씬 이전부터 그는 재능이란 유전되는 것이지 교육으로 향상될 수 없다는 기본적인 유전론적 입장을 정립하기 위해 애를 썼다. 1869년에 쓴 『유전적 천재(*Hereditary Genius*)』는, 저명한 가족들에 대한 조사결과를 증거로 부모의 능력이 후손들에게 유전된다는 것을 보여주었다. 이로부터 골턴은, 뛰어난 능력을 가진 사람들이 더 많은 자녀를 가지도록 하여 인종의 생물학적 기준이 떨어지지 않도록 해야 한다고 주장했다. 이것은 이후에 "개량적 우생학(positive eugenics)"이라고 불렸는데, 이는 자녀들을 위해 전문직 계층의 소득세를 면제해 주는 것과 같은 조치로 이룰 수 있는 것이었다. 동시에 골턴은 우생학 운동의 가장 강력한 측면이 되어 버린 것

24 우생학에 대한 일반적인 연구로는 다음을 참조할 것. C. Blacker, *Eugenics: Galton and After* (Cambridge, Mass.: Harvard University Press, 1952); Garland E. Allen, "Genetics, Eugenics and Class Struggle," *Genetics* 79 (1975), 29-45; Carl Jay Bajema, *Eugenics: Then and Now* (Stroudsburg, Pa.: Dowden, Hutchinson and Ross Inc., 1977); Lyndsay A. Farrall, "The History of Eugenics: A Bibliographical Review," *Annals of Science* 36 (1979), 111-123; Daniel Kevles, *In the Name of Eugenics: Genetics and the Uses of Human Heredity* (New York: Knopf, 1985).

의 개략적 윤곽을 그렸다. "제거적 우생학(negative eugenics)"이 바로 그것인데, 이는 평균 이하의 능력을 가진 부모 밑에서 태어나는 자녀의 수를 제한하는 것을 목적으로 삼았다. 우생학 프로그램의 기본적인 골격은 이미 골턴의 마음 속에서 그 모양을 갖추었다.[25]

골턴의 계획에 대한 초기 반응은 그리 긍정적이지 않았다. 많은 이들이 인간을 대상으로 한 인위적 교배 프로그램이라는 생각에 충격을 받았다. 골턴의 유전론적 주장에 대해서도 회의적인 생각들이 상당히 있었다. 무엇보다 일반적으로 저명한 부모의 자녀들은 평균 이상의 교육을 받는데, 그렇다면 그 아이들의 능력이 정말로 타고난 것이라고 어떻게 확신할 수 있는가? 생물학의 통계적 기법들을 발전시킨 골턴의 이후 노력들은 이런 초기 회의주의에 대한 직접적인 대답이었다.[26] 그는 유전이 집단의 성격을 지배한다는 것을 훨씬 구체적으로 보여주려고 하였다. 변이 연구에 통계학을 적용하려 했던 그의 시도는, 그의 제자 칼 피어슨(Karl Pearson)이 다윈주의를 옹호하는 데 사용한 생물통계학적 접근의 토대가 되었다. 피어슨이 사용한 통계적 기법의 실질적 체계는, 우생학 정책을 뒷받침할 분명한 과학적 증거를 제시하고 싶었던 그의 바람을 반영한 것이라고 주장할 수도 있다.[27] 이와 비슷한 주장은 피어슨의 제자인



**25** D. Rorrest, *Francis Galton: The Life and Work for a Victorian Genius* (New York: Tapplinger, 1974); Allan Buss, "Galton and the Birth of Differential Psychology and Eugenics: Social, Political and Economic Forces," *Journal of the History of the Behavioural Science* 12 (1976), 47-58; Ruth Schwartz Cowan, "Nature and Nurture: The Interplay of Biology and Politics in the Work of Francis Galton," *Studies in the History of Science* 1 (1977), 133-208; Raymond E. Francher, "Francis Galton's African Ethnography and Its Role in the Development of His Psychology," *British Journal for the History of Science* 16 (1983), 67-79.

**26** Ruth Schwartz Cowan, "Francis Galton's Statistical Ideas: The Influence of Eugenics," *Isis* 63 (1972), 509-528.

**27** Donald Mackenzie, *Statistics in Britain, 1865-1930: The Social Construction of Scientific Knowledge* (Edinburgh: Edinburgh University Press, 1982).

피셔(R.A. Fisher)의 경우에도 제기될 수 있다.[28]

20세기로 접어들어 마침내 골턴과 피어슨은 자신들의 운동이 영국에서 대단한 힘을 얻기 시작하는 것을 목도했다.[29] 피어슨은 보어전쟁 시기 영국 군대 내 노동계급 출신 훈련병의 빈약한 능력이 인종적 퇴화의 증거라고 주장했다. 골턴은 1904년 국가우생학연구소(National Eugenics Laboratory)를 설립하였고, 이어 우생학 교육협회(Eugenics Education Society)와 『우생학 리뷰(*Eugenics Review*)』라는 잡지를 만들었다. 20세기 초 수십 년 동안 우생학은 압도적으로 강력하지는 않았지만 중요한 정치적 청원운동을 펼쳤다. 다른 지역에서도 유사한 일들이 전개되었다. 독일에서는 나치가 권력을 잡기 이전부터 부적격자의 번식을 제한하려는 시도가 유행했다.[30] 미국에서도 20세기 초 내내 우생학이 번성했다.[31] 멘델주의자 모임이었던 미국 육종가협회(American Breeders' Association)는 1906년 우생학 위원회를 설립했고, 1910년에는 우생학 기록사무국(Eugenics Record Office)이 만들어졌다.[32] 최초의 국제 우생학 회의가

**28** J.H. Bennett, *Natural Selection, Heredity, and Eugenics* (Oxford: Oxford University Press, 1983); B.J. Norton, "Fisher's Entrance into Evolutionary Science: The Role of Eugenics," *Dimensions of Darwinism: Themes and Counterthemes in Twentieth-Century Evolutionary Theory,* ed. M. Greene (Cambridge: Cambridge University Press, 1983), pp. 19-30.

**29** Donald Mackenzie, "Eugenics in Britain," *Social Studies of Science* 6 (1976), 499-532; idem, *Statistics in Britain*; G.R. Searle, *Eugenics and Politics in Britain:1900-1914* (Leiden: Noordhoff International Publishing, 1976); idem, "Eugenics and Politics in Britain in the 1930s," *Annals of Science* 36 (1979), 159-169; Greta Jones, *Social Hygiene in Twentieth-Century Britain* (London: Croom Helm, 1986).

**30** Sheila Faith Weiss, "Wilhelm Schallmayer and the Logic of German Eugenics," *Isis* 77 (1986), 33-46.

**31** Mark H. Haller, *Eugenics: Hereditarian Attitudes in American Thought* (New Brunswick, N.J.: Rutgers University Press, 1963); D.K. Pickens, *Eugenics and the Progressives* (Nashville, Tenn.: Vanderbilt University Press, 1968); Kenneth M. Ludmerer, *Genetics and American Society: A Historical Appraisal* (Baltimore: Johns Hopkins University Press, 1972).

1912년 개최되었다. 이와 같이 다양한 국가들의 우생학 운동을 하나로 묶어준 요소는, 유전에 대한 통제가 인간종을 과학적으로 관리할 수 있는 방법을 제공해 준다는 믿음이었다. 이러한 이유 때문에 우생학은 — 보통은 정치적 우파와 결합되었지만 — 좌파 사상가들에 의해 지지받기도 하였다.[33]

이러한 활동의 목적은, 인종의 생물학적 기준을 향상시키거나 최소한 보호할 수 있는 법률을 제정해야 한다고 정부를 설득하는 것이었다. 전문직 계급이 더 많은 자녀를 가질 수 있도록 독려하는 몇 가지 제안들이 있었지만, 일반적으로 우생학 운동은 사회 하층계급의 출산율을 제한하려는 시도에 집중되었다. 인종 개량을 강조한 골턴의 주장은, 더 이상의 퇴화를 막아야 한다는 한층 비관적인 태도로 대체되었다. 정신이상자나 정신박약자는 가장 일반적인 공격대상이 되었고, 범죄 성향은 종종 정신적 결함의 부산물로 간주되었다. "빈틈없는" 구별에 필요한 방법을 제공하기 위해 정신적 능력을 검사하는 과학이 장려되었고, 그 첫 번째 시도가 지능측정을 위한 척도를 만드는 것이었다. 이는 지능지수 즉 I.Q.에 도달할 수 있는 개인의 정신적, 신체적 연령을 비교하는 방식으로 진행되었다. 비록 초기 테스트에서는 교육의 영향이 완전히 제거되지 못했고 따라서 하층계급의 외관상 박약한 지능이 강조되었지만, 선천적인 지능은 쉽게 구분될 수 있다고 생각되었다.[34] 우생학 운동은, 지능 등급의 바닥에 있는 사람들을 공공시설에 수용하고 성별을 나누어 격리시켜야 하



**32** Garland E. Allen, "The Eugenics Records Office at Cold Spring Harbor, 1910-1940," *Osiris* n.s. 2 (1986), 225-264.

**33** Diane Paul, "Eugenics and the Left," *Journal of the History of Ideas* (1984), 567-590.

**34** Stephen Jay Gould, *The Mismeasure of Man* (New York: Norton, 1981); Brian Evans and Bernard Waites, *I.Q. and Mental Testing: An Unnatural Science and Its Social History* (London: Macmmillan, 1981) [국역: 김동광 옮김, 『인간에 대한 오해』(사회평론, 2003)].

며 심지어 번식을 막기 위해 불임케 해야 한다고까지 주장했다. 미국의 어떤 주(state)에서는 실제로 특정 기준 이하의 지능을 가진 사람들의 불임을 의무화하는 법안을 통과시키기도 하였다. 더군다나 동부유럽에서 이민 오는 “열등한” 인종들의 증식 현상에 대해서도 두려움이 증가하기 시작했다. 가장 쉽게 알 수 있는 불임 프로그램은 “아리안” 종족을 순화하기 위한 노력의 일환으로 1930년대 나치 독일에서 진행되었다.[35]

20세기 초 우생학의 갑작스런 인기 상승은 사회적, 과학적 요인들로부터 도움을 받은 것이었다. 사회사업가들(social workers)은 불성실함과 게으름이 세대를 거쳐 유전된다는 유전론적 믿음으로 점점 전향했다. 제반의 현상들을 제대로 바라보면 단순히 사회적 인과관계보다는 생물학적 인과관계가 관련되었다는 사실을 알 수 있다고 생각되었다. 정신이상자나 정신박약자를 위한 공공시설을 관리하는 사람들은 그러한 특성들이 유전적 요인에 의해 후세에 전해진다고 확신했다. 동시에 전문직을 가진 중간계급은, 정상 이하의 정신적 능력을 가진 사람들이 엄청나게 증가하는 듯한 현상에 경악했다. 이들은 후손에게 물려주고자 하는 자신들의 선천적인 능력을 통해 나름의 사회적 지위를 획득했다고 확신했다. 또한 이들은 계속 증가하는 무능하고 비정상적인 대중들을 지원하는 세금으로 자신들의 재정 수익이 낭비되는 걸 원하지 않았다. 그들이 스스로 대가족의 부담을 떠안고 싶어 하지 않았다는 사실은 개량적 우생학의 인기가 쇠퇴한 이유를 설명해 준다.

과학적 측면에서 우생학은 1900년 이후 멘델주의 유전학의 급속한 발전으로부터 도움을 얻었다. 골턴은 인간집단 속에 자연선택의 원리를 적용하기 위해 독창적인 계획을 제안하였고, 피어슨을 비롯한 그의 제자들도 비슷한 접근법을 취했다. 생물통계학의 통계적 기법들은 자연선택의

35 H. Harmsen, “The German Sterilization Act of 1933,” *Eugenics Review* 46 (1955), 227-232.

힘을 증명하기 위해서만 사용된 것이 아니었다. 우생학 정책의 필요성을 입증하는 방법의 일환으로 인간집단 속 형질유전을 연구하기 위해서도 통계학적 기법은 사용되었다. 그러나 다윈주의가 유전론적 관점의 유일한 원천은 아니었다. 사실 골턴 자신은 개인간 차이의 선택이 자연에서 진화가 일어나는 원인이라고 믿지 않았다. 멘델 법칙의 재발견은 유전론적 입장을 위한 완전히 새로운 과학적 토대를 제공하였다. 멘델의 법칙은, 생물학적 형질이 수세대를 걸쳐 완전한 단위로써 유전된다는 사실을 실험적으로 설명하는 것처럼 보였다. 골턴의 생물통계학이 확실히 정립되지 않았던 미국에서 멘델주의는 새로이 부상한 우생학 그룹의 열광적인 환호를 받았다. 정신박약과 같은 열등한 형질은 집단 속에서 단일한 유전자가 퍼진 결과라고 생각되었다. 멘델의 법칙은 또한, 나쁜 형질을 보유하고 있는 사람의 번식을 막는다면 그 형질을 급속히 제거할 수 있다는 가능성을 제공하는 듯했다. 비록 대부분의 초기 유전학자들은 선택이 생물학적 진보의 원인이라고 믿지 않았지만, 그럼에도 그들의 이론은 해로운 형질의 확산을 되돌릴 수 있다는 보다 덜 야심찬 희망에 이상적인 토대를 제공했다.

우생학이 번성했던 상황을 보면, 우생학이 다윈주의적 접근의 간접적인 확장일 뿐이라는 것을 알 수 있다. 골턴은 자연선택의 완화가 인종적 퇴화를 이끈다는 생각 때문에 당시의 문제에 경각심을 가졌을지 모른다. 그리고 피어슨과 같은 영국의 우생학자들은 자연선택과 자신들이 제안한 인간의 인위적 선택 사이의 유비에 계속 주목했다. 그러나 골턴 그 자신은 진정한 다윈주의자가 아니었다. 왜냐하면 그는 자연에서의 진화란 개체변이의 선택보다는 급격한 돌연변이에 의해 일어난다고 믿었기 때문이었다. 엄밀히 말하면 이것이 초기 유전학자들의 입장이었다. 멘델주의가 미국 우생학자들을 사로잡았다는 사실은, 선택을 통한 진화보다는 인간의 특성에 대한 유전론적 관점이 그들의 주요 관심사였다는 것을 말해준다. 본성과 양육에 대한 논쟁에서 우생학자들은 분명히 본성, 즉 유전의 편을 들었다.[36] 빈곤층을 위해 추가적인 세금을 내고 싶지 않았던 탓에 그들은, 열등함은 유전적으로 결정되기 때문에 환경 개선으로는 빈곤층이 이익을 얻을 수 없다고 주장했다. 불임은 특히 집단 내 해로운 형질의 정도를 급격히 감소시킬 방법으로 여겨졌기 때문에 더 저렴한 방법이었다.

우생학 운동은 예전 같은 인기는 아니었지만 계속 유지는 되다가 1930년대 들어 쇠락했다. 언뜻 볼 때 그 쇠락의 이유는 제거적 우생학을 옹호했던 주장들의 과학적 결점이 드러났기 때문이었다. 바람직하지 못한 형질을 야기하는 몇몇 “나쁜” 유전자들에 대한 단순한 이미지가 진실된 상황을 졸렬히 위조한 작품이라는 사실이 1920년대에 드러났다. 다수의 형질들은 수없이 많은 다른 유전자들의 영향을 받았다. 또한 그 유전적 가능성이 어떠하든지 간에 유기체의 성장에는 환경이 영향을 미쳤다. 또한 집단유전학을 통해, 어떤 인종 전체의 특성에서 중요한 변화를 만드는 것이 얼마나 어려운지 밝혀졌다. 이 시기에 진행된 다윈주의와 유전학의 종합은 우생학의 대의를 옹호하기보다는 방해하는 것이었다. 그러나 이러한 과학적 발달이 우생학 운동의 특권이 상실되는 주된 요인이었다고 볼 수는 없다. 대부분의 생물학자들은 대중적 인기가 사그라지기 오래전부터 사태의 진정한 모습을 인식했다. 생물학자 중 상당수는 약간의 기대를 가지고 비판을 자제하기는 하였지만 우생학에 등을 돌렸다. 그들은 우생학 선동가들이 지나치게 단순화된 만병통치약을 계속 떠들도록 내버려 두었다. 논쟁의 여지가 있는 주제에 연루되고 싶지 않다는 듯이, 인간유전학에 대한 진지한 연구는 쇠락해갔다. 이러한 현상은 대중적인 논쟁에 대한 혐오였을까, 아니면 여전히 광범위한 지지를 받는 운동과 충돌하는 것에 대한 두려움이었을까?[37] 1930년대 우생학 대부분은 사이비

36 Hamilton Craverns, *The Triumph of Evolution* (주 7).

37 Kenneth M. Ludmerer, *Genetics and American Society* (주 30); William B. Provine, “Geneticists and the Biology of Race Crossing,” *Science* 182 (1973), 790-

과학의 속임수로 전락했고, 이 시기 직후에 홀데인과 같은 과학자들은 우생학의 부적절함을 공개적으로 지적했다.[38]

우생학이 소멸한 진정한 원인은 과학적 발전이 아니라, 독일 나치의 잔학한 행위를 통해 부각된 그 잠재적 위험성을 대중들이 깨닫기 시작한 탓이었다.[39] 나치는 전체주의적 국가의 엄청난 역량을 설명하면서 인종주의적 이데올로기에 따라 대중을 통제했다. 이는 엄밀하지 못한 형태의 우생학에 담긴 도덕적 위험성을 보여주는 것이다. 처음에는 소수의 명백한 결함에 한정될 경우 국가가 부적격자의 번식을 제한할 의무가 있다는 것은 명료해 보였다. 그러나 나치는 "부적격자"에 대한 정의가 어떻게 전체 집단을 포함할 정도로 확장될 수 있는지를 보여주었다. 도처에서 온건파들은 이제 이를 재고하기 시작했으며, 막판에 과학자들이 유전학적 토대에서 그 결점을 대중에 알리면서, 우생학은 눈 밖에 나게 되었다.

우생학과 사회다윈주의 모두, 인간집단의 특정한 일부, 즉 인종이나 계급으로 정의되는 일부가 선천적으로 다른 이들보다 열등하다는 주장에 기초해 있었다. 그들의 낮은 지위는 현대 세계에서 적절한 역할을 할 능력이 없는 탓이었다. 따라서 어떠한 사회구조의 개혁도 그들에게 의미있는 이득을 가져다 줄 수 없을 것이었다. 이러한 관점은 분명한 이데올로기적 내용을 포함하고 있다. 즉 특권적 지위에 있는 사람들, 자신들의 이익이 전체 집단 속에서 낭비되는 것을 막기 위해 변명꺼리를 찾으려는 사람들이 자연스럽게 이러한 생각을 옹호하였다. 반대로 개혁을 부르짖는 사람들은 사회적 배경과 교육이 개인의 특성을 결정한다는 믿음에 이끌렸다. 이들에 의하면 가난한 사람들은 유전 때문에 문제가 있는 것이 아니며, 따라서 그들의 조건이 개선된다면 훨씬 바람직한 사람들이 될



796; Stephen Jay Gould, "On Biological and Social Determinism," *History of Science* 12 (1974), 212-220.

**38** J.B.S. Haldane, *Heredity and Politics* (London: Allen and Unwin, 1938).

**39** G.R. Searl, "Eugenics and Politics in Britain in the 1930s" (주 28).

것이다. 본성과 양육의 효과를 구분할 수 있는 객관적인 방법을 찾는 것이 아주 어려웠기 때문에, 이러한 논쟁은 오늘날에도 계속되고 있다. 지난 수십 년 간의 개혁은 아무런 효과도 없는 것 같다고 할 때, 그것은 개혁의 천박함 때문인가 아니면 도움을 요청한 이들이 그러한 도움으로부터 이익을 얻지 못할 정도로 무능했기 때문인가?[40] 그렇지만 일부 사회주의자들의 관점에서 보면, 유전론적 정책과 환경론적 정책 모두 동일한 목적을 추구하는, 단지 서로 다른 방법일 뿐이다. 부적격자가 제거되건 사회 속으로 흡수되건, 그 목적은 여전히 전문직 계급이 지배 권력을 형성하는 사회구조를 유지하기 위한 것이다.[41]

## III. 신라마르크주의와 사회

20세기 초 붕괴 전까지 신라마르크주의는 생물학에서 유전론적 관점에 대한 가장 분명한 대안을 제공했다. 확실한 생물학적 근거가 없다고 생각했는지 역사가들은 신라마르크주의의 역할을 사회사상 속에서만 가볍게 다루었다. 호프스태터는 레스터 워드(Lester Ward) 사건 속에서 라마르크주의적 대안을 다룬 반면,[42] 스토킹은 미국에서 라마르크주의의 폭넓은 수용을 다루었다.[43] 그러나 사회다윈주의와 우생학에 기울여진 연구에 필적할 만큼 사회라마르크주의에 대한 폭넓은 연구는 부족했다. 이



40 Stephen Jay Gould, "On Biological and Social Determinism" (주 36).

41 Gray Werskey, *The Visible College: The Collective Biography of British Scientific Socialists of the 1930s* (New York: Hot, Rinehart and Winston; London: Allan Lane, 1978).

42 Richard Hofstadter, *Social Darwinism in American Thought* (New York: George Braziller, 1959, Revised edition).

43 Goerge W. Stocking, "Lamarckianism in American Social Science," *Journal of the History of Ideas* 23 (1962), 239-256.

제 1900년을 전후하여 과학적 생물학 내에서 라마르크주의의 영향을 인식하고 그 사회적 함의를 보다 신중하게 검토할 필요가 있다. 스펜서가 자유방임주의를 옹호하기 위해 라마르크주의를 사용한 것과는 별개로, 획득형질의 유전을 통해 인간이 보다 적극적인 방식으로 스스로의 진화 문제를 책임질 수 있다는 믿음이 광범위하게 퍼져 있었다. 라마르크주의는 미래를 위한 희망의 철학이 되었다. 그렇지만 대부분의 라마르크주의자들은 유색인종에까지 자신들의 낙관론을 확장하려고 하지는 않았다. 사실 그들의 이론은 인종이 진화적 서열 속에서 순위매겨질 수 있다는 믿음의 주요한 근거였다.

비록 사회다윈주의라는 이름표를 달기는 하였지만 개인의 완전한 자유를 추구한 허버트 스펜서의 철학은 최소한 라마르크주의적 용어 속에도 설명될 수 있다. 스펜서는 경험이 최고의 스승이며 본성은 진보를 향한 유일한 지침이라는 이유로 개인주의를 옹호했다. 그러나 대부분의 신라마르크주의자들이 생각하기에, 사회개혁과 공공교육은 인간이 선택한 목적으로 인종을 이끌 것이었다. 하지만 양자의 입장은 근본적인 혼란의 씨앗을 안고 있다. 사람들이(어떠한 수단을 통해서든) 더욱 효과적인 품행을 배운다면, 우리는 이것이 미래세대로 전달될 것이라고 추측할 수 있다. 그러나 교육을 통한 그러한 **문화적** 유전이 **생물학적** 유전과정과 어떤 논리적 연관이라도 있는가? 우리의 아이들이 더 나은 행동양식을 유지하는 것은 우리가 그들을 교육시켰기 때문인가, 아니면 새로운 행동양식이 그들의 몸에 각인되어 새로운 품행의 기질을 타고났기 때문인가? 전자의 경우, 사회라마르크주의는 사람들이 더 나은 환경을 접합으로써 개선될 수 있다는 명백히 반유전론적인 입장을 말하고 있을 뿐이다. 그러나 만약 개선된 것이 생물학적으로 유전된다면, 그 효과가 수세대에 걸쳐 누적될 수 있다는 희망에 기반한 새로운 사회정책을 만들 여지가 생기게 된다. 오늘날 우리는 교육을 통해 인간의 품행을 형성함으로써 실제로 인류의 진화를 통제하고 있다. 본성과 양육 논쟁에서 라마르크주의자들은 양육의 편에 서 있었다. 그러나 그들은 인류가 개선될 수 있다는 단순한 믿음을 넘어 그러한 개선이 유전을 통해 축적될 수 있다고까지 주장했다. 결과적으로 이런 주장은 본성과 양육의 구별을 흐리게 하였고, 결국 라마르크주의자들은 생물학적 진화와 문화적 진화의 명백히 상이한 과정을 혼동하게 되었다.

진보를 향한 유일한 지침으로서 본성을 믿은 스펜서의 주장에 대해 도덕적인 반대들도 있었다. 개혁을 옹호한 이들은 자유방임주의를 단지 사회 내 지배계급의 지위를 지키려는 새로운 방법이라고 생각했다. 스펜서는 최종적으로 완전한 사회가 도래할 것이라고 주장하면서, 그 사이에 모든 세대의 실패자들은 고통을 통해 그 교훈을 배워야 한다고도 말했다. 스펜서에 의하면 진화는 인간의 통제력을 초월한 점진적이고 복합한 과정이기 때문에 신속한 진보는 불가능했다. 그의 반대자들은 진보를 가속시키고자 하였고, 이는 인간이 공식적인 교육체계를 통제할 수 있을 때에만 달성될 수 있다고 주장했다. 인간은 진화의 목적을 선택할 수 있고 아이들의 교육을 통해 그 과정을 고안할 수 있다. 획득형질의 유전은 각 세대에서 누적적인 효과를 보증함으로써, 인간 본성의 장구한 변화를 인도할 것이다.

라마르크주의의 이러한 낙관론은 특히 미국에서 성행했고, 섬너의 극단적인 개인주의를 반대하였던 사회주의자 레스터 워드에 의해 처음으로 상세히 설명되었다.[44] 미국의 독특한 신라마르크주의 학파는 조셉 르콩트(Joseph LeConte)의 작품과 스탠리 홀(G. Stanely Hall)의 정신분석학에 영향을 미쳤다. 이들은 생물학에서 라마르크주의가 대단한 성공을 거두었던 시기와 일치하는 20세기 초에 명성을 얻었다. 이들의 생각은 당시 고생물학자 에드워드 드링커 코프(Edward Drinker Cope)와 같은 탁월한 생물학자들의 관점을 확장한 것이었다. 설계 논증(argument from

44 Richard Hofstadter, *Social Darwinism in American Thought* (주 41); Clifford H. Scott, *Lester Frank Ward* (Boston: Twayne Publisher, 1976).

design)을 변호하기 위해, 코프는 의식이 동물계의 본질적인 특징이고 하등동물의 진화까지도 주관한다고 주장했다. 획득형질의 유전은 의식의 능력을 인간 정신의 수준까지 점진적으로 발달시켰고, 인간 정신은 이제 의식과정의 성격을 이해 하고 조절할 수 있다. 아이의 정신을 형성하는 데 있어 교육의 긍정적인 역할을 강조한 홀의 생각은 이러한 관점의 연장선이었으며, 또한 인간 본성의 적극적인 개선이 몇 세대에 걸쳐 축적될 것이라는 기대에 근거한 것이었다. 이러한 주장은 분명 호소력이 있어서, 대부분의 생물학자들이 획득형질의 유전을 부정한 후에도 20세기 한참 동안 살아남을 수 있었다. 인간은 더 이상 맹목적인 기계적 힘의 노예가 아니라 자신의 급격한 진화과정에 적극적으로 참여하는 존재로 간주될 수 있었다. 폴 카머러(Paul Kammerer)는 미국을 여행하는 동안 이러한 생각을 발전시켰고, 슈퍼맨과 같은 새로운 종의 교배에 대한 신문 표제들이 여전히 등장할 수 있었다.



라마르크주의가 진화의 유일한 메커니즘이라고 주장하는 사람들은 인류의 향후 발달이 자연적 과정의 필연적인 연장선이라고 주장했다. 그러나 선택이 최소한 어떤 역할을 한다는 사실을 인정한다면, 더욱 조심스러울 필요가 있었을 것이다. 무엇보다 선택과 획득형질 유전 모두가 자연적인 과정이라면 사회다윈주의는 사회라마르크주의만큼이나 쉽게 정당화될 수 있을 것이었다. 워드와 르콩트 모두 이 점을 알고 있었고, 인간의 미래를 형성하는 데 교육을 사용하는 것은 자연과의 균열을 의미하는 것이라고 주장했다. 그들은 인간이 선택에 의해 상당부분 진화할 수 있다는 것을 인정했다. 따라서 그들이 개혁을 주장한 것은 자연의 가혹하고 비효율적인 방법을 극복하기 위한 의도적인 노력이었다. 그러나 그들은 또한 목적지향적인 인간 계발을 위해 이용될 수 있는 라마르크주의적 요소가 남아 있다고 믿었다. 교육을 통하여 개인이 획득한 기술이나 태도는 유전될 수 없다고 하더라도, 학습할 수 있는 능력은 아마도 획득형질 유전으로 개선될 수 있을 것이며, 이는 인종 전체에 이익이 될 것이었다.

사회다윈주의자들 이상으로 라마르크주의자들은, 진보를 향한 그들의 열망에 의해 그들의 자연 개념이 좌지우지되었다는 비난을 공공연히 받았다. 생물학자들은 분명 이러한 덫에 빠져 있었다. 알페우스 패커드(Alpheus Packard)는 라마르크주의를 아주 전문적으로 방어하는 글에서, 라마르크의 이론은 작동해야 하며 그렇지 않다면 문명의 누적적 성장은 불가능할 것이라고 주장했다. 패커드는 새로운 사상이 생물학적 유전이 아닌 교육에 의해 다음 세대로 전달된다는 것을 깨닫지 못했다. 심지어 레스터 워드조차, 라마르크주의와 진보 사이에 아무런 논리적 관계가 없다는 것을 인식할 수 있는 지위에 있었으면서도, 라마르크주의가 옳지 않다면 진보를 위한 노력은 쓸데없는 낭비일 것이라고 선언했다. 이러한 희망에 의거한 생각의 가장 극단적인 경우는 바로 버나드 쇼가 『므두셀라로의 회귀(*Back to Methuselah*)』 서문에 쓴 구절이다. 쇼는 서문에서, 만약 자연선택 이론이 사실이라면 "오직 바보들과 하층민들만이 생존할 수 있을 것이다"라고 썼다. 세계가 라마르크주의에 대한 버나드 쇼 류의 편애에 따라 움직여야 한다는 오만한 억측은, 결국 라마르크주의 전체에 나쁜 평판을 안겨 버린 조잡한 사고의 전형을 잘 보여준다.

쇼는 오늘날까지 많은 신봉자를 거느리고 있는 유물론적 철학에 대항할 중요한 보루로서 라마르크주의를 옹호했다.[45] 1920년대 라마르크주의에 대한 시시를 나시 모으러 했딘 그의 시도는, 라마르크주의가 생물학 영역에서 신뢰할 만한 지위로부터 몰락한 것을 개의치 않고(어쩌면 모르고서) 진행된, 명백한 지연 작전이었다. 그러나 실질적인 사회개혁 문제에 관심이 있었던 사람들은, 인종의 유전적인 개선을 더 이상 기대할 수 없다는 것을 충분히 알고 있으면서 자신들의 캠페인을 지속했다. 사실 20세기 중반에는, 교육과 주변의 환경에 의해 사람들이 개선될 수 있다는 단순한 추측에 기반한 자유주의적 태도들이 횡행하였다. 인종이 결국

45 Arthur Koestler, *The Case of the Midwife Toad* (London: Hutchinson, 1971).

에는 유전적으로 진보할 것이라는 라마르크주의적 희망은, (미래의 이익이 무엇이든지 간에) 가난한 이들을 돕는 것이 지금 해야 할 올바른 일이라는 주장의 논리를 모호하게 만드는 불필요한 장애물이 될 수도 있었다. 사실 양육의 효과가 본성(유전)으로 전환될 수 있다고 가정함으로써 라마르크주의자들은, 개혁의 도덕적 토대를 강조할 때 최대한 분명하게 유지했어야 했던 구별을 희미하게 만들었다.

어쨌든 사회과학자들은 라마르크주의가 생물학에서 최종적으로 제거되기 전부터 그에 등을 돌리기 시작했다. 1차 세계대전 즈음 사회학자들과 인류학자들은 모든 진화론적 접근의 미몽에서 깨어나기 시작했다. 크로버(A.L. Kroeber)는 워드를 비롯한 많은 이들에 대해, 본성이 인간의 선입관과 맞아떨어져야 한다는 눈먼 가정을 하고 있다며 비판했다. 크로버는 인간의 문화란 자신이 "초유기체(superorganic)"라고 부른 독특한 활동영역에 속한다고 주장했다. 인간의 독특한 정신적 특성을 보면, 지성의 과정이, 다윈주의든 라마르크주든 간에, 인류를 최초로 창조한 생물학적 진화과정과는 상관이 없다는 사실을 알 수 있다. 사상과 행동양식은 생물학적 유전이 아니라 학습을 통해 전해지는 것이기 때문에, 문화적 발달은 인종의 두뇌 능력 발달에 의존하지 않는다. 이것의 의미는 인간 개인의 형질이 유전자만큼이나 그 환경에 의해서도 통제된다는 것이다. 이러한 주장은 사회개혁을 위한 정책에 필요한 정당성을 부여했다. 그렇지만 이에 버금갈 만하게 중요한 새로운 사회과학의 특성은, 문화와 인종이 인류의 진화과정에 상응하여 서열화될 수 있다는 19세기의 가정을 기각한 것이었다.



## IV. 진화와 인종

최상위에 백인이 존재하는 인종의 위계서열 개념은 다윈이 진화론을 대중화하기 오래전부터 등장했다. 유럽인들은 항상 자신들이 군사기술로 정복하고 있던 인종보다 생물학적으로 우월하다고 생각했다. 다윈주의는 인종들이 얼마나 밀접하게 연관되어 있는가 하는 문제에 대한 함의를 가지는 것으로 보이지만, 실제로는 어떠한 선입견에 따라서도 각색될 수 있었다. 적자생존의 메커니즘은, 멸종은 열등함의 상징이자 결과라는 식의 피정복민에 대한 더욱 무자비한 태도를 정당화하는 데에 사용될 수 있었다. 존재의 직선적인 사슬이라는 관념의 토대를 침식하기 위해 다윈주의적 관점을 탐구하려는 노력은 거의 없었다. 또한 종종 진화론자들은, 열등한 인종이란 원숭이와 가장 고등한 형태의 인간 사이의 중간이라는 전통적인 관점을 그냥 받아들였다. 열등한 인종들은, 원숭이에서 시작하여 점점 위로 향하는 진보의 초기단계를 보여주는 냉동유물로 결론내려졌다. 진화와 발생학의 관계는, 비록 발생에 대한 다윈주의적 도식보다는 라마르크주의적 도식에 더 자연스럽게 어울렸지만, 직선적인 발달의 이미지를 뒷받침하는 쪽으로 강요되었다.[46]

유럽이 전지구적으로 팽창하면서, 유럽인들은 자신들보다 매우 낮은

46 인종적 태도가 성장하는 과정에 대해서는 다음의 연구를 참조할 것. William Stanton, *The Leopard's Spots: Scientific Attitudes toward Race in America, 1815-1859* (Chicago: Phoenix Books, 1960); Ashley Montagu, *Race, Society and Humanity* (New York: Van Nostrand Reinhold, 1963); idem, *Man's Most Dangerous Myth: The Fallacy of Race* (Oxford, New York: Oxford University Press, 1974, 5th edition); Margaret Mead et al., *Science and the Concept of Race* (New York: Columbia University Press, 1968); George W. Stocking, *Race, Culture and Evolution* (New York: Free Press, 1968); Christine Bolt, *Victorian Attitudes to Race* (London: Routledge and Kegan Paul, 1971); George Frederickson, *The Black Image in the White Mind: The Debate on Afro-American Character and Destiny, 1817-1914* (New York: Harper & Row, 1971); John S. Haller, *Outcasts from Evolution: Scientific Attitudes of Racial Inferiority, 1859-1900* (Urbana: University of Illinois Press, 1975); Nancy Stepan, *The Idea of Race in Science: Great Britain, 1800-1960* (London: Macmillan, 1982); Michael Banton, *Racial Theories* (Cambridge: Cambridge University Press, 1987).

수준의 기술을 가진 사회와 접촉하게 되었다. 19세기 초에 이르러서는 옹호될 수 없었지만, 가장 원시적인 야만인들 일부는 처음에 동물 정도로 인식되었다. 인간이 단일한 종이라면, 그 인종들은 아마도 단지 적합하지 못한 환경에 계속 있다 보니 퇴화해 버린 지역적 변종이 된다. 이것이 "인류일원설", 즉 인종적 차이에도 불구하고 인간은 단일한 기원을 가진 하나의 종이라는 믿음이었다. 그러나 일부 자연학자들은 인종적인 차이를 너무 의식하여, 인종은 상이한 기원을 가진다는 "다원발생설"을 채택하였다. 루이 아가시(Louis Agassiz)는, 흑백인종이 별개의 인간으로 개별적으로 창조되었다고 믿기에 이르렀다. 이러한 생각은 노예상태가 열등한 인종에게는 당연한 지위라고 주장하던 미국인들이 아주 쉽게 이용할 수 있는 것이었다.

진화 이론으로 인하여, 인종은 공통 조상의 자손이지만 이후 분기의 과정에서 아주 상이한 형질들을 얻은 현저히 다른 변종으로 간주되었다. 인종들은 여전히 잡종번식을 할 수 있기 때문에 하나의 종으로 인종들을 묶는 것은 어쩔 수 없어 보였다. 그럼에도 불구하고 이종교배로부터 나온 잡종은 연약한 체질을 가졌으며, 이를 통해 인종들이 얼마나 갈라졌는지를 알 수 있다는 생각이 널리 받아들여졌다. 독일에서 에른스트 헤켈은, 각 인종들은 잡종번식할 수 있는 능력을 제외한 모든 측면에서 차이가 너무 크기 때문에 개별적인 종으로 간주될 수 있다고 주장했다. 핵심적인 의문은 얼마나 먼 과거에서 인간 진화의 다양한 가지들이 갈라지기 시작했는가였다. 모든 인종의 공통조상이 아주 먼 과거에 있었다면, 분기가 너무 많이 진행되어서 여러 변종들은 하나의 순수한 종들로 간주될 수 있을 만큼 별개라고 주장할 수 있었다.

다원주의는 인종들 사이의 관계에 대한 당시 견해에 투쟁의 중요성을 의도적으로 끼워 넣었다. 흑인에 대해 가정된 열등함은 그들의 노예상태를 정당화하는 데에 사용되었다. 그러나 미국 인디언의 경우, 백인들은 그들을 단순히 착취하는 것을 넘어 제거하려 했다. 『종의 기원』 부제인

"생존경쟁에서 유리한 종의 보존"에서 볼 수 있듯이, 다윈주의는 다른 인종의 제거가 생존경쟁의 불가피한 결과라고 말하는 것처럼 보였다. 역사적으로 우월한 인종은 자신들이 함께 살게 된 어떤 지역의 열등한 인종을 제거하려는 경향을 지녀왔다. 전지구에 걸친 유럽 팽창으로 인해 이러한 경향은 전세계적인 규모로 진행되기 시작했다. 열대지방의 경우 주변 환경 때문에 원주민에 대한 백인의 우월한 지위가 제한되었을지 몰라도, 백인이 점유하기에 적당한 토지를 열등한 인종이 점유하고 있는 곳이라면 어디서나 이러한 관계는 역전되었다. 한동안 흑인은 노예상태로 보호받을 때에만 생존할 수 있고 자유로운 경쟁 아래에서는 유색인종과 함께 멸종할 것이기 때문에, 미국에서 흑인이 사라질 것이라는 생각도 있었다. "적자생존"은 이 모든 과정을 진보를 위해 지불해야 할 필연적인 대가라고 정당화했다. 20세기 나치는 다윈주의의 이러한 인종적 모습을 극단적인 결론에 맞추었다. 아리안 종은 가장 고등한 인간으로 세계를 지배할 운명의 인간으로 간주된 반면, 다른 인종들은 인간 이하의 존재, 그래서 노예상태에 머물거나 멸종할 수밖에 없는 인종으로 치부되었다.[47]

비록 다윈과 스펜서는 인종적 투쟁이 인간의 진화에 있어서 중요한 역할을 한다고 믿었지만, 제국주의적 정책을 지지했던 사람들은 현대 사회 내에서 일어나는 개인적인 경쟁에 눈실을 찌푸렸다. 칼 피어슨은 열등한 인종은 멸종할 것이라고 공개적으로 예언했지만, 그 역시 자신은 사회주의자라고 주장했다. 피어슨이 말한 사회주의란, 패권을 다투는 전세계적인 투쟁에서 국가가 번창하려면 중앙집권화된 정부가 필수적이라는 것을 의미했다.[48] 이는 곧 국가의 주요 임무 중 하나가 우생학을 통해 국민



47 J. Tennenbaum, *Race and Reich: The Story of and Epoch* (Boston: Twayne Publisher, 1956); L. Poliakov, *The Aryan Myth: A History of Racist and Nationalist Ideas in Europe* (New York: Basic Books, 1970); George L. Mosse, *Toward the Final Solution: A History of European Racism* (New York: Howard Fertig, 1978).

48 Bernard Semmel, *Imperialism and Social Reform: English Socio-Imperial*

의 생물학적 기준을 유지하는 것이라는 점을 암시하였다. 피어슨은 문명화된 국가 속으로 열등한 외국인들이 이민 와서 생길 수 있는 인종적 혼합의 결과를 두려워했다. 정복해야 할 인종과 섞이게 되면 앵글로 색슨종의 힘은 잠식당할 것이었다. 피어슨은 런던 빈민가의 아이들을 조사하여, 이민자들이 토착 영국민들보다 지적으로 부족하고 선천적으로 열등하다는 사실을 보이고자 하였다. 전체 인구의 상당부분을 이민자가 차지했던 미국에서도 비슷한 두려움이 있었다. 이 두려움은 우생학 운동의 가장 대중적인 목표를 낳았다. 백인 주류는 열등한 동양 및 동부 유럽 출신 이민자들의 폭발적인 증가를 견딜 수 없이 불안한 마음으로 바라보았다. 샌프란시스코에서는 아시아인 입국거부 동맹(Asian Exclusion League)이 만들어졌고, 수많은 문필가들이 똑같은 주제를 되뇌었다. 많은 이들이 백인집단 내 열등한 형질을 제거하는 것보다 이들 열등한 혈통이 못 들어오게 해야 할 필요성을 더욱 중요하게 생각했다. 그들의 주장은 궁극적으로 1924년 이민제한법의 통과로 마무리되었다.

이민을 제한해야 한다는 요구는 세계에서 차지하는 백인의 지위에 대한 아주 비관적인 이미지를 반영하는 것이었다. 유럽인을 세계의 정복자로 보는 관점과는 달리, 이 새로운 인종주의자들은 자신들을, 생물학적으로 더욱 능동적인 인종의 발 아래에서 곧 짓밟혀 버릴 가냘픈 꽃으로 생각하였다. 황화(黃禍, yellow-peril)의 공포, 즉 급속한 속도로 번식하는 중국인에 대한 공포는, 백인들이 그토록 뽐내던 문명이 생존을 위한 인종적 투쟁 속에서 그리 대단하지 않다는 사실에 대한 인식을 보여준다. 백인 문명의 목적은 더 이상 확장이 아니라 이를 공고히 하는 것이며, 유럽인들이 발판을 만든 곳에서 자신의 인종적 특성이 침몰하지 않도록 하는 것이었다. 비뚤어진 방식이긴 했지만, 이러한 태도는 마침내 다윈주의의 진정한 함의를 깨달았다. 생존경쟁에서는, 모든 환경에서 다른 모

*Thought, 1895-1914* (London: Allen and Unwin, 1960).

두를 필연적으로 지배할 "최상"의 종으로 어떤 종을 정의하는 것은 불가능하다. 비록 백인의 지적, 도덕적 우월성을 확신할지라도 인종적 우생학의 옹호자들은 더욱 모진 투쟁의 현실과 정면으로 맞닥뜨렸다. 비슷한 불안감이 나치에서도 드러났는데, 그들은 인간 이하의 존재라고 모욕적으로 치부한 인종들이 "등 뒤에서 칼로 찌를 것"을 두려워했다. 이러한 두려움은, 몰살이라는 과정을 믿을 수 없는 자연의 손에서 빼어와 국가 특유의 더욱 효율적인 살인기계에 맡기는 끔찍한 결과를 낳았다.

그렇다고 한층 비관적인 이런 태도가, 도덕적으로 중요한 모든 측면에서 백인종이 인간 진화의 최고 산물이라는 전통적인 믿음을 잠식하지는 않았다. 비록 진화가 직선적인 과정이라기보다는 분기의 과정이라고 다윈이 강조했음에도 불구하고, 다윈의 추종자들 대부분은 인간의 진화가 원숭이에서부터 점차 상승하는 단일한 선으로 구성되어 있다고 믿었다. "열등한" 인종은 원숭이에서 인간으로 연결되는 사슬의 중간적인 단계라는 생각은 18세기에 발달했고 19세기 초에도 여전히 유행했다. 새로운 과학인 인류학은, 가장 원시적인 상태에서 가장 문명화된 상태로 나아가는 자연의 위계서열 속에 사회들을 등급매겼다. 뷔로우는, 생물학적 진화라는 생각 이전에도 이러한 위계서열을 따라 사회가 점진적으로 진보한다는 진화론적 관점이 유행했다는 사실을 보여주었다.[49] 그런데 사회진화 이론은 풀리지 않는 의문을 하나 남겼다. 어떤 인종은 왜 오늘날까지 과거의 사회형태를 유지해 왔을까? 윌러스와 아르길이 설명한 바와 같이, 사회 진보를 인간 본성의 생물학적 개선과 연결짓는 것이 반드시 필연적이지는 않았다. 이에 대한 하나의 해답은, 열악한 환경 때문에 어떤 종은 인간으로서 자신들의 완전한 잠재력을 발현하지 못했다는 것이었다. 그러나 당시 널리 퍼져 있던 인종간 생물학적 차이에 대한 믿음은 이



49 J.W. Burrow, *Evolution and Society: A Study in Victorian Social Theory* (Cambridge: Cambridge University Press, 1966).

문제에서 벗어날 수 있는 훨씬 그럴싸한 방법을 제공했다.

19세기 후반 보편적인 진화의 체계는 생물학적, 사회적 진보를 본질적인 측면에서 동일한 현상으로 간주했다. 비유럽 사회의 기술적 퇴보는 그들이 문화적으로 열등하다는 것을 의미했으며, 이는 다시 다른 인종들의 생물학적 열등함을 나타내는 상징으로 간주되었다. 사회와 인종 모두 완벽함의 정도를 나타내는 직선적인 등급에서 순위매겨질 수 있었기 때문에, 문화적 발달은 생물학적 진보의 표현이라고 추정하여 두 등급을 연결시키는 것은 자연스럽게만 보였다. 즉 비유럽 인종들은 스스로를 더욱 효과적으로 조직하는 데 필요한 지능을 발달시키지 않았기 때문에 한층 원시적인 수준의 사회에 얽매인 것이었다. 현대 사회에서 이런 열등한 인종들은 백인종이 만들어지는 진화과정의 초기 단계와 동일한 것으로 간주되었다. 백인의 경우 북유럽의 도전적인 환경이 진화적 발달을 자극했기 때문에 더욱 향상된 것이었다. 반대로 열대지방의 활력없는 환경 때문에 그 속의 인종들은 발달이 지체되었다. 이들 불행한 사람들은, 원숭이와 비슷한 정신적, 신체적 모습을 지닌 살아있는 화석, 즉 진화단계에서 백인의 과거 모습과 연결되었다.



진화의 직선적인 등급에서 서로 다른 위치를 차지하는 다양한 인종의 이미지는, 발생반복 이론(recapitulation theory)으로 촉진된 진화론의 한 형태와 가장 잘 맞아떨어졌다. 특히 라마르크주의자들은, 진화가 배아의 목적지향적 발달 속에 반영되는 직선적인 과정이라는 관점에 매료되었다.[50] 다윈주의는 계속 분기하는 진화의 개념을 발전시킨 반면, 많은 신라마르크주의자들은 각각의 집단이 예정된 목적을 향해 직선적인 방식으로 진화하는 것이라고 생각하였다. 배아의 성장과정이 계속 확장되면서 다음 단계가 추가되었다. 오늘날의 다양한 형태들은 동일한 척도상에

**50** Stephen Jay Gould, *Ontogeny and Phylogeny* (Cambridge, Mass.: Harvard University Press, 1977).

서 다른 위치를 차지할 수 있다고 생각되었다. 인간의 기원에 적용시켜 보면 이러한 믿음은 원숭이에서 고등한 인종의 인간까지 나아가는 위계 서열의 형태라는 의미로 생각될 수 있었다. 열등한 인종은 진화의 낮은 단계에 묶여 있는 것이었다. 가장 고등한 형태에 이르는 모든 길을 남김 없이 밟는 대신, 열등한 인종은 어떤 이유에서든 성장의 최종 단계를 추가하지 못해 오늘날까지 유아적인(=원숭이 같은) 특성을 유지하고 있는 것이었다. 스탠리 홀은 열등한 인종이 영원히 유아적일 것이라고 생각했고,[51] 많은 라마르크주의자들은 이들의 정신적, 신체적 모습에서 원숭이와 같은 특성을 찾았다.

이러한 접근의 함의는 인종 문제에만 국한된 것이 아니었다. 이탈리아의 롬브로소(C. Lombroso)는 범죄를 행하는 유형은 성장의 실패 때문에 진화의 초기 단계로 후퇴한 것으로 볼 수 있다는 "범죄인류학"을 창안했다.[52] 심지어 여성은 남성보다 더 낮은 성장 단계에 해당한다고 주장되기도 했다. 그러나 직선적인 진화라는 라마르크주의적 개념이 가장 광범위하게 적용된 것은 인종 분야였다. 코프(E. D. Cope)와 같은 미국의 신라마르크주의자들은 성장에 있어 흑인종의 "지체"를 보여준다고 생각되는 수많은 특징들을 나열했다.[53] 독일에서는 헤켈이 동일한 접근법을 사용했다.[54] 헤켈은 발생반복 이론과 한층 더 직선적인 진화 개념을 옹호한 선도적인 인물이었다. 비록 인종간 투쟁이라는 개념을 설명하기 위해 다윈주의를 이용했지만, 헤켈은 새로운 인종적 특성의 기원을 라마르크주의에서 찾았다. 그의 저서를 통해 인간 기원에 대한 위계적 해석은 19세기

51 David Muschinske, "The Nonwhite as Child: G. Stanley Hall on the Education of Nonwhite Peoples," *Journal of the History of the Behavioural Science* 13 (1977), 328-336.

52 R. Nye, "Heredity or Milieu: The Foundations of European Criminological Theory," *Isis* 67 (1976), 335-355.

53 John S. Haller, *Outcasts from Evolution* (주 45).

54 Daniel Gasman, *The Scientific Origins of National Socialism* (주 22).

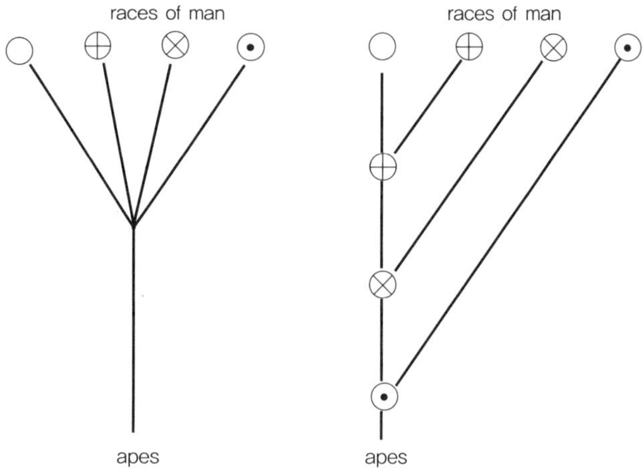


그림 1. 인종에 대한 다윈주의적인 관점과 라마르크주의적 관점. 그림은 서로 다른 인종의 두 가지 가능한 친족관계를 설명하는 것이다. 왼쪽은 다윈주의적 관점과 일치하는 것이고, 오른쪽은 라마르크주의와 일치하는 것이다. 다윈주의적 개념은 분기이다. 인종은 단순히 다를 뿐이며, 다른 인종보다 원숭이에 훨씬 가까운 인종을 포함한 분류체계로 정렬될 수 없다. 그 옆을 보면 고등한 인간종의 진화는 직선적인 과정으로 다루어지는데, 이는 획득형질의 유전 때문에 새로운 배아의 성장 속에서 반복발생한다. 배아의 성장과 같이 진화과정은 목적지향적이다. 만약 어떤 이유로 다양한 인간이 진화의 최전선을 따라갈 수 있는 성장의 다음 단계를 포괄하지 못했다면, 진화의 낮은 단계에 있는 이들은 오늘날까지 유지되었을지도 모를 것이다. 따라서 진정한 분기는 없으며, 단지 오늘날까지 조상의 형태가 지속되고 있음을 나타내는 일련의 평행선만 있다. 오늘날의 인종은 원숭이로부터 인간이 진화하는 과정 내에서 형태의 위계에 상응한다.



후반 진화론의 일반적인 관점 속으로 스며들었다. 만약 다른 인종을 인간 이하의 존재로 폄하한 나치의 주장이 생물학적 이론의 토대를 가지고 있다면, 그 토대는 헤켈의 다윈주의뿐만 아니라 라마르크주의에 대한 그의 이상주의적 관점 속에도 있었다.

라마르크주의는 인종 이론의 최악의 측면을 다소 누그러뜨릴 잠재력을 가지고 있었다. 라마르크주의는, 유럽인들의 우월감을 저해하지는 않았지만 교육과 더 나은 환경의 누적적 효과를 통해 다른 인종들도 최종적으로는 똑같은 수준으로 향상될 수 있다는 믿음을 제공했다. 이러한 잠재력은 터너(F.J. Turner)가 미국의 발달을 설명하기 위해 사용한 "미개척 영역 가설"에서 볼 수 있다.[55] 터너에 의하면 미개척 지역의 자극적인 환경은 인종적 기원에 상관없이 개척자의 신체적 기질에 직접적으로 영향을 주어 더욱 강한 인간종을 낳았다. 동일한 이론을 전세계 모든 인종들에게 적용한다면, 개선된 환경은 비슷한 생물학적 진보를 낳을 것이라고 주장될 수 있었다. 산파개구리 사건(midwife toad affair)에 연루되어 라마르크주의에 불명예를 남긴 폴 카머러는 실제 모든 인종이 진보할 수 있다는 희망을 제공했다. 그러나 라마르크주의자 대부분은 이러한 가능성을 인정하려 하지 않았다. 이들은 열등한 인종이 너무 오랫동안 열악한 환경을 접했기 때문에 가까운 시일 내에 의미심장하게 개선될 희망은 없다고 생각했다. 영국의 발생학자 맥브라이드(E.W. MacBride)는 카머러의 라마르크주의를 변호하면서도, "열등한" 아일랜드 인종을 불임시키기 위한 극단적 형태의 우생학을 옹호했다.[56] 백인종의 진화에 대한 그들의 낙관적인 예측이 어떠했든지 간에 라마르크주의자들은 당대의 편견에 사로잡혀 있었고, 다른 인종의 진화를 부정하기 위해 자신들 이론의 또 다른 해석을 강조했다.



진화적 인종이론이 붕괴한 이유는, 과학적으로 논박되었기 때문이 아니라 20세기 초 사회과학이 진화론적 관점 전반에 등을 돌렸기 때문이었다.[57] 유럽의 막스 베버(Max Weber)와 에밀리 뒤르켐(Emile Durkeim)과 같은 학사들은, 각각의 사회와 문화를 다른 이들의 잣대로는 평가할 수 없는 기능적 통일체로 다루는 방법을 제창했다. 모든 행동은 이성적인

55 William Coleman, "Science and Symbol in the Turner Frontier Hypothesis," *American Historical Review* 72 (1966), 22-49.

56 Peter Bowler, "E.W. MacBride's Lamarckian Eugenics and Its Implications for the Social Construction of Scientific Knowledge," *Annals of Science* 41 (1984), 245-260.

57 Marvin Harris, *The Ribe of Anthropological Theory* (주 8); Elvin Hatch, *Theories of Man and Culture* (New York: Columbia University Press, 1973); Hamilton Cravens, *The Triumph of Evolution* (주 7).

토대를 가지고 있어야 한다는(혹은 적어도 한층 원초적인 사회수준에서는 그러한 토대를 가지고 있었을 것이라는) 가정은 이제 포기되었으며, 최상층에 유럽과 미국을 두는 위계 속에 모든 사회를 정렬시킬 필요도 없어졌다. 프란츠 보아즈(Franz Boas)와 그 제자들은 미국 인류학에 문화적 상대주의라는 비슷한 방법을 도입하였다. 사회가 완벽함의 등급에 따라 배치될 수 없다면, 유럽식으로 발전하지 않았다고 해서 다른 인종이 생물학적으로 열등하다고 판단할 이유는 더 이상 없는 것이다. 문화적 힘 하나만으로도 차이를 설명할 수 있다. 그리고 크로버가 "초유기체"에 대한 논문에서 선언한 바와 같이, 이러한 힘들은 생물학적 차이와 아무런 관계가 없는 것이었다. 현대의 사회과학은 인종과 문화의 서열뿐만 아니라 생물학적 진화의 개념이 문화적 발달에 적용될 수 있다는 모든 관념을 거부했다.[58] 진화의 개념이 여전히 사용된다면 이는 생물학적 과정에 종속될 필요가 없는 문화적 발달 과정을 의미한다.[59] 사실 생물학에 대한 사회과학의 거부는 너무 멀리 나아갔다. 그 결과 사회생물학을 둘러싼 논쟁에서처럼 현대의 생물학자들이 인간의 행동을 평가하는 데 자신의 역할을 되찾으려고 시도할 때면 어마어마한 논쟁이 촉발되었다.



**58** Davydd J. Greenwood, *The Taming of Evolution: The Persistence of Non-evolutionary Views in the Study of Humans* (Ithaca, N.Y.: Cornell University Press, 1984).

**59** Tim Ingold, *Evolution and Social Life* (Cambridge: Cambridge University Press, 1987).

# 제 4 부

# 20세기 과학

과학은 다양한 자원들을 동원하여 이루어지는 활동이다. 이론, 실험, 기술처럼 과학 "안"에 포함되어 있는 분야의 자원은 말할 것도 없고, 사회, 정치, 경제, 문화 등 과학 "밖"에서도 매우 다양한 종류의 자원들을 끌어다 쓴다. 20세기에 들어와서는 과학이 사회적으로 그 중요성을 인정받게 되면서 과학 "밖"에서 끌어다 쓸 수 있는 자원이 그 어느 때보다도 풍부해졌지만, 동시에 이것은 과학외적인 요인들이 과학에 개입할 여지가 많아졌음을 의미하는 것이기도 하다.

피터 갤리슨(Peter Galison)의 「아인슈타인의 시계들: 시간의 장소」는 아인슈타인의 특수상대성 이론을 다루고 있는 글이다. 시간에 대한 아인슈타인의 독특한 개념 — 동시성 — 은 어떻게 등장하게 된 것일까? 갤리슨은 아인슈타인이 특허심사관이었다는 점에 주목한다. 철도의 발전으로 시간 통합에 대한 관심이 고조되던 당시 젊은 아인슈타인은 시간을 "동시"로 맞추는 특허들에 둘러싸여 있었다는 것이다. 이런 분석을 통해 갤리슨은 시계라는 물질문화가 매우 추상적으로 보이는 특수상대성 이론에 핵심적인 아이디어를 제공했다는 점을 지적한다.

한편, 20세기 과학의 새로운 모습 중의 하나가 바로 거대과학(big science)이다. 원자폭탄 개발을 목표로 한 맨하탄 프로젝트를 모태로 하여 탄생한 거대과학은 상당부분 전쟁과 냉전의 산물이었다. 다니엘 케블레스(Daniel Kevles)의 「미국의 거대과학과 거대정치: 사멸한 SSC와 살아남은 휴먼게놈프로젝트에 대하여」는 탈냉전시대 거대과학의 변화를 살펴보는 글이다. 케블레스는 1980년대 후반에 계획된 두 건의 거대과학

프로젝트인 SSC와 휴먼게놈프로젝트의 엇갈린 운명을 미국 의회 정치의 맥락 속에서 그려낸다. 이를 통해 그는 냉전의 산물로 태어난 거대과학이 탈냉전시대에 새롭게 변화하는 모습을 흥미롭게 분석하고 있다.

# 아인슈타인의 시계들

## 시간의 장소

피터 갤리슨(Peter Galison)
정동욱 역

1933년, 아인슈타인(Albert Einstein, 1879-1955)이 말하길, "현대 사회에서조차, 고독하게 살면서 육체적으로나 지적으로나 별 노력이 필요하지 않은 직업이 있지요. 등대지기와 같은 직업이 떠오르네요."[1] 아인슈타인은 고독이 철학적이거나 수학적인 문제와 씨름하는 젊은 과학자에게 더할 나위 없이 좋을 것이라 했다. 우리는 아인슈타인 자신의 젊은 시절도 그러했을 것이라 추측하기 쉽다. 그의 일터였던 베른 특허국이 바로 먼 대양의 등대선과 같았을 것이라고 말이다. 이러한 딴 세상 같은 그림을 일관되게 끌고 갔을 때, 우리는 아인슈타인을 잡다한 일상 업무에는 무심한 체 자신의 학문적 토대를 재고하여 뉴턴의 절대공간과 절대시간을 무너뜨린 철학자-과학자로 마음속에 품게 된다.

아인슈타인이 이루어 낸 철학적 절대성의 제거는 상대론에 대한 공헌 이상이었다. 이는 하나의 철학적 시대의 전복과 새로운 시대의 태동을

Peter Galison, "Einstein's Clocks: The Place of Time," *Critical Inquiry* 26 (2000), 355-389 

1 Albert Einstein, 1933년 10월 3일, 런던 왕립 알버트 홀(Royal Albert Hall)에서의 강연, *Einstein on Peace*, eds. Otto Nathan and Heinz Norden (New York, 1960), p. 238.

상징하게 되었다. 앙리 푸앵카레(Henry Poincaré, 1854-1912), 헨드릭 로렌츠(Hendrik Lorentz, 1853-1928), 막스 아브라함(Max Abraham, 1875-1922)과 같은 물리학자들에게 아인슈타인의 특수상대론은 거의 이해할 수 없을 정도로 경악스러운 것이었다. 이는 그 이론이 시계, 자, 자유운동체(bodies in force-free motion)의 작동 방식에 대한 기본 가정들에서 시작했기 때문인데, 다시 말해 그는 위의 선배 물리학자들이 전자의 구조, 힘의 본성, 에테르의 동역학에 대한 가정에서 출발하여 증명하고자 했던 것들을 도리어 가정으로 삼아 버렸던 것이다. 곧이어 베르너 하이젠베르크(Werner Heisenberg)와 닐스 보어(Niels Bohr)를 비롯한 새로운 세대의 물리학자들은, 공간과 시간을 자와 조율된 시계들을 이용해 준-조작적으로(quasi-operational) 정의했던 아인슈타인의 방식을 본떠 양자 인식론을 만들었다. 모리츠 슐릭(Moritz Schlick), 루돌프 카르납(Rudolf Carnap), 필립 프랑크(Philipp Frank)를 중심으로 한 비엔나 학파(Vienna Circle)의 철학자들에게도 아인슈타인의 특수상대성 논문은 하나의 전환점이 되었는데, 즉 그들에게 이 논문은 과학적 철학(scientific philosophy)을 대표하여 언제 어디서나 휘날릴 깃발이었던 것이다.

이러한 모든 이유 때문에, 아인슈타인의 1905년 「움직이는 물체의 전기동역학에 대해(Zur Elektrodynamik bewegter Körper)」는 20세기의 가장 유명한 물리학 논문이 되었다. 통상 이해되듯이, 아인슈타인의 주장은 과거 고전역학이 작동하던 "실제(practical)" 세계로부터 너무나 극단적으로 이탈했기 때문에, 그의 논문은 혁명적 단절의 한 모범이 되었다. 철학인 동시에 물리학이었던 원거리 동시성(distant simultaneity)에 대한 그의 재고는 19세기 물리학과 20세기 물리학의 화해할 수 없는 단절을 상징하게 되었다. 그 논증을 순서대로 따라가 보자. 아인슈타인은, 맥스웰 방정식의 해석 안에 모종의 비대칭성이 있는데 자연에서는 그 비대칭성이 나타나지 않는다는 문제를 제기하며 논증을 시작했다([그림 1]). 코일에 자석을 접근시키면 전류가 흐르게 되는데, 이 전류는 자석에 코일이 접근할 때 발생하는 전류와 구별되지 않는다. 아인슈타인이 보기에 이 둘은 (코일과 자석이 서로 접근하여 코일에 전류를 발생시키는) 하나의 동일한 현상이었다. 그러나, 일반적인 해석에 따르면, 맥스웰 방정식은 편재해 있는(all-pervasive) 에테르를 기준으로 코일과 자석 둘 중 누가 움직이느냐에 따라 두 가지 다른 설명을 제공했다. 코일이 움직이는 경우, 그 안의 전하들은 고정된 자기장에 의해 힘을 받았다. 반면 자석이 움직이면, 자기장이 변화하여 전기장을 만들어 내고 이는 고정된 코일의 전하를 움직이게 했다. 아인슈타인의 목표는 코일 기준 좌표계가 주어지든 자석 기준 좌표계가 주어지든 그 설명방식이 달라지지 않는 대칭적인 설명을 산출하는 것이었다. 아인슈타인에 따르면 전기동역학은 운동학(kinematics) — 힘이 가해지지 않는 조건에서 시계와 자가 어떻게 작동할 것인가 따위의 문제 — 에 대한 특정 관점에 의존할 수밖에 없었는데, 그가 진단했듯이 문제는 바로 이러한 상황에 대한 "불충분한 고찰"에 있었다.[2]

아인슈타인이 보기에, 좌표계란 유클리드 기하학을 표현할 수 있는 단단한 측정용 막대로 이루어진 시스템으로, 평범한 직교좌표로 그려질 수 있는 것이었다. 그 정도면 충분했다. 이제 놀라운 이야기가 전개되는데, 헤르만 민코프스키(Hermann Minkowski, 1864-1909)와 같은 동시대인들이 아인슈타인의 주장에서 핵심으로 본 '시간에 대한 재해석'이 바로 그것이다.[3] 아인슈타인이 보여주듯이, "우리는 시간이 개입된 모든 판단들이 항상 **동시적 사건**(simultaneous events)에 대한 판단이라는 점을 고려해야 한다. 예컨대, 내가 '저 기차는 7시에 여기에 도착한다'고 말한다면,



2 Einstein, "Zur Elektrodynamik bewegter Körper," *Annalen der Physik* 17 (1905), 892, 이하 "ZE"; trans. Arthur I. Miller, "On the Electrodynamics of Moving Bodies," appendix in *Albert Einstein's Special Theory of Relativity: Emergence (1905) and Early Interpretation (1905-1911)* (Reading, Mass., 1981), p. 393, 이하 "OE."

3 Peter L. Galison, "Minkowski's Space-Time: From Visual Thinking to the Absolute World," *Historical Studies in the Physical Sciences* 10 (1979), 85-121을 보라.

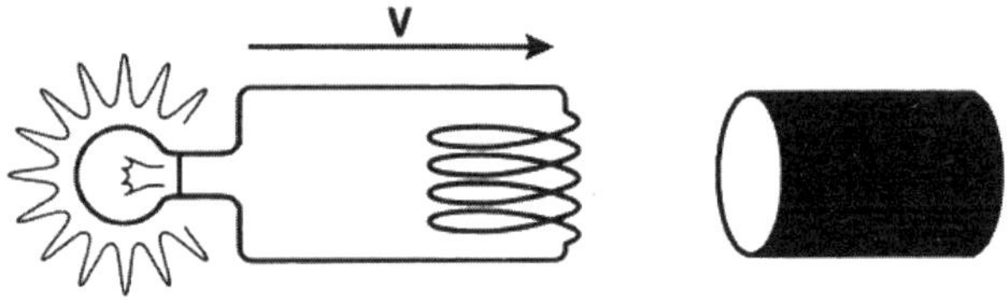


· 움직이는 코일의 전하는 고정된 자기장에 의해 힘을 받는다

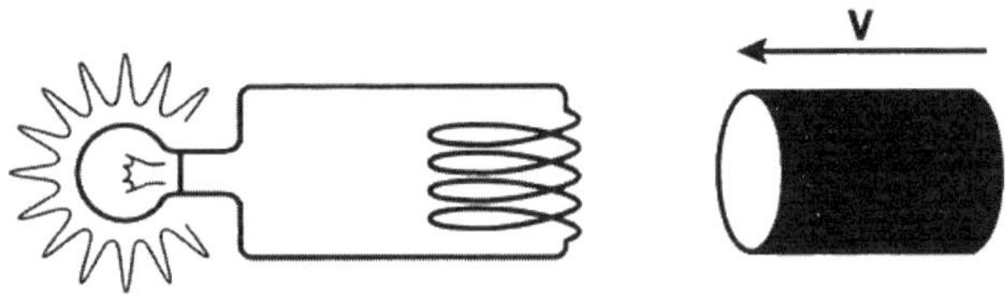


· 자기장이 변화하면 전기장을 만들어 내고, 전기장은 고정된 코일의 전하를 움직이게 한다

**그림 1.** 코일과 자석.

이는 다음을 의미한다. '내 시계의 작은 바늘이 7을 가리키는 사건과 기차가 도착하는 사건은 동시적 사건이다'"("ZE," p. 893; "OE," p. 393).[4] 한 지점에서의 동시성에 한해서는 아무런 문제도 생기지 않는다. 만약 시계

**4** 우리 모두는 Gerald Holton의 폭넓은 연구가 실린 *Thematic Origins of Scientific Thought: Kepler to Einstein* (Cambridge, Mass., 1973)을 통해 아인슈타인의 논문을 읽는 방법을 적지 않게 배웠다. 나는 또한 다음의 최신 저작들로부터 매우 많은 도움을 받았다. Abraham Pais, *Subtle Is the Lord* (Oxford, 1982); Andrew Warwick, "On the Role of the FitzGerald-Lorentz Contraction Hypothesis in the Development of Joseph Larmor's Electronic Theory of Matter," *Archive for History of Exact Sciences* 43(1) (1991), 29-91; "Cambridge Mathematics and Cavendish Physics: Cunningham, Campbell, and Einstein's Relativity, 1905-1911, Part I: The Uses of Theory," *Studies in the History and Philosophy of Science* 23 (Dec. 1992), 625-656; "Cambridge Mathematics and Cavendish Physics: Cunningham, Campbell, and Einstein's Relativity, 1905-1911, Part II: Comparing Traditions in Cambridge Physics," *Studies in the History and Philosophy of Science* 24 (Mar. 1993), 1-25; Richard Staley, "On the Histories of Relativity: The Propagation and Elaboration of Relativity Theory in Participant Histories in Germany, 1905-11," *Isis* 89 (June 1998), 263-299; Albrecht Fölsing, *Albert Einstein: A Biography*, trans., Ewald Osers (New York, 1997), p. 155.

의 작은 바늘이 7에 도달했을 때 시계 바로 옆에서 사건이 발생한다면 (기차 기관실이 내 옆에 도착했다고 치자), 그 두 사건은 동시에 일어났다고 말할 수 있다. 아인슈타인이 주장하기를, 문제는 공간상 떨어져서 일어나는 사건들을 연결해야 할 때 발생한다. 공간상 떨어져 있는 두 사건이 동시에 일어난다는 말은 무슨 의미일까?

이 질문에 답하기 위해, 아인슈타인은 철학적인 듯한 면모를 발휘하여 기구를 전혀 필요로 하지 않는 사고실험을 수행했다. 더군다나 이는 특허사무소에서의 일상적 고민거리와도 동떨어져 보였다. 아인슈타인은 다음과 같이 묻는다. 우리는 시계들을 어떻게 조율해야(coordinate) 하는가? "우리는 원리적으로는 좌표계의 원점에 시계를 가지고 서 있는 관찰자의 도움으로 각 사건이 일어나는 시간을 알 수 있을 것이다. 그 관찰자는 각 사건이 보내주는 빛 신호가 도착하는 것에 맞추어 시계 바늘을 확인하면 된다"("ZE," p. 893; "OE," p. 393; trans. mod.). 아차, 아인슈타인이 지적하기를, 빛의 속도는 유한하기 때문에 이 시스템은 중앙 시계를 가진 관찰자에 따라 유동적이다. 어떤 원점에서는 동시에 일어나 보이는 두 사건이 원점을 옮기면 동시적이지 않게 된다. [따라서] 이 인식적 허수아비는 만족스러운 시간을 말해주지 못할 것이다([그림 2]와 [그림 3]).

젊은 아인슈타인은 더 나은 시스템을 가지고 있었다. A에 있는 한 사람이 그로부터 거리 *d*만큼 떨어진 B에 있는 다른 사람에게 정오에 빛 신호를 보낸다고 하자. B는 정오 더하기 빛이 B까지 오는 데 걸린 시간, 즉 정오 + $d/c$ ($c$는 빛의 속도)로 시계를 맞춘다. 이렇게 계속하면, 다른 모든 사람과 그들의 시계가 동기화(synchrony)된다. 이 좌표계에는 특별한 원점이 없다. 즉, 마스터 시계(master clock)가 없다. 자, 지금까지의 설명에 따르면, 이는 만질 수 없는 공간과 시간의 화석화된 절대성을 뒤엎는 신마흐주의(neo-Machian) 인식론의 철학적 승리이다. 철학자-과학자로서 아인슈타인이 했던 사고실험은 의문시되지 않던 학계의 도그마 또는 기초적인 질문을 던지기엔 너무 정교하게 얽혀 있던 과학-기술의 중핵

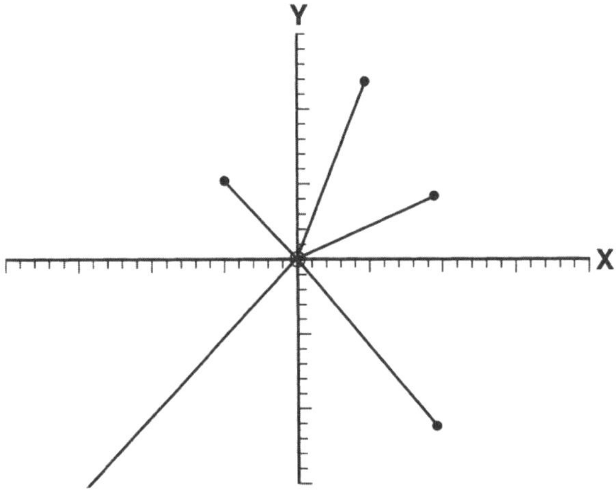


그림 2. 중앙집중식 시계 조율.

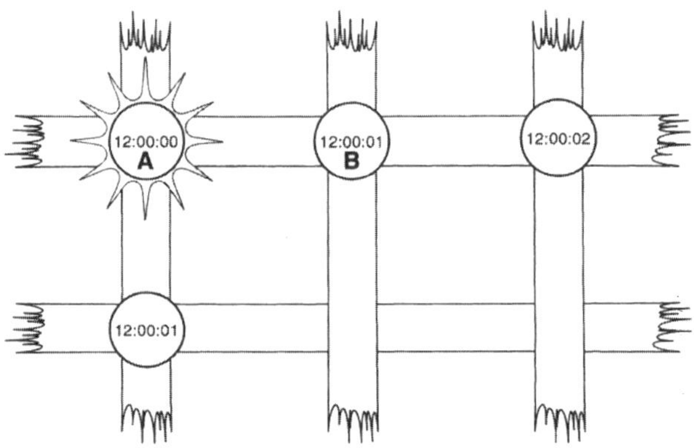


그림 3. 아인슈타인식 시계 조율.



을 무너뜨리기 위함이었다. 그러나 잠깐만.

아인슈타인의 기차로 돌아가보자. 기억하겠지만, 그는 기차가 7시에 역에 도착한다는 말이 무슨 의미인지 알고 싶어했다. 나는 오랫동안 아인슈타인 본인을 따라 기차와 동시성에 대한 이러한 언급을 다음과 같은 방식으로 읽어 왔다. 보통은 "어린 시절에나" 던질 만한 질문을 가지고,

독특하게도 아인슈타인은 "다 커서까지도" 계속 고민했음을 보여주는 사례라고 말이다.[5] 이렇게 읽게 되면, 시간과 공간에 대한 수수께끼는 너무 초보적(elementary)이고 또한 너무 기초적(basic)이어서, 당시 물리학 공동체의 의식 영역 아래 가려져 있었던 것으로 보이게 된다. 그러나, 정말 의식의 문턱을 넘지 못했을까? 7시 정각에 기차가 역에 도착하는 것을 그로부터 멀리 떨어진 관찰자가 안다는 것에 대해, 그것이 어떤 의미인지 물은 사람이 1904-1905년 사이에 정말 아무도 없었을까? 원거리 동시성을 정의한 그의 아이디어는 꼭 그런 철학적 귀결이어야 했을까?

올여름 나는 북유럽의 한 기차역에 서서 플랫폼에 일렬로 늘어서 있던 세기 전환기(turn-of-the-century)의 시계들을 멍하니 바라보고 있었다. 그 시계들은 모두 똑같은 '분(minute)'을 가리키고 있었다. 신기하군. 좋은 시계들이야. 그러나 그 순간 나는, 내 시력이 닿는 한에서지만, 이 시계들이 초침의 짹각거림마저 일치하고 있음을 알아채게 되었다. 이 시계들은 단지 잘 가는 시계가 아니었다. 내 생각에, 이 시계들은 하나로 조율되어 있었다. 자신의 1905년 논문과 씨름하며 원거리 동시성의 의미를 이해하려 노력했던 당시, 아인슈타인은 분명 그 조율된 시계들을 보고 다녔을 것이다([그림 4]).

이미 1830년대와 1840년대에 영국의 찰스 휘트스톤(Charles Wheatstone)과 알렉산더 베인(Alexander Bain), 곧이어 뷔르템베르그(Württemberg)의 마티아스 힙(Mathias Hipp, 1813-1893) 등 많은 발명가들이 떨어져 있는 시계들을 하나의 중앙시계에 묶는 전기식 분배 시스템(electrical distribution system)을 만들기 시작했는데, 이 시스템은 '호를로세-메레(horloge-mère)', '프리미레 노르말루어(Primäre Normaluhr)', '마스터 시계' 등으로 다양하게 불렸다([그림 5]와 [그림 6]).[6] 독일의 라이

5 *Helle-Zeit-dunkle Zeit: In Memoriam Albert Einstein*, cd. Carl Seelig (Zurich, 1956), p. 71; trans. in *The Quotable Einstein*, ed. Alice Calaprice (Princeton, N.J., 1996), p. 182에서 인용.

그림 4. 1860–1865년경의 베른 기차역. Burgerbibliothek Bern, negative 12572.



프찌히는 전기식 시간 분배 시스템을 처음으로 도입한 곳 중 하나이며, 프랑크푸르트가 1859년에 그 뒤를 이었다. 힙(당시 전신 작업장의 책임자)은 베른(Bern)의 연방 공관(Federal Palace)에 스위스로서는 최초의 시계 조율 시스템을 도입했는데, 1890년에 이르러 이곳에는 100개의 시계가 함께 줄지어 동작하기 시작했다([그림 7]). 곧이어 제네바, 바젤(Basel), 뇌샤텔(Neuchâtel), 쮜리히가 각기 독자적인 시계 조율 시스템을 갖추며 그

6 원격으로 조율되는 시계에 대해 논의했던 이들 중 대표적인 인물로는 찰스 휘트스톤, 윌리엄 쿡(William Cooke), 스코틀랜드의 시계제조공 알렉산더 베인, 미국의 발명가 사무엘 F.B. 모스(Samuel F.B. Morse) 등을 들 수 있다. 휘트스톤, 쿡, 모스의 경우, 시계 조율은 전신에 대한 연구 과정에서 따라나왔다. Kenneth F. Welch, *Time Measurement: An Introductory History* (Newton Abbot, 1972), pp. 71-72를 보라.

그림 5. 뇌샤텔(Neuchâtel)의 호를로게-메레(Horloge-mère). A. Favarger, *L'Électricité et ses applications à la chronométrie* (Neuchâtel, 1924), p. 414.

그림 6. 실레시스헤르 반호프(Silesischer Bahnhof)의 노르말루어(Normaluhr). A. Favarger, *L'Électricité et ses applications à la chronométrie*, p. 470.

그림 7. 베른 연방 공관의 조율 시계. 사진: Peter Galison.

뒤를 이었고, 시계 조율이 생명과 같았던 스위스 철도 노선들은 곧 조율된 시간을 갖추게 되었다.[7]

조율된 시간이 없었던 시절, 각 도시와 마을은 저마다의 시간 위에서 굴러갔으며, 이러한 제각각의 개성은 철도가 생기기 전까지 그다지 중요한 문제가 아니었다. 1830년대 영국을 보면, 런던 시계는 레딩(Reading)보다 4분 빨랐고, 시렌체스터(Cirencester)보다는 7분 30초 앞서 갔으며, 브리지워터(Bridgewater)보다는 14분 먼저 종을 쳤다. 주요 건물 앞에 시

7 1900년 이전 시계 조율을 둘러싼 광범위한 작업들을 살펴보려면, A. Favarger, "L'Électricité et ses applications à la chronométrie," *Journal suisse d'horlogerie* 9 (Sept. 1884-June 1885), 특히 pp. 153-158; Favarger, "Les Horloges électriques," *Histoire de la pendulerie neuchâteloise*, ed. Alfred Chapuis (Paris, 1917), pp. 399-420; Friedrich Anton Leopold Ambronn, *Handbuch der astronomischen Instrumentenkunde*, 2 vols. (Berlin, 1899), 특히 Vol. I, pp. 183-187에 있는 일련의 글을 보라. 베른 네트워크의 확장에 대해서는, Gesellschaft für elektrische Uhren in Bern, *Jahresberichte* (1890-1910), Stadtarchiv Bern을 보라.

계를 걸어야 할 때는 하나 이상의 시계가 필요했다. 제네바의 아이슬 탑(Isle Tower)은 세 개를 자랑으로 삼고 있었다. 중앙의 큰 시계는 제네바 시간(대략 10:13)을 가리켰고, 왼편의 시계는 파리-리옹-지중해(Paris-Lyon-Méditerranée) 철도 회사의 선로를 따라 단일하게 적용되는 파리 기반 시간(9:58)을 보여주었으며, 오른편의 시계는 딱 5분 빠른 베른 시간(10:18)을 자랑했다([그림 8]). 몇 해 후부터 표준화가 등장하기 시작했지만([그림 9]), 표준화는 철도 노선을 따라 진행되었다. 모든 철도 회사는 독자적인 표준시간을 마련했는데, 이는 의식을 거행하듯 매우 유난스러운 일이었다. 런던에서는

> 매일 아침 해군 전령이 정확하게 시간을 맞춘 시계를 가지고 와서, 유스턴(Euston)을 떠나 홀리헤드(Holyhead)로 향하는 아일랜드 우편열차 하행선의 차장에게 건네주었다. 홀리헤드에 도착하면 다음 더블린(Dublin)까지 가는 킹스타운호 사무관에게 시계의 시간을 전해 주었다. 그 시계는 돌아가는 우편열차 편으로 유스턴의 해군 전령에게 다시 건네졌다.[8]



시계 조율 분야에서 가장 앞서 있었다는 평을 들었던 독일은, 1891년 여전히 기계식, 전기식 시스템의 잡동사니들과 씨름하고 있었다.[9] 그해 3월 16일 나이든 헬무트 폰 몰트케 백작(Count Helmuth von Moltke, 1800-1891)은 독일 제국 의회에서 그의 마지막 연설을 하게 되었다(그는

8 Philip S. Bagwell, *The Transport Revolution from 1770* (London, 1974), p. 125; Wolfgang Schivelbusch, *The Railway Journey: Trains and Travel in the Nineteenth Century*, trans. Anselm Hollo (New York, 1980), pp. 48-50에서 재인용.

9 균일한 시간의 확립에 대해서는 Stephen Kern, *The Culture of Time and Space, 1880-1918* (Cambridge, Mass., 1983), pp. 11-14와 Derek Howse, *Greenwich Time and the Discovery of Longitude* (Oxford, 1980), pp. 119-120에서 논의된 바 있다. 사이먼 섀퍼(Simon Schaffer)는 "Time Machines"(미출간 원고, University of Cambridge)에서 H.G. 웰스(H.G. Wells)의 『타임머신』을 기계식 작업장, 문학, 과학적 연구가 시간을 둘러싸고 맞물려 교차하던 세기전환기의 안내서로 사용했다.

그림 8. 1880년 제네바의 아이슬 탑(Isle Tower). 세 개의 시계. Centre d' iconographie genevoise. RVG N13 x 18 14934.

그림 9. 1880년 제네바의 아이슬 탑(Isle Tower). 한 개의 시계. Centre d' iconographie genevoise. VG N13 x 18 1769.

바로 한 달 후에 죽음을 맞이했다). 프러시아(이후 독일)의 참모총장으로서, 폰 몰트케는 군대의 전개 및 배치 방법을 전면적으로 재검토했었다. 도로라는 신뢰하기 어려운 수단을 이용해 군대를 이동시켰던 과거와 달리, 폰 몰트케는 철도를 활용하여 군대를 광활한 전선으로 공급하고 소집하고 이동시켰다. 이러한 전략은 (보불전쟁에서) 성공을 거두었고, 그 성공 덕에 철도, 제국, 군대에 대한 폰 몰트케의 발언은 청중들의 관심을 끌 수밖에 없었다. 그는 쉿소리나는 목소리로 운을 뗐다.

> 신사 여러분, … 저는 여러분을 오래 붙들지는 않을 것입니다. 제 쉰 목소리에 대해서는 너그러이 이해해 주시기 바랍니다.
>
> 시간통합[*Einheitszeit*]이 철도를 제대로 운영하는 데 꼭 필요하다는 사실은 널리 알려져 있으며, 논란의 여지가 없습니다. 그러나, 신사 여러분, 우리 독일엔 5개의 다른 시간 단위가 있습니다. 작센을 포함한 북독일에서는 베를린 시간을, 바바리아(Bavaria)에서는 뮌헨 시간을, 뷔르템베르크에서는 슈투트가르트(Stuttgart) 시간을, 바덴(Baden)에서는 칼스루헤(Carlsruhe) 시간을, 그리고 라인 팔라티나테(Rhine Palatinate)에서는 루드비히샤펜(Ludwigshafen) 시간을 씁니다. 즉, 독일엔 다섯 구역이 있는 셈이며, 이는 모든 장애와 불편을 야기하고 있습니다. 프랑스나 러시아 경계지역을 제외했으니 이 정도지, 그 경계지역까지 포함한다면 더 심각할 것으로 짐작됩니다. 이는 조각나 있었던 과거 독일의 대표적인 잔재라 말할 수 있을 것입니다. 그러나 우리는 이제 제국이 되었고, 따라서 이러한 잘못은 청산되어야 마땅합니다.

청중들은 "옳소" 하며 갈채를 보냈다. 폰 몰트케는 이러한 조각조각난 시간의 문제가 단지 여행객에게만 해당되는 불편으로 보일지 모르지만, 이는 철도 산업에 "실질적이고도 치명적인 어려움"이자 군대에는 더 심각한 문제라고 말을 이었다. 군대를 동원할 경우 무슨 일이 벌어지겠냐고 말이다. 기준점이 될 수 있는 15번째 자오선(브란덴부르크 관문

[Brandenburg Gate]에서 동쪽으로 약 50마일 떨어진 지점)에 맞춘 표준이 있어야 했다. 이렇게 하면, 독일 내의 각 지방 시간은 다를 수 있지만, 그 차이는 제국의 양극단이라도 30분 정도밖에 안 될 것이었다. "신사 여러분, 단지 철도용 시간 통합만으로는 제가 방금 간단히 언급했던 모든 장애들을 없애지 못합니다. 이는 전체 독일이 시간 통합에 도달했을 때, 다시 말해, 모든 지방 시간들이 일소됐을 때에만 가능할 것입니다."[10]

폰 몰트케는 국민들이 — 몰지각하게도 — 반대할 수 있음을 인정했다. 그러나 "신중한 고려"를 하고 나면, 천문대의 과학적인 사람들은 사태를 바르게 볼 것이며 "반발심을 무마할 수 있는 권위"를 제공해 줄 것이었다. "신사 여러분, 과학은 우리보다도 더 많은 것을 바라고 있습니다. 과학은 독일에서의 시간 통합, 또는 중부유럽에서의 시간 통합에 만족하지 않습니다. 오히려 과학은 그리니치의 자오선에 기반한 세계시간을 손에 넣고 싶어합니다. 물론 과학의 입장에서 한치의 오차도 없을 뿐더러 그 목표에도 걸맞는 시간을 말이죠."[11] 농장과 공장의 노동자들은 본인이 원한다면 시계를 조정할 수 있다. 만약 공장주가 그의 노동자들에게 새벽부터 일을 시키고자 한다면, 3월에는 6시 29분에 문을 열게 해도 좋다. 농부들은 태양을 따르게 해도 좋다. 학교와 법원은 그들의 느슨한 일정표로 대충 때우게 해도 좋다. 그래도 독일은 시간에 대한 통제력을 확상하기 시작했고, 유립의 많은 니리들은 이를 따랐다.

10 Helmuth von Moltke, "Dritte Berathung des Reichshaushaltsetats: Reichseisenbahnamt Einheitszeit," *Gesammelte Schriften und Denkwürdigkeiten des General-Feldmarschalls Grafen Helmuth von Moltke*, 8 vols. (Berlin, 1891-1893), Vol. 7, 38-39, 39, 40; trans. Sandford Fleming, "General von Moltke on Time Reform," *Documents Relating to the Fixing of a Standard of Time and the Legalization Thereof*, Canada Parliament Session 1891, no. 8, pp. 25, 25, 26; trans. mod.

11 Von Moltke, "Dritte Berathung des Reichshaushaltsetats: Reichseisenbahnamt Einheitszeit" (주 10), p. 40; trans. Fleming, "General von Moltke on Time Reform" (주 10), p. 26; trans. mod.

스위스에는 (무정부주의자와의 교류 때문에 체포되었음에도 불구하고) 시계 분야에서 세계적인 명성을 떨친 힙(Mathias Hipp)이 있었는데, 그는 전기로 작동하는 진자를 개발한 것에서 시작하여, 저전압 회로를 기반으로 한 시간 분배 시스템을 실용화하기까지 꾸준한 연구를 진행했다. 뇌샤텔의 전신 및 전기 기구를 다루는 작은 공장으로 시작한 힙의 회사는 1861년 제네바에 공공 전기 시계 네트워크를 처음으로 선보이면서, 더욱 더 명성을 떨치게 되었다. 1889년에 힙의 회사는 드 페이에르, 파바르게르 회사(A. de Peyer, A. Favarger & Cie.)로 이름을 바꾸었다. 1889년에서 1908년 사이, 이 회사는 중앙시계(mother clock)의 관할 영역을 철도뿐만 아니라 시계탑, 심지어는 호텔의 알람시계에까지 확장시켰다.[12] 모든 거리거리로 시간이 행진해 들어감에 따라 함께 엮일 수 있는 시계의 수를 무한히 늘리는 방법이 필요해졌고, 곧 계전기(relays)와 신호 증폭기를 개량하는 특허가 범람하기 시작했다. 1890년 베른에서 도시 시간 네트워크의 막이 열리자, 스위스 전역에 걸쳐 개량과 확장이 시도됐으며 새로운 네트워크가 싹트기 시작했다. 정밀하게 통합된 시간은 유럽의 여객열차와 프러시아의 군대에만 중요한 것이 아니었다. 그것은 산재해 있던 스위스의 시계 제조 산업에도 똑같이 중요했는데, 그들은 일관된 시간 보정(calibration) 방법을 찾는 데 필사적이었다.[13] 그러나 그것은 항상 실용적인 문제인 동시에 그 이상의 문제이기도 했다. 즉, 물질적-경제적 필요인 **동시에** 문화적 이상(imaginary)이기도 했던 것이다. 하늘에 맞춘 베



12 힙에 관한 자세한 전기를 알고 싶다면, Aymon de Mestral, *Mathias Hipp, 1813-1893; Jean-Jacques Kohler, 1860-1930; Eugène Failletaz, 1873-1943; Jean Landry, 1875-1940* (Zurich, 1960), pp. 9-34를 보라. David S. Landes, *Revolution in Time: Clocks and the Making of the Modern World* (Cambridge, Mass., 1983), pp. 237-337은 이글의 초점인 네트워크보다는 시계 생산에 초점을 맞추고 있지만, 스위스 시계 산업에 관한 훌륭한 글이다.

13 Favarger, *L'Électricité et ses applications à la chronométrie*, 3d ed. (Neuchâtel, 1924), pp. 408-409를 보라.

를린 마스터 시계가 있던 베를린 천문대(Berlin Observatory)의 빌헬름 푀르스터(Wilhelm Förster) 교수는 '분' 도 맞지 않는 시계는 "사람들에게 철저히 무시당해도 싼" 기계라며 콧방귀를 뀌었었다.[14]

기술이 급성장함에 따라 관련된 각 분야의 특허들도 함께 출원되었다. 저전압 발전기에 대한 특허, 탈진기(escapements)와 전기자(armatures)를 이용한 전자기 수신기에 대한 특허, 전류 단속기(contact interrupters)에 대한 특허가 이에 해당된다. 1900년 이후 활짝 핀 전기정밀시계(electrochronometer)와 관련된 상당히 전형적인 작품으로는 데이빗 페렛(David Perret)의 신형 수신기를 들 수 있는데, 이 수신기는 정밀시계의 직류 신호를 검출하고 그 신호를 이용해 진동 전기자(oscillating armature)를 작동시킬 수 있었다. 그의 작품은 1904년 3월 12일 오후 5시에 스위스 특허 30351호로 출원됐다. 한편, 이와는 반대로 작동한 파바르게르(Favarger)의 수신기도 들 수 있다. 이 수신기는 중앙시계로부터 취한 교류 전류를 변환하여 톱니바퀴를 한 방향으로 돌리는 데 이용되었다. 이 수신기는 널리 이용되었으며, 이 특허는 1902년 11월 25일 신청되어 1905년 5월 2일에 출원됐다. 원격 알람, 원격 진자 조절에 대한 특허, 전화 방식의 (무선 포함) 시간 전송에 대한 특허도 있었으며, 이 외에 열차의 출발과 도착을 맞춰주기 위한 시계, 다른 시간대(time zone)의 시간을 보여주는 시계와 같은 특허도 속속 들어왔다([그림 10]).

이러한 모든 정밀시계 특허들(그와 관련된 대다수의 특허도 포함)은 베른의 스위스 특허국을 통과해야 했으며, 틀림없이 그중 상당수는 아인슈타인의 책상 위를 거쳐갔을 것이다.[15] 아인슈타인은 1902년 6월 16일부



**14** Gerhard Dohrn-van Rossum, *History of the Hour: Clocks and Modern Temporal Orders*, trans. Thomas Dunlap (Chicago, 1996), p. 350. 그리고 Ulla Merle, "Tempo! Tempo! Die Industrialisierung der Zeit im 19. Jahrhundert," *Uhrzeiten: Die Geschichte der Uhr und ihres Gebrauches*, ed. Igor A. Jenzen (Frankfurt am Main, 1989), pp. 166-178도 보라.

**15** 수백 개의 관련 특허들은 당시(1902-1905)의 *Journal suisse d'horlogerie*에 열거되어

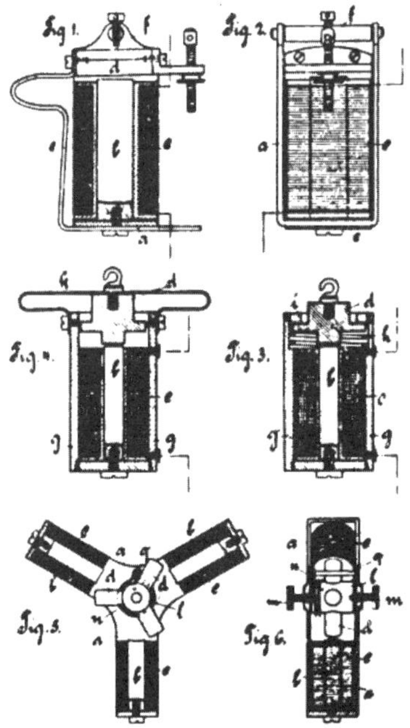

그림 10. 1904년 3월 12일, 데이비 페렛(David Perret)이 출원한 스위스 특허 30351번. "Electro-aimant cuirassé"



터 베른 특허국의 3등 기술 심사관(technical expert)으로 일하기 시작했는데, 주로 전자기 관련 특허를 심사했다.[16] 그는 나무탁자 앞에 서서, 사무소에 근무하던 열두어 명의 동료 심사관들과 마찬가지로, 각 특허신청서

있다. 안타깝게도, 스위스 특허국은 아인슈타인을 거쳐간 모든 특허들을 그 취득 기간 18년이 지나서 의무대로 폐기하였다. 이는 특허에 대한 표준 절차였으며, 아인슈타인의 명성에도 불구하고 예외는 없었다. Fölsing, *Albert Einstein* (주 4), p. 104를 보라.

16 아인슈타인의 특허 업무와 과학적 작업 사이의 연결은 자이로마그네틱 컴퍼스(gyromagnetic compass)와 아인슈타인-드 하스 효과(Einstein-de Haas effect)에서 가장 잘 드러난다. Galison, *How Experiments End* (Chicago, 1987), chap. 2를 보라. 추가로, Thomas Hughes, "Einstein, Inventors, and Invention," *Science in Context* 6 (Spring 1993), 25-42와 Lewis Pyenson, *The Young Einstein: The Advent of Relativity* (Bristol, 1985)를 보라. 아인슈타인이 수행한 전기 특허 심사 업무에 관해서는, Max Flückiger, *Albert Einstein in Bern: Das Ringen um ein neues Weltbild: Eine dokumentarische Darstellung über den Aufstieg eines Genies* (Bern, 1974), p. 62를 보라.

를 찬찬히 훑으며 그 핵심에 있는 원리를 찾아냈다([그림 11]).[17] 전자기 장치에 대한 아인슈타인의 전문적 기질 중 일부는 그의 가업에서 유래했다. 사실, 아인슈타인의 아버지 헤르만(Hermann Einstein)과 삼촌 야곱(Jakob Einstein)은 삼촌의 고감도 전기 사용량 측정장치(시계처럼 생겼음) 특허를 기반으로 회사를 차려 운영해 왔었다. 이렇게 설립한 J. 아인슈타인 회사(J. Einstein & Cie.)에서 야곱과 세바스찬 코른프로브스트(Sebastian Kornprobst)가 발명한 전기 계량기 중 하나는 1891년 프랑크푸르트 전기기술 박람회(Frankfurt Electrotechnical Exhibit) 보고서에서 탁월한 출품작으로 평가받았다. 그 바로 몇 페이지 앞에는 전기 시계 시스템이 지속적으로 작동할 수 있도록 예비 중앙시계를 장착하는 (당시의 전형적인) 메커니즘이 실려 있었다. 전기 계량 시스템과 시계 장치 기술은 무척 밀접했기 때문에, 야곱 아인슈타인-세바스찬 코른프로브스키의 특허 중 적어도 하나는 시계 장치에도 확대 적용 가능하다는 점을 명기했던 것이다([그림 12]).[18]

이후 아인슈타인이 독자적으로 수행했던, 머신쉔(Machinchen, 매우 적은 양의 전하를 증폭시키거나 측정하는 장치)이라 이름 붙인 장치에 대한 기술적 작업(그는 매우 많은 특허를 소유했음) 및 아인슈타인-드 하스 효

17 Flückiger, *Albert Einstein in Bern* (주 16), p. 66을 보라.

18 J. Einstein & Cie. and Sebastian Kornprobst, “Vorrichtung zur Umwandlung der ungleichmässigen Zeigerausschläge von Elektrizitäts-Messern in eine gleichmässige, gradlinige Bewegung,” Kaiserliches Patentamt no. 53546, 26 Feb. 1890; “Neuerung an elektrischen Mess- und Anzeigervorrichtungen,” Kaiserliches Patentamt no. 53846, 21 Nov. 1889; “Federndes Reibrad,” Kaiserliches Patentamt no. 60361, 23 Feb. 1890; “Elektrizitätszähler der Firma J. Einstein & Cie., München (System Kornprobst),” *Offizielle Zeitung der Internationalen Elektrotechnischen Ausstellung*, no. 28 (Oct. 1891), 949를 보라. 또한 Viktor Yakovlevitch Frenkel and Boris Efimovitch Yavelov, *Einstein: Izobretenija i eksperiment* (아인슈타인: 발명과 실험) (Moscow, 1990), pp. 75-79; Pyenson, *The Young Einstein* (주 16), pp. 39-53을 보라.

그림 11. 베른 특허국에서 아인슈타인이 사용했던 나무탁자(podium). Max Flückiger, *Albert Einstein in Bern: Das Ringen um ein neues Weltbild: Eine dokumentarische Darstellung über den Aufstieg eines Genies* (Bern, 1974), p. 57.

그림 12. Jakob Einstein & Cie. Elektrotechnische Fabrik. Elektrizität. *Offizielle Zeitung der Internationalen Elektrotechnischen Ausstellung*, Frankfurt am Main, 1891, ed. H. Massenbach and Max Quarck, 20 Oct. 1891, p. 949.

과(Einstein-de Haas effect, 강자성[ferromagnetic] 원자에 대한 그의 이론을 이끌어 낸 효과)에 대한 연구는 고감도 전기역학 장치에 대한 그의 특별한 관심을 보여주는 여러 사례 중 두 가지일 뿐이다. 전자기 시계 조율에 대한 특허들은 그의 기호에 잘 맞았을 것이며, 그 특허들은 적은 전류를 고도로 정밀한 원운동으로 변환하는 방법과 관련된 작업들에 집중되어 있었다.[19]

아인슈타인이 있는 동안 특허국을 이끌었던 프리드리히 할러(Friedrich Haller) 국장은 부하직원들에게 엄격한 감독관이었다. 일찍이 그는 아인슈타인을 꾸짖은 적이 있었다. "물리학자여서 그런지, 자네는 도면을 전혀 이해하지 못하고 있군. 자네는 기술 도면과 명세(specifications)를 파악하는 법을 배워야겠어. 그래야 내가 자네를 종신직으로 임명할 수 있을 것 같네."[20] 1903년 9월, 아인슈타인은 자신이 임시직에서 종신직으로 임명됐다는 통보를 받았다. 할러는 아직 그를 승진시킨 것은 아니었는데, 그는 아인슈타인에 대해 "기계 기술에 충분히 정통할 때까지는 기다려야겠어. 물리학은 공부했으니 됐지만"이라는 소견을 피력했었다. 아인슈타인은 그 앞에 쌓인 수많은 특허들을 심사하는 데 푹 빠져 살게 됨에 따라 기계 기술에도 정통하게 되었다. 1906년 4월 정도가 되서야 아인슈타인은 자신이 물리학이 아닌 기술에도 완전히 정통하게 되었음을 당국에 납득시킨 듯하다. 그는 2등 기술 심사관으로 승진했다. 할러는 이제 아인슈타인이 "특허국 최고의 심사관 중 한 명이 됐다"고 평가했다.[21]



19 "작은 기계(little machine, *Machinchen*)"에 관해서는, John Stachel et al., "Einstein's 'Machinchen' for the Measurement of Small Quantities of Electricity," editorial note in *The Swiss Years: Correspondence, 1902-1914*, Vol. 5 of *The Collected Papers of Albert Einstein*, trans. Anna Beck, ed. Stachel et al. (Princeton, N.J., 1995), pp. 51-55를 보라. 아인슈타인-드 하스 효과에 관해서는, Galison, *How Experiments End* (주 16), chap. 2와 Frenkel and Yavelov, *Einstein* (주 18), chap. 4를 보라.

20 Flückiger, *Albert Einstein in Bern* (주 17), p. 58에서 인용.

아인슈타인의 전기정밀시계 창구는 결정적인 시기에 이르렀다. 단일한 세계시간에 대한 몰트케의 전폭적인 지원과 지지자들의 식을 줄 모르는 열광에도 불구하고, 알베르트 파바르게르(Albert Favarger)는 만족하지 않았다. 그는 힙의 수석 엔지니어 중 한 명으로 회사 경영진에서 사실상 힙의 후임자가 된 사람이었다. 1900년 만국 박람회(Exposition Universelle)에서 정밀시계 국제학회(International Congress on Chronometry)가 열렸는데, 이 자리는 무엇보다도 시계 조율의 현 성과를 논의하기 위한 자리였다([그림 13]).[22] 학회 연설 첫머리에서, 파바르게르는 전기식 시간 분배 분야가 그와 관련된 전신 및 전화 기술 분야에 비해 비참할 정도로 뒤떨어져 있는데 어떻게 이럴 수 있느냐고 물었다. 그가 말하기를, 첫째, 기술적 어려움이 있었다. 증기기관, 발전기, 전신은 모두 사람들의 지속적인 보살핌 속에서 돌아가는 듯 보이는 반면, 원격 조율 시계들은 최소한의 어려움을 살피고 고쳐주면서 "돌봐줄 친구(ami complaisant)"에 기댈 수가 없었다("SD," p. 198). 둘째로, 기술자가 부족했다. 최고의 기술자들은 전력이나 통신 장치 분야에서 일했지, 시계 장치 분야에서는 일하지 않았다. 마지막으로, 그가 한탄하기를, 국가가 시간 분배 분야에 필요한 만큼의 재정 지원을 해주지 않았다. 그러한 뒤쳐진 열광은 파바르게르를 좌절시켰다. "정확, 균일, 규칙적으로 분배되는 시간에 대한 긴급하고도 절대적인 그리고 집단적인 필요를 우리가 못 느껴왔다는 것이 가능한 일입니까? … 19세기 말의 대중들에게 그런 질문을 한다는 것 자체가 주제넘은 짓입니다. 많은 일로 항상 분주할 수밖에 없는 그들은 '시간은 돈'이라는 그 유명한 격언을 이미 자기 것으로 만들지 않았습니까"



21 Pais, *Subtle Is the Lord* (주 4), pp. 47-48에서 인용.

22 Favarger, "Sur la distribution de l'heure civile," Congrès International de Chronométrie, *Comptes rendues des travaux, procès-verbaux, rapports, et mémoires*, eds. E. Fichot and P. de Vanssay (Paris, 1902), pp. 198-203을 보라. 이하 "SD."

그림 13. 1900년 파리 만국 박람회. *Encyclopédie du siècle: L'Exposition de Paris de 1900* (Paris, 1900)에서.



("SD," p. 199).

파바르게르가 볼 때, 시간 분배 시스템의 열악한 상태는 현대 생활의 시대적 요청과 전혀 균형이 맞지 않는 일이었다. 그는 인간에게 '초' 까지 맞는 정확하고 보편적인 시스템이 필요하다고 주장했다. 시대에 뒤떨어진 어떤 기계식, 수력식, 기체식 시스템도 이를 만족시킬 수 없었다. 전기가 미래의 열쇠였으며, 그 미래란 인류가 무정부성, 비일관성, 관례 따위에 의존했던 과거의 기계식 시계와 단절해야만 제대로 성립될 수 있었다. 전기식 조율 시계가 자리를 잡게 되면, 그 세계는 틀림없이 합리적이고 질서 정연한 접근법에 근거하여 성립하게 될 것이었다. 그가 덧붙이기를,

> 당신은 수많은, 공중 시계이든 개인 시계이든, 서로 맞지 않는 시계들을 보고 어느 시계가 제일 거짓말을 하고 있는지 확인하기 위해 파리의 이곳 저곳을 돌아다닐 필요가 없습니다. 사실, 단 하나가 거짓말을 하고 있더라도, 우리는 그것들 모두의 정직성을 의심할 수 있습니다. 대중들은 모든

시계가 같은 순간에 완전히 일치한 시간을 보여주어야만 안심을 할 것입니다.

그러지 않았을 때엔 무슨 일이 벌어지겠는가? 시골 단선 위의 기차들은 종종 마주보고 돌진했으며, 선로 분기 오작동으로 대형 사고가 일어날 수 있었고 또한 실제로 벌어졌다. 이러한 연기나는 잔해더미를 순탄한 여행길로 탈바꿈시켜 준 것은 바로 천문대, 철도, 전신의 통합적인 원격 시간 통제였다. 시간은 팔려나가기 시작했으며, 통합된 시간이 선로를 따라 전송됨에 따라 천문학자, 전신기사, 시계제조공 모두가 이익을 얻었다. 최초의 표준 시간대들은 철로를 따라 새겨진 이 길고 가는 영역들이었다.[23]

파바르게르는 박람회에 모인 참석자들에게 유럽 전역을 포효하며 달리는 기차의 속도가 시속 100, 150, 심지어 200킬로미터에 이르고 있다는 사실을 상기시켰다. 그러한 기차의 운전과 진로 선택은 (달리는 열차에 자신의 생명을 맡기고 있는 승객들을 꼭 말하지 않더라도) 제 시간을 맞추어야 했다. 똑딱하는 1초마다 55미터씩 달리게 됐을 때, 당시 널리 쓰였던 기계식 조율 시스템은 구식이 되어 쓸모가 없어져 버렸다. 오직 전기식 자동 시스템만이 쓸 만했다. "가장 초보적이지만 가장 널리 쓰이고 있는 비자동 시스템은 시간 무정부성의 직접적 원인이며, 우리는 그러한 무정부성에서 헤어나야 합니다"("SD," p. 201).

시간 무정부성. 파바르게르의 언급은 분명히 쥐라(Jura) 산맥의 시계제조공 사이에 끈끈한 연대를 이어주고 있던 무정부주의를 향한 것이기도 했는데, 그들의 무정부주의적 성향은 표트르 크로폿킨(Pyotr Kropotkin)

23 Carlene Stephens, "'The Most Reliable Time': William Bond, the New England Railroads, and Time Awareness in Nineteenth-Century America," *Technology and Culture* 30 (Jan. 1989), 1-24; "Before Standard Time: Distributing Time in Nineteenth-Century America," *Vistas in Astronomy* 28, pts. 1-2 (1985), 114-115를 보라.

의 『한 혁명가의 회고록(*Memoirs of a Revolutionist*)』에도 기록돼 있다. 크로폿킨이 적기를, 경제적 독재에 대항해 바쿠닌(Mikhail Bakunin)을 비롯한 몇 명이 제기했던 이론적 문제는 분명 중요했다.

> 그러나 내가 쥐라 산맥에서 본 평등주의적 관계, 노동자들 사이에서 자라나던 생각과 표현의 자주성, 그리고 원인을 향한 끝없는 헌신은 나를 이루 말할 수 없을 정도로 감동시켰다. 그곳의 시계제조공들과 일주일을 함께 보낸 후 산을 떠났을 때, 사회주의에 대한 나의 관점은 확정됐다. 나는 무정부주의자였다.[24]

힙은 이 때문에 체포되기도 했다. 그러나 파바르게르는 분명 더 많은 걱정을 했다. 개인적, 사회적 규율의 광범위한 붕괴에 대해서 말이다. 오직 동시성의 전기식 분배만이 "통합된 시간대를 무한히 확장"시킬 수 있었다("SD," p. 202). 파바르게르의 원거리 동시성에 대한 공헌은 경제적이자 실용적인 동시에 정치적이었다.

우리가 이 염려스러운 "무정부적-시계주의(anarcho-clockism)"에서 벗어날 수 있다면, 우리는 세계에 대한 지식의 커다란 빈틈을 메우는 기회를 가지게 되는 것이었다. 파바르게르가 주장하기를, 국제 도량형국(International Bureau of Weights and Measures)이 우선 두 개의 근본적인 양 — 공간과 질량 — 을 정복하기 시작했지만 시간은 마지막 미개척지로 남아 있었다("SD," p. 203을 보라). 그리고 시간을 정복하는 방법은 천문대의 중앙시계를 따라 작동하는 전기 네트워크를 꾸준히 확장하는 것이었다. 그 네트워크는 계전기를 작동시켜 신호를 증폭시키고 대륙 전역의 호텔, 거리 구석구석, 시계탑에 있는 자동 시계들에 소설 신호를 보낼 것이다. 파바르게르가 몸담고 있던 곳은 바로 베른 네트워크의 동기화를 담당했던 회사였다. 1890년 8월 1일, 베른의 시계 바늘들이 똑같이 움직

24 Peter Kropotkin, *Memoirs of a Revolutionist*, trans. pub. (Montreal, 1989), p. 267.

이게 됐을 때, 언론에서는 이를 "시계의 혁명"이라 환호했다.[25] 하나 잊어선 안 될 것이 있는데, 베른에서는 어딜 가나 대형 공중 시계 몇 개는 분명히 볼 수 있다는 점이다. 8월, 그 시계들이 전부 발맞추어 돌아가기 시작했을 때, 시간의 질서는 눈으로 확인할 수 있게 되었다.

시계 조율을 광범위하고도 중대한 문화적 사건으로 본 것은 스위스 신문들만이 아니었다. 1890년대 북아메리카의 시간통합 지지자였던 샌드포드 플레밍(Sandford Fleming)과 그의 동조자들에게, "보편적" 또는 "우주적" 시간의 확립은 실용적 문제이자 그 이상의 문제이기도 했다. 즉, 그것은 소통과 운송에 혜택을 줄 뿐 아니라 문화적, 개인적 생활 곳곳에까지 진보를 가져다 줄 "소리없는 혁명"이었던 것이다.[26]

1890년대의 아인슈타인은 아직 시계에 별 관심이 없었다. 그러나 1895년, 16세의 젊은이였던 그는 이미 전자기 복사의 본성에 매우 많은 관심을 보였다. 체계적인 훈련을 받지 않았던 그의 상상에서조차, '정적(static) 실체인(substantial) 에테르에서의 파동'이라고 하는 종래의 복사 개념은 어딘가 이상했다. 그는 속으로 생각했다. 누군가 빛의 파동을 따라잡을 수 있다 — 고전역학은 이를 허용하는 듯 보인다 — 고 가정해 보자. 그러면, 마치 동일한 간격으로 계속되는 파도를 탈 때처럼, 그는 시간적으로는 완전히 정지한 채 공간적으로만 펼쳐져 출렁이는 전자기장을 눈앞에서 볼 수 있을 것이다. 그러나 이는 지금까지 관찰된 어떤 것과도 부합하지 않았다.[27] 4년 후, 아인슈타인은 여전히 움직이는 물체 및 전



**25** Jakob Messerli, *Gleichmässig pünktlich schnell: Zeiteinteilung und Zeitgebrauch in der Schweiz im 19. Jahrhundert* (Zurich, 1995), p. 126에서 인용.

**26** Fleming, *Time-Reckoning for the Twentieth Century* (Washington, D.C., 1889), p. 357. 플레밍이 클리블랜드 아베(Cleveland Abbe)를 비롯한 기상학자들과 맺은 관계를 보려면, Ian R. Bartky, "The Adoption of Standard Time," *Technology and Culture* 30 (Jan. 1989), p. 41을 보라.

**27** Einstein, "Autobiographical Notes," *Albert Einstein: Philosopher-Scientist*, ed. Paul Arthur Schilpp, 3d ed. (La Salle, Ill., 1970), p. 53을 보라.

기동역학의 본성과 필사적으로 씨름하고 있었다. 그는 애인 밀레바 마리치(Mileva Marić)에게 어설픈 에테르 이론은 꼭 없어져야 할 것이라는 자신의 생각을 되풀이해서 얘기했다.

> 자기야(D[ear] D[ollie]),
> 난 지금 헬름홀츠(Helmholtz)의 책을 덮고 이제 헤르츠(Hertz)의 전기력 전파 부분을 다시 세심히 보고 있는 중이야. 전기동역학에서의 최소작용 원리를 다룬 헬름홀츠의 논문이 잘 이해가 안됐거든. 난 움직이는 물체의 전기동역학이 오늘날 얘기되는 방식으로는 실재에 부합할 수 없다는 확신이 점점 들고 있어. 또 그것이 보다 간단한 방식으로 표현될 수도 있을 것 같아. "에테르"라는 용어가 전기 이론에 도입되면서, 그 운동이 기술될 수 있는 매질 개념도 따라오게 됐잖아. 그런데 내 생각엔, 그 매질에 물리적 의미가 있을 것 같지가 않아.[28]



아인슈타인이 결론짓기를, 전기와 자기는 물리적 실재성을 띤 "진짜" 전기 덩어리들이 진공 속에서 운동하는 것으로 정의 가능한 것이었다. 19세기 물리 이론의 핵심에 있던 에테르는 사라졌다. 이렇게 볼 때, 상대론의 결정적인 몇몇 퍼즐 조각은 아인슈타인이 특허국에 발을 들여놓기 전에 이미 제자리에 맞춰져 있었다고 할 수 있다. 그는 맥스웰 방정식을 알고 있었고, 움직이는 전하에 대한 실재론적 그림을 추구했으며, 에테르를 내쫓아 버렸다. 그러나 이러한 생각 중 어떤 것도 시간을 다루는 문제를 직접 건드리지는 않았다.

그러는 동안 19세기의 몇몇 저명한 물리학자들은 기준 좌표계에 따른

**28** Einstein to Mileva Marić, 10? Aug. 1899, Einstein and Marić, *The Love Letters*, trans. Shawn Smith, eds. Jürgen Renn and Robert Schulmann (Princeton, N.J., 1992), p. 10. 전기동역학에 대한 아인슈타인의 구체적인 지적 태도에 관해서는, Holton, "Influences on Einsteins's Early Work," *Thematic Origins of Scientific Thought* (주 4); Miller, *Albert Einstein's Special Theory of Relativity* (주 2)를 보라.

시간 변수 $t$의 수학적 변환 방식들을 두고 필사적인 실험을 시작하고 있었다. 그러나 푸앵카레, 로렌츠, 아브라함을 비롯한 그들 모두는 진정한 에테르 정지 좌표계에 대한 관념을 확고히 지니고 있었으며, 그들 중 누구도 에테르 정지 좌표계에서의 진정한 (절대적) 물리적 시간을 여타의 국소적 시간들과 동등한 무게로 다루지 않았다. 푸앵카레, 로렌츠, 아브라함은 자연의 기본 힘들에 대한 특수한 가정에서 시작하고자 했는데, 예컨대 그들은 간섭계(interferometer)의 바늘을 구성하는 원자 수준의 물질들을 붙잡아 주는 힘, 전자가 정전기적 자체반발력에 의해 폭발하는 것을 막아 주는 힘 따위를 상정했다. 그들은 그러한 물질에 대한 구성적(constructive), 건축적(built-up) 이론으로부터 운동학 — 힘이 가해지지 않은 물질의 동작 — 을 연역해 내고자 했다. 아인슈타인이 원한 것은 그런 종류가 아니었다. 그는 간단명료한 물리적 원리에서부터 시작하는 이론을 목표로 삼았다. 열역학이 에너지 보존과 엔트로피 증가라는 단순한 원리에서 시작하는 것처럼 말이다. 반면 푸앵카레, 로렌츠, 아브라함은 계산상으로나 유용한 인위적인 시간 관념을 상정하고서, 그것이 좌표계에 따라 어떻게 달라질까에 관한 특수한 가정들을 만들고 있었던 것이다. 그들 중 누구도 공간 측정과 시간 조율의 원리에 기초한 물리적 가정을 가지고 물리학을 시작하지 않았다.



따라서 사건은 1902년 아인슈타인이 특허국에 발을 들여놓은 이후의 몇 년 사이에 벌어졌다.[29]

**29** 여기서 아인슈타인이 특수상대론에 이르기까지의 모든 국면을 재구성하여 보여주진 않을 것이다. 독자들은 Stachel et al., "Einstein on the Special Theory of Relativity," editorial note in *The Swiss Years: Writings, 1900-1909,* Vol. 2 of *The Collected Papers of Albert Einstein,* ed. Stachel et al. (Princeton, N.J., 1989), pp. 253-274, 그 중 특히 pp. 264-265에서 훌륭하게 압축된 정리를 참조하기 바란다. 이 글에 따르면, 아인슈타인의 대략적인 작업 순서는 다음과 같다. (1) 무게가 있는(ponderable) 물체의 상대적 운동만이 의미 있다는 확신, (2) 절대 운동에 대한 로렌츠식 물리적 의미 부여에 대한 폐기, (3) 광원에 상대적인 빛 방사 가설을 정당화하는 대안적 전기동역학 탐색, (4) 광원 속도에 무관한 광속 가정에 따른 기존의 대안 폐기, (5) 시간과 공간의 간격에

특허 일을 하는 동안 그가 할러로부터 받은 지시 사항 중에는 매사에 비판적이 되라는 지침도 있었다. "신청서를 집어 들었으면 일단 그 발명가가 말한 건 전부 틀렸다고 생각하라." 맹목적으로 따라가다 보면 "발명가의 사고 방식을 좇다가 결국 자네를 해치는" 재앙을 초래할 것이다. "자네는 비판적인 자세를 끝까지 놓지 말아야 하네."[30] 이는 특허 업무를 위한 조언이었지만, 물리학의 에테르에도 잘 적용되었다. 움직이는 물체의 전기동역학의 경우에, 아인슈타인에게는 풀어야 할 문제가 하나 있었다. 그 문제는 대략 7년 동안 시시때때로 그를 괴롭히던 문제인 동시에, 당시의 일류 물리학자들도 갈수록 골치 아파하던 고민거리였다. 한편, 당시 그는, 문자 그대로, 전기적으로 조율된 시간에 대한 들끓는 흥분에 완전히 둘러싸여 있었다. 매일 아인슈타인은 집에서부터 특허국까지의 짧은 거리를 크람 거리(Kramgasse)를 따라 천천히 걸어다녔다. 즉 날마다 그는, 베른 전역을 자신의 조율 시계로 통솔하던 대형 시계탑들과 중앙 전신국에서부터 갈라져 나온 무수한 거리 시계들을 분명 보았을 것이다. 어쨌든 그는 가장 유명한 시계탑인 '자이트글라켄투름(Zeitglockenturm)' 아래를 꼭 지나야 했으며, 다른 여러 시계들도 지나쳐야 했다([그림 14], [그림 15], [그림 16]). 1905년 5월 중순의 어느날 — 더 정확히 말해 5월 15일 베른 통합 시간대의 경계로 가고 있을 때 — 그와 그의 절친한 친구 미셸 베소(Michel Besso)는 진자기힉의 문제를 모든 방면에서 막바지까지 몰아붙인 상태였다. 아인슈타인이 회상하길, "그 때 갑자기 문제 해결의 열쇠가 떠올랐습니다." 다음날 베소를 만났을 때 그는 인사도 빼먹었다. "'고마워. 문제가 완전히 해결됐어.' 시간 개념을 분석하는 것이 내 해결책이었습니다. 시간은 절대적인 방식으로 정의될 수 없으며, 시간과 신

대한 일반적 관념, 특히 원거리 동시성에 대한 비판, (6) 동시성에 대한 물리적 정의 및 새로운 운동학 이론의 구성. 여기서 나의 초점은 (5) 즉, 원거리 동시성에 대한 규약적 관념의 도입에 있다.

**30** Flückiger, *Albert Einstein in Bern* (주 16), p. 58에서 인용.

그림 14. 1890년 베른의 크람 거리(Kramgasse) 시계탑. Burgerbibliothek Bern, negative 10379.

그림 15. 1893-1900년경 베른의 케슬러 거리(Kessler-gasse, 지금의 뮌스터 거리[Münstergasse])의 북동쪽 모퉁이에 있는 전기 거리 시계. 대형 우편엽서. Burgerbibliothek Bern, negative 10382.

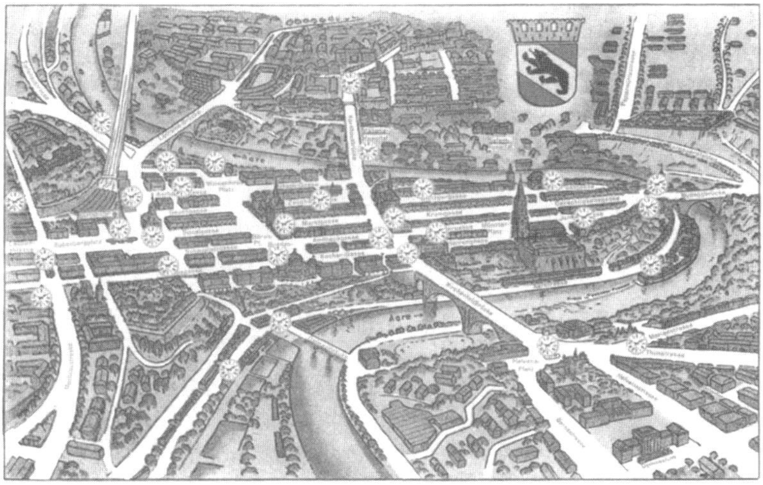

그림 16. 베른의 전기 시계 네트워크 지도. Harvard Map Collection, using data from Jakob Messerli, *Gleichmässig pünktlich schnell.*



호의 속도는 불가분의 관계에 있습니다."[31] 베른 시계탑(베른의 유명한 동기화된 시계들 중 하나)을 올려다본 후 근처 뮤리(Muri)의 시계탑(베른의 중앙시계와는 아직 연결되지 않았음)을 바라보던 중에, 아인슈타인은 그의 시계 동기화를 기획하게 된 것이다([그림 17], [그림 18]).[32]

며칠 지나지 않아, 그는 친구 콘라드 하비히트(Conrad Habicht)에게 편지를 보내 그의 논문 사본을 부탁하면서 답례로 네 편의 신간 논문을 보내주겠다고 약속했다. "네 번째 논문은 움직이는 물체의 전기동역학에 대한 논문인데, 지금 시점에서는 거친 밑그림에 불과하지만, 공간과 시간의 이론에 변형을 가하고 있어. 이 논문의 순수 운동학 부분은 [시간 동기화에 대한 새로운 정의로 시작하고 있는데] 분명 너한테도 흥미로울

**31** Einstein, "How I Created the Theory of Relativity," lecture, Kyoto, 14 Dec. 1922, trans. Yoshimasa A. Ono, *Physics Today* 35 (Aug. 1982), 46.

**32** Josef Sauter, "Comment j'ai appris à connaître Einstein," Flückiger, *Albert Einstein in Bern* (주 16), p. 156, 그리고 Fölsing, *Albert Einstein* (주 4), p. 155를 보라.

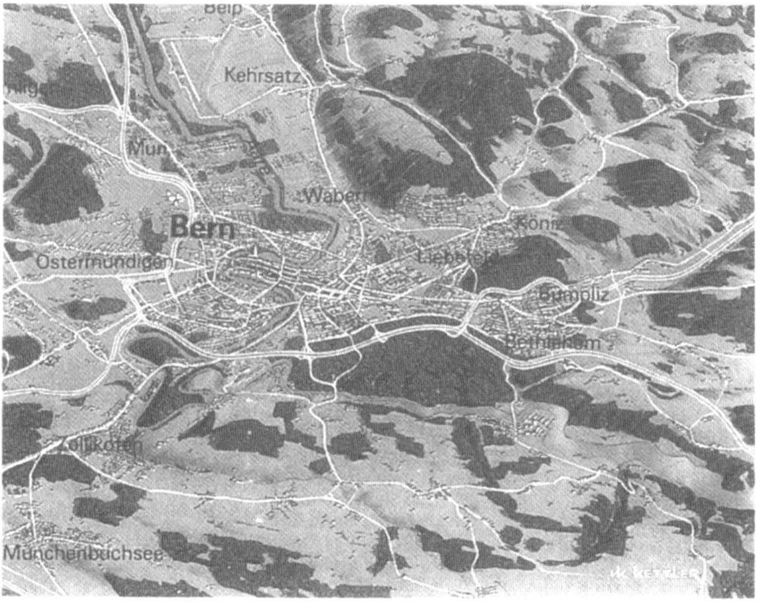


그림 17. 베른-뮤리 지도. Skorpion-Verlag.

그림 18. 1900년경의 뮤리 시계탑. Gemeindeschreiberei Muri bei Bern.

거야."[33] 10년간의 고민은 이 문제 속으로 녹아들었고, 결국 시간 동기화는 특수상대론의 발전에서 마지막 대미를 장식하게 됐다.

이러한 관점에서 보면, 우리는 이제 1905년 6월 말에 완성된 아인슈타인의 논문을 매우 다른 방식으로 읽을 수 있다. 단지 생계 유지를 위해서만 특허 사무소를 다닌 "철학자-과학자로서의 아인슈타인" 대신에, 우리는 그를 "특허심사관-과학자로서의 아인슈타인"으로도 볼 수 있다. 즉, 고도로 상징화된 기계장치를 통해 상대성 이론에 깔려 있는 형이상학을 굴절시킨 사람으로 말이다. 기차는 예전처럼 7시에 역에 도착한다. 그러나 이것이 무슨 의미인지 원거리 동시성이란 말에 입각해서 고민한 사람은 이제 아인슈타인 혼자가 아니다. 전자기적으로 조율된 시계를 통해 기차의 도착 시간을 결정하는 일은 바로 유럽 전역을 괴롭히던 기술적 문제였다. 이제 문제의 시스템 전 분야에서 특허 경쟁이 벌어졌다. 전기 진자를 개량하고 수신기를 개조하고 새로운 계전기를 도입했으며 시스템 용량을 키웠다. 1902-1905년의 중부 유럽에서 시간 조율은 전혀 비밀스럽거나 불가해한 문제가 아니었다. 그것은 상호 연결되어 보다 빨라진 현대적 세계의 상징이었을 뿐만 아니라, 시계 산업, 군대, 철도의 최전선이자 핵심이었다.

원거리 동시성의 문제에 본격적으로 초점을 맞추게 되면서 아인슈타인은 강력하고도 매우 가시적인 신기술을 끌어들이게 되었다. 이 신기술은 동시성을 규약적으로 다루는 기술로, 기차 노선들을 동기화하거나 경도를 정하는 데 처음 도입되어 시간대를 결정하는 데에도 쓰였다. 아인슈타인이 '원리에 기초한 물리학'을 향한 자신의 기획 속에 규약적 원리를 끌어들인 일은 바로 이러한 실제 세계 속에서 이루어진 것이다. 당시 존재했던 시간 조율 시스템의 흔적은 그의 1905년 논문에서도 볼 수 있다. 아인슈타인이 명시적으로 거부했던 조율 기획안을 다시 생각해 보

33 Einstein to Conrad Habicht, Bern, [18 or 25 May 1905], *The Swiss Years: Correspondence, 1902-1914*(주 19), p. 20.

자. 한 관찰자가 좌표계의 중심에서 시계를 들고 있다. 공간좌표 (0, 0, 0)에 고정되어 있는 마스터 시계는, 떨어진 각 지점에서 출발한 전자기 신호들이 [원점 기준으로] 똑같은 국소적 시간에 도착하는 경우에 이를 동시라 정한다. 그러나 이제 이 표준적인 중앙집중식 시스템은 더 이상 추상적 허수아비로 보이지 않는다. 이 철저한 분기식 시계 조율 구조는 전선, 발전기, 시계들로 가시화되어 시간 맞추기에 관한 책이란 책마다 나와 있었는데, 그것은 **바로 중앙시계에 제2, 제3의 시계들이 딸려 있는 유럽 시스템의 것이었다**([그림 19], [그림 20], [그림 21]을 보라). 중앙에서 보낸 신호가 도착하면, 바로 옆이든 100km 떨어진 지점이든 상관없이 이들은 동시로 **정의**됐다. 그러한 원리를 기반으로 기차를 운전했고, 군대를 징집했으며, 전신 메시지를 보냈다. 시간 조율 신호를 전파로 보낼 준비가 갖춰지던 시점도 바로 이 시기였다. 1904년 스위스와 프랑스 양국에서는 새로운 전파식 시간 조율 시스템을 시험 · 개량하거나 실제로도 배치시켜 보는 등 그에 대한 활동이 폭발적으로 이루어졌다. 『나뚜르(*La Nature*)』의 편집인은 무선 방식의 시간 분배 신기술을 소개하기 위해 손수 펜을 잡기도 했다. 그는 파리 천문대(Paris Observatory)에서 수행된 실험을 소개하면서, 정밀시계의 도움으로 이제는 100분의 2 내지 3초도 벗어나지 않는 원거리 동기화가 가능해진 것 같다고 적었다. 또한 그 무선 기술은 파리를 비롯한 주변 지역 구석구석까지 시간을 분배할 수 있게 해주었다고 적었다. 이는 경도 결정과 같은 과학적 목적에 도움이 될 뿐만 아니라, 전선의 물리적 제약으로부터 벗어나 시간을 바다의 배와 일반 가정에까지 전송할 수 있게 해주었다.[34] 1905년 무렵 미 해군은 전파



**34** Henri de Parville, "Distribution de l'heure par télégraphie sans fil," *La Nature*, 30 (July 1904), pp. 129-130을 보라. 실험은 파리 천문대의 천문학자 비구르당(G. Bigourdan)에 의해 이뤄졌으며, 1904년 6월 27일 과학 아카데미(Académie des Sciences)에 보고됐다. 이 결과는 *Comptes rendues de l'Académie*에 수록되었으며, 전문이 "La Télégraphie sans fil et la distribution de l'heure," *Journal suisse d'horlogerie* 29 (Sept. 1904), 81-83에 (뇌샤텔 천문대장 및 다른 사람들의 결과와 함

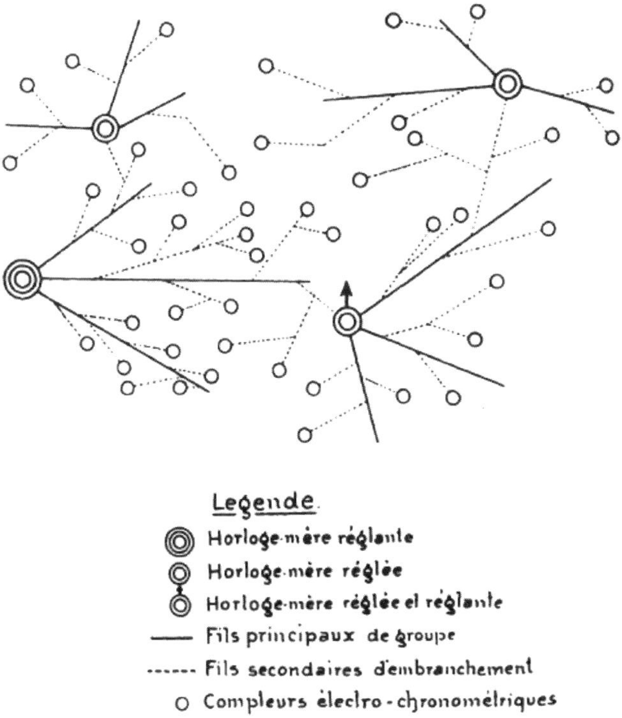


*Fig. 282*

그림 19. 시간 동기화 네트워크 I. A. Favarger, "L'Électricité et ses applications à la chronométrie," *Journal suisse d'horlogerie* (1884–1885), 320; rpt. in Favarger, *L'Électricité et ses applications à la chronométrie*, p. 394.



로 통제되는 시계를 사용하고 있었으며, 1910년 무렵 에펠탑 기지국은 유럽 전역의 시계 바늘을 결정해 주고 있었다([그림 22]). 1911년의 한 뛰어난 전파 시간 기술자에 따르면, 전파 동시성에 대한 계획은 전파 자체와 함께 시작했는데 아마도 1901년 즈음의 어느 시점에서 시작했을 것이다.[35] 그러나 전신선을 통해서든 무선을 통해서든 간에, 중앙집중식 시간

께) 인용되기도 했다.

**35** 무선 시간 맞추기에 관해서는, 예를 들어, Joseph Roussel, *Le Premier Livre de l'amateur de T.S.F.* (Paris, 1922), 특히 pp. 150-152를 보라. Julien Auguste

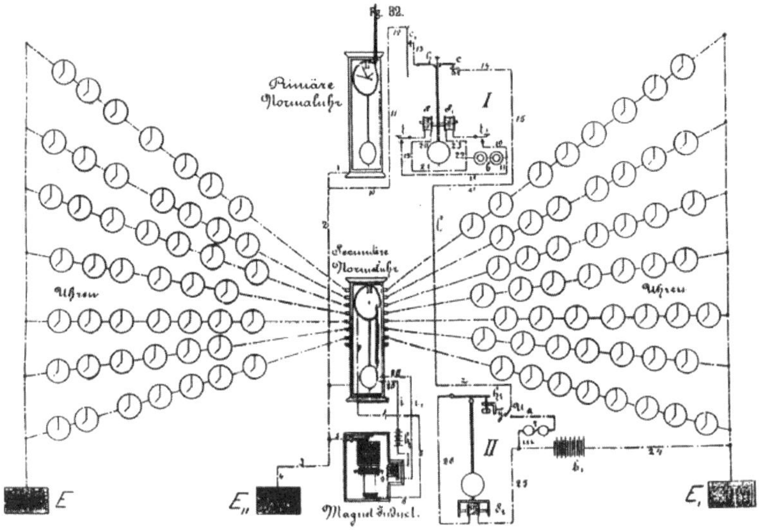


그림 20. 시간 동기화 네트워크 II. Ladislaus Fiedler, *Die Zeittelegraphen und die elektrischen Uhren vom praktischen Standpunkte* (Vienna, 1890), pp. 88–89.



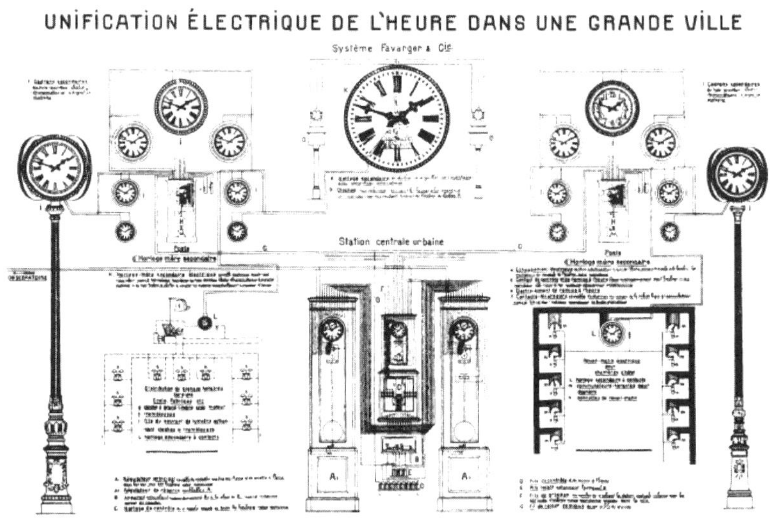


그림 21. 대도시의 전기식 시간 통합. A. Favarger, *L'Électricité et ses applications à la chronométrie*, pp. 427–428, pl. 4.

그림 22. 에펠탑 기지국. Julien Auguste Boulanger and Gustave Auguste Ferrié, *La Télégraphie sans fil et les ondes électriques*, 7th ed. (Paris, 1909), p. 429.



분배는 통일 독일 제국의 시대적-물질적(temporal-physical) 성과였다. 그것은 폰 몰드케가 추구했던 것으로, 베를린의 실레시스헤르 반호프(Silesischer Bahnhof)에 있는 웅장한 '프리마레 노르말루어' 또는 뇌샤텔의 우아한 바로크식 '호를로게-메레'를 통해 형체를 얻었다.

Boulanger and Gustave Auguste Ferrié, *La Télégraphie sans fil et les ondes électriques*, 7th ed. (Paris, 1909)는 에펠탑 기지국의 설립연도를 1903년으로 매기고 있다. Ferrié, "Sur quelques nouvelles applications de la télégraphie sans fil," *Journal de Physique*, 5th ser., 1 (1911), 178-189, 특히 p. 178에서는 무선 시간 조율 계획이 무선 연구의 시작과 동시에 제기되었음을 보여준다. 한편, Edmond Rothé, *Les Applications de la télégraphie sans fil: Traité pratique pour la réception des signaux horaires* (Paris, 1913)은 무선-통신을 이용한 시간 조율 절차를 상세히 보여준다.

전신기사, 측지학자, 천문학자에게 아인슈타인의 새로운 시간 조율 기획안은 이미 사용되던 시계 조율 방식에 비추어 볼 때 쉽게 이해할 수 있는 얘기였다. 1921년 11월 19일 프랑스 우편전신 고등전문학교(École Professionelle Supérieure des Postes et Télégraphes)의 레옹 블로흐(Léon Bloch)는 시간의 의미를 설명하다가, 청중들이 이미 훤히 알고 있을 만한 실제 기술에 대한 얘기로 화제를 돌렸다.

> 지구상에서 우리는 무엇을 시간이라 부르고 있습니까? 천문상의 시간을 가리키는 시계를, 그러니까 파리 천문대의 중앙진자(mother pendulum)와 같은 시계를 하나 가지고서 떨어진 지역까지 무선으로 시간을 전송하면 되죠. 이러한 전송은 무엇으로 이루어져 있나요? 그것은 시간을 맞추고자 하는 두 기지국에서 평범한 빛 또는 헤르츠 신호가 지나는 것을 감지하는 것으로 이루어집니다.[36]



적어도 우편전신 고등전문학교에서는, 상대론이 실제 조율된 시계들의 기반 시설을 통해 이해되고 있었다. 그러나 이에는 단순히 시계 동기화를 연상시키는 것 이상이 관련되어 있다. 1924년 무렵 또는 그보다 약간 이전 시점부터, 시계 조율 기술자들은 (아인슈타인을 따라) 전파의 유한한 속도를 고려하기 시작했다. 즉, 아인슈타인의 '보편 시간 기계장치(universal time machine)'는 기술적 세계로부터 파생되어 물리학적-형이상학적 세계를 변모시키더니, 이제는 다시 기계장치를 바꾸기 시작한 것이다.[37]

**36** Léon Bloch, *Le Principe de la relativité et la théorie d'Einstein* (Paris, 1922), pp. 15-16. 도미니크 페스터(Dominique Pestre)는 블로흐(와 그의 형제)를, 20세기 초의 새 물리학을 긍정적으로 본 교과서를 썼다는 점에서 당시 프랑스에서 보기 드물 뿐더러, 구체에서 추상으로 가는 일련의 상향적 일반화를 사용하여 독특하게 글을 썼던 물리학자로 묘사하고 있다.(분명 [이론]보다 실험에 치우친 학자들의 마음에 들었을 것이다.) Dominique Pestre, *Physique et physiciens en France, 1918-1940* (Paris, 1984), pp. 18, 56, 117을 보라.

사실, 시계 조율의 물리적 — 그리고 문화적 — 충격과 더불어 그 작동 방식의 갖가지 변형들까지 목격한 상황에서, 누군가 이런 질문을 하는 것은 당연할 듯하다. 1905년 이전에 빛의 유한한 속도를 고려한 엄격한 동기화를 가지고 시간을 정의하려고 애쓴 사람이 아인슈타인 말고는 없었을까 하고 말이다. 무척 놀랍게도 그런 사람이 한 명 있었다. 그는 — 아마도 큰 무리없이 — 1893년 1월 4일부터 프랑스 경도국(French Bureau of Longitude)의 일원이 되어, 1899년에 (그리고 1909년에도) 경도국장이 되었는데, 사실 경도 측정은 이미 수세기 전부터 시계 조율과는 뗄 수 없는 분야였다. 게다가, 그는 1902년 7월 4일부터 우편전신 고등전문학교의 교수가 되었는데, 전기 조율 시계가 등장했을 때 그것을 관장하던 곳 또한 우편전신 고등전문학교였다. 당연히 그 사람은 푸앵카레였다.[38] 아인슈타인과 마찬가지로, 그는 빛 신호의 교환을 통해 조율되는 시계를 창안했다.

동시성에 대한 푸앵카레의 연구는 1898년에 처음 시작됐다. 당시 그는 동시성이 절대적 개념이 아니라고 주장하면서, 우리에겐 그러한 종류의 관념을 가지게끔 하는 어떠한 직접적인 직관도 없다고 강조했다. 우리에게 있는 것은 특정한 규칙뿐이며, 그 규칙이란 매우 구체적인 기술적 작업을 할 때, 예를 들어 경도 측정과 같은 작업을 할 때 사용되어야 한다. "항해사나 지질학자가 경도를 측정하고자 할 때, 우리가 여기서 다뤄왔던 바로 그 문제를 풀어야 한다. 그들은 파리에 없더라도 파리의 시간을 정해야 한다. 어떻게 해야 할까?" 그들은 (이에 수반되는 많은 문제를 감수해야겠지만) 시계를 직접 가지고 다니거나 천체상의 사건을 참고할 수 있



37 Bureau des Longitudes, *Réception des signaux horaires: Renseignements méteorologiques, sismologiques, etc., transmis par les postes de télégraphie snas fil de la tour Eiffel, Lyon, Bordeaux, etc.* (Paris, 1924), pp. 83-84를 보라.

38 Ernest Lebon, *Henri Poincaré: Biographie, bibliographie analytique des écrits* (Paris, 1909), pp. 16-17을 보라.

으며, "전신을 사용할 수도 있다. 그런데 매우 당연한 얘기지만, 예를 들어, 베를린에서는 파리에서 신호를 보낸 조금 뒤에야 그 신호를 받을 것이다."[39] 이는 순전히 가상적이기만 한 사례가 아니다. 논평자들은 전신에 대한 푸앵카레의 이러한 언급을 두고, 상상 속에서 고민한 문제, 즉 추상적인 철학적 숙고의 사례로 여기곤 했었다. 그러나 사실은 그렇지 않았다. 1898년 무렵, 실제 시계 조율 시스템은 경도 측정에 사용되고 있었다. 사실, 측지학과 기상학에서는 (경도 측정을 위해) 조율된 시간을 필요로 했고, 이러한 필요는 철도의 경제성과 안전성에 대한 요구와 맞물리면서 표준 시간대 프로젝트를 착수시키는 데 한몫을 담당했었다.[40]

위에서도 언급했듯이 1898년 당시 푸앵카레는 경도국의 중진이었으며, 그의 위 언급에서 전신은 유한한 신호 전달의 추상적 사례라기보다는 오히려, 그리고 명백히, 시계 조율에 기반한 경도 측정 방법을 뜻했다.

> 일반적으로, [파리에서 베를린 사이의] 전송 시간은 무시되며, 두 사건은 동시로 간주됩니다. 그러나, 엄격하게 하자면, 복잡한 계산을 통한 약간의 보정이 여전히 필요합니다. 현실적으로는 그 값이 측정 오차보다도 작을 것이기 때문에 그러한 보정은 하지 않습니다. 그러나 [동시성의] 엄밀한 정의를 제공하고자 하는 우리 입장에서 보자면 그것의 이론적 필요성은 줄어들지 않습니다.["M," p. 12; "MT," p. 35; trans. mod.]

"이론적으로 필요한 것"은 동시성이 **항상** 규약적이라는 사실을 인정하는 것이었다. 적어도 이 예에서 볼 때, 푸앵카레의 규약주의는 바로 그 당시에 시간대 동시성 · 철도 동시성 · 국가적 시간통합을 위해 이용되고 있던



39 Henri Poincaré, "La Mesure du temps," *Revue de métaphysique et de morale* 6 (1898), 11-12, 이하 "M"; rpt. in Poincaré, *La Valeur de la science* (1905; Paris, 1970), p. 53; trans. George Bruce Halsted, "The Measure of Time," *The Value of Science* (New York, 1907), p. 35. 이하 "MT"; trans. mod.

40 Bartky, "The Adoption of Standard Time" (주 26), pp. 25-56을 보라.

지저분한 실제 규약들의 집합과 동음이의어 이상으로 관련되어 있었다.

1902년 봄 이후 언젠가, 아인슈타인이 푸앵카레의 「시간의 측정」이란 논문을 읽었는지는 모르겠다. 다만 아인슈타인의 친구 모리스 솔로빈(Maurice Solovine)에 의하면, 그들이 속한('올림피아 아카데미' 라는 거창한 이름의) 작은 토론 모임에서 그 1898년 논문이 인용된 푸앵카레의 후속작 『과학과 가설(*Science and Hypothesis*)』은 분명히 읽었다고 한다.[41] 푸앵카레는 시간–조율용 규약을 직관상 마치 절대적인 것처럼 여기는 시도들에 항상 비판적이었다. 그럼에도 그는 위에서 자신이 언급했던 현실적인 이유에서 뉴턴 운동학을 폐기하려 하지는 않았다. 동시성에 대한 평범한 규칙들은 "무의식적 편의주의의 산물"로 "우리가 지킬 필요는 없는 것들이며, 우리는 즐거이 다른 걸 만들 수 있다. 그러나 그러한 규칙들을 버린다면, 물리학 · 역학 · 천문학 법칙들의 명확했던 체계는 완전히 헝클어질 수밖에 없다"("M," p. 13; "MT," p. 36). 푸앵카레 생각에, 뉴턴적 세계에 가해질 수정은 사소하지만 복잡해 보였고, 따라서 "이론적 필요성"은 단순성의 요건에 굴복하고 말았다. 아인슈타인은 푸앵카레와 거의 똑같은 방식으로 원거리 동시성을 탐구했다. 그러나 푸앵카레에게 불가피한 복잡성의 징조로 보였던 '새로운 빛–신호 동기화'에서, 아인슈타인은 오히려 훨씬 더 간결한 물리학의 전조를 보았다.[42]



**41** "우리는 … 푸앵카레의 『과학과 가설』에 흠뻑 빠져 몇 주 동안이나 홀려 있었다" (Maurice Solovine, introduction to Einstein, *Letters to Solovine*, trans. Wade Baskin [New York, 1987], p. 9). 예를 들어, Poincaré, *La Science et l'hypothèse* (Paris, 1902)의 6장 "La Mécanique classique," 그중에서도 111쪽을 보면, "우리에겐 두 기간의 동등성에 대해 직접적인 직관이 없을 뿐더러, 다른 두 곳에서 일어난 두 개의 다른 사건의 동시성에 대해서도 마찬가지이다. 이는 내가 「시간의 측정(The Measure of Time)」이란 논문에서 설명했던 바이다."

**42** 1900년과 1904년 사이, 푸앵카레는 동시성에 관한 프로그램 방식의(programmatic) 입장을 전기동역학에 대한 세부적인 연구로부터 분리해 왔다. 그러나 동시성 판단의 규약성을 주장하기 위해 그의 전기동역학에 국소적 시간의 관념을 도입할 때조차, 그는 아인슈타인이 역학과 전기동역학을 재편하기 위해 사용했던 빛–신호 조율 방식을 도입

세기 전환기의 유럽-아메리카는 겹겹의 조율 네트워크들의 복잡한 그물망 — 정밀하고 점점 보편적이 된 시계 시스템하에서의 경도 측량, 기차 선로, 전신선, 기상학 네트워크 따위 — 으로 뒤덮이게 되었다. 이러한 맥락에서, 일견 가상의 시계 네트워크로만 보였던 아인슈타인의 시계 조율 시스템은 사실 거대한 세계-기계장치(world-machine)였던 것이다. 자기모순처럼 보일지 모르겠지만, 아인슈타인의 특수상대성 이론은 하나의 기계장치로서, 분명 가상적인 기계임에도 불구하고, 전자기 신호의 교환을 통해 시계들을 동기화했던 진짜 전선들을 엮어 만든 기계였다고 볼 만한 이유가 있다.

그의 매우 **이론적인** 논문을 위와 같이 **기술적으로**(technological) 독해함으로써, 우리는 다음의 최종적인 관찰에 이르게 된다. 논문 「움직이는 물체의 전기동역학에 대해」의 스타일이 보통의 물리학 논문과 전혀 닮지 않았다는 점은 오랫동안 학자들의 눈길을 끌어왔다. 이 논문엔 각주도 없고 방정식도 별로 없으며, 새로운 실험 결과도 언급되지 않았다. 다만 과학의 첨단 영역과 매우 동떨어져 보이는 간단한 물리적 과정에 대한 조롱만이 가득할 뿐이다.[43] 『물리학 연보(*Annalen der Physik*)』에서 아무



하지 않았으며, 전자변형이나 분자력을 고려하기 앞서 힘이 가해지지 않은(force-free) 공간과 시간에 대한 분석부터 분명히 하고 들어가는 방식도 채택하지 않았다. 아인슈타인의 경우엔, 운동학, 즉 시간과 공간의 측정 방식을 동역학 전에 다루는 것이 바로 요점이었다. 그러나 여기서 이 두 물리학자의 상대적 기여를 일일이 가려내진 않을 것이다. Henri Poincaré, "Relations entre la physique expérimentale et la physique mathématique," *Rapports présentés au Congrès International de Physique*, eds. Ch.-Éd. Guillaume and L. Poincaré, 4 vols. (Paris, 1900), Vol. I, pp. 1-29와 Henri Poincaré, "L'État actuel et l'avenir de la physique mathématique," *Bulletin des sciences mathématiques* 28 (1904), 302-324를 비교해 보라. 아인슈타인과 푸앵카레의 '움직이는 물체의 전기동역학'에 대한 이해 방식을 비교하고 싶다면, Miller, *Albert Einstein's Special Theory of Relativity* (주 2)와 Pais, *Subtle Is the Lord* (주 4)를 보라.

**43** 이는 이미 여러 번 지적되어 왔다. 예를 들어, Leopold Infeld, *Albert Einstein: His Work and Its Influence on Our Times* (New York, 1950), p. 23; Holton, "Influences on Einstein's Early Work," *Thematic Origins of Scientific Thought* (주 4); Miller,

논문이나 골라 보라. 거의 매 논문마다 그와 매우 다른 형식을 확인할 수 있을 것이다. 그 논문들은 일반적으로 실험상의 문제나 계산상의 문제를 바로잡는 것에서부터 시작한다. 그리고 그 논문들은 다른 논문에 대한 참조로 가득하다. 그런데 한번 아인슈타인의 논문을 특허 세계의 눈으로 읽어 보라. 그러면 그토록 이상해 보였던 논문이 — 적어도 스타일의 경우에 — 갑자기 그리 이상해 보이지 않게 된다. 최근의 한 저자가 얘기했듯이, 특허라고 하는 것은 그 **본래적 특성상**, 주석에 달린 다른 특허들 속에 안주하기를 거부한다. 만약 거기에 안주한다면 저자가 원하는 기업가 이익(entrepreneurial advantage)을 얻지 못할 것이다. 극단적인 조롱도 보기 드문 일이 아니다. (특허 용어가 그렇듯이) 특허는 사실 "기술에 능한 사람"을 위해 쓰여지지 전문 독자를 위해 쓰여지지 않는다.[44] 그리고 저자의 이야기는 어떤 절차(procedure)를 묘사하고자 할 뿐, 긴 작업 사슬의 방향(way)을 가리키려 하진 않는다.



광활한 시간 조율의 세계에 이러한 과학-기술간 상호개입을 끼워 넣게 되면, 새로운 수수께끼가 발생한다. 어떤 면에서 보면, 16세에 독일 시민권을 포기한 이후 평생 "군대식"의 "군중 생활"을 비난해 왔던 바로 그 아인슈타인이, 역설적이게도 26세가 되어 폰 몰트케의 프로젝트를 완성했기 때문이다.[45] 시간은 '시간 맞추기'와 동일시되었고, **시간통합** (*Einheitszeit*)은 계속 확장되는 영역에서 원거리 동시성을 '절차적인 방식으로' 확립하는 작업의 기술정치적(technopolitical) 종착점이 되었다. 아

*Albert Einstein's Special Theory of Relativity* (주 2); "The Special Relativity Theory: Einstein's Response to the Physics of 1905," *Albert Einstein: Historical and Cultural Perspectives*, eds. Holton and Yehuda Elkana (Princeton, N.J., 1982), pp. 3-26 등에서 지적되어 있다.

44 Greg Myers, "From Discovery to Invention: The Writing and Rewriting of Two Patents," *Social Studies of Science* 25 (Feb. 1995), 77.

45 Einstein, "The World as I See It," *Ideas and Opinions*, trans. Sonja Bargmann, ed. Seelig (New York, 1954), p. 10.

인슈타인의 시계 동기화 시스템은 이전의 시스템과 마찬가지로 전자기 신호를 통해 시계들을 함께 연결시켰고, 이를 통해 시간이란 것을 절차적 동기화의 문제로 환원시켰다. 그리고 아인슈타인의 기획하에서, 시계 통합은 도시, 지방, 제국은 물론 대륙과 지구 너머로 확장되었고, 이제는 유사-데카르트 공간이라 할 수 있는 무한한 우주 전체로까지 확장됐다.

그러나 그 역설은 다시 뒤집어진다. 아인슈타인의 시계 조율 절차는 '전자기적 시간 통합' 을 향한 최소 15년의 집중된 노력 위에 세워졌지만, 역설적으로 폰 몰트케의 기획 속에 있었던 하나의 핵심적인 요소를 완전히 제거해 버렸다. 아인슈타인의 무한한 시계 장치에는 '프리마레 노르말루어' 도, '호를로게-메레' 도, '마스터 시계' 도 없었다. 그의 장치는 무한한 시공간적 확장이 가능한 조율 시스템이었지만, 그 무한에는 중심이 없었다. 위로는 베를린 천문대를 통해 하늘과 연결되고 아래로는 제국의 구석구석까지 연결된 어떤 실레시스헤르 반호프도 필요하지 않았다. 애초에 시간통합 프로젝트는 독일 통합을 위한 시대적 요청에서 시작됐지만, 아인슈타인은 그 프로젝트를 무한히 확장시킴으로써 그것을 완성시킴과 동시에 전복시켰다. 그는 통합대의 울타리를 없앴지만, 그 과정에서 **중앙시계**(*Zeitzentrum*)로서의 베를린을 제거했을 뿐만 아니라 형이상학적 '중심' 이라는 그 범주 자체를 뒤집는 장치를 고안했다. 전자기 신호의 교환을 이용해 새롭게 정의된 시간 조율을 가지고, 아인슈타인은 특정 에테르 정지 좌표계에 공간적으로나 시간적으로나 전혀 기대지 않는 '움직이는 물체의 전자기 이론' 을 완성할 수 있었다. 그는 좌표계에 따른 비대칭성을 없앤 상대성 이론을 만들어 냈다.



* * *

세상은 변한다. 아인슈타인은 1909년에 베른 특허국을 그만둔 이후 취리히대학과 프라하를 거쳐 결국 1914년에는 베를린대학에 자리를 잡았다. 1차 세계대전 이후, 스위스 정밀시계 통합의 상징(avatar)이었던 파바르게르는 전기식 시간 맞추기에 관한 550쪽의 전문기술서를 광범위한 문화적 용어로 재구성한 3판을 출판했다. 그가 주장하기를, 1차 세계대전은 엄청난 기술 발전을 추동했지만, 그것은 또한 평화 시기에 창조했던 인류의 수많은 유산을 파괴했다. 평화 시기와 대조적으로 전후의 세계는 "폐허와 비탄과 고통 속에 빠져 있었다."[46] 이러한 재앙에서 물질적으로나마 빠져나오기 위해서는, 일이 필요하다. 일은 인류를 구해줄 것이다. 그런데, 역학에 의하면 일은 시간과 힘의 곱이다. 그가 이어 말하기를, 시간은 "실체적으로 정의될 수 없다. 형이상학적으로 말해 그것은 물질이나 공간만큼 불가사의하다."(시간 덕분에 둔감한 스위스의 시계제조공들조차 형이상학을 하는 처지가 됐다.) 잠을 자거나 밥을 먹거나 명상을 하거나 놀거나, 사람의 모든 활동은 의식하든 못하든 시간 속에서 행해진다. 질서 없이는, 또 상세한 계획 없이는 무정부 상태에 빠질 위험이 있으며, 이는 물리적 · 지적 · 도덕적 고통으로 이어질 것이다. 그 해결책은 다음과 같다. 천문대에서 시간을 엄밀하고도 정확하게 측정하고 결정하는 것이다. 그러나 측정된 시간을 천문대의 작은 성에 가두어 두어선 안 된다. 정밀한 시간은 그것을 원하거나 필요로 하는 누구에게라도 전기적으로 분배되어야 한다. "요컨대, [사람들의 생활과 번영을 위해] 우리는 시간을 보급해야 하며, 또한 시간을 민주화해야 한다." 우리는 모든 사람을 "시간의 주인(maître du temps), 즉 '시' 뿐만 아니라 '분', '초', 그리고 특별한 경우엔 1초의 십분의 일, 백분의 일, 천분의 일, 백만분의 일까지 지배하는 주인"으로 만들어야 한다.[47] 파바르게르에게, 분배되고 조율된 시간은 돈 이상이었다. 그것은 각 사람에게 내적인 동시에 외적인 질서를 제공해 주는 방법이었다. 19세기 말과 20세기 초, 조율 시계는 결코



46 Favarger, *L'Électricité et ses applications à la chronométrie* (그림 5), p. 10.
47 *Ibid.*, p. 11.

단순한 톱니바퀴와 자석이 아니었다.

내가 시계 조율의 물질문화를 검토함으로써 기대하는 바는, 아인슈타인의 자리를 기계장치와 형이상학을 가로지르는 의미의 세계 안에 마련해 주는 것이다. 더 일반적으로, 내가 이 글(과 다른 글[48])에서 과학의 물질문화를 연구함으로써 기대하는 바는 사물과 생각의 관계에 대해 똑같이 문제가 있는 양극단의 관점을 피하는 것이다. 그 하나는 맹목적인 유물론 또는 경험주의의 오랜 전통으로, 사물의 성질 및 그것이 우리에게 주는 인상의 인과적 작용으로 단일한 관념이 생겨난다는 관점이다. 물리학의 역사에서, 특히 논리실증주의류의 경험주의는 직접적이면서 모호하지 않은 방식으로 과학의 발전에 대한 귀납적인, 즉 관찰 중심적인 설명을 고안했다. 이는 『하버드 실험 과학 사례집(*Harvard Case Histories in Experimental Science*)』에서 체계화되어 1950년대를 거쳐 1960년대까지 존재했다. 이 틀에서 이론 및 그와 연관된 철학은 항상 잠정적인 덧칠일 뿐 과학의 견고한 뼈대가 아니었다. 여기서 아인슈타인은 귀납적 과정의 부정할 수 없는 다음 단계를 밟음으로써 에테르를 점차 몰아낸 듯 보이기도 한다. 빛의 속력($c$)과 빛의 상대속도($v$) 사이의 비($v/c$)를 측정했을 때, 에테르는 그 소수점 첫째자리에서도, 둘째자리에서도 검출되지 않았다. 따라서(이 논증이 그대로 진행되어), 아인슈타인은 에테르가 불필요하다는 결론을 내렸다.[49] 확실히, 이런 식으로, 실험에 토대를 둔 과학자로



48 Galison, *Image and Logic: A Material Culture of Microphysics* (Chicago, 1997).
49 아인슈타인의 상대론을 "에테르가 없음"을 보이는 측정이 점점 정확해진 결과로 묘사하는 것은 널리 유포되어 있는 얘기이다. 아인슈타인의 정식화를 초기 에테르-전자 이론의 단순한 변형에 불과한 것으로 위치지우는 아마도 최고의 학술적 시도는 Edmund Whittaker, *A History of the Theories of Aether and Electricity* (London, 1953)에서 볼 수 있을텐데, 그 책의 "The Relativity Theory of Poincaré and Lorentz" 장에는 다음의 구절이 있다. "아인슈타인은 [1905년에] 푸앵카레와 로렌츠의 상대성 이론에 몇 가지 부연을 단 논문을 발표하여 많은 관심을 끌었다. 그는 … 당시 널리 수용되었지만 후대의 사람들로부터 몹시 비판받아 왔던 **광속 불변**을 근본 원리로 주장했다"(p. 40). Holton, *Thematic Origins of Scientific Thought* (주 4), 특히 chap. 5와

아인슈타인을 보여주는 이야기는 꽤 많이 있다. 예를 들어, 그는 제국 물리-기술 연구소(Physikalisch-Technische Reichsanstalt)에서 고속 전자 또는 자이로컴퍼스에 대한 세심한 실험과 연구에 매료되어 있었으며, 이는 그가 실험실 절차와 기계 조작에 매우 능숙한 이론가였다는 점을 드러내준다. 사물은 생각을 구성했다.

반면에, 위와 정반대인 프로젝트의 전형으로는 1960, 70년대의 반실증주의 운동을 들 수 있는데, 이 운동은 이전 세대의 인식 순서를 역전시키는 것을 주된 목표로 삼았다. 프로그램(programme), 패러다임(paradigm), 개념 도식(conceptual scheme)이 먼저고, 실험과 기구는 무조건 그 아래 있는 것으로 재구성되었다. 이제는 생각이 사물을 완전히 구성했다. 반실증주의의 창에 비친 아인슈타인은 대칭성, 원리, 조작적 정의 따위를 일관되게 추구하는 과정에서 물질 세계를 전혀 필요로 하지 않았던 철학적 혁신가인 듯 보인다. 물론 여기에도 상당한 진실이 있다. 이러한 반실증주의적 반작용으로부터 우리는 아인슈타인이 실험 결과들을 신중하게 가리던, 예를 들어, 특수상대론에 대해 알려진(supposed) 실험실 반증을 의심스러워하거나 일반상대성 이론과 천문학 사이의 미묘한 모순을 믿지 않았던 일들을 주의깊게 보는 법을 배웠다.

양쪽 각각의 역사 서술 전통이 지닌 역할을 인정한다고 해서, 내가 그 사이의 절충안을 제안하려는 것은 아니며 기술 환원주의를 옹호하려는 것은 더더구나 아니다. 대신, 우리에겐 맹목적인 관념론의 역사 서술과 맹목적인 유물론의 역사 서술 양자 사이에서 갈팡질팡하는 상황을 헤어나오는 길이 있어 보인다. 이는 철학적으로 충만하며 역사적으로 맥락지어진 물질 문화의 형태를 띨 것이다. 전신, 증기기관, 과학 도구, 천문 관측에 관한 최근 몇 년 간의 연구들은 사물과 생각 중 하나만 선택하라는 식의 이치에 닿지 않는 이분법을 거부하는 질문들을 던지기 시작했다.[50]

Miller, *Albert Einstein's Special Theory of Relativity* (주 2)를 보라.

**50** Schaffer, "Late Victorian Metrology and Its Instrumentation: A Manufactory of

각각의 사례에서, 우리는 역사 속의 특정한 가치 및 상징과 맞물려 있었던 철학적 쟁점들을 탐구할 수 있다.

1902년 아인슈타인이 베른 특허국에 발을 들여놓았을 때, 그는 전기적 세계가 기계적 세계를 정복하고서 상징적으로는 현대성의 꿈에까지 이미 다다른 양 도취감에 취해 있던 세계에 들어온 셈이다. 그는 시계 조율의 문제가 현실적인 문제였던 세계(기차, 군대, 전신)를 목도했다. 그 세계에서는 작동가능한, 특허가능한 해결책을 요구했는데, 이는 정확히 그의 관심 영역이자 그의 직업상 전문 분야 — 정밀 전기 기계장치 분야 — 였다. 특허국은 절대로 먼 바다의 등대선이 아니었다. 오히려, 특허국은 현대 기술의 거대한 행렬을 한눈에 볼 수 있는 특별 관람석이었다. 조율 시계들의 행렬이 지나갈 때, 그들은 단독으로 다니지 않았다. 전기식 시계 조율 네트워크는 정치적, 문화적, 기술적 통일, 그 모든 것을 한꺼번에 의미했다. 아인슈타인은 이 새로운 '규약적 동시성 장치'를 가지고 새로운 물리학의 원리를 다루는 도입부에 달아 버렸다. 어떤 면에서, 그는 19세기 거대한 시계 조율 프로젝트를 완성했지만, 마스터 시계를 제거하고 '규약적인 시간 맞추기'를 **물리적 원리**로 승격시킴으로써, 그야말로 현대적인, 20세기 상대론적 물리학을 내놓았다.

다중상징적(경쟁하는 여러 해석이 가능하다는 의미에서)으로, **시간통합**(*Einheitszeit*)의 통제된 조율은 장엄한 제국, 민주주의, 세계시민권, 반(反)무정부주의를 번갈아가며 의미했다. 이들이 공통으로 지닌 것은, 각 시계가 개인을 나타내고 시계 조율이 사람과 사람 사이의 연결 논리를 표현한다는 생각이었다. 그처럼, 국가적 · 세계적 통제 프로젝트는 가능한 기술–문화적 변화의 특정한 조건을 이끌어 냈다. 그 변화는 과학–기

Ohms," *Invisible Connections: Instruments, Institutions, and Science*, eds. Robert Bud and Susan E. Cozzens (Bellingham, Wash., 1992), pp. 23-59; M. Norton Wise, "Mediating Machines," *Science in Context* 2 (Spring 1988), 77-144; Galison, *Image and Logic* (주 48)을 보라.

술적인 동시에 문화적으로도 중요한 것이었다.

지난 30년 사이에, 상향식 설명과 하향식 설명 사이의 대결은 진부한 일이 되었다. 그러나 둘 중 누구도 상대를 꺾을 수 없을 것이다. 연금술과 천문학 사이의 관계를 표현하기 위해 등장했던 중세의 유명한 얘기를 빌려온다면, 우리는 다음과 같이 말할 수 있을 것이다. [전자기적으로 통제된 시계 네트워크를] 내려다봄으로써, [제국, 형이상학, 문명사회의 상을] 올려다본다. [아인슈타인의 규약화된 원거리 동시성의 형이상학과 공간, 시간, 운동의 문화적 전환을] 올려다봄으로써, [베른 특허국을 거쳐간 전선, 톱니바퀴, 전파신호를] 내려다본다. 우리는 기계에서 형이상학을, 형이상학에서 기계를 본다.

# 미국의 거대과학과 거대정치

## 사멸한 SSC와 살아남은 휴먼게놈프로젝트에 대하여

다니엘 케블레스(Daniel Kevles)
김봉국 역

초전도 고속 충돌기(Superconducting Super Collider; SSC)와 휴먼게놈프로젝트(Human Genome Project)에 대한 아이디어는 1980년대 초에 등장했으며, 1980년대 후반에 이르러 미 연방 정부의 대표적인 대규모 프로젝트로 자리 잡았다. 두 프로젝트는 모두 거대과학(Big Science)이라 불렸고 대규모 과학 사업의 일종이기는 했지만, 각각에서 거대과학은 완전히 다르게 표현되었다. 이러한 차이는 두 프로젝트의 마지막 운명에서 특히 두드러졌다. 두 과학 분야가 각각 겪었던 냉전이라는 상황이 끝나고, 과학에 대한 새로운 의제가 미국에서 정착되었던 것이다.

Daniel Kevles, "Big Science and Big Politics in the United States: Reflections on the Death of the SSC and the Life of the Human Genome Project," *Historical Studies in the Physical and Biological Sciences* 27 (1997), 269-297 

* 이 글의 각주에 사용된 약어 *CR*과 *PT*는 각각 Congressional Record와 *Physics Today*를 지칭함.

## I. 기원

### 1. 충돌기

SSC는 둘레 52마일의 원형 터널에서 양성자(protons)와 반(反)양성자(antiprotons)를 20조 전자볼트(eV) 에너지에 이르도록 가속할 수 있는 거대한 기계장치이다. 이 장치에서 양성자와 반양성자는 다른 전하를 띠므로 서로 반대 방향으로 회전하다가 40조 eV 에너지로 충돌하게 된다. 물가 상승까지 감안하면, SSC를 건설하는 데는 10년 동안 약 60억 달러의 비용이 필요했다. 고에너지 물리학자들은 SSC를 간절히 원했는데, SSC가 표준모델(Standard Model)이라 불리던 기본입자 이론의 핵심 체계를 더욱 진전시키는 데 꼭 필요하다고 보았기 때문이다. 표준모델에 따르면, 모든 물질은 쿼크와 렙톤 입자로 구성되며 이 입자의 형태와 성질은 여러 종류의 역장들(force fields)에 의해 결정된다. 그리고 이런 장들은 기본입자들이 교환되면서 서로 상호작용한다. 이론상 표준모델은 자연계의 세 가지 근본 힘, 전자기력(electromagnetic force), 약력(weak force), 강력(strong force)을 하나로 통합한다. 표준모델 이론이 포괄하지 못한 힘은 네 번째 힘인 중력뿐이다. 1970년대까지 축적된 간접적 실험 증거들은 중요한 성취 중 하나인 표준모델의 이론적 예측을 지지했다. 그것은 바로, 에너지가 충분히 높을 경우 약력과 전자기력에서 대칭성이 강하게 나타나며, 그 결과 두 힘이 단일한 전기약력(electroweak force)으로 작용하게 된다는 예측이었다. 또한 당시 표준모델은, 우주대폭발로 우주가 막 생겨난 순간, 즉 좁은 공간에 막대한 에너지가 응축되어 있을 때 우주의 특성이 어떠했는지를 규명하는 데 이용되고 있었다. 즉, 우주가 식으면서 전기약력의 강한 대칭성이 깨어졌고, 그로부터 분화되어 전자기력과 약력이 생겨났다는 것이다.

하지만 표준모델에는 해명되지 않은 수많은 문제들이 포함되어 있었다. 특히 고에너지 물리학자들은, 1964년에 에든버러 대학의 피터 힉스(Peter Higgs, 1929-)가 가장 명료하게 가정하여 그의 이름이 붙은 힉스 역장(Higgs force field)의 징후를 조사하고 싶어 했다. 당시 힉스 역장은 통일된 전기약력을 깨뜨리는 역할을 한다고 여겨졌다. 또한 전자기력과 약력이 상호작용할 때 — 실제로는 질량이 없는 — 입자들이 질량을 얻는 이유를 설명하는 데 힉스 역장이 꼭 필요하다고 생각되었다. 이론적인 근거에서 고에너지 물리학자들은, 힉스 역장의 정체가 힉스 보손(boson)이라는 교환입자의 존재를 통해 드러날 것이라 기대했다. 또한 그들은 힉스 보손의 질량이 상당히 크기 때문에 SSC급의 에너지 수준에서 작동하는 장치만이 힉스 보손을 발생시킬 수 있을 것이라 예상했다.[1]

또한 고에너지 물리학에 심취했던 사람들은 기본입자 물리학에서 미국의 주도권이 약해져 간다고 우려했기 때문에 SSC를 더욱 원했다. 유럽은 프랑스와 스위스의 국경에 — 유럽 공동 원자핵 연구소(Conseil Européen de la Recherche Nucléaire)의 머리글자를 따서 이름 붙인 — 다국적 거대 입자가속기 CERN을 건설하도록 지원했으며, 미국의 두 배에 달하는 GNP 대비 예산을 고에너지 물리학 연구에 투자하고 있었다. 1983년 상반기에 CERN이 보손이라 불리던 무거운 세 가지 입자 $Z^0$, $W^+$, $W^-$ — 전기약력 이론에서 전자기력과 약한 핵력을 매개한다고 예상했던 입자들 — 를 직접 탐지했다고 발표함에 따라, 미국의 우려는 현실이 되었다. SSC의 가속 에너지는 CERN 입자가속기의 60배 이상 될 수 있었다. 그것은 세계에서 가장 강력한 양성자 가속기로 1990년대까지 준비될 수 있으며, 고에너지 물리학에서 미국이 우위를 되찾아줄 것이었다. 페르미 연구소의 소장이었던 레온 레더만(Leon Lederman, 1922-)과 전기약



1 Weinberg, testimony, U.S. Congress, House, *Hearings before the Committee on Science, Space, and Technology: Superconducting Super Collider*, 100th Cong., 1st Sess., 7-9 Apr. 1987, p. 244.

력 이론에 공헌하여 와인버그와 함께 노벨상을 수상했던 셸던 글래쇼(Sheldon Glashow, 1932-)는 1985년 SSC를 다룬 논문에서 다음과 같이 주장했다. "만약 우리들이 SSC를 통해 얻을 수 있는 기회를 상실한 채 1990년대를 보내게 된다면, 과학에서뿐만 아니라 국가적 자존심과 기술적 자신감에서도 손상을 입게 될 것입니다. 우리가 어렸을 적에 미국은 모든 방면에서 최고였습니다. 그와 같이 다시 한번 최고여야 합니다."[2]

비록 1988년에 가서야 상을 타게 되지만, SSC의 주요 대변인 중 한 명이었던 레더만은 1960년대 표준모델을 발전시킨 공로로 노벨상을 받은 뛰어난 고에너지 실험물리학자였다. 레더만은 충돌기 관련 청문회가 열릴 때마다 의회에 출석했으며, 충돌기의 필요성이 기본적으로 지적 호기심 충족에 있음을 솔직히 시인하면서도, SSC의 가치를 열정적이고 세련되게, 그리고 대중적으로 주창한 인물이었다. 하지만 레더만이나 동료 지지자들은 모두 SSC가 미국 경제에 상당한 실질적 이득을 가져다 줄 것이라 망설임 없이 주장했다. 첨단 과학의 성취를 예측하기란 힘드므로, 레더만과 동료들은 SSC의 장래성에 대해 그리 구체적이지는 못했다. 따라서 그들은 입자물리학의 역사에 관한 자료를 모은 후, 과거 입자물리학의 부산물들을 지적하고 이로부터 SSC의 실용적 전망을 추정했다. 고에너지 입자가속기들을 통해 드러난 자연에 관한 지식 그 자체가 실용적으로 가치 있지는 않았지만, 기계장치들이 유용한 부가 이득을 가져다주었다. 예를 들어 식품과 원료를 가공하고 암을 치료하는 데 방사선이 사용되었다. 또한 강한 광선은 반도체 칩에 집적회로를 고밀도로 새기는 데 무엇보다도 효과적이었다. 그리고 전산화된 방법과 정교한 기술은 막대한 데이터를 검사하고 분석하는 데 유용했다.

SSC 지지자들은 댈러스(Dallas)에 세워질 텍사스대학(University of Texas) 사우스 웨스턴 의료센터(Southwestern Medical Center)에서, 저에



2 Sheldon L. Glashow and Leon M. Lederman, "The SSC: A machine for the nineties," *PT* 38 (Mar. 1985), 28-37.

너지 분사가속기로부터 나온 양성자를 암 치료용으로 전용하게 될 것이라고 말했다. 하지만 예상할 수 있는 가장 중요한 이득이 의료적 측면의 것은 아니었다. 레더만과 글래쇼는 SSC의 주된 파급효과로 초전도 기술이 발전할 것이라 전망했다. 하원 예산 위원회에서, 레더만은 페르미 연구소와 다른 입자가속기에 필요한 초전도 자석을 연구한 덕분에 효과적인 의료진단 장비 "자기공명영상(magnetic resonance imaging; MRI)"이 보급될 수 있었다고 증언했다. 이어서 그는 "현재 대략 25개의 기업들이 연간 10억 달러 규모에 달하는 새로운 산업에서 MRI를 제조하게 되었다"고 말했다.[3] 변호사이자 전직 루이지애나(Louisiana) 주 의원이었던 W. 헨슨 무어(W. Henson Moore Ⅲ) 에너지부 차관은 레더만보다 훨씬 더 열성적이었다. 일례로 그는 하원 위원회에서 SSC에 필요한 초전도 자석 연구 덕분에 MRI가 만들어질 수 있었다고 말했을 정도였다.[4] 한편, 막대한 초전도 전류를 보내는 데 필요한 니오븀-티타늄선이 개량되고 가격이 인하될 것이고, 의료 분야를 넘어서는 이런 진척은 전력 발전과 자기부상 열차 수송의 혁신에 기여할 것이었다.

베트남 전쟁이 끝나고 1970년대를 거치면서 전체 물리학에 대한 연방정부의 지원은 줄어들었다. 하지만 연방기금 자체는 전략방위구상(Strategic Defense Initiative)을 비롯한 레이건 정부의 국방력 증강 계획과 경제 경쟁력을 강조하는 분위기에 힘입어 크게 늘어났다. 첨단기술을 중시하는 풍토 속에서, SSC는 미국의 거의 모든 고에너지 물리학을 지원했

3 U.S. Congress, House, *Hearing before the Task Force on defense, foreign policy and space, Committee on the Budget, establishing priorities in science funding*, 102nd Cong., 1st Sess., 11 and 18 1991, p. 78 (hereafter, House, *Hearing, Task Force*, 1991).

4 U.S. Congress, Senate, *Hearing before the Subcommittee on Energy Research and Development of the Committee on Natural Resources, on the Department of Energy's Superconducting Super Collider Prej." 

던 에너지부의 승인을, 그리고 1987년 1월에는 로널드 레이건(Ronald Reagan) 대통령의 승인을 받았다. SSC에 투자될 60억 달러로부터 나올 직·간접적인 이익 배당금을 알아차리는 데 물리학자의 도움이 필요하지는 않았다. 충돌기로 인해 무수한 산업 하청계약이 생겨나게 될 것이었다. 또한 한 의원이 말했듯이, 충돌기가 건설되는 곳에서만 약 5000에서 8000명이 고용될 뿐만 아니라, 그 외에도 "막대하게 많은 일자리"가 창출될 수 있었다. 미국의 절반 이상의 주들이 1987년 4월 1일에 시작된 부지선정 경쟁에 참여하기 위한 조치를 강구했다. 『뉴 리퍼블릭(*New Republic*)』 신문에서는 이를 "쿼크 보조금쟁탈 정치(quark barrel politics, 낭비적인 대규모 공공사업을 일컫는 미 속어 "pork barrel"의 패러디 — 역자주)"로의 초대라고 불렀다.[5]

존 해링턴(John S. Herrington) 에너지부 장관은 조지 부시(George Bush) 대통령 당선 다음날인 1988년 11월 10일 열린 기자회견에서, 텍사스 주 왁사하키(Wasahachie)에 SSC가 건설될 것이라고 발표했다. 이곳은 댈러스로부터 남서쪽으로 25마일 가량 떨어진 인구 1만 8,000명의 작은 마을이었다. 1988년 1월 국립과학원(National Academy of Science)의 부지선정위원회는 8개 주의 후보 부지 목록을 에너지부에 제출했는데, 이 중 왁사하키는 거의 모든 주요 선정기준에서 높은 등급을 받았다. 그리고 설비시설 용도로 200평방 마일의 부지를 제공해야 하는 텍사스 주도 다른 주와는 달리 프로젝트에 1억 달러를 내놓기로 선뜻 약속했다. 하지만 이를 지켜본 사람들은, 차기 대통령이 텍사스를 고향으로 여겼으며, 그곳 의회 대표단에 세력가들이 많았음에 주목하지 않을 수 없었다. 이러한 세력가로는 연방하원 의장이었던 짐 라이트(Jim Wright), 민주당 공천으로 부통령에 입후보한 로이드 벤슨(Lloyd Bentsen) 상원의원, 그리고



5 *Ibid.*, p. 48; Robert Brazell, "Quark barrel politics," *New republic* 196 (22 June 1987), 9-10.

상원의원으로 당선되기 전에 왁사하키 의원이었으며 재정적자감축법의 공동 제안자였던 필 그램(Phil Gramm)이 포함되었다.

1989년 의회는 투표를 통해 SSC 건설에 자금을 지원하기로 결정했다. 의회는 1990년에 일단 2억 2500만 달러를 투자하기로 합의하고 전체 건설비용으로 59억 달러의 예산을 수락했다. 2년이 지난 1991년 여름 의회는 충돌기에 2배 이상의 자금 지출을 승인했다. 한편, 상원에서 프로젝트를 백지화하려는 조처는 거의 2 대 1의 표차로 실패했다.

지난 4년간 연간 5억 달러 정도의 일정한 액수를 유지해 왔던 기존의 고에너지 예산에, SSC에 지원될 자금이 추가되었다. 1991년까지 이러한 추가액은 30여 개 주의 90여 개 대학 및 연구소에 있는 과학자와 엔지니어들에게 SSC 연구를 위한 1억 달러 이상의 자금지원 및 하청계약을 성사시켜 주었다. 1990년에 150여 명의 물리학자들이 왁사하키에서 연구에 열중했다. 이들은 1989년 1월 SSC의 책임자로 임명된 로이 슈비터스(Roy Schwitters) 밑으로 들어와 활동했던, 1000명에 달하는 전체 SSC 고용 인력의 일부분이었다. 저명한 고에너지 실험물리학자, 전직 하버드 대학 교수, 페르미 연구소의 프로젝트 팀장이었던 40대 중반의 슈비터스는 SSC라는 엄청난 프로젝트를 맡아 실제 작동하는 가속기를 만들어 내는 데 외관상으로 딱 맞는 인물이었다.

## 2. 게놈

1980년대 중반 미국 사회에서는 휴먼게놈프로젝트에 대한 논의가 활발했다. 다양한 기법과 기술이 개발됨에 따라, 유전자를 분리하고 염색체상에서 그 위치를 찾아내며 유전정보를 암호화하는 DNA 염기쌍 서열을 얻어내는 작업이 가능해졌다. 이와 함께, 질병 유발 유전자에 대한 발견도 빠른 속도로 쏟아져 나왔다. 예를 들어, 심장병의 원인인 가족성 콜레스테롤 과다증상과 같은 잠재적 사인이 열성 유전자에 의한 것임이 밝혀졌다. 또한 암이 부분적으로는 발암 유전자의 작용으로 발생하며, 이런 발암 유전자가 변이와 조절장애로 인해 기능 이상이 생긴 정상세포의 유전자임이 확인되었다. 게놈프로젝트의 열광적 지지자 월터 길버트(Walter Gilbert, 1932-)는 몇몇 영향력 있는 과학자들에게 게놈프로젝트의 가치를 설득해 나갔다. 이런 과학자 중에는 DNA 구조의 공동 발견자이자 롱 아일랜드(Long Island) 콜드 스프링 하버 생물학 연구소(Cold Spring Harbor Biological Laboratory) 소장으로서 막강한 영향력을 행사했던 제임스 왓슨(James D. Watson, 1928-)이 포함되었다. 길버트는 인간 유전자에 대한 서열분석(sequencing) 작업을 강행해야 하며, 이 과업에 필요한 제반 기술들이 이미 마련되었으므로 더 이상 지체할 이유가 없다고 계속해서 주장했다. 1986년 6월 콜드 스프링 하버 모임에서, 길버트는 수천 명의 사람들을 이 연구에 동참하도록 하면 게놈프로젝트를 훨씬 빨리 진척시킬 수 있다고 공언했다. 또한 그는 한 쌍의 염기마다 1달러의 서열분석 비용이 필요하다고 보면서, 30억 달러의 비용으로 인간의 전체 염기서열을 밝혀낼 수 있다고 추정했다.[6] 생물학에서 이 연구는 매우 거대한 프로젝트였다. 그럼에도, 모임에 참석하기 위해 런던에서 왔던 왕립암연구기금(Imperial Cancer Research Fund)의 연구책임자 월터 보드머(Walter Bodmer)는, 이 연구가 입자 물리학이나 우주 비행의 엄청난 시도와 닮은 점이 있지만 그로부터 나오는 이득 면에서는 훨씬 더 확실하다고 전망했다. 그는 이렇게 말했다. "인간이 화성으로 가는 길의 1/4 혹은 1/3에 도달하는 것만으로는 아무런 소용이 없습니다. … 하지만 전체 유전체(genome) 서열의 1/4 혹은 1/3만으로도 … 가장 쓸모 있는 응용을 산출



6 Joel Davis, *Mapping the code: The Human Genome Project and the choices of modern science* (New York, 1990), pp. 97-98; Joseph Bishop and Michael Waldholz, *Genome: The story of the most astonishing scientific adventure of our time-The attempt to map all the genes in the human body* (New York, 1990), pp. 217-218.

해 낼 수 있습니다."[7]

찰스 델리시(Charles DeLisi)는 거대과학의 과업에 거리낌이 없었다. 물리학을 전공했고 국립보건원의 수리생물학 연구책임자였던 그는 워싱턴 D.C. 에너지부(Department of Energy; DOE)에서 보건환경국장직을 맡았다. 전시 맨해튼 프로젝트(Manhattan Project) 때 생긴 DOE는, 방사선이 생물체에 미치는 효과, 특히 유전 변이에 관한 연구를 오랫동안 지원해 오고 있었다. 또한 DOE는 로스알라모스 국립연구소(Los Alamos National Laboratory)의 생명과학부(Life Sciences Division)를 후원했으며, 1983년 로스알라모스에 DNA 서열 정보를 모아놓은 거대 데이터베이스인 "유전자은행"을 설치했다.[8] 델리시는 DOE의 1987년 예산에서 게놈프로젝트에 450만 달러를 책정했고, 이 프로젝트를 부서의 주력 프로그램으로 격상시키기 위해 분주히 활동했다. DOE가 방사선이 건강에 미치는 효과에만 관심을 보였던 것은 아니었다. 미국에서 입자가속기의 든든한 후원자이기도 했던 DOE는 정교한 기술이 필요한 거대과학 프로젝트에 이미 익숙해 있었다. 또한 1970년대 초반 이후 변덕스러웠던 국방 및 에너지 정책으로 인해, DOE는 불안정한 예산에 신경 쓰기 시작했다. 특히 DOE는 국립 무기연구소 — 로스알라모스 연구소, 캘리포니아 리버모어 연구소(Livermore Laboratory) 등 — 의 활기를 유지하는 데 도움이 될만한 새로운 연구 프로젝트를 끌어안으려고 항상 노력했다.[9]

7 Robert Mullan Cook-Deegan, "The Human Genome Project: The formation of federal policies in the United States, 1986-1990," *Biomedical politics,* ed. Kathi E. Hanna (Washington, D.C.: Division of Health Sciences Policy, Committee to Study Biomedical Decision Making, Institute of Medicine, National Academy of Sciences, 1991), p. 123.

8 Robert Mullen Cook-Deegan, "The Alta Summit, December 1984," *Genomics* 5 (1989), 661-662; Charles R. Cantor, "Orchestrating the Human Genome Project," *Science* 248 (6 Apr. 1990), 49-51; Davis (주 6), pp. 95-96.

9 *Ibid.*, 115-116; Tracy L. Friedman, *The science and politics of the Human Genome Project* (Princeton: Senior thesis, Woodrow Wilson School of Public and

1986년 델리시가 야심찬 휴먼 게놈 5개년 계획을 제안했을 때, DOE는 이를 지원하기로 결정했다. 이 프로그램에는 유전자 지도 작성, 자동화된 고속 서열분석 기법 개발, 서열 데이터 전산 분석에 관한 연구가 포함되었다. 1987년 9월 에너지부 장관은 부서의 부설 연구소인 로스알라모스, 리버모어, 로렌스 버클리 연구소(Lawrence Berkeley Laboratory)에 휴먼 게놈 연구센터를 설치하라고 지시했다.[10] 뉴멕시코 주 상원의원 피트 도메니치(Pete Domenici)는 DOE가 게놈 연구에 주력하자 이를 열광적으로 지지했다. 뉴멕시코 주 소재 국립 무기연구소의 든든한 지지자였던 도메니치는, 평화로운 시기가 도래할 때 이런 연구소들이 겪을 운명을 염려했던 것이다. 1987년 도메니치는 의회 청문회를 열어 휴먼게놈프로젝트를 의회 안건으로 상정했고, 국립연구소의 재활성화와 연계하여 프로젝트를 추진하도록 의도된 법안을 제출했다.[11]

게놈프로젝트의 강력한 지지자들은 국회 의사당(Capitol Hill)에도 등장했는데, 여기에는 생물의학 연구자들 외에도 제약 산업과 생명공학 산업의 대표들이 포함되었다. 생물의학 연구자들은 게놈프로젝트가 의료의 측면에서 높은 수익을 보장한다고 강조했다. 산업계의 대표들은 미국이 세계의 생명공학 산업에서 두각을 나타내고 특히 일본과 제대로 경쟁하려면 게놈프로젝트가 꼭 필요하다고 주장했다.[12]

SSC와 마찬가지로, 게놈프로젝트의 지지자들이 가장 강조한 부분은



International Affairs, Princeton University, Apr. 1990), pp. 31-32.

10 Cook-Deegan (주 7), p. 118; Friedman (주 9), pp. 31-32; Benjamin J. Barnhart, "The Human Genome Project: A DOE perspective," BioDoc, file CB27.188, p. 2.

11 Cook-Deegan (주 7), p. 120; Friedman (주 9), pp. 38-39; U.S. Congress, Senate, Subcommittee on Energy Research and Development, Committee on Energy and Natural Resources, *Department of Energy National Laboratory Cooperative Research Initiatives Act: Hearing before the Subcommittee on Energy Research and Development of the Committee on Energy and Natural Resources*, 100th Cong., 1st Sess., 15 and 17 Sep. 1987.

12 Friedman (주 9), p. 45.

첨단 기술에서 미국의 경쟁력을 유지하는 것이었다. 몇 가지 기준으로 볼 때, 확실히 미국은 생명공학 전반과 특히 휴먼 게놈 연구에서 유럽을 앞서고 있었고, 일본과의 격차는 더욱 컸다. 하지만 일본은 지원을 집중해 가며 분자생물학을 발전시키기 위해 전력을 다하는 듯 했다. 일본도 나름의 게놈프로젝트를 향해 나아갔으며, 1980년대 초부터 자동 서열분석 기술을 개발하는 데 박차를 가해 왔다. 일본의 한 연구집단은 1990년대 초 정도면 그들의 자동 서열분석 장치를 이용해 하루에 100만 개의 염기쌍을 규명하게 될 것이라 예상했다. 이는 당시 전 세계에서 1년 동안 밝혀지는 염기서열보다 많은 양이었다. 또한 이들은 서열분석 비용을 염기쌍 당 17센트까지 이미 낮추었다고 발표했다.[13] 한편 1987-1988년 유럽에서는 게놈 연구와 서열분석 연구가 영국, 프랑스, 이탈리아, 서독, 네덜란드, 심지어 소련 등지에서 한창 힘을 얻고 있었고, 이에 유럽공동체는 게놈프로젝트의 착수를 고려하기 시작했다. 1990년이 되자 유럽공동체는 적정 수준의 자금을 준비하고 프로젝트의 우생학적 이용을 막는 강력한 규제 조치를 마련한 후 게놈프로젝트를 시작했다. 소련의 당정치국(Politburo)은 1989년 휴먼 게놈 예산으로 경화(硬貨) 500만 달러 외에도 2500만 루블을 추가로 승인했다. 이 예산은 소련의 다른 비군사적인 연구들에 비해서 상당히 많은 금액이었다.[14]



---

**13** Davis (주 6), pp. 178-181; Akiyoshi Wada and Eiichi Soeda, "Strategy for building an automatic and high speed DNA-sequencing system," manuscript (copy in my possession), 1986, p. 10; Leslie Roberts, "Human genome: Questions of cost," *Science* 237 (18 Sep. 1987), 1411-1412. 결과적으로, 일본 연구집단의 예상은 지나치게 과장되었던 것임이 드러났다.

**14** Ferguson-Smith, "European approach," *The FASEB journal* 5 (5 Jan. 1991), 61-65, 특히 p. 62; Watson and Cook-Deegan, "Orgins of the Human Genome Project," *The FASEB journal* 5 (Jan. 1991), 8-11, 특히 pp. 9-10; M. Curien Lance, "Une programme national de recherche sur le génome humain," *Le monde* (10 Oct. 1990); Tabitha M. Powledge, "Toward the year 2005," P1-P6; "E.C. joins 'Human Frontier Programme,'" *Scrip* (26 Sep. 1990); 6 telephone conversations

많은 생물학, 의학 종사자들의 입장에서, 자기 분야의 중요 프로그램에 DOE가 뛰어드는 것은 분명 난처한 일이었다. 유전학을 비롯한 생명과학 분야에서 가장 중요한 연방기관은 국립보건원(National Institutes of Health; NIH)이었다. 이 기관은 생물의학 연구자들에 의해 주도되었고, 대개는 연구보조금을 받는 사람들에게 특정 종류의 연구를 수행하라 지시하지 않았으며, 전통적으로 소규모 연구와 지역의 자발성을 중시했다. 이와 달리 DOE는 물리과학자들에 의해 운영되었다. 또한 DOE의 연구프로그램은, 국립연구소에서 잘 드러나듯이, 규모가 크고 관료적이며 목표 지향적인 경향을 보였다. 많은 생물의학 연구자들이 우려하기를, DOE가 게놈 연구 경쟁에 참여함에 따라 NIH에서 나오던 자금이 전용(轉用)될지도 모르며, 지도 작성과 서열분석 연구가 전제군주와 흡사한 중앙집권적 통제 아래 놓일 위험이 있었다. 1986년 6월 콜드 스프링 하버에서, RFLP(Restriction Fragment Length Polymorphism mapping) 지도 작성법의 창안자 중 한 명인 데이비드 보트슈타인(David Botstein)은 거대과학의 무분별한 서열분석 연구에 종속된 "계약노동자"가 되지 않도록 주의해야 한다고 이야기했고, 모임에 참석했던 생물의학 연구자들로부터 큰 박수갈채를 받았다.[15]



뛰어난 의사이자 NIH의 소장이었던 제임스 윈가르덴(James Wyngaarden, 1924-)은 한동안 게놈 연구 경쟁에 뛰어들기를 꺼려했다. 윈가르덴이 보기에, 게놈 연구는 과학적으로 유망한 투자가 아닌 듯했다. 또한 그 비용으로 인해 NIH의 다른 연구 프로그램들이 위태로워질 수도 있었다. 하지만 생물의학의 핵심 연구자들은, NIH가 연구 경쟁에 참여하여 게놈 연구에 대한 기본적인 통제권을 DOE로부터 되찾아 와야 한다고

with Gordon Lake, of the European Parliament staff, 24 Apr. 1991; Gaudillière, "French strategies in molecular biology," *Technology transfer newsletter* 11 (Oct. / Nov. 1989), 4; "List of genome research projects under CEC programmes," 19.

**15** Cook-Deegan (주 7), pp. 124-125; Watson and Cook-Deegan (주 14), p. 9.

주장했다. 그들은 윈가르덴을 설득하여 동의를 구했고, 도메니치 법안에 반대하기 위해 NIH를 지지하는 믿을만한 의원들을 동원했다. 특히 NIH에 예산을 승인한 상원노동복지위원회(Senate Committee on Labor and Human Services)의 의장이었던 에드워드 케네디(Edward M. Kennedy) 매사추세츠 주 상원의원과 상원세출위원회(Senate Appropriations Committee)의 일원이자 그 기관을 책임지는 분과위원회의 의장이었던 로튼 차일스(Lawton Chiles) 플로리다 주 상원의원이 중요한 역할을 했다.[16] 이들의 노력에 힘입어, 1987년 초 윈가르덴은 게놈프로젝트를 지지하는 성명을 의회에서 발표했다. 또한 그해 가을에 도메니치 안은 위원회에서 기각되었던 생명공학 일괄 법안으로 흡수되었다. 곧이어 11월에 의회는 NIH와 DOE 모두를 위해 1988년도 예산에서 게놈 연구에 필요한 상당한 초기 자금을 지원하겠다고 승인했다.[17]

하지만 NIH가 게놈프로젝트에 전념하기 시작했다고 해서, 프로젝트에 대한 반대 자체가 완전히 사라진 것은 아니었다. 실은 이를 계기로 반대 의견이 오히려 강해졌는데, 1987년에 생물의학 연구자들 사이에서 광범위하게 퍼지더니 점점 더 격렬해졌다. 이제 프로젝트의 대부분을 익숙한 NIH가 맡게 될지 모르지만, 게놈프로젝트는 월터 길버트가 부여한 이미지 때문에 곤란을 겪었다. 말하자면, 게놈프로젝트는 관료화된 몇몇 거대 연구소를 중심으로 구조되어, DNA 서열 분석에만 전념하면서 몇 년 안에 성과를 보려 하는 30억 달러짜리 거대과학 프로그램이었던 것이다. 비판자들은 이 연구가 지루하고 반복적이며 지적으로 보람 없을 것이라 주장했다. 또한 그들이 보기에, 인간 유전체의 전체 서열을 분석하는 작업은 미숙하고 낭비적인 과학에 해당했다. 일반적으로, 인간 DNA

16 Friedman (주 9), pp. 23-25, 40-41, 56-59.

17 Friedman (주 9), pp. 38-42, 45; Cook-Deegan (주 7), pp. 134-135, 141; Watson and Cook-Degan (주 14), p. 10. NIH는 1720만 달러를 지원받았는데, 이는 DOE가 받은 금액의 50% 이상 되는 지원금이었다.

의 염기쌍들 중에서 유전 정보를 암호화하고 있는 부분은 단 5%에 불과하다고 추정된다. "엑손(exons)"이라 불리는 암호부분(coding regions)은 DNA에 넓게 퍼져 있는 광대한 비암호부분(non-coding regions) 사이에 산재되어 있다. 비암호부분의 공식 명칭은 "인트론(introns)"이며 흔히 "쓰레기 DNA(junk DNA)"라고 불린다. MIT의 생물학자이자 암유전학의 권위자인 로버트 와인버그(Robert Weinberg)는, 자신이 보기에 "유전자는 허튼소리의 광대한 바다 한복판에 흩어져 있는 정보의 섬으로 이루어진 작은 군도 같다"고 이야기했다. 따라서 와인버그는 그 대부분이 인간의 질병이나 발생 과정에 관해 아무것도 알려주지 못하는 그런 데이터를 얻기 위해서 시간과 재원을 들이는 것을 이해할 수 없었다.[18]

비용의 상당 부분을 NIH가 부담해야 했다는 점에서, 다른 많은 생물학자들도 게놈프로젝트를 무분별한 연구로 여겼다. 노벨상 수상자이자 MIT 화이트헤드 생물의학연구소(Whitehead Institute for Biomedical Research)의 소장이었던 분자생물학자 데이비드 볼티모어(David Baltimore, 1938-)는 당시에 널리 퍼졌던 우려를 다음과 같이 표현했다. "서열 분석에 필요한 새로운 자금이 쉽게 마련될 것이라든지, 이 프로젝트가 다른 긴급한 연구들과 경쟁하지 않을 것이라는 믿음은 너무 순진한 생각입니다. … 생물학에서 우선순위가 낮은 이 거대한 프로젝트는 현재 최우선의 과학에 자금이 지원되지 않는다고 주장하는 사람들의 노력을 무력하게 할 것입니다."[19]

하지만 1988년 2월 국립연구협의회(National Research Council)의 한 위



**18** Davis (주 6), pp. 126-128; Robert A. Weinberg, "The case against gene sequencing," *The scientist* (16 Nov. 1987), 11. 또한 다음을 참조하라. Francisco J. Ayala, "Two frontiers of human biology: What the sequence won't tell us," *Issues in science and technology* (Spring 1987), 51-56, 특히 p. 56; Christopher Joyce, "The race to map the human genome," *New scientist* (5 Mar. 1987), 35-39, 특히 p. 35.

**19** Quoted in Friedman (주 9), p. 95; Bishop and Waldholz (주 6), pp. 221-222; Joyce (주 18), p. 35.

원회는 뜻밖에도 휴먼게놈프로젝트를 긍정적으로 평가한 보고서를 발표했다. 이 발표가 예상 밖이었던 이유는, 데이비드 보트슈타인과 다른 과학자들로 구성된 이 위원회가 실은 거대 생물학(big biology)을 반대했고, 애초에 게놈프로젝트에 회의적이었기 때문이다. 보고서는, 게놈프로젝트가 조급하게 계획·운영되지 않고 광범위한 생물학적 관심사를 충족시킨다면 상당한 장점을 지니는 연구가 될 것이라고 평가했다. 보고서에서 강조된 바는, 프로젝트를 단계적으로 조정해 가며 장기간에 걸쳐 진행하고, 프로젝트에 15년의 기간을 할애하면서 매년 2억 달러의 자금을 투자하며, 그 자금을 기존의 생물의학 연구로부터 전용하지 않아야 한다는 점이었다. 자금은 무엇보다도 인간과 다른 생물의 유전자 지도를 작성하는 데에 우선적으로 사용되어야 했다. 이러한 지도는 질병 유발 유전자를 더 빨리 찾을 수 있게 해주며, 여하튼 많은 생물학자들이 수행하고 싶어 하는 유형의 연구였다. 또한 자금의 일부를 빠르고 값싼 서열분석을 가능하게 해주는 기술 개발에 투자하여, 얼마 안 되는 거대 연구소가 아니라 수많은 보통의 연구소들이 연구를 수행할 수 있도록 해야 했다. 위원회는 이러한 기술들을 전국에 소재한 십여 개의 다분야협력 연구센터(multidisciplinary center)에서 개발해 줄 수 있을 것이라 보았다. 따라서 생물학 연구는 통상적인 방법으로, 즉 경쟁의 원리와 동료연구자의 상호검토(peer-reviewed)에 근거하여 유능한 연구사들에게 — 그들이 있는 곳이 어디든지 간에 — 연구보조금을 지급하는 방법으로 수행될 수 있었다.[20]

윈가르덴의 생각은 보고서 내용과 일치했다. 그는 1988년 3월초에 버

20 Watson and Cook-Deegan (주 14), p. 9; Cantor (주 8), p. 50; Leslie Roberts, "Academy backs genome project," *Science* 239 (12 Feb. 1986), pp. 725-726; Committee on Mapping and Sequencing the Human Genome, Board on Basic Biology, Commission on Life Sciences, National Research Council, *Mapping and sequencing the Human Genome* (Washington, D.C., 1988), pp. 1-10.

지니아 레스턴(Reston)에서 게놈프로젝트에 관한 고관 과학자문모임을 갖기 위해 준비하면서, 이 모임의 의장직을 맡겠다고 승낙한 데이비드 볼티모어에게 자신이 바라는 바를 설명했다. 모임에 참석했던 볼티모어, 보트슈타인, 왓슨, 그리고 나머지 자문위원들은, 국립연구협의회 보고서에서 추천한 방침에 따라 게놈프로젝트가 진행되도록 하기 위해 프로젝트의 배후에서 결속을 다졌다. 윈가르덴은 휴먼게놈프로젝트를 담당할 별도의 부서를 NIH에 마련하겠다고 발표했고, 1988년 10월 왓슨은 이 부서의 팀장 직을 수락했다. (훗날 윈가르덴은 "나는 A명단과 B명단을 가지고 있었고, 왓슨은 A명단에 올라 있는 유일한 이름이었다"고 이야기했다.) 왓슨이 임명됨에 따라, [NIH와 DOE 중] 어느 기관이 프로젝트의 생물학적 부분을 주도해 나갈 것인가에 관한 지루한 논쟁은 사실상 NIH에 유리한 방향으로 정리되었다. 한편 의회가 재촉하는 가운데, 두 기관은 향후 5년간 게놈 연구들간의 기본적인 관계를 규정하는 협약의 초안을 작성했다. 이 협약에 따르면, NIH가 지도 작성을 담당하고, DOE는 서열 분석과 이와 관련된 기술 및 정보화 기법의 개발을 담당하며, 중복되는 부분에서는 두 기관의 공동연구가 허용되었다.[21]



왓슨은 자신이 게놈 연구의 윤리적 문제에 관한 권위자라 자부하지는 않았지만, 게놈 연구의 사회적 · 윤리적 · 법적 영향에 관한 연구와 논쟁을 NIH의 게놈 프로그램을 통해 촉진시키는 것이 적절할 뿐만 아니라 꼭 필요하다고 생각했다. 이러한 목적에서 왓슨은 자신이 게놈 연구부서의 책임자임을 알렸던 1988년 기자회견에서, NIH의 게놈 예산 일부를 연구의 윤리적 함의를 검토하는 데 쓸 것이며, 이 활동에 전체 예산의 3% 정도를 할당할 것이라고 발표했다.[22] 생명 윤리를 NIH 생물학 연구 프로그

**21** Cook-Deegan (주 7), p. 141; Friedman (주 9), pp. 60-61; John M. Barry, "Cracking the code," *The Washingtonian* (Feb. 1991), p. 182.

**22** Stephen S. Hall, "James Watson and the search for biology's 'Holy Grail,'" *Smithsonian* (Feb. 1990), 47-48; James D. Watson, "Moving toward clonal man: Is

램의 필수적인 부분으로 포함시킨 조치나, 윤리적 논쟁을 불러일으키기 위해 별도의 자금을 지원하겠다는 공약은 전례 없는 일이었다. 모든 생물학자들이 왓슨의 방침을 지지했던 것은 결코 아니었다. 아마도 지지자는 게놈프로젝트에 연루된 사람의 수보다도 적었을 것이다. 하지만 왓슨은 이에 굴하지 않고 1989년 게놈 관련 학술회의에서 다음과 같이 말했다. "우리는 정말로 끔찍했던 과거의 우생학을 의식해야만 합니다. 여기 미국과 독일에서, 불완전한 지식이 매우 교만하고 끔직한 방식으로 사용된 적이 있습니다. 우리는 사람들에게 자신의 DNA가 공개되지 않을 것이며 누구도 그것을 손에 넣을 수 없다는 점을 확신시켜야만 합니다."[23]

왓슨은 대담했을 뿐만 아니라 빈틈없어 보였다. 확실히 그의 방침은 윤리적으로 제어하기 힘든 게놈프로젝트의 장래를 우려하던 목소리를 완화시키는 데 도움이 되었다. 하지만 윤리적인 문제에 신경을 썼다 하더라도, 기본적으로 의회 패널과 청문회를 지배했던 것은 프로젝트의 의학적 · 경제적 부산물에 관한 것이었다. 1988년 의회는 NIH와 DOE의 다음해 게놈프로젝트 예산으로 모두 합쳐 3900만 달러를 책정했다. 1989년 10월 보건복지부 장관 루이스 설리반(Louis Sullivan)은 NIH의 왓슨 부서를 국립 휴먼게놈연구센터(National Center for Human Genome Research)로 격상시켰다. 1990년 연방 정부가 지원한 게놈 연구는 대략 8,800만 달러의 예산으로 운영되었으며, 전체 자금의 2/3 정도가 국립 휴먼게놈연구센터에 지원되었고, 나머지를 DOE가 받았다. 한편 왓슨은 전국에 몇 개의 게놈 연구센터들을 세우고 운영하는 데에 국립 휴먼게놈연구센터 예산의 절반 정도를 사용할 것이며, 이 연구센터들에 한해 200만-300만 달러씩 5년간 지원하여 각 센터들이 프로젝트의 특화된 부분을 담당하도록 하겠다고 발표했다. 또한 왓슨은 국립 휴먼게놈연구센터 지분의 몇

this what we want?" *The Atlantic* 227 (May 1971), 53; Cook-Deegan (주 7), p. 149.

**23** Hall (주 22), pp. 47-48; Davis (주 6), p. 262.

퍼센트를 윤리적인 문제에 관한 회의와 연구에 할당했고, 별도의 윤리 문제 자문회의를 설치하였다. 이 회의에는 낸시 웩슬러(Nancy Wexler)를 비롯한 다섯 명의 과학자 외에도 변호사들과 윤리학자들이 포함되었다.[24]

연방 정부 공식 프로그램으로 발족한 해인 1991년에, 휴먼게놈프로젝트는 대략 1억 3500만 달러를 지원받으며 순조롭게 진행되었으며, 그 하부 조직은 적재적소에 배치되었다. 전부 여덟 개였던 NIH 연구센터들이 제 역할을 수행하기 시작했는데, 이 중 일곱 개는 인간 유전자의 지도 작성에, 나머지 한 연구센터는 쥐 유전자의 지도 작성에 초점을 맞췄다.[25] 로렌스 리버모어, 로렌스 버클리, 로스알라모스 국립 연구소에 마련된 게놈 연구시설은 관련 기술과 정보화 기법을 개발하는 데 전념했다. DOE와 NIH가 공동으로 지원한 네 개의 추가 프로젝트는 대규모 서열분석(large-scale sequencing)과 이와 관련된 기술혁신에 집중했다. 수십 개의 다른 연구소들도 유전자 지도를 작성하고 염기서열을 분석하는 연구를 수행하기 시작했는데, 이것들은 각각 NIH가 지원한 연구자 주도 활동(investigator-initiated-activity)이었다.



게놈 데이터는 비록 태평양 서쪽은 아니었지만, 대서양 양쪽의 연구소들에서 쏟아져 나왔다. 일본은 새로운 서열분석 장치(supersequencing machines) 개발과 관련하여, 자신들의 역량을 지나치게 과대평가했다. 따라서 일본은 하루에 10만 개의 염기쌍 서열을 밝혀내는 것으로 목표를 낮추고, 게놈 예산도 1년에 800만 달러로 축소했다.[26] 인간 유전자 지도에 대한 정보는 존스 홉킨스 대학의 중앙집중식 데이터베이스로 계속 모

**24** Cook-Deegan (주 7), p. 152; Watson and Cook-Deegan (주 14), p. 10; Friedman (주 9), pp. 61, 107. Leslie Roberts, "Genome Center grants chosen," *Science* 249 (28 Sep. 1990), 1497. 1990년 초 NIH와 DOE는 5년간의 공동연구계획을 의회에 제출했다.

**25** Roberts (주 24), p. 1497. 훗날 로버츠의 논문에 실린 여섯 개의 단체 외에, 베일러 의과대학(Baylor College of Medicine)이 추가되었다.

**26** Davis (주 6), pp. 178-181; Friedman (주 9), pp. 50-51.

아졌고, 1990년 10월까지 2000여 개의 인간 유전자에 대한 지도가 작성되었다. 또한 유전자 염기서열 정보는 유럽 분자생물학 연구소(European Molecular Biology Laboratory)와 로스알라모스 유전자은행의 데이터베이스로 모아졌는데, 이제 이 목록에는 인간의 500만 개 염기쌍 서열을 비롯하여 다양한 생물 종으로부터 얻어진 6000만 개 염기쌍 서열이 포함되게 되었다.

## II. SSC의 종언

1980년대 중반 SSC 계획이 실제 공공정책으로 발의되자마자, 물리학 연구자들 내에서 SSC에 대한 반대가 일어났다. 고에너지 물리학자들의 권력과 권한에 대한 오래된 불만과, 특히 장기간에 걸친 예산 장악에 대한 분노가 폭발하여 밖으로 분출되었다. 처음에 비판을 주도했던 사람은 펜실베이니아 주립대학의 유능한 재료과학자 러스텀 로이(Rustum Roy)였다. 1985년 로이는 2차대전 후의 미국 과학정책을 비판한 『프런티어에서 길을 잃다(*Lost at the frontier*, 1985)』를 공동 집필하면서, 추상적이고 난해한 연구 분야로 집중된 정부 지원을 문제삼았다. 또한 이 책에서 로이는, 연간 적사 2000억 달러에 달하는 시기에 수십억 달러짜리 입자가속기를 탐내는 물리학자들을 "철부지들(spoiled brats)"이라고 이야기했다.[27] 그렇지만 로이는 미국 과학정책에 불만이 많은 괴짜 정도로 여겨졌다. 좀 더 효과적인 반대는 메이저(masers), 응집물질(condensed matter), 초전도 분야를 전공한 저명한 과학자들로부터 나왔다. 이런 비판자들 중에서도 노벨상 수상자인 존 로버트 슈리퍼(John Robert Schrieffer, 1932-)와 니콜

27 Therese Lloyd, "SSC faces uncertain future," *The scientist* (23 Feb. 1987), 8; Rustum Roy, letter, *PT* 38 (Sep. 1985), 9-10; *PT* 39 (Apr. 1986), 11; *PT* 40 (Feb. 1987), 13.

라스 블룸베르겐(Nicolaas Bloembergen, 1920-), 그리고 가장 집요하게 SSC를 비판했던 필립 앤더슨(Philip Warren Anderson, 1923-)이 두각을 나타냈다. 이들은 모두 입자물리학을 존중했고 높게 평가했다. 하지만 입자가속기 건설안(案)의 "충성스러운 반대자"라고 자칭했던 슈리퍼처럼, 이들 중 어느 누구도 수십억 달러가 드는 SSC 건설을 공적 재원의 정당한 사용이라 보지 않았다.[28]

1990년 이후 정부의 예산 압박으로 인해, 고속 충돌기 프로젝트는 새로운 국면에 접어들게 되었다. 이에 대해 미국물리학회(American Physics Society)의 한 고위관계자는 "아마 물리학 연구자들이 지금까지 직면했던 쟁점들 중에서 가장 큰 분열을 일으킬 사안이 될 것"이라 전망했다.[29] 의회에서 앤더슨과 슈리퍼는 응집물질 물리학의 법칙들이 어느 면에서나 기본입자 이론의 법칙들만큼 근본적이며, 더 중요하게는 응집물질 분야가 기본입자 연구에 비해 훨씬 값싼 비용으로 더 큰 이득을 창출해 사회에 기여할 수 있다고 증언했다. 또한 의회에서 앤더슨은 "달러를 벌기 위한 달러"라고 공언하면서, "우리 응집물질 물리학 전공자들은 입자물리학자들보다 수십억 달러 이상의 이득을 창출해 왔고 […] 솔직히 앞으로도 계속 그렇게 하겠다고 약속할 수 있다"는 많은 동료 연구자들의 확신을 밝혔다.[30] 이제까지 고에너지 연구는 정부의 기초물리학 예산에서 지나치게 큰 비율을 차지해 왔는데, 앤더슨은 다른 분야들에 비해 1인당 열 배 이상의 자금이 고에너지 연구에 할애되었다고 추정했다.

많은 물리학자들이 고에너지 입자가속기를 통해 부가이득이 창출된다



28 House, *SST hearings*, 1993, p. 89.

29 Steven Weinberg, *Dreams of a final theory: the search for the fundamental laws of nature* (New York, 1992), pp. 54-55.

30 House, *SST hearing*, 1993, pp. 89-90; U.S. Congress, Senate, *Hearing before the Subcommittee on Energy Research and Development of the Committee on Natural Resources, Department of Energy's fiscal year 1990 budget request for the Office of Energy research*, 101st Cong., 1st Sess., 24 Feb. 1989, p. 135.

는 주장에 언짢아했다. 특히 레더만이 넌지시 비쳤고 무어 에너지부 차관이 노골적으로 공언했던, MRI 개발에 입자가속기의 공헌이 결정적이었다는 주장이 문제시되었다. 1991년 니콜라스 블룀베르겐은 초전도 자석 산업이나 MRI 모두 입자가속기의 발전에 힘입어 개발된 것과는 거리가 멀다고 증언했다. 또한 블룀베르겐은 — 1992년 봄에 청문회 증거로 채택된 — 페르미 연구소 관계자에게 보낸 한 편지에서, "페르미 연구소가 설립되지 않았더라도 MRI는 등장했을 것이며 오늘날까지 잘 발전했을 것"이라고 말했다.[31] 앤더슨에게, "무엇보다 애석한 광경은 에너지 공급을 책임지는 부서의 관리들이 고의로 거짓 주장을 해가며 의회와 대중을 기만하는 모습과, 대부분 존경해마지 않는 동료 입자 물리학자들이 그런 주장을 무책임하게 방관하는 행태를 바라보는 것이었다."[32]

1989년 입자가속기 설계 변경이 검토되었는데, 이를 통해 장치의 성능과 신뢰도를 향상시킬 수는 있었지만 이와 함께 전체 비용이 늘어났다. DOE는 건설비용이 1990년도 가치로 82억 4900만 달러까지 증가할 것이라 추정했고, 다른 위탁 기관은 118억 달러에 달한다고 예상했다. 비용이 늘어감에 따라 프로젝트에 대한 의회의 비판이 시작되었다. 특히 1992년 봄 의회조사관들이, 전년도 예산 중 2만 달러 이상이 사무실 화초를 구입하고 관리하는 데 낭비되었으며, 추가로 수천 달러가 술을 비롯한 유흥에 소비되었나고 보고했을 때 비판이 거세졌다.[33] 레이건 정부와 부시 정

31 Bloembergen to Richard A. Carrigan, 21 May, in U.S. Congress, Senate, *Joint hearing before the Committee on Energy and Natural Resources and the Subcommittee on Energy and Water development, importance and status of the Superconducting Super Collider*, 102nd Cong., 2nd Sess., 30 June 1992, p. 12. 레더만은 훗날 이에 대해 상기하면서, 페르미 연구소가 MRI 산업에 공헌한 공적을 얼마간 인정할 수 있다고 이야기했다. Lederman, with Teresi, *The God particle*, pp. 233-234.

32 House, *Hearing, Task Force*, 1991, p. 65.

33 Kim A. McDonald, "University consortium charged with mismanaging work on Super-collider," *The chronicle of higher education* (6 May 1992), A30.

부는 전체 건설비용의 최소 1/3 이상을 연방 정부 이외의 재원에서 끌어오겠다고 의회에 약속한 바 있는데, 입자가속기 가격이 상승함에 따라 이 비용은 27억 달러에 이르게 되었다. 원래 이 비용 중 10억 달러는 텍사스 주에서 내놓기로 했고, 나머지 17억 달러는 외국의 원조로, 특히 대부분을 일본의 자금으로 충당할 계획이었다. 하지만 5000만 달러에 해당하는 인도의 물자 원조를 제외하면, 해외로부터의 약속은 1990년까지 전혀 이행되지 않았다. 몇 차례 일본에 파견된 미국 대표단들은 SSC에 관해 어떤 것도 얻어낼 수 없었다. 심지어 조지 부시 대통령은 1992년 1월 미야자와 기치(Kiichi Miyazawa) 수상을 방문했을 때 이 문제를 제기조차 하지 않았으며, 미야자와를 1993년 4월과 7월에 워싱턴과 도쿄에서 만났던 빌 클린턴(Bill Clinton) 대통령도 마찬가지였다.

경제 불황이 한창이었던 1992년 봄, SSC를 향한 공격은 국회의사당에 큰 상처를 입혔다. 6월 17일 밤 하원은 232 대 181의 상당한 표차로 프로젝트를 종결시키는 결정을 내렸다. 이에 놀란 SSC 지지자들은 상원에서 이 결정을 철회하기 위해 필사적으로 노력했고 결국 성공했다.[34] 하지만 1993년 초 워싱턴 소식통은, 새로운 의회와 정부가 들어섬에 따라 다음 해 SSC 계획의 존속이 불투명하다고 전망하고 있었다. 유권자들은 초선 의원 113명을 하원으로 보냈는데, 하원의 1/4 이상이 예산 감축이라는 선거공약을 내걸고 당선되었던 것이다. 빌 클린턴 대통령은 SSC안을 승인하기 위한 정치적 활동을 되풀이하였지만, 그의 집권 첫해 예산 집행을 원활하게 하기 위해서는 프로젝트를 추가로 3년간 연장해야만 했다. 이는 SSC의 연간 비용을 줄이기 위한 방편이었지만, 일반회계국(General Accounting Office)은 이런 조치에 대해 SSC 프로젝트의 전체 비용을 110억 달러까지 상승시키는 것이기도 하다고 평했다. 1993년 5월 일반회계국은 SSC가 예정보다 지연되고 있으며 할당된 예산을 이미 초과했다는



**34** *PT* 45 (Aug. 1992), 59.

내용의 보고서를 발표했다.[35] 또한 하원 표결 직전인 6월말 SSC 비판자들은 에너지부 자체 감사원(Inspector General)에서 작성된 보고서를 공개했다. 이 보고서는 터무니없는 계약 경비와 걷잡을 수 없는 비용 상승을 묵인했던 프로젝트의 관리를 신랄하게 비판했다.

1992년처럼 SSC는 이제 하원에서 쉴새없는 비판에 직면하게 되었다. 대표적인 비판자는 뉴욕 주 오나이더(Oneida) 출신 의원 셔우드 뵐러트(Sherwood Boehlert)로, 독설가이자 자존심 강한 온건파 공화당원이었다. 전년도에 SSC가 끊임없이 비용만 늘어가는 잡동사니이고 다른 과학에 위협이 되는 존재이며 경쟁력을 위한 파급효과를 잘못 예측한 것에서 비롯된 계획이라 비웃었던 그는 이제 "온갖 과대선전과 달리 향후 SSC가 암을 치료해 줄 수도 없고 남성 탈모증의 해결책도 아니며 시카고 컵스의 월드시리즈 우승을 보장해 주지도 않는다"고 이야기했다.[36] 봄에 열린 하원 청문회에서, 뵐러트는 하원에서 SSC를 이미 끝장냈음에도 "그 시체가 다시 부활해 우리의 예산을 계속 빨아먹고 있다"고 설명하면서, 그 회기(會期)를 "살아있는 시체들의 밤(The Night of the Living Dead, 공포영화의 거장 조지 로메로(George A. Romero)의 1968년 작품. 그의 유명한 좀비 시리즈 중 첫 번째 작품으로 1990년 리메이크되었다 — 역자주)"이라 이름을 붙일 만하다고 항의했다.[37] 1993년 6월 24일 뵐러트와 캔자스 주 터피카(Topeka) 출신 숭노파 민주당원 짐 슬래터리(Jim Slattery)는 프로젝트에 대한 종전의 비판을 반복하고 프로젝트에 불리한 일반회계국 조사결과를 덧붙이면서, SSC를 종결시키는 예산 개정안을 다시 한번 상정했다. 뵐러트는 SSC에 반대하는 상황을 다음과 같이 요약했다. "요컨대, 비용은 즉각적이고 실질적이며 미구 치솟고 있습니다. 반면 그로부터 얻어지는 이득은 요원

35 Victor S. Rezendes, Director, Energy and Science Issues, General Accounting Office, House, *SST Hearing*, 1993, pp. 177-178, 181-182, 189-190, 195.

36 *Ibid.*, H4820.

37 House, *SST Hearing*, 1993, p. 2.

하고 이론상의 것이며 제한적입니다. 손익 계산이 어찌될지 알기 위해 당신이 원자핵 과학자가 될 필요는 없습니다. 지금 당장 SSC를 받아들일 여유가 우리에게 없는 것입니다."[38]

SSC에 대한 변호는 보수적인 공화당원 조 바턴(Joe Barton) 왁사하키 의원이 주도했다. 그는 1992년도에 균형예산법(balanced-budget)을 개정하기 위한 투쟁에 앞장섰다가 실패한 적이 있다. (이에 대해, SSC를 노골적으로 비판했던 플로리다 출신 민주당원 로렌스 스미스(Lawrence J. Smith) 의원은, 예산 조정자(budget balancer)인 바턴이 "재정정책의 양 편에 동시에 서 있는 곡예사가 틀림없다"고 비꼬았다.) 국방비 삭감에 큰 타격을 입었던 캘리포니아 주 동료들은 바턴의 주장에 힘을 실어 주었으며, 이는 텍사스 인근 지역의 의원들도 마찬가지였다. 그들은 국방산업의 민간전환에 필요한 수억 달러가 SSC로부터 나왔고, 이 자금을 통해 거의 모든 주에 걸쳐 일자리 수천 개가 생겨나고 2만 여건의 사업 계약이 성사되었으며, 이에 관련된 회사들 중 10% 이상이 여성 혹은 소수집단 소유 회사였다고 강조했다. 당시 흑인 여성으로서 하원의원에 새로이 선출되었던, 플로리다 마이애미 출신의 캐리 미크(Carrie P. Meek)와 댈러스 출신의 에디 버니스 존슨(Eddie Bernice Johnson)도 SSC를 칭찬했다. 특히 미크는 "SSC는 우리들, 이 나라의 소수자들에게 … 과학과 기술에 의해 창출된 직업들에 종사할 기회를 가져다준다"고 이야기했다.[39]

그렇지만 6월 24일 하원은 280 대 150의 초당적 지지로 SSC안을 다시 한번 종결시켰다. 표차가 상당했기 때문에, 프로젝트의 지지자들은 이번엔 상원에서도 압도적인 결과가 나올지 모른다고 우려했다. 8월에 열린 상원 청문회에서, 스티븐 와인버그(Steven Weinberg, 1933-)는 봄에 진행된 여덟 번의 감사가 프로젝트를 지나치게 옭아매는 처사였다고 문제삼았다. 이에 대해 와인버그는 "페르미 연구소를 가져다준 체제를 B-1 폭

**38** *CR*, 103rd, House (24 June 1993), H4057.

**39** *Ibid.*, H4052, H4063-H4064.

격기를 가져다준 체제로 대체하려는 시도가 있는 듯하다"고 이야기했다. 5월에 열린 하원 청문회에서, 와인버그는 SSC를 잃게 되면 "고에너지 물리학을 책임질 연구 프로그램과 작별을 고해야 하며, SSC를 이용해 … 우리 세대에 이 나라에서 자연에 대한 최종 이론을 발견할 희망도 버려야 한다"고 증언했다. 그러고 나서 와인버그는 SSC 계획의 종결이 "이 나라에서 기초과학에 대한 지원 중단의 시작을 알리는 사건"일 수도 있다고 경고했다.[40]

상원에서 SSC의 가장 중요한 후원자는 루이지애나 주 출신 상원의원 J. 베넷 존스턴(J. Bennett Johnston)이었다. 그는 충돌기 프로젝트의 관할권을 가진 두 위원회, 에너지 및 천연자원 위원회(Energy and Natural Resources Committee)와 에너지 및 수자원 개발을 위한 분과위원회(Energy and Water Development Appropriations Subcommittee)의 의장을 맡고 있었다. 처음에 존스턴은 SSC에 반대했지만, 제너럴 다이내믹스(General Dynamics)사가 가속기의 초전도 자석 생산을 담당하여 루이지애나 주 해먼드(Hammond)의 대형공장을 가동하면서부터, SSC의 강력한 지지자로 입장을 바꿨다. 존스턴은 상원의 소식통이었으며, 매력적이고 박식하며 유능한 입법가였다. 그는 사람들에게 루이지애나 주가 국방 계약으로 연간 10억 달러 이상을 받는다고 거리낌 없이 말하면서 그가 사는 주의 석유·가스 산업을 능란하게 옹호했다. 또한 그는 자주적이고 활동적인 지식인으로, 전략방위구상을 노골적으로 반대했다. 이런 존스턴은 탈냉전 시기의 첨단 기술 경제에서 충돌기가 중요한 역할을 할 것이라 보았다. 또한 그는 힉스 보손이란 탐구 목표를 추구하는 순수한 지적 열망을 키워나갔고, 가끔 상원에서 이론 물리학을 가르치려 시도하기

40 U.S. Congress, Senate, *Joint hearing before the Committee on Energy and Natural Resources and the Subcommittee on Energy and Water Development, Superconducting Super Collider*, 103rd Cong., 1st Sess., 4 Aug. 1993, pp. 102, 80, 54; House, *SST Hearings*, 1993, p. 59.

도 했다. 1993년 존스턴은 "내가 이해한 바로는, SSC가 다루는 문제들은 신학과 과학의 경계에 걸쳐 놓인다"고 언급한 후 말을 이었다. "많은 과학자들이 패턴, 복잡성, 대칭성에서, 그리고 물질, 쿼크, 렙톤의 단순성과 그것들이 짜 맞춰지는 방식에서 신의 손길을 엿보게 된다는 사실만 말해도 충분하다고 봅니다. 그들이 이야기하는 바를 살짝 엿본 정도로도, 저는 그것에 동의하게 됩니다."[41]

존스턴은 다시 한번 마술을 걸었고, 9월 30일 아침 상원은 57 대 42의 표차로 SSC를 종결시킨 결정을 번복하게 되었다. 이에 SSC 계획은 상하원연석회의(House-Senate Conference)에서 수십억 달러의 에너지 및 수자원 세출법안에 포함된 채 넉넉한 예산으로 통과되었다. 하지만 10월 19일 하원에서 다시 한번 282 대 143의 압도적인 표차가 남에 따라, SSC 안은 다시는 의회로 되돌아올 수 없게 되었다. 존스턴은 "SSC가 구타당해 죽었으며, 이제 그 시체를 묻어야만 한다"고 차갑게 말했다.[42]



## III. 휴먼게놈프로젝트의 존속

### 1. 거대과학의 징후

SSC의 경우처럼, 1990년대 초 휴먼게놈프로젝트에 반대하는 과학자들도 계속 늘어갔다. 1990년 2월 유타 대학의 생화학 교수 마틴 렉스타이너(Martin Rechsteiner)는 미국 전역의 동료들에게 편지를 보내 휴먼게놈프로젝트가 "국가 재원 낭비"라고 역설했고, 뜻을 같이 하는 과학자들이 대통령 과학자문관을 비롯한 정부 핵심관료들에게 프로젝트에 대해 항의

41 *CR*, 103rd, Senate (29 Sep. 1993), S12705.

42 *Ibid.*, H8101, H8109, H81117; "Congress pulls the plug on the Super Collider," *Los Angeles Times* (22 Oct. 1993), p. 20.

하도록 촉구했다. 그해 4월 미국 전 지역에 걸친 6명의 생물학자들은 「친애하는 동료 여러분(Dear Colleague)」이라는 공동서신을 전국의 분자생물학 연구소에 연결된 전자사서함 바이오넷(BioNet)에 게시했다. 서신 내용은 "휴먼게놈프로젝트를 중단시킬 수 있습니다. 우리의 노력에 동참해 주십시오"였다. 그해 7월 버나드 데이비스(Bernard Davis)는 하버드 의대 미생물학과 및 분자유전학과의 동료학자 22명과 함께, 정부의 프로젝트 개입을 재고하라는 서한을 『사이언스(*Science*)』에 발표했다. 같은 달 렉스타이너와 데이비스는 의회 청문회에서 프로젝트에 대한 그들의 의견을 진술했다. 1991년 초 한 상원보좌관은 게놈프로젝트의 상황에 대해 "프로젝트를 지원하라는 목소리는 잠잠하며, 이에 반대하는 여론만 들끓고 있다"고 논평했다.[43]

내용 측면에서 볼 때, 프로젝트를 향해 재개된 비판은 1987년 당시의 주된 반대 논변을 어느정도 되풀이했다. 즉, 게놈프로젝트가 통제적이고 위계적인 거대과학의 연구방식에 생물학을 예속시키는 대표적 사례라는 것이다. 데이비스와 동료연구자들이 강조하기를, 게놈프로젝트는 공교롭게도 이 나라의 대표적 거대과학 수행기관인 DOE의 "생물학 연구 활동을 확장시키는 수단"으로 시작되었다. 또한 프로젝트 반대자들은 일정 예산을 게놈 연구센터들을 위해 쓰겠다는 왓슨의 결정이 바로 그 증거라고 했다. 한편 렉스타이너는 피드 도메니치 상원의원을 지목하면서, "자



43 Michael Syvanen et al. to colleagues, electronic mail notice, 16 Apr. 1990, printout in my possession; Martin C. Rechsteiner letter, Feb. 1990, attached to Rechsteiner to Norman Davidson, 3 Feb. 1990, copy in my possession; Bernard Davis et al., "The Human Genome and other initiatives," *Science* 249 (1990), 342-343; John M. Barry (주 21), p. 183; Jeffrey Mervis, "On Capitol Hill: One day in the hard life of the Genome Project," *The scientist* (20 Aug. 1990), 1. 렉스타이너의 편지는 *The FASEB journal* 4 (1990), 2941-2942에 실려 있다. NIH의 전임 소장 제임스 윈가르덴은 "생물학 종사자들이 프로젝트에 대해 표결한다면, 반대표가 압도적일 것"이라고 이야기했다. Barry (주 21), p. 63. 다음도 참고하라. Robert Wright, "Achilles helix," *New republic*, 203 (9 and 16 Jul. 1990), 30.

기가 사는 주의 국립연구소를 지원하길 원했던 유력 상원의원 덕분에 프로젝트가 추진될 수 있었다"고 단언했다.[44]

렉스타이너는 쓰레기 DNA에 대한 서열분석이 돈 낭비일 뿐이라는 원래의 비판에 새로운 해석을 더해, 심지어 암호부분의 서열을 밝혀낸다 하여도 생물학이 반드시 발전하는 것은 아니라고 주장했다. 노력의 성과로 DNA 데이터를 손에 넣을 수야 있겠지만, 그런 노력은 DNA 데이터를 통해 마땅히 검토해야 할 가설들과는 무관하며, 더군다나 유전자가 작용하는 생리적 · 화학적 환경도 고려하지 않고 있다는 것이었다. 또한 렉스타이너는 DNA 데이터가 반드시 의학의 발전에 기여하는 것도 아니라고 주장했다. 그동안 콜레스테롤 대사나 암 유전학에 관한 새로운 사실을 발견하는 데 인간 유전체에 대한 분석이 필요하지는 않았으며, 유전 변이에 관한 상세한 지식이 치료제나 치료법으로 이어지지도 않았다는 것이다. 렉스타이너는 『뉴욕 타임즈(*New York Times*)』 기자에게 "휴먼게놈프로젝트는 나쁜 과학이고 신중하지 못한 과학이며 과대 선전된 과학"이라고 말했다. 특히 그는 게놈프로젝트를 통해 앞으로 초래될 상황을 크게 우려했다. 즉, 게놈프로젝트는 다른 많은 기초 생물학 연구로부터 자금을 빼돌릴 것이며, DNA 서열분석과 자료입력에만 능숙한 "전문 기능인 군대(armies of technicians)"를 게놈 연구센터들에서 양성하면서 독창적인 연구 기회를 제한할 것이다.[45]



**44** Barry (주 21), p. 183; Leslie Roberts, "Plan for Genome Center sparks a controversy," *Science* 246 (13 Oct. 1989), 204; Davis et al., "The human genome and other initiatives," 342. See also Bernard D. Davis, "Some problems with a crash program," *The FASEB journal* 5 (Jan. 1991), 76. Rechsteiner, *TIBS* (16 Dec. 1991), 4557. 1990년 봄 프로젝트 참가 학생이 말하길, "생물학자들, 특히 그러한 프로젝트에 공헌하는 것이 이득인지 확신하지 못했던 생물학 연구자 집단 사이에서 널리 퍼진 '거대과학'에 대한 두려움과 프로젝트의 실현 가능성에 대한 의구심은 분명 향후 15년간 (혹은 그 이상) 계속해서 프로젝트 관리자들을 괴롭히게 될 것이다." Friedman (주 9), p. 82.

**45** Rechsteiner, letter, Feb. 1990, pp: 1-2; Natalie Angier, "Vast 15-year effort to

게놈프로젝트 반대자들은, 프로젝트가 번창함에 따라 생물학 전반의 기초 연구들이 재정 압박을 받는 현실에 곤란해 했고 더러는 분노했다. NIH 연구보조금지원과(Division of Research Grants) 유전연구부문(Genetic Study Section)의 책임자였던 존 루체시(John C. Lucchesi)는 『사이언스』에 보낸 서한에서 장래를 다음과 같이 예상했다. "연구보조금이 지금과 같은 비율로 몇 차례 더 지급되면, 얼마 되지 않아 활동 가능한 연구소의 수가 현재의 절반 이하로 줄어들 것입니다. … 게놈프로젝트가 새로운 기술을 낳는다고 주장하곤 합니다. 하지만 이런 기술을 사용할 능력을 갖추도록 교육받은 사람들이 없는 상황에서 그것이 무슨 쓸모가 있단 말입니까?" 당시의 상황에 대해 "이 어려운 시기에 우리는 전례 없을 정도로 많은 자금이 소수의 게놈 연구자들에게 지급되는 현상을 목격하고 있다"며 분개했던 렉스타이너의 반응 또한 전형적인 것이었다.[46]

반대자들의 견해에 따르면, 매년 게놈프로젝트에 할당되는 2억 달러의 자금을 좀더 가치 있게 사용하면 기초 생물의학의 열악한 연구 환경을 개선시킬 수도 있었다. 렉스타이너는 국방부 기준에서야 그 정도 액수가 거액이 아니겠지만, "고군분투하는 젊은 조교수"에게는 "세상에 있는 돈 전부"로 여겨질 것이라고 이야기했다. 비판자들은 대개 건당 21만 2000달러 정도 되는 기초 생물의학 연구보조금 중에서 게놈프로젝트 예산으로부터 나온 보조금이 몇 건이나 되는지를 지적했다. 특히 버나드 데이비스는 1991년 게놈프로젝트 예산이 NIH와 DOE를 합쳐 1억 5400만 달러에 달했으며, 이 예산으로 385건의 연구보조금을 지원하면 "비(非)주력 연구의 열악한 상황을 구제하는 데 필요한 충분한 자금"을 마련할 수 있다고 공언했다.[47]

decipher genes stirs opposition," *New York Times* (5 June 1990), B5.

**46** Friedman (주 9), pp. 99-101, 104-105; Rechsteiner, ms, 22 Apr. 1991, p. 2.

**47** Rechsteiner (주 46), p. 2; Rechsteiner, letter, Feb. 1990, p. 2; Davis et al. (주 44), p. 342.

기술과 방법론상의 혁신을 의식적으로 강조한다는 점에서, 휴먼게놈프로젝트는 생물의학 연구자들의 전통과 선호에 정면으로 충돌했다. 프로젝트를 반대하는 몇몇 레토릭은, 기술은 순수 생물학 연구를 보조하는 데 그 의미가 있고, 기술이 생물학 연구 활동과 다소 이질적인 측면조차 있으며, 간단한 도구와 장치를 이용하는 고독한 연구자가 생물의학에서 진정한 진보를 달성한다고 권하는 듯 했다. 생명 연구란 페트리 접시(Petri dishes) 같은 비자연적인 환경에서 수행할 수 없다는 19세기말 자연사학자들의 비판을 실험생물학자들이 쉽게 떨쳐버리지 못했던 것처럼, 이런 비판은 20세기 실험생물학의 역사가 시작되기 전에도 종종 제기되어 왔다. 또한 1954년 노벨상 수상식에서 캐롤라인 왕립연구소(Royal Caroline Institute)의 한 회원이 "오늘날 전자공학, 방사선 동위원소, 난해한 생화학으로 인해 의료과학이 위험할 정도로 기술을 닮아가고 있는 상황에서, 우리는 의학의 근본인 생물학적 원리를 종종 상기할 필요가 있다"고 말할 정도로 이런 레토릭은 흔한 표현이 되었다.[48]



하지만 생물의학의 진보는 실제로 초원심분리기(ultracentrifuge), 방사성 동위원소, X선 회절, 크로마토그래피(chromatography) 기법, 전기영동(electrophoresis), 전자현미경 등과 같은 정교한 장치와 기술에 의해서 상당부분 가능해지고 촉진되었다. 이 기술들 중 그 무엇도 생물학 고유의 기술은 아니었다. 애초에 이 기술들은 모두 물리과학 혹은 생물학의 변경에서 활동한 물리학자들의 노력의 산물이었으며, 이 중 많은 기술들이 물리학의 성과를 생물학 연구에 이용하기 위해 지원되었던 자선단체

**48** "Physiology or medicine 1954: Presentation speech by Professor S. Gard, member of the staff of professors of the Royal Caroline Institute," *Nobel lectures ... physiology or medicine, 1942-1962*, p. 447. 분자생물학자이자 미 기술평가국의 직원이었던 패트리샤 호벤(Patricia Hoben)이 언급하기를, 휴먼게놈프로젝트는 "전체 생물의학 연구 문화에 거스르는 방향으로 나아가고 있으며, 연구의 기술적 측면에 초점을 맞춰 두각을 나타내거나 혹은 그러길 원하는 생물학자들도 거의 없다." Friedman (주 9), pp. 69-70.

의 자금이나 상업적인 자금을 통해 개발되었다. 예컨대, 사이클로트론(cyclotrons)을 세웠던 사람들은 초창기 재정 후원의 대부분을 의료를 중시한 자선단체들로부터 얻어냈다. 사이클로트론은 방사선 동위원소를 제공한 제1의 공급처였는데, 자선단체들은 이를 값싸고 풍부하게 공급해 줄 장치의 건설을 촉진하고자 노력했던 것이다. 2차대전 이후부터는 원자력위원회(Atomic Energy Commission)와 그 후속 기관의 원자로가 방사성 동위원소의 주요 공급처가 되었다.[49]

당대의 실험 생물학에 기술이 꼭 필요하다는 점을 게놈프로젝트 비판자들도 잘 알고 있었다. 하지만 다양한 기술이 과학 일터(scientific workplace)의 활동에 영향을 미쳐왔던 방식은, 물론 중요했지만, 그리 분명해 보이지는 않았다. 유전자 서열분석이 생물학 연구를 지루하고 단조롭게 만들 것이라는 비판이 위와 같은 쟁점에 해당한다. 이런 비판은 다음과 같은 낭만적 가정, 즉 전통적 생물학에는 단조로운 작업이 없으며, 그 연구현장에서의 모든 젊은 연구자들이 지적으로 보람찬 난제들에 도전하고 있다는 전제를 깔고 있다. 하지만 연구실에서 사람들이 실제 행하는 바를 잠시만 곰곰이 생각해 보면, 이런 전제가 일반적으로 들어맞지 않음을 알 수 있다. 분자생물학자들이 수행하는 작업의 일부는 진부하고 틀에 박힌 물리화학과 생화학으로, 예컨대 제한효소(restriction enzymes)를 밝혀내고, 단백질 · DNA · RNA 서열을 분석하며, 유전자를 합성 · 복제하는 작업 같은 것들이다. [오히려] 이윤을 추구하는 회사들



49 J.L. Heilbron and Robert W. Seidel, *Lawrence and his laboratory: A history of the Lawrence Berkeley Laboratory*, Vol. I (Berkley, 1990), pp. 156-157, 189-190, 219; Daniel J. Kevles, *The physicists: The history of a scientific community in modern America* (Cambridge, 1987), pp. 274-275; Robert E. Kohler, *Partners in science: Foundations and natural scientists, 1900-1945* (Chicago, 1991), pp. 358-391; Lily E. Kay, *Cooperative individualism and the growth of molecular biology at the California Institute of Technology, 1928-1953* (Ann Abrbor, 1987), 특히 chs. 2, 4 and 5.

은 클론과 제한효소 같은 규격화된 재료들을 제공하여, 분자생물학 연구실의 지루한 일상을 얼마간 덜어주었다. 또한 학계에서 개발된 자동 서열분석 장치나 서열합성 장치 같은 기술들은 연구자들을 수많은 지루한 잡무로부터 벗어나도록 해주었다. 예컨대, H. 고빈드 코라나(H. Ghobind Khorana, 1922-)는 작은 유전자 하나를 합성하는 데 한 무리의 공동연구자들과 5년여의 시간을 필요로 했고 최종적으로 1970년에 이르러서야 성공할 수 있었다. 이제는 하루 만에 탁상용 실험기구를 사용해서 훨씬 거대한 유전자를 합성해 낼 수 있다.

게놈프로젝트의 기술에 대한 강조는 분명 프로젝트의 거대과학 이미지가 형성되는 데 기여했다. 또한 그것은 생물의학 분야의 전통적인 소규모 연구를 바람직한 대안으로 찬양하도록 부추기는 데도 일조했다. 하지만 개별적인 연구 활동을 '작은 과학(small science)'이라 찬양하며 옹호하는 것은 전문적인 관점이 부족한 견해이기도 하다. 자본과 운영비용, 대학원생 · 박사후 연구원 · 기술전문가의 숫자, 연구 공간과 장비, 이 모든 것들은 서로 결합되어 연구 과제를 '거대'까지는 아니더라도, 분명 '대'규모화했다. 이러한 대규모화는 특히 다음과 같은 과학에 비하여, 말하자면 토마스 헌트 모건(Thomas Hunt Morgan, 1866-1945)의 현미경, 초파리 병, 썩은 바나나 먹이, 소수의 대학원생들에 비교할 때, 혹은 제임스 왓슨과 프란시스 크릭(Francis H.C. Crick, 1916-2004)의 조립식 장난감(tinker-toy), 종이로 오려 만든 DNA 구조 모형과 비교할 때 두드러진다.

과학 저널이나 언론에서 게놈프로젝트를 거대과학과 동일시하는 방식은 문제를 모호하게 만드는 경향이 있었다. 이런 논의는 선별적이고 분별력이 없는데, 게놈프로젝트는 거대과학인 반면 연간 훨씬 더 많은 돈이 들어가는 AIDS 프로그램은 그렇지 않다고 한다. 또한 게놈프로젝트가 초전도 고속 충돌기나 우주 정거장 계획과 한데 묶여 다루어지곤 한다. 하지만 후자의 경우 막대한 자금뿐만 아니라 거대한 기계장치와 거대한 관리기관이 필요하다는 점에서 차이가 있다.[50] 게놈프로젝트가 거대과학의 한 가지 유형이기는 하지만, 사실 그것은 비판자들이 책망하는 유형의 거대과학은 아닌 것이다.

거대과학의 유형에 대한 간단한 분류는 미국의 맥락에서 거대과학을 다음의 세 가지 형태로, 즉 그 기능에 따라 중앙집중식, 연방식, 혼합식으로 구분할 수 있게 해준다. 중앙집중형(centralized form)에서는 거대 기술 임무(big technological missions)의 특징이 나타난다. 예를 들어, 원자폭탄을 개발한 맨해튼 프로젝트(Manhattan Project), 인간을 달에 착륙시킨 아폴로 프로그램(Apollo Program), 그리고 현재 진행 중인 우주 정거장을 제작 · 발사 · 가동하기 위한 계획이 중앙집중형 거대과학에 해당한다. 이런 거대 임무 과학(big-mission science)의 주요한 특징으로는, 주요 기술 시스템(technological system)을 만들고 작동하기 위해 진행되는 광범위한 노력들에 대한 중앙집권화된 통제가 포함된다.

연방형(federal form)은 거대 주제(big subjects)에 관한 지식 획득을 목적으로 하는 연구가 대표적이다. 예를 들어, 대륙의 자연지도나 지질도 작성, 항성과 은하계의 목록 작성, 혹은 암과 같은 주요 질병에 관한 연구가 이에 해당한다. 이러한 지식을 추구하는 프로그램들의 특징으로는, 지역의 자발성에 대한 조화로운 장려, 과제에 필요한 기법들을 개발하기 위한 다원적이고 분산된 노력들, 획득된 정보를 종합하기 위해 체계적으로 조직된 데이터베이스 등이 두드러진다.

혼합형(mixed form)에서는 거대한 설비 과학(big-facility science)의 표준적 특징이 나타난다. 예를 들어, 고에너지 입자가속기, 행성 무인탐사선, 일군의 전파 망원경들처럼, 거대한 기술적 장치에 의존하는 연구 프



50 Friedman (주 9), pp. 1-2; Daniel E. Koshland, Jr., "Sequences and consequences of the human genome," editorial, *Science* 246 (13 Oct. 1989), 189; William J. Broad, "Heavy costs of major projects pose a threat to basic science," *The New York Times* (27 May 1990), 1, 20; William J. Broad, "Small scale science feels pinch from big project," *The New York Times* (4 Sep. 1990), C1, C6.

로그램이 혼합형 거대과학에 해당한다. 이러한 유형의 과학에서, 설비를 만들고 정비하며 작동하는 일은 핵심 과학자와 엔지니어의 중앙집권화된 통제와 관리 아래 놓이게 되는데, 초전도 고속 충돌기의 경우 입자가속기와 검출기를 설계하고 개발하는 데 편성된 일군의 사람들이 이런 역할을 담당했다. 반면에 연구를 위한 설비의 용도는 연방의 차원에서, 다양한 연구소에 흩어져 있는 연구자 집단들에 의해서 결정된다.

## 2. 왜 거대과학 SSC는 사라졌는가

SSC는 혼합형 거대과학의 전형이며, 바로 그것이 SSC의 정치적 운명을 결정지었다. 많은 분석가들처럼, 존스턴 의원은 SSC 종결안의 시행을 초선 상원의원 탓으로 돌리며 그들을 비난했다. 또한 그는 이런 초선 의원들이 "프로젝트 수를 줄이고 특권을 타파하길 원했던 분노한 유권자들의 대표적 산물"이라고 평했다.[51] 하지만 미 의회는 중요한 국가 목표를 위한 지출에는 관대한 태도를 취하곤 하면서 예산삭감에 선별적인 태도를 취해 왔으며, 특히 이런 예산 지출이 지역의 정치적 · 경제적 이득과 관련될 때에는 더욱 그러했다. SSC의 운명이 결정되는 데에는, 초선 의원 효과나 외국 원조의 부족보다는 국가적이고 지역적 기반에서 SSC의 정당성을 설득하는 데 실패했다는 사실이 훨씬 더 중요한 요인으로 작용했다.

2차대전 이래로 고에너지 분야를 비롯한 물리학을 그토록 중요하게 만들어 주었던 것이 국가적 수준에서 어긋나고 있었는데, 그것은 바로 실제적이든 가상적이든 간에 물리학이 국가 안보에 공헌한다는 논리였다. 히로시마와 나가사키에 원폭이 투하된 1945년 이후, 미국 물리학자들은 일종의 사회 지배층이 되었다. 그들은 정책을 좌우하고 국가 재원을 대



51 Clifford Krauss, "Knocked out by the freshmen," *The New York Times* (26 Oct. 1993), B10.

량으로 얻는 권한을 가졌으며, 정치적 통제에서 얼마간 자유로운 부러워할 만한 특권을 부여받았다. 물리학과 국가안보의 동일시는 물리학자들에게 권력을 가져다주었으며, 지난 반세기 동안 그 지위를 상당 정도로 유지할 수 있도록 해주었다. 물리학자의 전쟁이라 불렸던 2차대전 동안, 그들은 원자폭탄을 발명했을 뿐만 아니라, 레이더, 로켓, 근접신관(proximity fuzes)을 포함한 수많은 경이로운 기술들을 개발했다. 냉전 시기 물리학자들은 미국의 군사력 우위를 유지하는 데 결정적인 역할을 했고, 국방 정책의 기술적 실현 가능성에 대해 조언했으며, 대학, 산업체 및 정부 연구소, 국방 무기시설에 몰려든 학생들을 훈련시켰다. 또한 그들은 간접적으로는 국방연구의 부산물을 통해서, 직접적으로는 트랜지스터, 컴퓨터, 레이저, 광학섬유 같은 수많은 연구분야에 종사하면서, 전후 첨단 기술 경제에 공헌했다.

이런 물리학자들 중에서도, 기본입자물리학자들의 영향력이 가장 두드러졌다. 1980년대에 입자물리학자들은 미국 물리학자 집단의 약 10%를 차지했다. 입자물리학의 선도자들은 미국인에게 수여된 노벨상 중 다수를 수상했고, 국가의 전략방위구상과 의회의 과학정책 입안에서도 핵심적인 역할을 했다. 전후 몇십 년 동안 기본입자물리학자들은 상당히 번영했다. 물리학의 역사에 대한 이해는 입자물리학자들에게 충분한 자금을 지원해야 한다는 정책의 중요한 근거 중 하나였다. 비현실적으로 보이는 핵물리학 연구가 결국 원자폭탄이라는 실체가 있는 결과로 이어졌듯이, 입자물리학을 통해 경이롭고 실용적인 결과가 산출될 수도 있으므로 그것에 대한 연구를 수행해야 한다는 것이었다. 냉전의 맥락에서, 입자물리학자들은 국가 안보에 중요한 무엇이 예기치 않게 등장하면 소련보다 먼저 그 지식을 획득해야 한다면서, 일종의 보험정책(insurance policy)을 제시했다. 그렇지만 일반회계국은 상원과 하원에서 진행된 몇 차례의 논쟁을 정리하여 그 논점을 간략히 요약한 보고서를 준비했고, 버지니아 출신의 보수적 민주당원 존 워너(John Warner) 상원의원은

1993년 5월 18일에 이 보고서를 의회에 제출했다. 이 보고서는, 좀더 강력한 초전도 자석이나 국방 하청산업체로의 자금 전환과 같은 간접적인 원조로 군부를 보조할 수는 있겠지만, SSC 자체는 국가 안보와 직접적인 관련이 없다는 내용을 담고 있었다.

1993년 랄프 홀(Ralph M. Hall) 텍사스 주 의원은 "SSC가 다시 한번 1950년대 초의 재정 상태를 가져다 줄 것도 아니고, 그 당시 우리의 지정학적 강대함을 되찾아 줄 수 있는 것도 아닌 것 같다"며 아쉬운 생각에 잠겼다. 더군다나 SSC에 대한 적극적 지지는 전략방위구상 — 좀더 특정하지만 역시나 간절히 바라던 계획 — 에 찬성표를 던졌던 소수의 상원의원들에서만 나오는 경향이 있었다. 일반적인 전망은 SSC에 불리했는데, 미네소타의 공화당원 데이브 듀렌베르게(Dave Durenberger)의 다음과 같은 언급은 이를 말할 것도 없이 명백하게 보여주었다. "만약 우리가 이전 시기 소련과 같은 초강대국과 과학 분야에서 치열하게 경쟁하고 있다면, 그리고 이 프로젝트가 국가 안보를 향상시켜 준다면, 나는 기꺼이 이 프로젝트를 계속 지원할 것입니다. 하지만, … 우리는 그러한 위협에 직면해 있지 않습니다."[52]

국가 안보와의 관계가 끊어지자, SSC는 대통령이나 의회 활동과 같은 국내 정치 놀음의 대상이 되었다. 하원에서 첫 번째로 SSC안이 기각된 직후인 1992년 7월, 부시 정부는 프로젝트안을 통과시키기 위한 로비에 열중했다. 부시 대통령은 SSC에 찬성하는 물리학자 대표단의 백악관 방문을 환대했고, 결정을 유보 중이던 상원의원들을 백악관으로 초대하여 격려했다. 또한 부시는 왁사하키를 방문해서 초전도 고속 충돌기를 "미국의 미래를 위한 중요한 투자"라고 격찬했고, 기초 연구를 위해서 "결국

**52** House, *SST Hearing*, 1993, p. 120; *CR*, 103rd (18 May 1993), S5996-S5997, S6000-S6003; *CR*, 102nd, Senate (3 Aug. 1992), S11165; Linda R. Cohen and Gretchen A. Kalsow, "Who killed the Superconducting Supercollider?" unpublished ms (1994), p. 22.

모든 것이 하나로 모이므로 SSC는 루브르 박물관이자 피라미드이자 나이아가라 폭포"라고 덧붙여 말했다.[53] 하지만 1993년 로이드 벤슨 의원이 내각에 등용되고 짐 라이트 하원 의장이 사임함에 따라, 텍사스 주 의회 대표단의 영향력은 약해져 갔다. 또한 백악관의 주인이 텍사스 주의 양자에서 빌 클린턴으로 바뀌었다. 프로젝트를 향한 클린턴의 지지는 아칸소(Arkansas) 주의 동료 — 상원에서 프로젝트 반대를 주도했던 — 데일 범퍼스(Dale Bumpers) 같은 내부자들의 미온적인 반응 때문에 난항을 겪었다. 클린턴의 지지는 우주 정거장 계획을 성사시키기 위해서 총력을 기울였던 그의 또 다른 노력과 서로 어긋나기 시작했다. SSC가 거부되기 전날인 1993년 6월에 하원은 단 한번의 투표로 우주 정거장 계획을 승인했던 것이다.

우주 정거장을 지지했던 정치 · 경제 세력은 SSC 지지 세력과는 비교가 되지 않았다. 우주 정거장에 들어가는 예산은 충돌기 예산의 두 배가 넘었고, 이에는 외국 자본으로부터 지원된 약 80억 달러의 자금도 포함되었다. 또한 항공우주 산업체가 우주 정거장 프로젝트를 강력하게 지지했으며, 이 프로젝트의 이름 아래 생겨난 일자리도 보고된 것만 7만 5000개에 달했다. SSC의 경비가 거의 모든 주에 걸쳐 지출되었다고는 하지만, 하원에서 짐 슬래터리는 대부분의 주들이 프로젝트로부터 받는 것보다 훨씬 더 많은 돈을 프로젝트에 지불하고 있다고 지적했다. 사실 건설에 착수한 1989년 10월부터 1992년 4월 사이에 체결된 정부 조달계약들의 대다수는 매사추세츠 주, 뉴욕 주, 일리노이 주, 캘리포니아 주, 텍사스 주에 집중되었다. 특히 텍사스 주는 2위를 기록한 캘리포니아 주나 3위를 기록한 일리노이 주보다 4배나 많은 정부 조달자금을 지원받았다.[54]



53 Irwin Goodwin, "Good news for the SSC as Senate approves funds and magnets work," *PT* 45 (Sep. 1992), 55.

54 Holly Idelson, "House denies atom smasher its 1993 expense account," *Congressional quarterly* (20 June 1992), 1783.

텍사스 주는 전적으로 SSC를 지지했다. 하지만 나머지 4개 주들은 SSC안을 부결시키는 데 압도적인 표를 던졌다. 벌러트는 당시의 정치적 지형을 약간의 과장을 섞어 다음과 같이 요약했다. "저의 동료들은 SSC를 찬성하는 사람들의 출신지가 텍사스, 또 텍사스, 역시 텍사스, 다시 한번 텍사스, 그리고 루이지에나 주, 어쩌면 캘리포니아 출신의 누군가 정도가 포함됨을 알아차리게 될 것입니다. 하지만 저의 동료들은 프로젝트의 반대자들이 … 전국 도처에 있음을 또한 깨닫게 될 것입니다."[55]

과학에 경의를 표하든 아니든 간에, SSC 반대자들은 이 프로젝트에 너무 많은 비용이 든다고 생각했다. 물론 이것이 반대자의 관심사가 예산을 절약하는 것에만 있었다는 의미는 아니다. 이는 의회의 논쟁에서도 잘 드러난다. 많은 사람들이 예산을 삭감하기 위해 충돌기안을 부결시키려 했던 와중에, 다른 다수의 SSC 반대자들은 의료보험, 영양상태, 예방접종, 교육, 도심 빈민가 재개발과 같은 사회복지 프로그램 예산이 삭감되는 한 SSC에 대한 예산 지출을 용납할 수 없다고 주장했던 것이다. 1993년의 SSC 하원 투표를 다른 쟁점들에 관한 투표 기록에 비추어 분석해 보면, 보수적 성향의 의원들과 자유주의적 성향의 의원들이 제휴해서 프로젝트에 반대했으며, 그 비율에서 자유주의자들이 더 많았음이 드러난다. 프로젝트를 옹호했던 의원들 중에는 보수주의자들의 비율이 높았으며, 이는 그해 상원의 투표 성향에 반영되었다. 상원에서 민주당의 경우 과반수를 약간 넘는 의원들이 충돌기에 찬성했으며, 공화당의 경우 2 대 1 이상으로 찬성자가 많았다. 결국 SSC는 자유주의자와 보수주의자를 포함한 대다수의 의원들이 탈냉전 시기의 정치적 질서에서 커다란 변화를 겪음에 따라 냉전 보수주의의 산물로 귀착되었던 것이다.



55 *CR*, 102nd, House (17 June 1992), H4820.

### 3. 탄력 있는 거대과학으로서의 휴먼게놈프로젝트

SSC와 달리, 휴먼게놈프로젝트는 중앙집중형이나 혼합형의 범주가 아니라 연방형의 거대과학에 해당한다. 그러한 것으로 휴먼게놈프로젝트가 미국 정부가 후원했던 과학 연구에서 역사상 전례 없는 새로운 유형은 아니었다. 예를 들어, 선례를 전국 해안지도를 만들기 위해 1807년 시작되었던 미국 해안측량조사(United States Coast Survey)에서 찾을 수 있다. 이 해안측량조사는 결국 전국의 측지 지도까지 포함하도록 확장되었고, 이 과제를 수행하는 데 수많은 지역 연구들이 필요하게 되었다. 유사한 것으로, 1879년 의회는 존 웨슬리 파웰(John Wesley Powell, 1834-1902)의 책임 아래 미국 지질조사국(United States Geological Survey)을 설립했다. 파웰은 서부 내륙 지역의 지질도를 만들기 위해서 이 기관을 조직했고, 일부분은 기관 고용원을 활용하고 나머지는 보조금 지원 체제를 활용하는 연구 프로그램을 도입 시행했다. 이러한 연구보조금 지원 체제는 지질학자, 고생물학자, 광물학자와 같은 많은 다른 분야의 과학자들이 연구에 동참하도록 해주었다.[56]

게놈프로젝트의 거대 주제는 당연히 인간 유전자 지도를 작성하고 그 염기서열을 밝혀내는 것이다. 이런 게놈프로젝트는 주로 전국에 흩어져 전체 목표와 관련된 과제와 유기체에 관해 연구하려는 수많은 소규모 과학자 집단들에게 연구보조금을 지급하는 방식으로 진행되었다. 예를 들어, 1991년 NIH는 175건의 개별 게놈프로젝트에 평균적으로 건당 31만 2000달러의 연간 연구보조금을 지원했다. 이는 NIH의 기초연구보조금

56 지질조사국 모델은 민간 무문에서의 과학 연구 조직화에 영향을 미쳤다. 특히, 이 모델은, 앤드류 카네기(Andrew Carnegie)의 막대한 자금을 어떻게 잘 활용하여 워싱턴 카네기재단(Carnegie Institution of Washington)을 설립할 것인가에 관한 논쟁에서 큰 역할을 했다. 이에 관해서는 Kevles (주 49), pp. 82-83을 참조하라.

의 1.5배 정도 되었고 AIDS 연구보조금과 비슷한 금액이었다. 분명 NIH는 기술 개발에 특화된 연구와 대규모 지도 작성 및 서열 분석 연구를 촉진하기 위한 목적으로 여덟 개의 별도 연구센터를 세웠다. 하지만 개별 연구보조금의 경우처럼, 이런 연구센터들은 경쟁의 원리와 동료연구자의 상호검토(peer-reviewed)에 근거하여 유지되었고, 어떤 경우에나 그 규모면에서 적당함을 유지했다. 1991년 가장 많은 예산을 지원받은 연구센터의 자금은 400만 달러 정도였으며, 이 예산은 몇몇 개별 연구자 집단들에게 나눠어 지급되었다.[57] 프로젝트의 수나 운영 방식으로 볼 때, 휴먼게놈프로젝트를 특징짓는 것은 중앙의 지시, 위계적 제도, 중앙으로의 집중이 아니라, 느슨한 조정, 지역의 자율, 다원성을 존중하는 계획과 제도라는 점이 확실해진다.

또한 프로젝트의 목표가 생물의학에 많은 이득을 가져다주었던 기술 혁신의 역사적 전통에 속한다는 점을 분명히 해야 한다. 단지 전기영동이나 크로마토그래피와 같은 기술들이 생물학 연구에서 유용해졌다는 의미가 아니다. 이러한 기술 중 몇몇은 처음에 거대하고 값비싸며 상당히 독점적인 기술로 시작되었다. 하지만 입자가속기와 달리, 이러한 기술들은 점차 작고 값싸며 널리 퍼져 쉽게 얻을 수 있는 기술이 되었다.[58] 게놈프로젝트의 경우, 유전체 클론(genomic clone)을 확인하고 그 위치를 알아내기 위해서 서열표지부위(sequence-tagged site; STS)를 이용하기로 합의했다. 이에 따라 프로젝트가 시행되는 15년에 걸쳐 6000만 달러가 들어갈 것이라 추정되던 클론 라이브러리(clone libraries)를 설치할 필요가 없어졌다. 일단 특정 클론의 서열표지부위가 데이터베이스에 등록되면, 누구나 자신의 실험실에서 — 대규모 실험실이든 소규모 실험실이든



57 Lander, talk, "The Human Genome Project." 1991년 예산액수는 국립휴먼게놈연구센터의 에린 버제스(Erin Burgess) 예산담당관이 제공한 추정치이다.

58 첨단기술 생물학의 높은 비용에 관해서는 Kay (주 49), pp. 112-187, 226-240를 보라.

간에 — 클론을 정확하게 다시 만들 수 있게 되었다. 휴먼게놈프로젝트의 선구자인 데이비드 보트슈타인은 "게놈프로젝트는 개별 연구자들에게 지도를 작성할 수 있는 능력을 키워줄 것이며, 그 사람이 로스알라모스에 합류할 필요는 없다"고 일찍부터 말했었다.[59]

좀더 우수한 서열분석 기술을 개발하려는 게놈프로젝트의 노력은 부분적으로 서열 처리량 — 단위 시간당 확인되는 염기쌍 숫자 — 을 늘리려는 시도로 이어졌다. 목표는 확실히 야심적이었는데, 하루에 5,000개의 염기쌍 서열을 처리할 수 있는 현재의 자동 DNA 서열분석 장치의 속도보다도 100배에서 1000배 정도 높은 속도를 달성하려고 했다. 프로젝트 지지자들은 처리량을 점진적으로 증가시켜 염기쌍 당 2달러에서 15달러 정도 되는 당시의 DNA 서열분석 비용을 최소 100분의 1 가까이 낮출 수 있다고 추정하고 있다. 이렇게 되면 소규모 연구소의 자금만으로도, 어떠한 생물의 DNA 중 중요한 부분을 골라 그것에 대한 대규모의 서열분석 작업을 진행할 수 있게 된다. (현재 염기쌍 당 서열분석 비용은 1달러 미만까지 낮아졌다.) 많은 값싼 서열분석 장치들은 게놈 연구를 더욱 분산적인 연구로 만들어 줄 것이며, 독립적인 프로젝트와 연구방법을 위해 더욱 많은 기회를 제공해 줄 것이다. 또한 이런 장치들은 결과를 더 쉽게 확인할 수 있게 해주며, 계속적인 기술 혁신을 촉진시킬 것이다.

게놈프로젝트에 열광했던 사람들이 장차 직면하게 될 무수한 기술적 난관들을 몰랐던 것은 아니었다. 그들은 필수적인 유전자 지도와 서열분석 기술을 만들어 낼 때에 부딪히게 될 어려움과 불확실성을 인정하고 있었다. 그들은 염기쌍당 서열분석 비용이 획기적으로 낮아지지 않는 한 실질적인 재정 문제로 인해 인간 유전자의 전체 염기서열을 직접 밝혀내는 작업을 완수할 수 없음을 잘 알고 있었다. 그렇지만 여전히 기술과 과



59 Leslie Roberts, "New game plan for genome mapping," *Science* 245 (29 Sep. 1989), 1438-1440; Friedman (주 9), pp. 26-27.

학에서 불확실한 결과들이 나오고 있는 만큼, 게놈프로젝트는 기술에 의존하는 다른 많은 새로운 연구들보다 더 나은 것으로서 확실히 성공적인 투자였다고 할 수 있다. 작동하지 않거나 완성되기 전에 폐기된 거대한 입자가속기는 어떤 과학적 가치가 있다 치더라도 거의 아무것도 가져다주지 않는다. 반대로, 인간 유전자는 서열의 단편 하나를 얻어내는 것만으로도 의미가 있을 수 있는데, 특히 질병을 유발하는 유전자가 포함된 단편을 찾아내면 과학적 · 의학적으로 굉장한 이득을 되돌려 받게 될 것이다.[60]

게놈프로젝트가 완전하게 혹은 부분적으로라도 성공하면, 누군가가 "정보의 떠들썩한 잔치(an orgy of information)"라 부른 결과가 산출될 것이다. 낭포성 섬유증(cystic fibrosis) 유발 유전자의 공동발견자 중 한 명인 프란시스 콜린스(Francis S. Collins)는 이러한 게놈프로젝트의 성과가 "최소한 다음 백년간의 연구 활동을 추동할 만하다"고 평했다. 빅터 맥쿠식(Victor Mckusick)은 인간 유전자 지도와 서열 정보를 확장해 가는 연구를 베살리우스(Vesalius, 1514-1564) 인체해부학의 현대적 판본을 만드는 작업에 비유했다. 그는 이러한 노력의 성과가 장래 의학의 기본이 될, 근원적인 지식에 관한 개설서가 될 것이라 보았던 것이다. 헌팅턴 병(Huntington's disease) 유발 유전자의 위치는 운 좋게도 쉽게 발견되었지만, 낭포성 섬유증에 관련된 유전자의 위치를 추적해 내기까지는 실로 많은 노력이 필요했다. 그리고 낭포성 섬유증처럼 DNA의 미묘한 변화가 원인이긴 하지만 그것과 달리 훨씬 낮은 빈도로 발생하는 질병들에 대해서도 그 유전적 원인이 앞으로 더 많이 발견될 것이다. 이런 경우에는, 아마 더 정확한 유전자 지도와 무수히 많은 서열 데이터가 필요해질 것이다.[61]



---

**60** Robert Wright (주 43), p. 23.

**61** "Gene maps that guide biological explorers," *The independent* (4 Dec. 1989), BioDoc; Francis S. Collins, "The Genome project and human health," *The FASEB*

서열 정보는 종 사이의 서열 패턴을 비교할 수 있게 해주었고, 이를 통해 생물 진화 연구의 획기적인 새 장이 열리게 되었다. 또한 서열 정보는 노벨 수상자 폴 버그(Paul Berg, 1926-)가 "유전자에 대한 편협한 정의"를 표현한 것이라 했던 관점에 대한, 즉 포유류 DNA의 대부분이 실제로 쓰레기(junk)인지에 대한, 종합적인 평가를 가능하게 해줄 것으로 보인다. 버그는 중요한 조절 신호를 담고 있는 많은 인트론과 함께, 유전체 서열의 50% 정도가 아마 유전적으로 기능하는 부분일 것이라고 덧붙여 말했다. 그는 다음과 같이 반문한다. "유전자 내부와 주위에 있는 이른바 비암호부분들이 우리가 아직 알아차리지 못하거나 분석 방법을 배우지 못한 신호들을 담고 있을 가능성을, 우리 한번 무시해 볼까요? 킬로베이스(kilobase)가 아니라 메가베이스(megabase) 이상의 간격에서 서열의 배열을 관찰할 때 드러날지도 모르는 경이로움을 우리는 걷어치울 준비가 되었나요?"[62]

지도 제작과 서열 분석을 하면서 쏟아져 나올 막대한 정보를 처리, 저장, 분석, 분배하기 위해서 새로운 기법이 필요해질 것이다. 새로운 기법이 이용됨에 따라 다시 새로운 유형의 생물학자들, 즉 정교한 기술과 데이터 분석 방법을 생물학의 근본적이고 흥미로운 문제에 적용할 수 있는 사람들이 필요해질 것이다. 빅터 맥쿠식은 이에 대해 다음과 같이 말했다. "유전체학 연구소들은 새로운 유형의 과학자를 훈련시키는 최상의 장소가 될 것입니다. 이러한 과학자들은 분자유전학 혁명과 컴퓨터 혁명 양쪽 모두를 이용할 수 있도록 훈련될 것입니다. 이들이 21세기 생물학의 선도자가 되는 것입니다."[63]



*journal* 5 (Jan. 1991), 77; Victor A. McKusick, "Mapping and sequencing the Human Genom," *New England journal of medicine* 320 (6 Apr. 1989), 914-915.

**62** Paul Berg, "All our collective ingenuity will be needed," *The FASEB journal* 5 (Jan. 1991), 75.

**63** Victor McKusick, "Current trends in mapping human genes," *The FASEB journal* 5 (Jan. 1991), 12-20, 특히 p. 19.

SSC에 대한 공격과 달리, 휴먼게놈프로젝트를 향한 비난은 몇 가지 이유에서 프로젝트를 중지시키는 데 실패했으며, 결국 전반적으로 효과 없이 끝이 났다. 1991년 NIH가 게놈프로젝트에 지출한 자금은 80억 달러인 NIH 전체 예산의 1%만을 차지했다. 만약 국립과학원에서 권고한 연간 2억 달러의 자금을 프로젝트에 지원하게 된다면, NIH의 분담금은 1999년도 전체 예산의 1.5% 혹은 외부 연구보조금을 위해 할당된 예산의 3% 정도가 될 것이었다. 예산 규모가 어떻든 간에, 게놈프로젝트는 '작은 과학'의 방식으로 운영되었다. 게놈프로젝트는 생물의학 연구자 집단들에게 자금을 아낌없이 분배했고, 이러한 자금을 지원받은 연구자들의 정치적 지지를 이끌어 내었다. 게놈프로젝트는 그것이 없었더라면 나오지 않았을 정부 예산을 생물의학 연구에 계속해서 끌어다주었던 경우라 할 수 있다. 추가된 금액이 정확히 얼마인지는 논쟁의 여지가 있다. 하지만 다른 NIH 프로그램 마찬가지로, 게놈프로젝트는 그것이 생물의학 연구 예산을 지원했다는 근거에서 자신을 방어할 필요는 없었다. 가장 중요한 정당화는 과학적이고 의학적인 것이었는데, 프로젝트를 통해 육성된 기술, 데이터, 방법, 훈련된 사람들이 생물의학 연구의 하부 구조를 상당히 튼튼하게 해주었던 것이다.



이러한 이유에서, 게놈프로젝트는 생물의학 지원금에 대한 정당한 권리를 가지게 되었다. 아마도 NIH의 연구소나 연구센터 중에서, 특정 질병에 맞서 싸우기 위한 의회 제출안이 아니라, 국립과학원의 보고서로부터 파생된 것은 게놈프로젝트가 유일할 것이다.[64] 게놈프로젝트는 거대과학의 일종이다. 하지만 SSC와 달리 다원적이고, 실용적이며, 많은 이득을 산출하는, 그리고 정치 체제가 기꺼이 필요한 자금을 제공하려 했던 거대과학인 것이다.

**64** Eric Lander, "The Human Genome Project," talk at "Scientist-to-scientist colloquium," Keystone, Colorado (Aug. 1991).

# 제 5 부

# 동아시아 사회 속의 과학

근대과학의 시각으로 자연을 보는 우리에게 전통시대 동양의 자연관은 우리 것이지만 낯설다. 그 낯설음으로 인해 간혹 그것을 틀렸다고 생각하는 경우도 있다. 그러나 자연을 이해하는 방식으로서의 과학은 그것이 속한 사회의 문화적 · 지적 맥락이 만들어 내는 커다란 그림 속에 잘 들어맞는 몇 개의 퍼즐조각과 같다고 할 수 있다. 이런 면에서 볼 때 동양의 전통적인 자연관은 그것이 속한 전통사회 속에서 바라보아야 그 의미와 한계를 제대로 평가할 수 있다. 5부에 실린 세 편의 글은 동양과학을 전통사회 속에 제대로 위치지움으로써 그 낯설음을 편안함으로 바꿔보려는 시도라고 할 수 있다.

동양과학사의 중요한 주제 중 하나는 바로 과학의 전파 및 수용에 관한 문제이다. 중국이나 한국, 일본 모두 직 · 간접적으로 서구문명과 조우하는 과정에서 근대과학을 받아들였고 한국의 경우 중국을 통해 상당수 과학기술을 받아들였기 때문이다. 외래문화와 조우하면서 중국이나 한국의 전통사회는 다양한 방식으로 외래문화가 던진 충격에 반응했다. 흥미로운 점은 새로운 외래문화를 기존의 전통 속에 위치지우는 과정에서 종종 전통문화에 대한 새로운 자각과 반성이 함께 나오게 되었다는 것이다.

문중양의 「세종대 과학기술의 "자주성", 다시 보기」는 찬란한 과학문명을 자랑했던 조선 세종대 과학의 성격을 중국과의 관계 속에서 비판적으로 재고찰하고 있다. 세종대 과학기술에서는 유독 중국이 조선과는 다르나는 인식이 강하게 표출되었는데, 기존 연구들은 이를 중국을 극복하려는 적극적인 의미의 자주성이나 조선의 특수성에 대한 인식으로 해석해 왔다. 이에 대해 문중양은 세종대 과학기술에서 보이는 자주성은 중국을 극복하려는 조선지식인들의 적극적인 의지의 표출이라기보다는 중국을 중심으로 한 보편적인 유교적 세계관을 따르려는 노력의 과정에서 생기게 된 인식임을 보여주고 있다.

임종태의 「서구 지리학에 대한 동아시아 세계지리 전통의 반응: 17-18세기 중국과 조선의 경우」는 서구에서 들어온 지도에 표현된 낯선 세계관에 대한 중국과 조선 유가들의 반응을 살펴본다. 임종태는 표면적으로 무심하거나 냉담해 보였던 그들의 반응 아래에는 낯선 세계관을 전통의 틀 속으로 녹여내려는 시도가 있었고 그 과정에서 동양의 세계관 또한 변화하게 되었음을 보여주고 있다.

김영식의 「중국과학에서의 Why not 질문: 과학혁명과 중국전통과학」은 중국과학사 연구에서 "why not?" 질문이 갖는 의미와 역할을 재고찰하는 글이다. 김영식은 이 질문을 좀더 일반적인 자원에서 분석하면서, 그 질문이 분명 많은 문제점을 지녔음에도 불구하고 여전히 중국과학사 연구에 유의미한, 즉 중국과학사 연구에서 가치 있는 성과들을 끌어낼 수 있는 문제의식이라는 점을 지적한다.

세 연구에서 공통적으로 발견되는 흥미로운 점은 타자와의 조우가 오히려 나와 우리문화에 대한 인식을 더욱 또렷하게 만들어 준다는 것이다. 서양과 중국을 만나면서, 또한 서양과학사의 눈으로 우리의 과학을 보면서, 우리 과학기술의 고유한 특성들에 대해 더 예리한 시각을 가질 수 있을 것이다.

# 세종대 과학기술의 "자주성", 다시 보기

문중양

## I. 문제 제기: 유교적 보편성과 조선적 자주성의 함의

그동안 세종대는 과학사 분야에서 특별한 주목을 받아왔다. 그것은 한국의 역사를 통해서 세종대 과학기술의 성과가 다른 시대에 비해 두드러진 모습을 드러내기 때문이었다. 실제로 "한국과학사상의 그 유례가 드문 황금시대를 이루었다"[1]고 평하는 데에서 단적으로 드러나듯이, 선학들은 우리의 역사에서 과학기술의 성과가 가장 두드러진 시대로 세종대를 꼽는 데 인식을 같이했다. 세종대 과학기술에 대한 이와 같은 긍정적인 평가는 "15세기 전반기의 (세세) 과학기술사에서 세종 때와 같은 유형의 발전은 다른 어느 지역에서도 찾아볼 수 없는 일로 특히 주목할 만하"며, "그것은 서방세계는 물론, 아랍세계와 중국의 과학기술 수준을 능가하는 것"이라는 역사적 평가로 이어졌다.[2] 그야말로 세종대의 과학기술이 15세기 전반기 전 세계를 통해 가장 우수한 수준 높은 과학기술의 성과를 이룩

문중양, 『세종대 과학기술의 "자주성", 다시 보기』, 『역사학보』 189 (2006), 39-72


1 전상운, 「15世紀 前半期 李朝 科學技術史 序說」, 『일신김두종박사희수기념논문집』 (탐구당, 1966), 318쪽.

2 전상운, 「朝鮮前期의 科學과 技術」, 『한국과학사학회지』 14(2) (1992), 142쪽.

해 냈다는 찬사였다.

사실 천문학을 비롯한 정밀한 기계시계의 제작과 같은 특정한 분야의 과학기술이 세종대에 최고의 성과를 이룩해 냈다는 것에는 현재에도 대부분의 연구자들이 동의하는 바이다. 그러나 우리나라 과학기술사에서 세종대가 전성기였다는 이해는 역사의 긍정적 해석 못지않게 부정적인 해석을 낳기도 했다. 예컨대 황금기를 누렸던 세종대의 과학기술이 그 이후에 잘 계승되지 못하고 쇠퇴했다고 이해되고,[3] 그러한 이해는 결국 세종대 과학기술의 찬란했던 성과가 오히려 우리 역사에서의 예외적인 현상이었다는 인식을 낳기도 했던 것이다.[4]

근래 들어 이와 같이 눈부신 성과를 이룩해 낸 세종대 과학기술이 이후 쇠퇴하고 말았다는 종래 학계의 역사적 해석은 여러 가지 측면에서 비판적으로 검토되고 있다. 세종대의 과학기술이 왜 쇠퇴했는지 묻는 질문 자체에 대해서도 반성적 고찰을 제기하는 문제 제기도 있었고, 세종대의 과학기술이 절정기를 누렸고, 그 이후 쇠퇴하여 잘 계승되지 못했음은 역사적 사실과 차이가 난다는 지적도 있었다.[5] 세종대의 과학기술에 대한 이와 같은 근래의 비판적 고찰은 이 시기 과학기술의 역사적 성

3 세종대의 과학기술이 최고조의 발전을 이루다가 이후 쇠퇴했다는 종래 한국과학사 분야에서의 주장들에 대한 구체적인 논의는 박성래, 「조선시대 과학사를 어떻게 볼 것인가」, 『韓國史市民講座』 제16집(일조각, 1995), 155-164쪽이 유용하다.

4 실제로 홍이섭은 그의 『조선과학사』에서 세종대의 과학기술이 세종이라는 영명한 임금의 민본적 농본주의에 입각해 발달한 일시적인 현상이었고, 조선의 중세사회에서는 과학기술의 지속적인 발달은 기대할 수 없었다고 이해했다.

5 전자의 주장으로는 박성래를 들 수 있고, 후자의 주장으로는 문중양과 전용훈을 들 수 있다. 박성래, 앞의 논문(주 3); 문중양, 「조선후기 전통과학과 서양과학 읽기」, 『전통문화와 국가발전』(2003년도 한국정신문화연구원 국제학술대회 발표집, 2003); 전용훈, 「이순지와 조선전기 천문학의 성격」, 『이달의 과학기술 인물 세미나: 이순지 선생』(한국과학문화재단 · 한국과학사학회 공동주최, 2004) 등을 참조할 것. 문중양과 전용훈은 이 글들에서 세종대의 과학기술은 비교적 잘 계승 발전되었으며, 의약학 · 지리학 · 자연철학 등의 분야를 보면 오히려 세종대의 과학기술에 비해 괄목할 만한 발전이 이루어진다고 주장하고 있다.

격과 위치에 대한 반성적 고찰로 이어질 것이다.

그동안 과학사학자들은 세종대 과학기술의 역사적 성격과 관련해서 일반적으로 세종대 과학의 정치적, 이념적 본성에 주목해 왔다. 즉 세종대의 눈부신 과학기술의 성과는 '새로운' 왕조가 유교적 이념에 입각한 '왕도정치를 구현' 하려는 노력의 산물이었다는 이해이다. 전통 천문역산학은 유교적 정치 이념에 의하면 제왕학의 요체로서 전통적으로 '관상수시(觀象授時)' 는 제왕이 가장 앞서 실천해야 할 사업이었다. 따라서 유교적 사회질서와 이념을 표방하는 새로운 왕조가 그 정당성을 확보하고 국가 체제를 안정적으로 운영하기 위해서 무엇보다 앞서서 확립해야 했던 것이 천문역산학이었다는 것이다.[6]

그런데 종래 선학들은 유교적 이상국가의 실현이라는 정치적, 이념적 배경을 거론하면서 동시에 세종대 과학기술의 '자주성'을 부각시키기도 했다. 일찍이 전상운이 세종대 천문역법의 눈부신 성과를 '자주적 역법'을 이룩한 것으로 평가한 이후, 이와는 약간 다르게 박성래는 선진적인 중국의 과학기술을 수용하여 '과학기술의 민족화' 를 이루었던 것으로 보았다.[7] 박성래는 이후 세종대의 천문학을 '민족 천문학', 의학을 '민족 의학' 으로까지 개념화시킬 정도였다. 최근에는 구만옥이 세종대 과학기술 정책의 핵심 논리로 '풍토부동론(風土不同論)' 에 입각한 '자주성' 의 표방을 전면적으로 부각시켰다. 그것은 『농사식설』의 농입기술, 향의약학의 확립, 그리고 훈민정음의 창제에서 드러나듯이 '중국과 다른 우리의 것'이 절실하게 필요하다는 주장이 '풍토부동' 의 논리로 표출되어 세종대 여러 분야의 과학기술 진흥 정책이 추진되었으며, 그 산물이 세종대의

6 이러한 견해는 전상운, 앞의 논문(주 1), 318쪽; 박성래, 「世宗代의 天文學 발달」, 『세종조문화연구 II』(한국정신문화연구원, 1984), 150-153쪽; 구만옥, 「조선왕조의 집권체제와 과학기술정책-조선전기 천문역산학의 정비과정을 중심으로-」, 『東方學志』 124 (2004), 220쪽에 각각 보인다.

7 전상운, 앞의 논문(주 2), 154-156쪽; 박성래, 『세종대의 과학기술, 그 현대적 의미』(한국과학재단, 1997), 200-201쪽을 볼 것.

'자주적 천문역법'이었다는 것이다.[8]

선학들이 언급하는 '자주적'이라는 용어는 어떤 의미일까? '자주적'의 사전적인 의미는 '자기의 힘으로 자신의 문제를 해결하는' 것을 의미한다. 그러나 세종대 과학이 '자주적'이었다고 말할 때의 의미는 그 이상인 듯하다. 즉 선진적인 중국의 과학기술을 완벽하게 소화한 이후 그것을 극복하면서 '그것과 다른 우리에게 알맞은, 적합한 과학기술을 구성해 냈다'는 의미인 듯하다. 대표적인 예로 천문역산학 분야의 성과에 대한 이해를 들 수 있는데, 실제로 세종대에 중국의 수준을 넘어서서 중국의 것과는 다른 우리의 독자적인 천문역산학을 이룩해 냈다는 것이 선학들의 이해이다. 그렇다면 조선의 과학은 이제 중국으로부터 더 이상 배울 것이 없었다. 그러나 세종대 이후 조선 과학기술의 추이를 보면 아직도 중국에서 배울 것이 많았고, 그 이후에도 계속해서 중국의 과학기술을 수용하면서 조선의 과학기술은 세종대의 과학기술을 계승 발전해 나갔다.



구만옥은 이와 약간 다르게 세종대의 과학기술에서 조선의 특수성 또는 개별성을 강조하고 있다. 그는 세종대 과학기술 정책 입안자들이 유교적 보편주의를 존숭(尊崇)하는 가운데 조선의 토착적인 개별성을 살리기 위해서 '풍토부동'의 논리를 부각시켰다고 보았다. 그런데 이러한 조선의 특수성과 개별성에 대한 강조는 유교적 이상사회와 국가를 구현하려는 '보편성'의 추구와는 다소 거리가 있다고 할 수 있다. 즉 '자주적 역법'을 국가 정책적으로 추구했던 세종의 의도가 유교적 보편주의를 추구하기보다는 조선이 중국과는 다르다는, 즉 조선 고유의 개별성을 강조하는 정책이었다는 데 무게중심을 두고 있는 것이 사실이다.

이 글은 세종대 과학기술의 성과가 새로운 왕조의 건설과정에서 유교적 이상국가를 실현하려는 노력의 산물이었다는 주장에는 기본적으로

8 구만옥, 앞의 논문(주 6)을 참조할 것.

동의한다. 그러나 동시에 그것이 '자주적'이었다고 규정하는 종래의 평가에는 동의하지 않는다. 즉 세종대 과학은 그동안의 중국 의존적인 수준에서 벗어나 '자주적'인 수준으로 발전했지만, 선학들이 말하듯이 세종대 과학이 '중국과 다른, 그것을 능가하는, 우리에게 적합한 과학기술이었다'는 평가에는 동의할 수 없다.

이러한 문제의식하에 먼저 기왕의 연구자들에 의해서 세종대 과학기술의 자주성을 보여주는 것이라고 거론되었던 것들을 비판적으로 검토해 볼 것이다. 이러한 검토를 통해서 세종대 과학기술의 성과는 '중국과 다른 우리의 것'이 절실하게 필요해서 얻어진 것이 아님을, 또한 조선의 토착적인 개별성을 살리기 위한 것이 아니었음을 살펴볼 것이다. 오히려 유교적 보편성을 추구하려는 노력의 과정에 그것을 구현하기 위해서는 현실적으로 조선의 개별성이 충분히 고려되어야 한다는 사실을 인식했고, 그러한 인식이 '풍토부동(風土不同)', '신토불이(身土不二)', '풍기이수(風氣已殊)'의 표현으로 드러났다고 할 수 있다. 아울러 그러한 중요한 인식의 전환을 하게 되는 과정을 고제(古制) 연구와 아악의 정비라는 유교적 이상국가를 실현하려는 국가적인 프로젝트를 통해서 살펴보겠다. 천문역산학의 눈부신 성과도 그러한 프로젝트의 일환으로 추진되어 얻어졌던 것임을 살펴볼 것이다.

조선사회가 기본적으로 성리학적 사회 이념과 질서를 기본 축으로 성장해 가는 사회라고 본다면, 조선 초기에는 아직 성리학에 대한 이해의 깊이가 만족스럽지 못한 때였다고 볼 수 있다. 성리학은 보편적인 '천지지성(天地之性)'과 함께 특수성을 강조하는 '기질지성(氣質之性)'도 중요하게 담아내는 사상체계이다. '이일분수(理一分殊)'가 바로 그것이다. 그렇다면 조선 초기의 세종과 조선 사대부들이 중국의 선진적인 제도, 즉 유교적인 차원에서 보편적이고 이상적인 고제를 조선에서 재현하면서 부닥치게 될 특수성의 문제, 결국은 현실의 문제를 어떻게 인식하고 문제를 해결했는가가 관건이 될 것이다.

## II. '풍토부동'의 레토릭

그동안 자주적 또는 민족적인 세종대 과학기술로 자주 거론되던 것은 다음과 같은 세 가지가 아닌가 싶다. 즉 『농사직설(農事直說, 세종 11년, 1429년)』의 편찬과 삼남 지방의 선진적 농업기술의 전국적인 보급 노력, 『향약집성방(鄕藥集成方, 세종 15년, 1433년)』의 편찬과 조선 향의약학의 정리, 그리고 훈민정음의 창제(세종 25년, 1443년) 등이 그것이다. 실제로 그러한 사업들이 성공적으로 완료된 이후 사업의 주도자들이 술회하면서 적어 놓은 서술들을 보면 유난히 중국과 다른 조선의 특수성을 강조하고 있는 것처럼 보이기도 한다.

그런데 과연 '중국과 조선은 다르다'는 언설들이 진정 중국의 보편적인 과학기술을 지양하고 조선의 특수성과 개별성을 지향하는 것이었는지는 면밀히 따져볼 일이다.



### 1. 『농사직설』과 강남농업기술의 추구

> 삼가 생각하건대 태종공정대왕께서 일찍이 유신(儒臣)에게 명하시어 옛 농서(農書)에서 간절히 필요한 내용을 뽑아서 향언(鄕言)으로 주를 붙여 판각·반포하게 하여 백성을 가르쳐서 농사에 힘쓰게 하셨다. … 오방(五方)의 풍토가 같지 아니하여 (지역에 따라) 곡식을 심고 가꾸는 법이 각기 적합한 바가 있어, 옛 농서와 다 같을 수 없다 하여, 여러 도의 감사(監司)에게 명하여 주현(州縣)의 노농(老農)들이 이미 체험한 바를 갖추어 아뢰게 하시었다. 또 신(臣) 정초에게 이를 정리하라 명하고, 종부소윤 변효문과 더불어 피열(披閱) 참고하여 그 중복된 것을 버리고 그 절요(切要)한 것만 뽑아서 찬집하여 한 편을 만들고 제목을 '농사직설'이라 하였다.(『농사직설』 정초의 서문)[9]

이 문구는 1429년 세종 11년 『농사직설』을 책임 편찬한 정초(鄭招)가 쓴 서문의 내용이다. 그것을 보면 일찍이 태종대부터 중국의 농서를 활용해 써 왔으나, 각 지역마다 풍토가 다르고, 그에 따른 적합한 농업기술이 다를 수밖에 없어 중국 농서로서는 한계가 있다는 사실을 말하고 있음을 알 수 있다. 그렇기 때문에 조선의 각 지역에서 체험을 통해서 검증된 농업기술을 채록해 농서를 펴내고 그것을 널리 보급해 농업기술을 정착시키려 한다는 점을 이 서문은 명확히 밝히고 있는 것이다.

이러한 내용만 보면 조선은 중국과 풍토가 달라 그에 따른 적합한 농업기술도 다를 수밖에 없어 중국의 농서를 그대로 활용하는 데 한계가 있으며, 그렇기 때문에 우리의 독자적인 삼남지방의 관행 농업기술을 채록해 정리하고, 그것을 널리 보급하려 했다고 이해할 수 있을 것이다. 결국 이와 같은 『농사직설』의 서문은 중국과는 다른 우리의 '자주적' 인 농업기술의 발전을 추진했던 세종대 농업정책의 방향을 보여주는 단적인 예로 이해될 소지가 크다고 할 수 있다.

그러나 조선 전기 농업기술의 역사적 추이 속에서 『농사직설』이 지니는 위치, 그리고 편찬의 궁극적인 목적을 고려하면 사정은 많이 달라진다. 먼저 『농사직설』의 편찬이 지향했던 바를 지적해 보자. 그것은 일차적으로 하삼도 지역에서 먼저 확립된 집약적인 연작법과 같은 선진적인 농업기술을 그 이외의 후진 지역에 보급하고자 하는 것이었음은 주지의 사실이다.[10] 그런데 『농사직설』이 강조해서 채록하고 전국적으로 보급 정착시키고자 추구했던 하삼도 지역의 연작 집약농업기술이 중국의 선진적인 강남농업기술과 밀접한 연관이 있다는 사실은 매우 의미심장하다.

이태진에 의하면 『농사직설』이 추구하는 농법과 농업기술의 발전 단계상의 위치는 중국 강남농업의 전통과 기술이었다고 한다.[11] 그에 의하

9 『세종실록』 권44, 11년 5월 16일(신유)조.

10 이와 같은 내용에 대한 구체적인 논의는 이태진, 「世宗代의 農業 技術政策」, 『조선유교사회사론』(지식산업사, 1984), 27쪽을 참조할 것.

면 조선 전기 농업기술의 역사적 추이는 고려말 이후 연작(連作) 상경(常耕)의 농업 생산력 발전을 주도하면서 새로운 사회의 주도세력으로 부상한 신흥사대부 세력이 그들이 이상사회로 추구하던 성리학의 발원지인 강남의 선진적인 수도작(水稻作) 중심의 농업기술을 조선에서 구현하는 과정이었다고 한다. 성리학이라는 새로운 학문 체계로 무장한 신흥 사대부들에게 강남의 선진적인 수도작 기술은 성리학과 떼어서 이해할 수 없는 것이었고, 강남농업기술의 정착 자체가 성리학의 정착과 불가분의 관계였던 것이다. 이와 같은 신흥 사대부들의 농업기술 지향이 『농사직설』에 그대로 반영되었다고 이태진은 보는 것이다. 실제로 비록 이앙법과 같은 강남농업기술의 요체가 『농사직설』에서 적극적으로 반영되지는 못했지만 그것은 수리(水利) 시설이 절대적으로 불충분한 여건 때문이었으며, 적어도 시비법과 같은 연작 상경을 실현하는 데 매우 중요한 농업기술의 측면에서 보면 『농사직설』의 시비법 기술 수준은 강남농업기술을 담은 대표적인 농서 『왕정농서』의 기술 수준이었다고 한다. 결국 이앙법도 비록 『농사직설』에서는 수리시설이 부족한 현실에서 조심해야 할 수도작법으로 제시되면서 직파법에 비해 부수적인 도작법으로 제시되어 있지만 궁극적으로는 수리시설의 보강을 통해서 실현해야 할 강남농법의 핵심 기술이었던 것이다.

이와 같이 고려말 조선초 새로운 사회의 주도 세력인 성리학적 사회이념과 학문으로 무장한 신흥 사대부 세력이 주도하는 농업정책의 방향이 강남농업기술의 구현을 통한 연작 상경화라고 한다면 『농사직설』 서문에 나오는 '풍토부동' 의 문구가 조선적 특수성을 강조하는 의미였는지 재고해 볼 문제이다. 위 인용구에서 오히려 주목할 만한 문구는 "옛 농서와 다 같을 수 없다(不可盡同古書)"이다. 『태종실록』의 기록에 의하면 태종 17년 『농상집요』의 중요한 내용을 발췌해 '본국리어(本國俚語)' 로 주를

11 이러한 구체적인 논의는 이태진, 「14 · 15세기 農業技術의 발달과 新興士族」, 『한국사회사연구』(지식산업사, 1979)를 참조할 것.

달아 간행해 널리 배포했다는 기록이 보인다.[12] 태종대뿐 아니라 세종대에 들어와서도 세종 5년에 『농상집요』와 『사시찬요』 등의 농서를 잘 활용해 농사를 지을 것을 각 도에 권면하고 있다.[13] 그런데 그동안 농사에 활용하려던 농서들인 『농상집요』와 『사시찬요』는 강남의 수도작 농법기술 단계에 비해서 훨씬 뒤지는 화북의 전작(田作) 농법을 중심 내용으로 담고 있는 농서들이었다. 그렇다면 "옛 농서와 다 같을 수 없다"는 표현은 화북농업의 기술을 담고 있는 『농상집요』와 같은 종래의 중국 농서들이 조선의 삼남 지방에서 일부 행해지던 농업기술, 그리고 신흥 사대부들이 구현하려던 강남 농업을 제대로 반영하지 못하고 있다는 의미가 될 것이다. 본격적으로 강남농업기술을 담아낸 중국의 대표적인 농서 『왕정농서(王禎農書, 1313년)』를 조선 사대부들이 처음으로 접하는 시기가 중종대인 1543년경이라는 사실[14]을 감안하면, "옛 농서와 다 같을 수 없다"는 표현은 당시 주로 의존하던 중국 농서들에 만족하지 않았던 조선 사대부들의 불만의 목소리였다고 볼 수 있을 것이다.



결국 『농사직설』의 서문은 조선의 풍토가 중국과 다르기 때문에 중국의 농업기술과 다른 조선의 풍토에 적합한 농업기술을 개발해야 한다는 점에 초점을 맞추고 있지는 않다고 할 수 있다. 오히려 그것은 종래 의존하던 중국의 농서들이 시대에 뒤진, 또는 신흥 사대부들이 지향하는 농업기술과는 거리가 먼 내용을 담고 있어 차라리 비교적 조선 내에서 선진적인 농업기술이 이루어지던 삼남 일부의 관행 농업기술을 채록해 활용하자는 것이었다고 할 수 있다. 그렇다면 『농사직설』에서 채록했던 농업기술은 중국과 다른 자주적 농업기술을 지향했다기보다는 오히려 중국의 선진적인 농업기술을 따라가기 위한 자구책이었다고 보아야 할 것이다.

12 『태종실록』 권33, 태종 17년 5월 24일(기유)조.

13 『세종실록』 권20, 세종 5년 6월 1일(경술)조.

14 문중양, 『조선후기의 水利學과 수리담론』(집문당, 2000), 15쪽 참조.

## 2. 『향약집성방』과 금 · 원 의약학의 구현

조선 초기 세종대에 이루어진 과학기술의 성과들 중에 조선 고유의 자주적 성격이 가장 두드러지게 부각되는 분야는 향의약학 분야일 것이다. 실제로 고려말 『향약구급방(鄕藥救急方, 고종 20년, 1233년)』에서부터 시작해 조선 세종대 『향약집성방(鄕藥集成方, 세종 15년, 1433년)』에서 완성된 향의약학에 대해서 일찍이 미키 사카에(三木榮)는 '고유의학'과 '의료의 자주화'라고 평가했다.[15] 미키 사카에에 이어 김두종은 "향약의 사용을 권장케 한 것은 향약에 관한 자주적 정책을 수립코자 하는 데 그 목적이 있었던 것"[16]이라며 고려 말 이후 향약 의서의 편찬 전통을 '자주적 향의약학'의 성립으로 이해했다. 이에서 더 나아가 박성래는 "『향약집성방』의 발간은 고려 중엽부터 시작된 자주적인 의학 개혁운동의 절정을 뜻한다"면서, "이 책은 중국 본초학의 테두리를 탈피하여 어디까지나 한국 중심의 것으로 다듬은 것으로서, 우리나라 고유의학의 확립이라는 점에서 매우 큰 의미를 지닌다"고 평가할 정도였다.[17]

이와 같이 세종대에 편찬된 『향약집성방』을 조선 고유의 자주적인 의약학의 확립으로 보는 일차적인 근거는 비싼 중국산 약재[즉 '당약(唐藥)']에 전적으로 의존하던 상황에서 벗어나 값싸고 구하기 쉬운 국산 약재[즉 '향약(鄕藥)']를 활용하는, 즉 약재의 국산화를 이루어 냈다는 점에 있을 것이다. 그러나 약재의 국산화를 이룩한 성과만으로 '자주적 의약학'으로 보기에는 부족하다. 그것은 중국과 조선은 풍토도 다르며 사람의 몸도 다르기 때문에 약리(藥理)상으로도 조선 사람 몸에는 조선에서 나는 약재가 중국산 약재보다 적합하다는, 즉 '신토불이(身土不二)'의 논리에 입각한 향약론의 이론을 확립했다는 의미였던 것이다. 이 점이 바로

15 三木榮, 『朝鮮醫學史及疾病史』(日本: 大阪, 1955), 60, 125쪽을 볼 것.

16 김두종, 『韓國醫學史 全』(탐구당, 1966), 141쪽.

17 박성래, 앞의 책(주 7), 104-105쪽.

중국 본초학의 테두리를 벗어난 우리나라 고유의학의 성립의 의미였다.

그런데 과연 고려말 『향약구급방』에서 조선초 『향약집성방』에 이르는 향약서들의 편찬이 중국의 의약학 테두리에서 벗어나 자주적 의약학을 수립하려는 의지의 소산이었는지는 의문이다. 고려말 이후 조선의 의약학이 처해 있었던 당면과제가 무엇이었는지, 그리고 그러한 당면과제의 해결에 향약서들이 어떠한 역할을 해주었는지 고려하면 고려말 조선초 향의약학 성립의 역사적 성격은 다르게 보일 것이다.

고려말 조선초의 시기에 의약학의 과제는 한 마디로 말해서 중국의 선진적인 의약학을 수용해 성리학적 '인정론(仁政論)'에 입각해 백성들을 질병의 질곡으로부터 구제해 주는 것이었다.[18] 이러한 과제를 풀려는 노력은 고려 후기 이래 줄곧 있어 온 일이었다. 예종 7년(1112년) 중국 송대의 의료 개념에서 영향받았을 혜민국을 설치해 대민 의료에 적극 나서는 등 고려 정부와 사대부들은 중국 송 · 원의 의학을 수용하는 데 적극적이었다. 그러나 중국의 선진적인 의술을 전수받아 아무리 잘 배운다 해도 결정적으로 한계에 부닥친 것이 있다. 값이 매우 비싸고 구하기도 쉽지 않은 중국산 약재에 전적으로 의존할 수밖에 없었던 여건 때문이었다. 1233년 『향약구급방』의 편찬으로 시작된 향약서들의 이후 계속된 등장은 이러한 절실한 문제를 해결하려는 일련의 노력이었다. 세종대 1433년에 편찬된 『향약집성방』은 고려 후기 이래의 향약서들을 집대성하고, 민간에서 축적되었던 여러 경험적 처방들을 정리해 편찬한 향약서였다.

한편 15세기 전반 조선의 의약학이 처해 있는 의학사적 과제를 생각해 볼 필요가 있다. 그것은 중국 의학사에서 한의학의 이론적 전통과 경험적 전통이 종합적으로 결합되는 획기적인 성과로 이해되는 금 · 원 의학의 수용이었다. 1444년 세종 26년에 편찬된 방대한 내용의 『의방유취』는

18 중국의 선진적인 의약학의 수용 노력을 성리학적 인정론의 차원에서 이해하려는 논의는 이태진, 「『鄕藥集成方』 편찬의 정치사상적 배경과 의의」, 『의술과 인구, 그리고 농업기술』(태학사, 2002), 141-145쪽을 볼 것.

그러한 선진적인 금·원 의약학 지식을 담은 의서들을 집대성하여 종합한 의서였다. 이에 비해 『향약집성방』은 그동안 고려와 조선에서 축적해 온 경험적인 향약재의 처방을 종합적으로 수집 정리한 의서였다. 결국 『의방유취』와 『향약집성방』은 이론적 차원과 경험적 차원에서 각각 금·원 의학의 소화·정착을 이룩해 낸 의서였다고 할 수 있었다.[19]

물론 종래 연구자들이 『향약집성방』의 편찬을 통해서 조선의 자주적 의약학의 확립을 강조하면서 그 논리적 근거로 제시하는 '신토불이'는 중국과는 다른 독자의 의약학이 필요하다는 점을 강조하는 것일 수도 있다. 그러나 간과할 수 없는 중요한 사실은 그것이 중국의 선진적인 금·원 의학을 완벽하게 수용해서 정착하고자 하는 노력의 일환이었다는 사실이다. 오히려 그 과정에서 조선의 향약서 편찬자들은 중국과는 다른 조선의 '특수성'과 '개별성'을 인식하게 되었다고 보아야 할 것이다.[20]



## 3. 훈민정음 창제와 성운학

나라의 말소리[語音]가 중국과 달라 문자와 서로 통하지 아니하므로 우매

19 조선 초기 의약학의 과제와 발전 방향에 대한 이러한 논의는 김호, 「허준의 동의보감 연구」, 『한국과학사학회지』 16(1) (1994), 4-5쪽을 볼 것.

20 이와 관련해서 김호의 논의는 주목할 만하다. 즉 그에 의하면 고려 말 신토불이에 입각한 조선의 약재를 사용하기 시작한 것은 불교적 보편적 세계관으로부터 지역성을 중시하는 성리학적 세계관의 등장과 함께 가능한 것이었다고 한다. 고려시대 불교적 의학관에 의하면 보편주의에 입각해 중국의 (보편적) 약재가 아닌 조선의 (지역적) 약재는 약재로서 쓸 수 없다는 인식이었는데, 고려 후기 '본연지성(本然之性)'과 함께 '기질지성(氣質之性)'을 언급함으로써 지역성을 강조하는 성리학의 수용으로 사정이 달라지게 되었다는 것이다. 즉 고려말 조선초의 신흥 사대부들은 성리학적 차원의 '기질지성의 국지성'에 대한 인식을 통해서 중국과 다른 조선의 지역적 특수성과 개별성에 대한 인식을 비로소 하게 되었으며, '신토불이'의 중요성을 자각하게 되었다는 것이다. 김호는 나아가 고려말 이후 생성된 조선의 지역성에 대한 자각은 『향약집성방』 단계에 이르러서는 조선의 약재가 오히려 중국의 약재보다 우수하다는 인식에까지 이르렀다고 파악했다. 김호, 「『鄕藥集成方』에서 『東醫寶鑑』으로」, 『韓國史 市民講座』 16(일조각, 1995), 62-76쪽을 참조.

한 백성들이 말하고자 하는 바가 있어도 제 뜻을 펼 수 없는 자가 많도다. 내 이를 딱하게 여겨 28개의 글자를 새로 만드니 사람들로 하여금 쉽게 익히고 나날이 쓰기에 편하게 하고자 할 따름이다.[21]

이 문구는 소위 『훈민정음해례본』의 맨 앞 「어제(御製)」 부분의 처음이다. 세종이 1443년(세종 25년) 훈민정음을 창제한 이후 창제의 목적을 직접 밝힌 중요한 내용이다. 말 그대로 우리 말을 표현하는 글자가 없어 우매한 백성들이 자기 생각을 제대로 펼치지 못하니 그들이 글을 쉽게 배우고 쓰게 하고자 우리 글자를 창제했다는 것이다. 종래 연구자들은 이러한 문구를 부각시켜 세종대 민본의식과 함께 '자주의식'의 대미를 장식하는 것으로 훈민정음 창제의 역사적 의의를 지적했다.

그런데 '중국과 다른 우리의 독자적인 글자'가 필요하다는 창제의 변이 궁극적으로 '자주 의식'의 발로였는가는 의문이다. 우리의 글자가 없어 불편했던 것이 무엇이었을까 생각해 보자. 과연 한자를 모르는 우매한 백성들이 불편했을까? 어차피 중세 사회에서 문자는 지배자들의 권력의 영역에 속하던 것이 아니던가. 우매한 백성들은 하등 불편할 것도 없고, 그래서 그들을 불쌍히 여길 것도 딱히 없다고 할 수 있다. 그렇다면 지배자의 입장에서 불편한 점을 고려해 봐야 할 것이다.

이와 관련해서 유교적 시회이념과 지식체계를 이용해 새로운 왕조의 국가체제를 안정되게 확립하려는 세종대 학예정책을 살펴볼 필요가 있다. 조선이 국정교학으로 삼기 시작한 송대 성리학의 이념에 의하면 제왕된 자의 참된 치국(治國)의 방법은 성인의 도를 실현하는 것이라고 할 수 있다. 그런데 성인의 도를 표현하는 수단은 궁극적으로 언어인데, 참되고 바른 언어가 확립되어 있지 않으면 성인의 도를 실현하는 것은 불가능할 것이다. 그렇기 때문에 참된 언어를 확립하기 위한 성운학(즉 언

21 『訓民正音』, 1쪽.

어음운학)과 문자학은 나라를 다스리는 데 간과할 수 없는 매우 긴요한 것일 수밖에 없었다.

그런데 문제는 한자라는 동일한 문자 체계를 쓰면서도 중국과 우리의 말이 다르다는 데 있었다. 특히 앞서 『훈민정음해례본』의 「세종어제」의 첫 문구가 강조하는 '중국과 다른' 것의 내용은 문법이나 용어가 아닌 '읽는 소리'가 다르다는 것임에 주목할 필요가 있다. 즉 같은 한자를 읽더라도 중국과 다르게 읽었고, 그렇기 때문에 한자를 읽는 방식도 표준이 없이 혼돈된 상태였다. 또한 우리말을 표기하는 방식, 즉 차자표기 방식도 표준화가 되어 있지 않았다. 이는 책과 언어를 통해서 성인의 도를 표현하고 이해함에 있어서 심각한 문제가 아닐 수 없었다. 한자의 음을 정확히 표기할 수 있고, 우리말을 정확히 표현할 수 있는 문자 체계가 절실하게 필요한 이유가 여기에 있었다.[22] 결국 훈민정음의 창제는 당시의 선진적인 성운학과 문자학을 수용해 발전시키려는 국가적인 차원의 거대한 학문적 프로젝트였다고 할 수 있다. 정인지와 신숙주, 성상문과 최항 등 훈민정음 창제에 참여했던 집현전 학자들이 피나는 노력을 기울였던 것은 바로 그와 같은 성운학과 문자학에 대한 연구, 그리고 15세기 중세국어에 대한 연구였다.

세종 25년 12월 훈민정음을 창제한 이후 중요한 후속 사업으로 벌인 것이 음운학의 정비였던 것도 그러한 사정을 짐작케 한다고 할 수 있다. 실제로 당시 심각한 혼란상태에 빠진 한자음을 통일하는 것이 중요한 과제로 부각되었는데, 이러한 문제를 해결하기 위해 『동국정운』을 편찬했던 것이다.[23] 이렇게 『동국정운』의 편찬은 훈민정음을 창제한 지 3년 9개월 만인 세종 29년 9월에 완성되었는데, 신숙주가 서문에 쓰고 있는 다음

22 훈민정음 창제의 이와 같은 성운학적 동기와 배경에 대한 구체적인 논의는 강신항, 『훈민정음연구』(성균관대학교출판부, 1987), 30-42쪽을 볼 것.

23 『동국정운』 편찬 동기와 과정, 그리고 성운학의 정비에 대한 구체적인 논의는 강신항, 앞의 책(주 22), 63-77쪽을 참조할 것.

과 같은 언급은 성운학이 왜 필요했는지 단적으로 잘 말해주고 있다.

> 문자[書契]가 만들어지기 이전에는 성인의 도가 천지에 의탁했으나 문자가 만들어진 다음에는 성인의 도가 여러 서적[方策]에 실리게 되었다. 그래서 성인의 도를 밝히려 한다면 마땅히 문의[文義]부터 공부해야 하고 문의의 요점을 알려면 마땅히 성운(聲韻)부터 공부해야 하니, 성운이란 곧 학문과 도를 연구하는 시초[權輿]이다.[24]

중국과 '말소리[語音]'가 다르기 때문에 서적에 한자로 적힌 성인의 도를 밝힐 수 없고, 그러한 문제를 해결하기 위해서 '백성을 가르치는 바른 소리'(즉 훈민정음)를 창제했음을 암시하는 『동국정운』의 서문은 과학기술의 성과를 포함해서 세종대에 이루어진 제 성과들이 어떠한 의도하에 추구되었는지 상징적으로 보여주는 대표적인 언급이라고 할 수 있다. 그것은 결국 이상적인 유교국가의 기반을 확립하기 위한 제왕된 자로서의 절실한 과업이었다고 말할 수 있을 것이다.

세종이 이러한 시대적 과업을 자신의 치세 동안의 최우선 과제로 삼았다고 보았을 때 주목을 받는 것이 있다. 바로 고제(古制) 연구와 아악의 정비가 그것이다. 거시적으로 봐서 세종대 천문역산학의 성과도 이러한 고제 연구와 아악의 정비 과정과 불가분의 밀접한 연관이 있었던 듯 싶다.

## III. 고제(古制) 연구와 아악의 정비

고제란 원래 유학자들이 이상적인 사회로 여기던 중국 고대의 제도를 가리킨다. 그러나 고려시대 이후 조선 초기의 유학자들이 흔히 쓰는 고제의 의미는 반드시 중국 고대 하·은·주 삼대의 제도만은 아니었다. 그

24 『세종실록』 권 117, 세종 29년 9월 29일(무오)조; 『동국정운』의 신숙주 서문.

것은 소위 '시왕지제(時王之制)'로 불리는 명(明) 당시의 현실적인 제도 이전의 옛 적의 제도를 의미했다. 한·당의 제도는 물론이고 심지어 송·원의 제도도 고제에 포함될 정도였다.[25] 유교적 이상국가의 구현을 건국의 당면과제로 하는 조선 초기에는 이미 국초부터 고제 연구가 이루어졌었다. 즉 태조대부터 정도전 등을 중심으로 고제 연구가 시작되어, 태종대에는 의례상정소(儀禮詳定所)와 예조의 주도하에 제도적으로 추진되었다. 이와 같은 고제 연구는 세종대에 이르면 과거와 비교할 수 없을 정도로 매우 활발하게 추진되는데, 특히 세종 10년경에 이르면 집현전의 참여로 본격적으로 이루어지게 되었다. 고제 연구가 가장 활발하게 진행되었던 때는 집현전 주도의 고제 연구가 시작되던 세종 10년 9월경부터 의례상정소가 폐지되던 세종 17년경까지였다고 한다. 의례상정소가 폐지되었던 것은 당시 예조판서 허조가 말하듯이 원래 그것이 고제 연구를 위해서 설립한 임시기구였고, 세종 17년경에 이르면 더 이상 필요 없을 정도로 고제 연구가 마무리 단계에 이르렀기 때문이 아닌가 싶다.[26] 이와 같이 고제 연구가 가장 활발하게 이루어지던 세종 10년에서 17년 사이에 아악(雅樂)과 천문역산 분야의 국가적 프로젝트가 진행되었던 것이다.



유교적 이상국가를 실현하려는 의도하에 고제 연구가 추진되었기 때문에 그것의 중심 내용은 예악(禮樂)이었다. 유교에서 예와 악이 무엇인가. 예와 악을 통해서 무엇을 얻겠다는 것인가. 유교에서의 예와 악은 소위 질서(秩序)와 조화(調和)로 흔히 구분되어 이해되기도 하는데, 쉽게 말해서 제례(祭禮)를 예로 들면 예는 인간과 신이 교접함에 있어서 합당한 위계질서의 형식을 말하며, 악은 인간과 신이 화합할 수 있도록 해주는 음악을 말한다. 합당한 형식적 질서가 보장되지 않고 신이 흠향할 수 없

25 이에 대한 논의는 한형주, 「朝鮮 世宗代의 古制硏究에 對한 考察」, 『歷史學報』 136 (1992), 80쪽을 볼 것.

26 이와 같은 세종대 고제 연구의 추이에 대해서는 한형주, 앞의 논문(주 25), 82-84쪽을 참조할 것.

는 음악이 연주되면 인간과 신은 교접할 수 없으며, 그러한 의식은 그야말로 형식에 불과한 것으로 아무런 의미가 없게 된다. 의미 있는, 즉 인간과 신이 제대로 교접할 수 있는 의식이란 이상적인 고제에 따른 예와 악으로써 치를 때 보장할 수 있을 것이었다. 세종대에 고제 연구를 통해서 예와 악을 적극적으로 정비하려는 배경은 바로 이런 것이었다.

이와 같이 유교적 이상 국가를 실현하는 데 중요한 악이었지만 당시 조선의 악은, 특히 정악인 아악은 매우 미비한 상태였다. 북송시대의 정악인 아악이 이 땅에 처음 수입된 것은 고려 예종 11년(1116년)이었다. 이후 역대 왕들은 아악을 제대로 연주하기 위한 노력을 꾀했지만 그 뜻을 계속해서 이루지 못했다. 특히 편종과 편경을 중심으로 하는 아악기를 전적으로 중국으로부터의 수입에 의존해야 했던 상황이 사정을 더욱 어렵게 한 하나의 요인이기도 했다. 사정은 조선 건국 후에도 마찬가지였다. 예컨대 태종 5년(1405년) 아악기를 완비하기 위해서 명에 아악기의 구매를 요청했지만, 명은 '아악기는 사사로이 돈으로 구입할 수 없는 것'이라며 몇 개의 아악기만을 선심 쓰듯 보내주었을 뿐이었다. 이러한 상황에서 아악의 온전한 연주를 지속적으로 보장하는 것은 불가능했던 것이다.[27]

이와 같이 아악의 온전한 연주가 힘든 여건에서 각종 의례에서 향악(鄕樂)을 섞어서 연주하는 것이 관례가 되었다. 향악이란 정악과 대비되는 우리나라의 속악(俗樂)을 말한다. 정악이 바로 고제에 따른 신이 흠향할 수 있는 바른 음악이라면, 속악은 감성에 호소하는 소위 세속적인 음악을 말한다. 예악에서 말하는 악은 당연히 제대로 된 악인 정악을 말하는 것이며, 그러한 악은 "성인(聖人)이 (악을 통해서) 성정(性情)을 기르며, 신과 인(人)의 화합을 도모하고, 천지에 순응하며, 음양의 도를 조화롭게

27 세종대 이전 아악의 이와 같은 미비한 상황에 대한 구체적인 논의는 송혜진, 『韓國雅樂史 研究』(민속원, 2000), 183-185쪽을 참조할 것.

한다"[28]고 일컬어지는 것이었다. 따라서 이상적인 유교적 의례에서는 당연히 정악이 연주되어야 하며, 감성에 호소하는 속악의 연주는 예악에 맞지 않는 것이었다. 그러나 세종 초까지만 해도 아악만을 온전히 연주할 수 없는 여건에서 불가피하게 향악에 의존하지 않을 수 없었다.

고제에 따른 이상적인 중국의 정악인 아악의 정비가 시작되는 것은 세종 8년 1426년 봉상시(奉常寺) 판관 박연(朴堧)의 상소에서 비롯되는 듯하다. 그해 4월 25일의 상소에서 박연은 한대(漢代)까지만 해도 음성(陰聲)과 양성(陽聲)의 조화를 이루어 신인(神人)이 화합할 수 있는 악이 있었지만 당대(唐代)에 이르면 양성에만 치우쳐 성인의 법도에서 벗어났다고 하면서 마찬가지로 우리나라에서 쓰는 제향악도 성인의 악에서 벗어났으니 악을 바로잡자고 제안했다. 이러한 박연의 주장은 바로 수용되어 세종은 그로 하여금 악학을 연구하여 악부(樂部)를 바로잡도록 하였다.[29]

아악의 정비사업은 크게 두 가지 차원에서 이루어졌다. 하나는 박연을 중심으로 하는 봉상시 주도의 표준적인 음의 제정인 율관 제작과 악보의 편찬이었고, 다른 하나는 집현전을 중심으로 하는 율려의 이론서인 『율려신서(律呂新書)』에 대한 연구였다. 주지하는 바와 같이 『율려신서』는 송대의 성리학자 채원정(蔡元定)의 저서로 『성리대전』에 수록되어 성리학자들의 대표적인 성리서로 널리 보급되었던 문헌이다. 이 문헌은 중국에서 1415년에 처음 간행된 이후 조선에는 세종 원년 1419년에 처음 들어와, 아악의 정비가 시작되던 때인 세종 9년 1427년에는 복간되기도 했다.[30] 이러한 『율려신서』에는 권1에 율관의 부피와 길이를 정하는 방법, 황종음에서 비롯되는 11음의 산출 방법 등을 담고 있는 것을 비롯해 율



28 『세종실록』 권50, 세종 12년 윤12월 1일(정유)조, 「아악보(雅樂譜)」에 실린 정인지 서문의 첫 번째 문구이다.

29 『세종실록』 권32, 세종 8년 4월 25일(무자)조.

30 『율려신서』가 조선에 처음 도입되고 복간되는 과정에 대한 구체적인 내용은 정윤희, 「세종조 『율려신서』의 수용문제 고찰」, 『한국음악학논집』 3(1999), 486-491쪽이 유용하다.

관의 제작 및 제작 원리에 대한 전반적인 내용이 담겨 있었다. 따라서 이러한 『율려신서』에 대한 연구는 고제 연구의 차원에서 이루어진 율관 제작과 아악 정비를 위한 이론적 문헌연구로 집현전의 학자들을 중심으로 진행되었던 것이다.[31]

세종의 아악 정비에 대한 관심은 매우 컸던 듯하다. 그것은 세종 12년 1430년 가을에 『율려신서』를 경연에서까지 강의하도록 한 데에서 잘 드러난다. 사실 율관의 제작과 아악의 정비가 세종 7, 8년부터 시작되었지만 본격적으로 급물살을 탄 것은 세종 12년 1430년에 이르러서였다. 그것은 세종이 직접 『율려신서』를 탐독하고 율관의 원리를 깨우치면서 일어난 듯하다. 그러나 이렇게 세종이 『율려신서』를 탐독하고, 고제에 대한 이해가 깊어지면서 율관 제작의 실무를 맡았던 박연과의 의견 차이가 드러나게 되어, 매우 흥미롭다.

세종과 박연의 의견 차이는 결국 고제에 따라 이상적으로 율관을 제작하고 그에 따라 성인의 제도와 완벽하게 동일한 아악을 완성하고자 하는 군주 세종과 그러한 시도가 현실적으로 불가능함을 인지하고 있는 박연의 차이였다고 할 수 있다. 이미 세종 12년 2월경에 이르면 율관 제작과 아악 정비 사업은 마무리되었던 듯하다. 그러한 사정은 그해 2월 19일 자로 『실록』에 수록되어 있는 예조 의례상정소에서 올린 장문의 박연의 상서(上書)를 통해 잘 알 수 있다. 그야말로 세종 7, 8년 이후 계속해 왔던 작업의 결과와 문제점들을 정리해 올린 것이었다. 그것을 보면 율관 제작과 관련한 핵심적인 쟁점은 어떻게 하면 고제에 따라 황종율관을 만들면서도 태종대 5년에 명(明)에서 내려준 편경(編磬)[32]의 황종음과 일치할

31 『율려신서』 연구가 집현전 학자들을 중심으로 이루어졌음은 정윤희, 앞의 논문(주 30), 521-522쪽을 볼 것.

32 세종 7년까지도 명에서 내려준 편경(編磬) 하나가 유일한 황종음의 기준이었다. 그러다가 새로운 경석(磬石)이 발견되면서 여러 제시에 통용할 경석과 함께 편종의 제작을 추진했었다. 그러한 과정에 박연은 편경의 황종음에 맞는 황종율관을 제작하려고 무진 노력했었다. 이러한 내용과 같은 구체적인 논의는 한형주, 앞의 논문(주 25), 98쪽을

수 있는가의 문제였다.

많은 시행착오를 거쳤을 박연의 결론은 다음과 같았다.

> (중국에서) 역대로 음률을 제정할 때에 기장[黍]으로 하였으나 일정하지 않았고, 성음(聲音)의 높낮이도 시대에 따라 달랐을 것인데, 오늘날의 중국의 음률이 진짜가 아니고 우리나라의 기장이 그 진실됨을 얻은 것인지 어찌 알겠습니까? 그러나 음률과 도(度)·량(量)·형(衡)을 표준화하는 것은 곧 천자의 일이고 제후의 나라에서 마음대로 할 수 있는 것이 아니옵니다. 만약 지금 검은 기장[秬黍]이 마침내 중국의 황종과 합하지 않는다면 일단은 권도(權道)를 좇아 다른 종류의 기장을 임시로 사용해 중국의 황종에 맞추어 율관을 만드소서. 그런 연후에 삼분손익법에 의거해 성률(聲律)을 바로잡는 것이 옳을 것입니다.[33]

고제에 따르면 황종음은 자연산 검은 기장 1200개를 딱 맞게 넣을 수 있는 율관의 소리였다. 그런데 당시의 표준 황종음은 '시왕지제'로서 명에서 내린 편경의 황종음이었기 때문에 고제에 따라 황종율관을 만들어 그것의 음이 시왕지제의 황종음과 합치되어야 했던 것이다. 그런데 문제는 박연이 지적하는 바와 같이 기장이 시대에 따라 또는 산출되는 지역에 따라서 크기도 다르고 모양도 달라서 기장 1200개를 담는 율관이 일정하지 않다는 데 있었다. 그에 따라 내는 소리도 달라질 것이었다. 박연이 당시에 황해도 해주에서 나는 검은 기장을 이용해 시제품을 만들었으나 음이 명에서 내린 편경의 황종음보다 높게 나왔던 것이다. 어떻게 해도 자연에서 산출되는 기장으로 황종음을 낼 수 없었던 박연은 결국 시왕지제를 인정하고 고제를 포기하는 결론을 내게 되었다. 표준으로서의 음률과 도량형은 중국의 천자만이 정할 수 있는 것이므로 당시의 표준음인 중국 편경의 황종음을 따르고 그에 맞추어 임시 방편으로 기장을 작



참조할 것.

33 『세종실록』 권47, 세종 12년 2월 19일(경인)조.

위적으로 만들어 율관을 만들자는 것이다.[34] 그러면서 당시 중국의 황종음이 진실한 음인지, 아니면 조선의 해주에서 나는 자연산 기장으로 만든 황종음이 진실된 음인지 누가 장담하겠는가라는 자조 섞인 탄식을 늘어놓았다.

그런데 사실 이와 같은 박연의 주장은 세종의 입장에서 매우 불만족스러울 수밖에 없을 것이다. 어떻게 해서든 고제를 따라서 충실하게 이상적인 황종음을 내는 율관을 제정하고자 하는 세종이었기에, 시왕지제를 따라서 고제를 변통해 억지로 꿰어 맞춘다는 것은 진정한 고제의 실현이 못되는 것이기 때문일 것이다. 박연이 집중적으로 상소를 올리던 2월 무렵에는 세종의 즉각적인 반응은 없었던 듯하다. 그러나 그해 8월부터 『율려신서』를 경연에서 강의하면서 직접 탐독하기 시작한 세종은 율관 제정과 아악 정비에 대한 이론적인 분석과 현실적인 어려움들을 본격적으로 검토하면서 박연의 주장에 대한 불편한 심기를 드러내기 시작한다. 비판의 초점은 박연의 율관 제작이 고제에 충실하지 못한 점이었는데, 중국과 조선의 풍기(風氣)가 다르고 산출되는 자연물도 다를 수밖에 없는데 조선에서 나는 기장과 대나무로 율관을 만들어서는 고제를 구현하는 율관을 만들었다고 할 수 없다는 불만이었다. 결국 세종은 박연을 믿을 수 없으니 관습도감의 관원들도 연구해 보도록 하라는 지시를 내리게 된다. 그러면서도 동시에 중국에서도 고제의 실현은 만족스럽게 이루어지지 못했다는 인식을 보여주고 있다. 즉 아악도 일정하지 않고 황종음도 높고 낮은 것이 제각각이어서 시왕지제로서의 당시 중국의 법도도 고제와 부합하지 못했다는 것이었다.[35]



34 이때 박연은 해주에서 나는 검은 기장으로 중국 편경의 황종음에 맞추는 것을 포기하고 밀랍으로 인공 기장 1,200개를 만들어 황종음을 내는 황종율관을 제작했다. 이러한 사실은 『세종실록』 권59, 세종 15년 1월 1일(을묘)조에 서술되어 있다.

35 세종의 이와 같은 시각에 대한 논의는 『세종실록』 권49, 세종 12년 9월 11일(기유)조에 잘 나타나 있다.

박연의 작업과 주장에 약간 실망했을 세종은 이어 집현전 부제학 정인지로 하여금 『율려신서』 등의 문헌을 참조하여 주척(周尺)을 바로잡아 보라고 지시를 내린다.[36] 그러나 세종은 지시를 내린 지 20여일 만에 주척 제작을 그만 두라고 한다. 본래 원칙적으로 주척은 황종척에서 비롯되고, 황종척은 결국 황종율관이 만들어져야 가능한 것이다. 그런데 정인지에게 주척 제작을 명한 것은 황종율관에 의거하지 않고 단지 문헌 조사만을 통해서 표준적인 주척을 제작해 보라고 한 듯 하다. 그렇게 제작된 주척은 문헌 고증을 통한 임시방편의 주척일 뿐 고제에 입각한 이상적인 주척일 수는 없는 것이다. 이러한 사실을 잘 알고 있는 세종이었기에 "주척의 제도는 역대의 제도가 제각기 다른데, 황종율관도 (그에 따라서) 역시 다르"기 때문이라는 사실을 인정하면서, "옛 사람들이 소리에 따라서 악을 제정했는데, 우리나라 사람들의 성음(聲音)이 중국과 다르니 비록 고제(古制)를 연구해서 율관을 만들어도 그 올바름을 얻지는 못할까 두렵다"고 자신의 심정을 솔직히 피력했던 것이다. 결론적으로 세종은 올바른 율관에 의거하지 않은 주척의 제작은 "뒷날의 웃음거리밖에 되지 않을 것이니 차라리 만들지 말라"며 주척 제작 사업을 중단시켰던 것이다.[37]

이와 같은 세종 12년 9월 무렵의 세종의 언급만을 보면 이 당시에는 시왕지제를 좇아 고제를 변통하자는 박연의 주장에 세종은 따르지 않고 고제에 집착하는 모습을 보이고 있음을 알 수 있다. 그러면서도 세종은 적어도 고제를 이상적으로 구현하기 어려운 것이 우리나라의 풍기(風氣)와 성음(聲音)이 중국과 다르기 때문에 어쩔 수 없다는 사실을 분명히 인지하고 있음도 알 수 있다. 그러나 2월에 나온 박연의 주장을 9월까지도 세종이 수긍하지 않고 제대로 하지 못할 것이면 그만두라고 했었는데, 그로부터 3개월 후 윤12월 1일자로 『아악보』가 완성되었음을 『실록』은

36 『세종실록』 권49, 세종 12년 9월 29일(정묘)조.

37 『세종실록』 권50, 세종 12년 10월 18일(을유)조.

전하고 있다.[38] 다음해 세종 13년 새해 아침 근정전에서 하정례(賀正禮)를 행할 때 새로 제정한 아악이 처음으로 연주되었다. 사가(史家)는 "새로 제정한 아악을 처음으로 연주했는데, 그 의장(儀章)과 성악(聲樂)이 찬연(粲然)하여 가히 볼만했다"고 아악의 정비와 연주를 매우 적극적으로 평가하고 있다.[39] 이러한 석달 만의 변화는 세종이 결국엔 박연의 주장을 인정하고, 권도를 좇아 황종율관의 제작과 아악의 정비가 추진되었음을 말해준다 할 것이다.

이러한 일련의 세종과 박연의 논쟁 과정, 그리고 황종율관과 아악의 정비가 말해주는 바는 무엇일까? 인조 밀랍 기장을 만들어 사용한 것을 고제의 포기로 볼 수 있을까? 고제를 포기하고 임시변통으로만 시왕지제를 좇은 것으로만 볼 수 있을까? 꼭 그렇다고만 볼 수는 없지 않을까 생각한다. 단지 인조 기장을 사용했을 뿐 다른 모든 것들은 고제를 따르지 않았던가. 게다가 시왕지제도 따랐다. 그렇다면 인조 기장을 사용할 수밖에 없었던 현실만을 인정한다면 모든 문제는 해결되는 것이다. 이러한 과정을 통해서 결국 우리의 풍기와 성음이 중국과 다르다는 사실에 대한 인식, 아울러 중국에서 나는 기장도 제각각 달라 중국에서의 황종음도 일정치 않다는 사실에 대한 이해를 세종은 하게 되었다. 사업 초기에 우리의 풍기와 성음이 중국과 달라 이상적인 고제의 구현이 불가능하다는 생각을 했던 것이 인조 기장의 사용이라는 인식의 전환을 통해서 고제를 구현했던 것이다.

그러나 이러한 인식의 전환을 많은 관료들은 저항했던 듯하다. 그것은 박연이 중국의 황종율관과 달리 인조 기장으로 만든 것에 대한 부정이었다. 『실록』은 이러한 사정에 대해서 박연이 인조 기장으로 율관을 만든 것을 여러 대언들이 비판하며 중국의 음을 버리고 스스로 율관을 만든

38 『세종실록』 권50, 세종 12년 윤12월 1일(정유)조.

39 『세종실록』 권51, 세종 13년 1월 1일(병인)조.

것으로 모두 거짓에 불과하다고 부정했다고 알리고 있다. 그러나 이와는 달리 세종은 인식의 전환을 한 다음 "임금이 하고자 하는 바를 신하가 혹 저지하고, 신하가 하고자 하는 바를 임금이 혹 듣지 아니하며, 비록 위와 아래에서 모두 하고자 하여도 시운(時運)이 불리할 때가 있는데, 지금은 나의 뜻이 정하여졌고, 국가가 무사하니 마땅히 마음을 다하여 이룩하라"고 박연에게 힘을 실어주며 아악을 정비하도록 했다. 이렇게 세종은 과거 매우 불만족스럽게 보았던 박연을 나중에는 칭찬을 하면서 적극적으로 아악 정비를 맡겼던 것이다.[40]

이상 세종 7, 8년경부터 시작된 고제의 구현으로서의 율관 제정과 아악의 정비는 박연에 의해서 주도되었지만 세종 12년경 세종이 고제 연구로서의 『율려신서』의 탐독으로 율관과 악의 원리에 대한 깊은 이해를 하면서 완성될 수 있었음을 살펴보았다. 그러한 아악의 정비는 세종 15년경에는 완벽하게 마무리가 된 듯한데,[41] 이러한 세종 12년에서 15년 사이의 시기는 고제 연구를 통해 유교적 이상국가를 실현하려는 세종에게는 귀중한 인식을 가져다 준 시기였다. 즉 그것은 조선의 풍기와 성음은 중국과 다르다는 사실의 인식, 그리고 그러한 차이가 고제를 구현하는 데, 즉 유교적 이상국가를 실현하는 데 큰 저해가 되지는 못한다는 인식이었다.



## IV. 천문역법 사업과 유교적 이상국가의 실현

이 절에서는 세종대 천문역산의 프로젝트가 앞 절에서 살펴본 고제의 연구와 그것의 구현을 통한 유교적 이상국가의 실현이라는 거시적 차원에

40 이에 대한 구체적인 논의는 『세종실록』 권59, 세종 15년 1월 1일(을묘)조에 자세히 나와 있다.

41 『세종실록』 권59, 세종 15년 1월 1일(을묘)조; 권60, 세종 15년 6월 28일(기유)조.

서 추진되었음을 살펴보도록 하겠다. 이러한 고찰을 통해서 현대의 과학과는 그 본질적 성격이 판이하게 달랐던 전통 과학으로서의 세종대 과학의 성과가 당시의 역사적 맥락 속에서 어떠한 위치에 있었는지 알 수 있게 될 것이다.

세종대 천문역산 사업은 크게 두 가지로 나누어 볼 수 있다. 나중에 『칠정산내외편(七政算內外編)』의 편찬으로 귀결되는 역법 연구가 하나이고, 천문관측 의기의 창제와 자격루와 같은 표준 물시계의 제작과 같은 시제(時制)의 정비가 또 하나이다. 그중에 역법의 연구는 세종 24년 1442년 이순지(李純之) 주도의 『칠정산내외편』의 편찬으로 뒤늦게 완성되었지만 상당히 일찍부터 관심을 두고 추진되었던 사업인 듯 하다. 즉 이미 세종 2년 1420년에 성산군(星山君) 이직(李稷)이 역법의 교정을 건의하면서부터 세종대 천문역산의 연구는 시작된 듯하다.[42] 세종 5년 1423년에는 문신들로 하여금 당(唐)의 선명력(宣明曆)과 원(元)의 수시력(授時曆)을 비교 검토하도록 지시를 내리고 있다.[43] 여기서 주목할 것은 역법의 비교분석을 서운관(書雲觀) 관원들에게 지시하는 것이 아니라 문신들에게 지시하고 있다는 점이다. 이는 당시 역법의 비교 연구가 급하게 필요했던 상황은 아니었고, 그렇기 때문에 장기적으로 문신들로 하여금 고제 연구와 같은 차원에서 고제로서의 선명력과 수시력을 연구하라는 의미였을 것이다. 이 때뿐만 아니라 이후에도 세종은 문신들로 하여금 산술과 역법의 연구를 무시하지 말고 관심을 가지고 익히라고 지시하곤 했었다. 심지어 그는 자신이 직접 『산학계몽(算學啓蒙)』을 공부하면서 정인지에게 말하길 "산수를 배우는 것이 임금에게는 필요가 없을 듯하나, 이것도 성인이 제정한 것이므로 나는 이것을 배우고자 한다"고 그 이유를 밝히고 있다.[44]

42 『세종실록』 권51, 세종 13년 3월 2일(병인)조.

43 『세종실록』 권19, 세종 5년 2월 10일(신유)조.

44 『세종실록』 권50, 세종 12년 10월 23일(경인)조.

이렇게 세종 2년과 5년 무렵부터 시작되었던 천문역법의 연구는 세종 12년경 이전까지는 두드러진 진전이 없었던 듯하다. 그러다가 세종 12년경 무렵부터 천문역법의 연구가 급물살을 타기 시작한다. 이때쯤이면 세종 10년경부터 본격적으로 활발해진 고제 연구가 박연의 율관 제작과 아악의 정비로 그 성과가 열매를 맺게 되는 시기이다. 세종이 경연에서 『율려신서』를 배우는 시기이기도 했다. 그러나 역법 분야의 연구는 여전히 어려웠다. 세종 12년 12월 노력한 만큼 실효를 전혀 거두지 못했었는지 역산 전문가 유순도(庾順道)에게서 상황을 알아본 세종은 천문역법 연구의 책임자였던 정초에게 천문역법의 정비 사업을 그만 두는 것이 어떻겠냐고 물어볼 정도였다. 그러나 정초는 『황명력』, 『당일행력』, 『선명력』 등의 문헌을 계속 연구하면 바르게 잡을 수 있다며 계속해서 노력할 뜻을 비치고 있다.[45] 이에 세종은 다음해 3월에 천문역법의 정비는 결국 산법(算法)을 정통해야 가능하다는 판단하에 중국어에 능통한 자들을 뽑아 중국에 유학 보낼 것을 강구하고, 사역원 주부 김한(金汗), 김자안(金自安) 등에게 산법을 익힐 것을 명하였다.[46] 이어서 세종은 집현전 교리 김빈(金鑌), 한성 참군 우효강(禹孝剛)에게도 산법을 익힐 것을 명했다.[47]

이렇게 세종 12년부터 박차를 가하기 시작한 결과 세종 14년 10월 무렵에는 일월식과 절기의 추보가 중국의 역서와 조금의 차이도 없을 정도로 성과를 보았다. 그러나 세종은 이 정도로 만족하지 않았다. 만일 이 정도 선에서 역법 교정의 사업을 그만 둔다면 20년 강구한 공이 중도에서 폐지되는 것에 다름 아니므로 다시 정력을 다해 책으로 완성해 후세에 모범이 되자며 재차 역법의 교정 사업에 박차를 가했던 것이다.[48] 이와 같이 긴 시간을 두고 벌인 역법의 정비 사업은 세종 24년 『칠정산내



45 『세종실록』 권50, 세종 12년 12월 11일(정축)조.
46 『세종실록』 권51, 세종 13년 3월 2일(병인)조.
47 『세종실록』 권51, 세종 13년 3월 12일(병인)조.
48 『세종실록』 권58, 세종 14년 10월 30일(을묘)조.

편』의 편찬으로 완성되었다.

한편 역법의 교정 사업이 어느 정도 궤도에 오르던 시점인 세종 14년 무렵부터는 천문 관측을 위한 관측의기의 제작 사업이 시작되었다. 그러한 사실을 실록은 다음과 같이 기록하고 있다.

> 선덕 7년 임자년(세종 14년) 가을 7월 성상께서 경연에 나아가 역상의 이치를 논하다가 예문관 제학 정인지에게 이르기를, '우리 동방이 멀리 바다 밖에 있어서 무릇 시행하는 바가 한결같이 중화의 제도를 준수했는데, 유독 관천(觀天)의 기구만은 빠뜨렸다. 경이 이미 역산의 제조를 맡아하고 있으니 대제학 정초와 더불어 고전을 강구하고 의표(儀表)를 창제해 측험에 대비하도록 하라. 그러나 그 요지는 북극고도를 정하는 데 있으니 먼저 간의(簡儀)를 만들어 바치라' 하였다. 이에 신 정초와 정인지가 고제(古制)를 상고하는 일을 맡고, 중추원사 이천(李蕆)이 공역의 감독을 맡아 … [49]



이렇게 시작된 천문관측 의기의 제작은 문신 정초와 정인지의 고제 연구, 그리고 무인 이천과 천재적인 기계기술자 장영실의 협동 작업에 의해서 빠른 시일 내에 수많은 관측의기들이 제작되었다. 간의(簡儀)를 시작으로 소간의, 일성정시의, 규표 등의 천문관측 기구와 물시계인 자격루와 해시계인 앙부일구, 천평일구, 정남일구, 현주일구 등이 세종 19년까지 모두 만들어졌다. 의기는 아니지만 세종 15년에는 천문도(즉 천상열차분야지도)도 수시력법에 의거해 제작되었다.[50]

이상과 같은 관측기구들을 제작한 의도와 배경은 "일성정시의명"에 잘 나타나 있다.

> 요(堯) 임금께서 역상(曆象)을 공경히 하고 순(舜) 임금께서 기형(璣衡 즉

49 『세종실록』 권77, 세종 19년 4월 15일(갑술)조, 김돈의 「간의대기(簡儀臺記)」.

50 수시력에 의거해 천문도를 석판에 새긴 작업에 대한 내용은 『세종실록』 권107, 세종 27년 3월 30일(계묘)조에 실린 『제가역상집』 발문에 잘 적혀 있다.

璿璣玉衡)을 관찰하셨으니 역대로 이를 전하여 제작함이 더욱 정교해졌다. 때로는 의(儀)라고 하기도 하고 상(象)이라 하기도 하여 그것의 이름이 같지 않았으나 굽어보아 땅의 이치[地理]를 살피고 우러러보아 천문(天文)을 관측하여 백성에게 때를 정확하게 알려주었다. 이제 고대로부터 오래되었으니 제도가 가리워지고 무너졌으니 책이 비록 남아 있다 하나 누가 그 책의 본래 의도를 알 수 있겠는가? 성스러운 우리 임금께서 때맞춰 요와 순 임금을 본받아 규표(圭表) · 구루(晷漏) · 혼의(渾儀) · 혼상(渾象)의 고제(古制)를 회복하였다.

이를 보면 천문역법과 천문의기가 유교 사회에서 갖는 상징적인 이미지가 잘 묘사되고 있다. 즉 유가에서 고대의 이상적인 성군으로 추앙하는 요와 순이 각각 역법과 의기의 제도를 창안해서 천문을 관측하고 백성들에게 정확한 시각을 알려주었다는 것이다. 이는 성황(聖皇)이라 추앙받는 요와 순이 그랬듯이 역상(曆象)과 수시(授時)는 단지 천문학적인 행위만이 아니라 제왕된 자가 '하늘을 받드는 정치'를 함에 있어서 무엇보다 먼저 앞서서 행해야 할 중요한 사안임을 의미하는 것이기도 했다. 그런데 이와 같은 의미를 갖는 역법과 의기에 대한 제도가 요순 시대 이후로 세월이 오래 지나 세종 당시에는 그 제도를 제대로 파악할 수 없게 되었다는 것이다. 그야말로 이상적인 유교적 천문역법의 고제가 사라진 것이다. 결국 당시에 세종의 명으로 요순의 뜻을 본받아 제 관측의기의 제작이 이루어졌으니, 그야말로 요순 시대의 고제(古制)의 회복이 아닐 수 없다는 것이다.

세종 14년 7월에 시작된 천문의기의 제작 사업은 비교적 단기간에 성과를 본 듯하다. 대부분의 의기들은 세종 15년경에는 제작이 된 듯하며, 간의를 비롯 제작된 의기들을 경회루 북쪽 궁궐 담 근처에 높이 31척, 길이 47척이나 되는 커다란 관측대인 간의대를 쌓고 간의, 정방안, 동표, 혼의, 혼상 등을 설치하고[51] 관측 활동을 벌이니 그야말로 궁궐 내의 왕실 종합관측소인 셈이었다. 하지만 관측 활동만 벌인 것은 아니었다. 간의와 동표 등을 이용해 실제로 관측 활동을 활발하게 벌였지만, 간의대 기구들은 간의를 비롯 혼의와 혼상의 고찰을 통해서 천체의 운행과 원리를 체득하면서 요순의 '하늘을 받드는 정치'의 깊은 뜻을 새기는 교육용 기구이기도 했다. "세자가 간의대에 이르러 정초, 정인지, 이천, 김빈 등과 더불어 간의와 혼천의 제도를 강문(講問)했다"[52]는 『실록』의 기록은 그러한 사실을 잘 말해주고 있다.

아마도 가장 늦게 만들어진 것은 일성정시의(日星定時儀)였던 듯하다. 대부분의 다른 의기들이 세종 15년 또는 16년 무렵에 만들어진 것에 비해서 세종 19년 4월 15일의 실록 기사는 일성정시의가 제작되었음을 알리고 있다. 이 때의 기사는 일성정시의 제작을 보고하는 것을 기회로 세종 14년 이래로 추진되어 왔던 천문의기 제작의 마무리를 알리는 종합 보고서의 성격을 띠고 있다. 흥미로운 것은 앞 절에서 살펴본 바와 같이 율관 제작과 아악의 정비 과정에서 불거진 이상적인 고제의 구현과 그것과 맞지 않는 현실적인 어려움에 대한 문제들이 천문의기의 제작과 관련해서는 전혀 사료에 보이지 않는다는 사실이다. 그것은 이미 율관 제작과 아악의 정비 과정에서 '시왕지제'를 통해서 '고제'를 구현해야 하고, 나아가 조선의 '지역성(locality)'을 인정하면서 중국과의 차이점을 반영하는 것이 오히려 현실에서의 고제의 구현임을 인식하게 되었기 때문이라면 지나칠까?

한편 천문의기의 제작 사업이 궁극적으로 마무리된 것은 세종 20년 1월 옥루(玉漏)가 제작되고 그것을 흠경각을 새로 지어 설치하면서였다는 점을 주목할 필요가 있다. 옥루란 자동 시보장치를 지닌 물시계인 자격루(自擊漏) 제작의 경험과 기술을 토대로 장영실이 제작한 매우 정교한 자동 물시계였다. 유교적 정치이념에 의하면 역상(曆象), 즉 천문역법과 함께 수시(授時)는 제왕된 자의 하늘을 공경하는 정치를 할 때 가장 앞서서 수

51 『세종실록』 권77, 세종 19년 4월 15일(갑술)조, 김돈의 「간의대기」.

52 『세종실록』 권61, 세종 15년 8월 11일(신묘)조.

행해야 할 업무였다. 이와 같이 정밀한 시각을 측정하고 알려주는 시계의 제작과 운영은 역법의 정비 및 관측 활동에 못지않게 중요했던 것이다.

자격루는 기계기술자 장영실의 주도로 사업이 시작된 지 14개월 정도 지난 세종 15년(1433) 9월경에 일차로 만들어졌다.[53] 빠른 시간 안에 자격루의 제작 성과를 본 세종은 크게 기뻐하며, 노비 출신의 장영실에게 특별 승진이라는 큰상을 내리기까지 했다. 이렇게 일차 제작된 자격루는 더 보완되어 다음해 세종 16년(1434) 7월 1일을 기해 최종 완성을 발표하고 그 날부터 공식적으로 조선의 표준시계로 자리를 잡았다. 『실록』에는 그러한 사실이 상세한 자격루의 구조에 대한 설명문과 함께 그대로 적혀 있다.[54] 자격루 제작이 세종의 격려와 칭찬을 받으며 성공적으로 제작된 이후에 장영실은 또 하나의 물시계를 제작했으니 그것이 옥루였다. 옥루는 물시계의 기계장치에 천문의 이치를 재현한 형상을 시뮬레이션으로 작동시키는 장치를 덧붙인 일종의 천문시계였다. 그야말로 정교한 물시계의 기계장치와 전통적으로 상징적인 천문의기로 여겨지던 혼천의를 결합한 의기였다. 이러한 천문시계의 완성은 세종에게는 각별한 의미가 있었다.

김돈이 쓴 「흠경각기」[55]를 보면 옥루가 지니는 각별한 의미가 잘 드러나 있다. 그것은 세종 14년부터 19년에 이르기까지 오랜 기간 동안 심혈을 기울여 추진한 천문의기와 해시계, 물시계들의 제작의 결실을 옥루에서 결말짓고 있다는 것이었다. 세종은 당시의 사업이 중국의 어느 천문의기와 시계들보다도 훌륭한 것이었다고 자부하면서, 옥루와 같은 기구의 제작을 통해서 과거 요(堯)·순(舜)·탕왕·무왕에 버금가는 치세를 펴겠다는 의지를 비로소 만천하에 드러내게 되었다고 기뻐했다. 그러한

53 『세종실록』 권61, 15년 9월 16일(을미)조를 참조.

54 『세종실록』 권65, 16년 7월 1일(병자)조.

55 김돈의 「흠경각기」 전문은 『세종실록』 권80, 세종 20년 1월 7일(임진)조를 참고할 것.

의미를 지니는 기구였기에 『서경』 요전(堯典)편의 “공경함을 하늘과 같이 하여, 백성에게 때를 알려준다(欽若昊天 敬授人時)”는 문구에서 따와 옥루를 설치한 각을 “흠경각(欽敬閣)”이라 이름지었다. 그랬기에 세종은 이 흠경각을 왕의 침소인 천추전 바로 옆 서쪽에 세워 가까이 두었던 것이다.

세종대 천문의기 제작의 종결을 의미하는 옥루의 형상을 살펴보면 그 의미는 더욱 분명해진다. 옥루는 정교한 기계장치로 작동되는 자동 물시계이지만 겉으로 보기에는 전혀 기계장치가 드러나지 않는다. 옥루의 중앙에는 7척 높이의 산을 풀먹인 종이로 만들었고, 그 둘레 사방에는 매 시각마다 목탁과 종, 그리고 북을 쳐서 시각을 알려주는 인형들을 세워 놓았다. 산의 허리에는 금으로 탄환(彈丸) 크기만한 해를 만들어 구름과 함께 하루에 한번씩 돌아 해의 운행을 재현하도록 했다. 또한 산의 동서남북에는 『시경(詩經)』 「빈풍도(豳風圖)」에서 묘사되어 있는 사계절의 아름답고 풍요로운, 즉 유교적 지상낙원의 풍경을 만들어 놓았다.[56] 그야말로 옥루는 시계라기보다 성군이 다스리는 평화롭고 아름다운 사회, 그리고 자연의 이치가 순리대로 구현되는 자연의 세계를 재현해 놓았던 것이다. 그러한 사회와 자연은 바로 유교가 궁극적으로 지향하는 바이었고, 세종이 자신의 치세 동안에 이룩하려던 목표였던 것이다.

이와 같이 옥루의 제작과 흠경각의 설치가 세종 14년 이후 추진된 천문의기 제작 사업의 완성을 의미하는 것이라고 보면, “흠경각기”에서 말하고 있듯이 세종대 천문의기의 프로젝트가 지니는 의미는 결국 천문역법의 정비를 통해서 유교적 정치이념에 따라 요순의 ‘하늘을 받드는 정치’를 본받아 국가를 경영하겠다는 실천적 의미였다고 할 수 있을 것이다. 여기에서 조선의 자주성과 지역성, 또는 개별성은 중요하지 않았다.




56 이러한 옥루의 형상에 대해서는 앞의 『실록』에 수록된 김돈의 「흠경각기」를 참고할 것.

## V. 맺는 말

이 글은 세종대 과학기술의 성격에 대한 종래 과학사 연구자들의 견해에 대한 비판적 고찰로부터 출발했다. 즉 찬란했던 세종대 과학기술이 '자주적' 이었다는 평가에 대해서 비판적으로 그 함의를 검토하고, 재규정해 보고자 하려 했다.

본래 '자주성' 의 사전적 의미는 '자기의 힘으로 자신의 문제를 스스로 해결하는 것' 을 말한다. 세종대 과학기술은 이러한 사전적 의미의 '자주적' 이었음은 분명하다. 즉 종래 중국에 전적으로 의존하던 수준에서 비로소 벗어나 중국에 버금가는 수준의 과학기술에 도달하게 되었던 것이다. 한양의 위도를 기준으로 비로소 처음으로 역법 계산을 하게 된『칠정산내외편』의 편찬은 그러한 대표적인 예였다. 그러나 종래 세종대 과학기술이 '자주적' 이었다는 이해는 이러한 사전적 의미와는 상당히 달랐음도 사실이다.

종래 과학사 연구자들이 말하는 세종대 과학기술의 '자주성' 은 선진적인 중국의 과학기술을 완벽하게 소화한 이후 그것을 극복하면서 '그것과 다른 우리의 고유한 과학기술을 구성해 냈다' 는 의미인 듯하다. 자주성의 의미가 이렇다면 세종대 과학기술의 역사적 성격에 대한 규정으로는 적합하지 않다는 생각을 하게 되었다. 적어도 유교적 통치이념의 이상적 구현을 위한 과학기술과 중국에의 의존에서 벗어나 그것과 다른 고유의 과학기술을 수립한다는 것은 동시에 일어나는 역사상이 아닐 것으로 판단되기 때문이다. 특히 조선이 건국과 함께 성리학적 통치이념과 사회질서를 기본 축으로 운영되던 나라였다는 사실을 고려하면 더욱 더 그러했다. 조선 초기 무렵에는 조선 지배층들의 성리학에 대한 이해가 아직은 심화되지 못했던 때이고, 이후 성리학에 대한 이해가 본격적으로 이루어졌다. 그렇다면 조선 초기의 시기에는 선진적인 중국적인 것의 수용과 정착을 통해 유교적 통치이념의 구현을 추구하는 것이 당면 과제였고, 중국적인 것과는 다른 우리의 고유한 것을 추구하는 일은 훨씬 나중의 사안이 아닐까 생각되었다.

이 글은 이와 같은 문제의식을 가지고 종래 세종대 자주적인 과학기술이었다고 이해되던 것들을 검토해 보았다. 잠정적 결론은 그것이 조선의 고유한 개별성이나 특수성을 추구한 것이라기보다는 오히려 보편적이고 선진적인 중국의 것을 배워 익히려는 제 노력의 과정에서 나온 성과들이었다는 것이다. 강남농법 수준의 농업기술을 궁극적으로 목표로 했던 『농사직설』, 금 · 원 의학의 궁극적인 소화와 정착을 목표로 했던 『향약집성방』, 그리고 '성인의 도'를 구현하는 데 저해가 되었던 조선의 혼란스러운 성운학과 문자학을 정리하려는 차원에서 이루어진 훈민정음의 창제 등이 그것이었다. 그 문헌들에서 거론되던 '풍토부동', '신토불이', '풍기이수' 등은 조선 고유의 개별성을 추구하기 위한 논리라기보다는 조선의 과학기술을 선진국 중국의 과학기술 수준으로 끌어올리려는 과정에서 조선이 중국과 다르다는 사실, 즉 조선의 특수성과 개별성을 비로소 인식하면서 나타난 표현들에 불과한 것이었다고 할 수 있다.

이와 같은 차원에서 세종대 고제 연구와 아악의 정비를 중심적으로 살펴보았다. 세종은 유교적 이상국가와 사회를 구현하기 위해 이상적인 유교적 제도로서의 고제(古制)를 추구했다. 그러나 현실은 그것을 어렵게 했다. 그것은 중국의 보편성과 조선의 지역성의 차이에서 비롯된 것이었다. 중국의 보편성은 고대의 이상적인 '고제(古制)'일 수도 있지만 현실 속의 동시대 천자가 부여한 '시왕지제(時王之制)'일 수도 있었다. 조선의 지역성은 고제와도 달랐고 시왕지제와도 달랐던 것이다. 율관의 제정과 아악의 정비 과정을 통해 이러한 어려움을 겪으면서 세종은 고제의 변통을 통해서 시왕지제와 부합하는 방식을 선택했다. 그러한 선택은 조선의 지역성이 보편성 못지않게 자연스러운 것이라는 인식의 전환을 통해서 가능한 것이었다. 율관의 제정과 아악의 정비를 통해 유교적 이상국가를 구현하려던 노력 속에서 세종이 깨닫게 된 인식의 전환이었다.

세종대의 천문역산학 사업은 이와 같은 고제 연구 및 아악의 정비를 통한 유교적 이상 국가와 사회의 구현이라는 일련의 과정 속에서 이루어졌다. 그것은 안정적인 농업생산을 위한 실용적인 차원에서 추진되었던 것도 아니었고, 중국과 다른 자주적인 역법을 얻기 위한 것도 아니었다. 천문의기 제작사업을 종결지은 '옥루'에서 우리는 그러한 세종대 천문역산학의 의미를 잘 살펴볼 수 있었다. 즉 천문역법의 정비를 통해서 유교적 정치이념에 따라 요순의 '하늘을 받드는 정치'를 본받아 국가를 경영하겠다는 실천적 의미였던 것이다.

# 서구 지리학에 대한 동아시아 세계지리 전통의 반응

## 17-18세기 중국과 조선의 경우

임종태

17세기 예수회 선교사들은 일련의 세계지도와 지지(地志)를 제작하여 유럽 르네상스 지리학의 성과를 동아시아 지식 사회에 소개했다. 그들의 세계지지에는 '지리상의 발견'에서 얻은 지리적 정보가 담겨 있었고, 이는 기하학적 투영법을 이용한 세계지도를 통해 시각적으로 표현되었다. 서구의 세계 표상은 그것이 포괄하는 범위와 방법 모두에서 사실상 그때까지 동아시아 세계지리 전통에서는 볼 수 없던 것이었다. 그 새로움을 반영하듯 선교사들의 지리 문헌은 동아시아 지식 사회에 폭발적인 반향을 불러일으켰으며, 공식적인 출판 간행, 개인적 필사 등의 경로를 거쳐 널리 확산되었다.

그렇다면 선교사들의 세계지리 문헌이 그 확산의 광범위함에 비견될 만큼 전통적 세계 표상에 변화를 일으켰을까? 지금까지 이 문제를 다룬 몇몇 진지한 연구의 결론은 부정적인 쪽으로 기울어 있다. 수학적 도법을 이용한 서구 시도학은 중국의 지도 제작법에 별다른 영향을 미치지 못했으며, 선교사들의 세계지지에 대한 중국 독자들의 반응도 대체로 냉

임종태, 「서구 지리학에 대한 동아시아 세계지리 선동의 반응: 17-18세기 중국과 조선의 경우」, 『한국과학사학회지』 26 (2004), 315-344 

담했다는 것이다.[1] 이러한 연구는 중국과 친예수회 계열 연구자들이 중국의 지리 전통에 미친 서구 지리학의 '근대적' 영향을 과도하게 강조한 것에 비해 좀더 사태에 근접한 관점을 제공한다고 볼 수 있다.[2] 그럼에도 서구 지리 문헌이 폭넓게 유행하면서도 별다른 지적 영향을 미치지 못했다는, 외견상 납득하기 힘든 현상을 설명해야 할 과제는 여전히 남는다. 17-18세기 중국 및 조선의 학자들과 지도제작자들은 서구 세계지도와 세계지지를 앞다투어 읽고 베끼면서도 어떻게 그로부터 별다른 영향을 받지 않을 수 있었을까? 아니 서구의 세계 표상은 정말로 동아시아의 지리적 세계 표상에 두드러진 흔적을 남기지 못했던 것일까?

당시 서구 세계지리 문헌에 대한 중국과 조선 학자들의 반응을 이해하기 위해, 이 글에서는 중국을 중심으로 한 동아시아 세계지리 전통의 전반적 지형을 먼저 검토할 것이다. 왜냐하면 그 지형이야말로 동아시아인들에게 낯선 외래의 세계 표상에 대한 즉각적 인상의 향방과 체계적 이



1 선교사들의 지도학이 중국 지도 제작법에 별다른 영향을 미치지 못했다는 주장은 J. B. Harley and David Woodward, eds., *Cartography in the Traditional East and Southeast Asian Societies not History of Cartography*, Vol. 2, Book 2 (Chicago: University of Chicago Press, 1994)의 제7장, Cordell D.K. Yee, "Traditional Chinese Cartography and the Myth of Westernization," p. 170이 대표적이다. 선교사들의 세계지에 대한 중국인들의 태도는 Kenneth Chen, "Matteo Ricci's Contribution to, and Influence on, Geographical Knowledge in China," *Journal of the American Oriental Society* 59(1939), 325-359; Bernard Hung-Kay Luk, "A Study of Giulio Aleni's Chih-fang wai chi 職方外紀," *Bulletin of the School of Oriental and African Studies* 40(1) (1977), 58-84를 참조할 수 있다.

2 예를 들어, Pasquale M. D'Elia SJ, "Recent Discoveries and New Studies (1938-1960) on the World Map in Chinese of Father Matteo Ricci SJ," *Monumenta Serica* 20 (1961), 82-164와 같은 예수회 관련 저자의 연구나, 王庸, 『中國地理學史』(上海: 商務印書館, 1938) 이래로 중국에서 나온 여러 지리학, 지도학 연구가 이에 포함된다. 니덤의 연구도, 비록 그가 선교사들의 지도를 그 이전 중국에서 독자적으로 발전한 수학적 지도학의 연장선에서 파악한다는 독특한 관점을 견지하고 있지만, 크게 보아 같은 입장으로 분류할 수 있을 것이다. Joseph Needham, *Science and Civilisation in China*, Vol. 3 (Cambridge: Cambridge University Press, 1959), pp. 497-590 참조.

해의 양상을 좌우할 틀이었기 때문이다. 이러한 접근을 통해 이전 연구자들에게 '무시'와 '냉담'으로 비춰진 중국과 조선 학자들의 태도란 그들이, 의식적으로 또는 무의식적으로, 동아시아 세계지리 전통의 공간에 서구의 세계 표상을 적절히 위치지우는 행위였음이 드러날 것이다. 중요한 점은, 서구적 이질적 표상을 기존의 공간에 편입시키는 일은 전통 지리학의 지형에 불가피하게 어떤 변화를 초래한다는 점이다. 그것이 만약 전반적인 지각 변동은 아니었다면, 외래 지리학의 국소적인 영향은 어떤 양상을 띠고 나타났을까?[3]

## I. 중국 고전 세계지리의 두 전통

중국 사회에 르네상스 유럽의 세계지도를 선보인 마테오 리치(Matteo Ricci, 1552-1610)는 중국의 세계지도에 대해 비교적 상세한 보고를 남긴 최초의 서구인이기도 했다. 두 문명의 세계지도를 모두 접한 그는 서구의 지도가 중국에 비해 우월하다고 확신했다. 1584년 광동(廣東)에서 「산해여지전도(山海輿地全圖)」를 제작할 당시의 정황을 기록한 리치의 『일지』는 중국인들의 세계지도와 그에 담긴 세계상을 다음과 같이 묘사했다.

3 이러한 접근은 서구식 세계지도가 중국과 조선 학자들에 의해 변형되는 사례에 주목한 몇몇 연구와 기본적으로는 그 궤를 같이한다. 예를 들어, Richard J. Smith, "Mapping China's World: Cultural Cartography in Late Imperial Times," *Landscape, Culture, and Power in Chinese Society,* ed. Wen-hsin Yeh (Berkely: Institute of East Asian Studies, University of California, Berkely, 1998); 배우성, 「고지도를 통해 본 조선시대의 세계 인식」, 『진단학보』 83 (1997), 43-83; 오상학, 「조선시대의 세계지도와 세계 인식」(서울대학교 박사학위 논문, 2001) 등의 연구가 대표적이다. 하지만 서구식 세계지도의 동아시아적 전유가 일어나는 양상과 그 원인에 대한 해석에서 나는 이들과 입장을 달리한다.

그들은 대체로 세계 전반이 어떻게 생겼는지에 대해 무지했다. 물론 그들도 이것[서구 세계지도]과 유사하게 세계 전체를 묘사한다고 하는 지도를 가지고 있었지만, 그[에 표현된] 세계란 그들 자신의 15성(省)에 국한되었으며 그 주위의 바다에 작은 섬을 몇 개 그려 넣고는 그들이 들은 적이 있는 몇몇 다른 왕국의 이름을 적어 넣었다. 이와 같은 한정된 지식을 전제하면 그들이 어떤 이유로 자기 왕국을 세계 전체라고 자부하며 하늘 아래의 전부를 뜻하는 천하(天下, Thienhia)라고 부르는지 명백해진다. … 그들에 따르면 하늘은 둥글고, 땅은 평평하고 모났으며, 그들은 그들의 제국이 땅의 정중앙에 있다고 굳게 믿었다. … 땅의 크기에 대한 무지, 그리고 자기 자신에 대한 과대한 평가로 인해 중국인들은 여러 나라들 중 오직 중국만이 경모할 만한 나라라는 견해를 가지고 있었다.[4]

리치는 유럽의 세계지도를 중국에 소개하는 일이야말로 잘못된 세계상을 가진 중국인들에게 서구인들이 지닌 진리를 현시하는 일이라고 생각했다. 이렇듯 '유럽적 진리'와 '중국적 오류'의 대립 구도를 전제로 리치는 유럽의 지리학과 우주론, 그리고 궁극적으로는 최상의 진리인 기독교로 중국인들의 정신을 사로잡을 수 있으리라는 낙관적 전망을 가졌다.



하지만 중국의 세계지도에 대한 리치의 견해는, 그가 비웃은 중국인들의 지리적 세계상만큼이나 빈곤한 견문에 바탕을 둔 것이었다. 물론 리치가 묘사한 '우스꽝스러운' 세계지도가 중국의 사대부들 사이에서 널리 유행했던 것은 사실이며, 이는 1555년 유시(喩時)가 제작한 「고금형승지도(古今形勝之圖)」와 같은 부류였을 것이다. 그러나 중국의 세계지리 전통은 한 폭의 세계지도에 관한 견문으로 그 특성을 일반화시킬 수 있을 만큼 단순하지는 않았다. 리치의 시대에 이르기까지 수천 년간 누적되어 온 중국의 세계지리 전통은, 지상 세계를 표현하는 방식과 그 이념적·

4 Nicholas Trigault, Louis J. Gallagher trans., *China in the Sixteenth Century: The Journal of Matthew Ricci: 1583-1610* (New York: Random House, 1942), pp. 166-167.

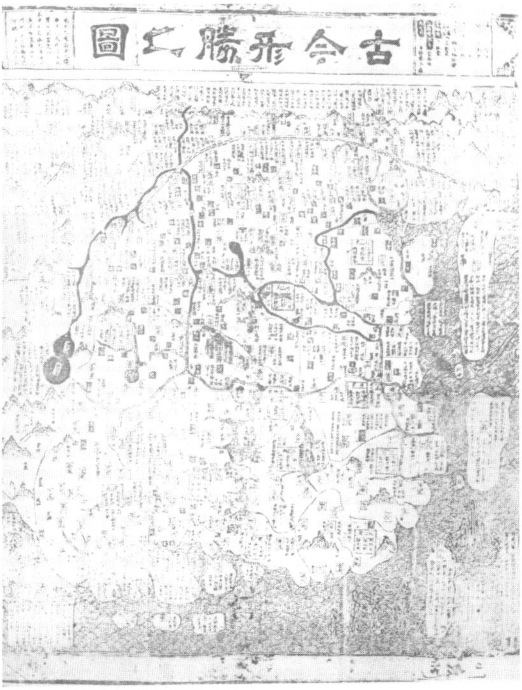

그림 1. 유시의 「고금형승지도」. 曹婉如 外 編, 『中國古代地圖集』 明代(北京: 文物出版社, 1994), 도판 139.



문화적 지향 등의 면에서 이질적인 경향들로 나누어져 있었다. 리치의 단순한 구도를 무색케 하는 중국 세계지리 전통의 복잡한 지형은 유럽의 세계 표상이 동아시아 지식 사회에서 겪게 될 운명을 좌우하는 핵심적인 구실을 했다. 동아시아 사회에서 유럽의 세계지리가 수용되는 과정은 곧 그것이 전통적 요소와 특정한 방식으로 관계를 맺는 과정이었다. 따라서 전통적 세계지리의 내부 지형이 복잡했다는 것은 곧 그 관계 맺음의 방식 또한 그리 간단치 않을 것임을 예고하는 일이기도 했다.

중국의 세계지리 분야 내의 가장 두드러진 균열은 유가(儒家) 지식인들이 그 정당성을 인정한 '정통적 지리학'과 그들이 불신한 '비정통적 지리학' 사이에서 나타난다.[5] 이러한 분열은 이미 한대(漢代)의 사마천(司馬

5 이러한 균열에 대해서는 이미 조지프 니덤(Joseph Needham)이 언급했다. 그는 중

遷)에 의해 지적되었다. 장건(張騫)의 서역 원정을 기록한 『사기(史記)』「대완열전(大宛列傳)」에서 그는 『산해경(山海經)』과 같은 문헌에 담긴 기이한 견문이 사실인지 회의했으며, 「맹자순경열전(孟子荀卿列傳)」에서는 중국을 지상 세계의 81분의 1이라고 주장한 제나라 추연(騶衍)의 대구주(大九洲) 학설에 대해 "과장되며 정도에서 벗어났다(閎大不經)"고 비판했다.[6] 반면 그는 중국의 구주(九州)를 산천의 형세로 구분하고 각 지역의 중요한 자연적 특징, 토산, 도로 등을 기록한 『상서(尙書)』「우공(禹貢)」의 기술이 사실에 가깝다고 평가했다. 추연의 세계상과 『산해경』의 지리학에 대한 사마천의 비판적 태도는 이후 유가 지식인들의 공통된 견해로 자리잡았으며, 이러한 태도는 한대(漢代)에 제기된 우주론 학설 중 하나였던 『주비산경(周髀算經)』의 개천설이나 훗날 인도에서 들어온 불교의 세계상에도 적용되었다. 물론 『산해경』, 추연의 학설, 불교의 세계상이 동일한 지적 전통을 이룬다고 보기는 어렵다. 이들 각각은 지상세계의 구체적 모양을 달리 설명했고 그에 담긴 종교적, 이념적 지향 또한 같지 않았다. 하지만 유가(儒家)의 입장에서 볼 때, 이들은 '비정통적 지리학'으로 정당하게 묶일 만한 몇 가지 공통점을 지녔다.

우선 이들 전통은 지상세계의 외연을 중국과 주변의 친숙한 외이(外夷)들로 구성된 '직방세계(職方世界)'를 넘어 무한히 확장시키고는 그 전체



국의 세계지리 전통을 객관적 記述, 수학적 표상을 특징으로 하는 전통과 신화 및 종교적 상상을 표현한 전통으로 나누어 보았다(Joseph Needham, 앞의 책(주 2), pp. 500-503, 516). 이 채택한 구분도 그 외연에 있어서는 니덤의 것과 크게 다르지 않다. 다만 객관적, 수학적 표상의 전통을 후자의 '종교적 우주지(religious cosmography)' 전통에 비해 '과학적'이라고 본 니덤의 평가는 받아들이지 않았다. 니덤의 평가는 서구 근대 지리학의 이상을 중국 전통 지리학에 적용했기 때문에 비롯된 것으로서, 전통 중국 사회의 지도 및 지지 제작자와 향유자의 관점과는 거리가 있다. 니덤에 대한 비판으로는 Cordell D. K. Yee, "A Cartography of Introspection: Chinese Maps as Other than European," *Asian Art* 5(4) (1992), 28-47 등을 참조할 것.

**6** 『史記』 권123 「大宛列傳」(臺北: 啓明書局, 1961), 457쪽; 권74 「孟子荀卿列傳」, 400-401쪽.

를 아우르는 우주지적(宇宙志的, cosmographical) 표상을 추구했다. 사마천에 따르면 추연의 지적 야심은 "바다 너머 사람이 눈으로 볼 수 없는 곳"에까지 이르렀다. '적현신주(赤縣神州)' 라고도 불리는 중국의 구주(九州)가 아홉이 모여 실제의 구주를 이루며 그 주위를 '비해(裨海)' 가 둘러싸고 있다. 게다가 이러한 구주가 또 아홉이 모여 '대구주(大九州)' 를 이루며 하늘과 맞닿은 '대영해(大瀛海)' 가 그 바깥을 두르고 있다.[7] 훗날 불가(佛家)가 세계의 중심에 위치한 수미산(須彌山)의 주위를 네 개의 커다란 대륙이 두르고 있고 중국은 남쪽 대륙인 섬부주(贍部洲)의 동남쪽에 위치한다고 했을 때, 주희(朱熹)를 포함한 많은 사람들이 추연과 불교의 세계상이 유사하다는 인상을 받았다.[8] 지상 세계 전체를 포괄하려는 야심은 종종 세계의 크기를 '측정' 하려는 시도로 표현되었다. 『산해경』에 따르면 우(禹)임금은 수해(豎亥)에게 지상 세계의 동쪽 끝에서 서쪽 끝까지 걷게 했는데, 그 결과는 5억 10만 9800보였다. 비슷한 설화가 『회남자(淮南子)』 "지형훈(地形訓)," 『하도괄지상(河圖括地象)』, 『주비산경(周髀算經)』 등 한대(漢代)에 등장한 다른 우주론, 지리 문헌에도 그 구체적 내용을 조금씩 달리하며 반복되었다.

세계의 팽창은 곧 중국의 지리적 비중이 작아짐을 의미했다. 게다가 이들 문헌은 대개 중국을 세계의 주변에 위치시켰다. 추연(騶衍)이 세계의 중심을 어디로 보았는지는 알 수 없지만 그것이 분명 중국은 아니었다.[9] 훗날 『하도괄지상』에서는 『산해경』의 선계(仙界) 곤륜산(崑崙山)이 추연의 81분된 세계의 중심으로 묘사되었으며 중국은 그 동남쪽 모서리에 위치한다고 서술되었다.[10] 한대(漢代) 개천가(蓋天家)의 대표적 문헌인

7 『史記』 권74 「孟子荀卿列傳」, 400-401쪽.

8 불가의 세계상과 추연을 같은 부류로 본 주희의 견해는 『朱子語類』 권86(正中書局, 1982), 3509-3510쪽.

9 赤縣神州란 이름 및 오행설에서 붉은색과 남방을 연결시킨다는 점을 염두에 둘 때, 추연은 중국을 남쪽 지방이라고 생각한 듯하다. 이는 『회남자』 「지형훈」에서 神州를 동남방에 위치시킨 것과도 상통한다.

『주비산경』도 중국을 세계의 주변으로 본 점에서는 같았다. 하늘과 땅을 평행한 볼록 면으로 본 이 문헌은 북극을 중심으로 한 일종의 천문 좌표계를 설정함으로써 주(周)나라의 천문대를 주변으로 밀어냈다. 후한(後漢)의 주석가 조상(趙爽)은 이를 근거로 동서남북의 구분이 관측자에 대해 상대적임을 주장했다.

> 북극이 하늘의 정 중앙에 위치하고 있다. 사람들이 말하는 동서남북이라는 것에는 고정된 장소가 있지 않다. 각각 해가 뜨는 곳을 동쪽으로 삼고, … 해가 지는 곳을 서쪽으로 삼[을 뿐이다] … 내가 있는 곳은 북극의 남쪽으로서 천지의 중앙은 아니다. 나의 동서(東西)는 천지의 동서(東西)가 아니다.[11]

물론 해내(海內), 해외(海外), 대황(大荒)으로 이어지는 『산해경』의 지리적 구도는 중국을 중심에 놓음으로써 중국을 주변화시키는 흐름에서 예외로 보인다. 이는 『산해경』을 토대로 제작된 조선 후기의 이른바 '원형천하도(圓形天下圖)'에서도 확인된다. 그럼에도 『산해경』 또는 조선 후기의 '천하도'를 중화주의적 세계상의 표현이라고 단정하기는 어려워 보인다.[12] 일단 『산해경』이 추연이나 불가와 마찬가지로 세계의 외연을 크게 확대시킴으로써 상대적으로 직방세계의 영역을 왜소화시키고 있음을 지적할 수 있을 것이다. [그림 1]의 형승도와 비교할 때 천하도에서 중국이 차지하는 비중은 현저히 축소되었다. 게다가 『산해경』의 광대한 공간에는 유가의 중화주의적 상식을 위협하는 '기이한' 존재들이 곳곳에 배치되었다. 중국 주변의 비교적 좁은 세계 바깥에는 대인국(大人國), 일목국



10 安居香山 · 中村璋八 編, 『緯書集成』(河北人民出版社, 1994), 下卷, 1095쪽.

11 『周髀算經』 卷上(上海: 商務印書館, 1955), 41쪽.

12 원형천하도의 기원과 그 세계상에 대해서는 많은 연구가 이루어졌다. 최근의 대표적인 연구로는 배우성, 「서구식 세계지도의 조선적 해석 〈천하도〉」, 『한국과학사학회지』 22(1) (2000), 51-79; 오상학, 앞의 글(주 3), 163-211쪽 참고.

그림 2. 조선 후기의 원형 천하도
(영남대학교 소장)

(一目國), 여인국(女人國) 등 기괴한 모습을 가진 괴물과 색다른 풍속을 지닌 이족(異族)의 공간이 펼쳐져 있다. 이렇듯 상식을 넘어서는 존재들은 빈번히 동경의 대상인 불사의 존재들로 그려졌다. 훗날 아름다운 선녀의 모습으로 탈바꿈하기는 하지만 『산해경』의 '서왕모(西王母)'는 범의 이빨과 꼬리를 지닌 괴물의 모습이었다. "동굴에 살며 흙을 먹고 남녀의 구분이 없으며 죽어도 심장이 썩지 않아 120년 뒤에는 다시 살아나는" 무계국(無腎國) 사람들은 유교적 예악문물을 비웃는 불사의 종족이다.[13] 그 외에도 『산해경』에는 직방세계의 외부에 해와 달이 뜨고 지는 곳이나 곤륜산(崑崙山), 봉래산(蓬萊山) 등 하늘과 소통하는 선계(仙界)를 배치했는데, 이와 같은 우주적 장소는 세계의 실질적인 중심으로 묘사되곤 했다. 『회남자』「지형훈」에 따르면 남방의 '도광(都廣)' 땅에 '건목(建木)'이라는 나무가 있는데 이는 "뭇 신들이 오르내리는 곳이요, 해가 남중할 때 그림자가 없으며, 소리쳐도 메아리가 없는" 천지의 중심이었다.[14]

13 무계국에 대한 해석에 대해서는 정재서, 『不死의 신화와 사상: 산해경 · 포박자 · 열선전 · 신선전에 대한 탐구』(민음사, 1994), 80-81쪽 참고.

실제로 광대한 공간과 그 속에 존재하는 이물(異物)들은 유교 문명을 비판하는 근거로 자주 이용되었다. 예를 들어, 『장자(莊子)』「추수(秋水)」편의 저자는 광대한 세계와 왜소한 중국을 비교함으로써, 중국에서만 통용되는 유교적 가치를 상대화시키려 했다. 가을 홍수에 물이 불어난 황하를 보고 "천하의 좋은 것들이 모두 자기 것"이라고 자만하는 황하의 신 하백(河伯)은 곧 자신을 천하의 유일한 문명이라고 자부하는 주(周)나라의 유교 문명을 상징한다. "우물 안 개구리"와 "여름 벌레"와 같은 소견을 지닌 하백에게 북해(北海)의 신은 드넓은 세계를 보여준다. 황하에 비해 넓은 북해조차도 천지에 비하면 미미할 뿐인데, 하물며 사해(四海) 안의 중국은 "커다란 창고 안의 곡식 알갱이"에 불과하지 않겠는가?[15]

합리성과 상식을 대변하는 유가(儒家) 지식인들이 이렇듯 황당무계하고 불온한 전통에 비판적이었을 것임은 쉽게 추측할 수 있다. 후한의 왕충(王充)은 『산해경』이나 『회남자』에 등장하는 신화의 불합리함을 체계적으로 비판했으며, 합리적 논증을 통해 추연의 대구주(大九州) 구도가 지닌 모순을 부각시켰다.[16] 하지만 이러한 공세적 비판은 흥미롭게도 유가 지식인의 일반적 태도가 아니었다. 그들은 대체로 『산해경』의 괴물에 대해 "감히 말할 수 없다"고 말한 사마천의 예를 따라 그에 대한 적극적인 논의를 회피하려 했다. 역설적이지만 이러한 태도는 『장자』「제물(齊物)」편의, "성인(聖人)은 육합(六合)의 바깥에 대해 내버려두고 논하지 않는다(聖人六合之外, 存而不論)"는 경구로 표현되었다.[17] 상식과 경험을 넘



14 『淮南子集釋』 卷4 「墜形訓」(北京: 中華書局, 1998), 328-329쪽. 하늘로 통하는 사다리로서의 건목은 『산해경』에도 등장한다(정재서 역주, 『산해경』(민음사, 1996), 330쪽). 신선 설화에서 그림자와 메아리가 없다는 표현은 선계나 또는 신선과 같은 초월적 존재를 묘사할 때 자주 이용되었다. '建木'과 '日中無影'에 대한 해석은 정재서, 앞의 책(주 13), 81-82쪽을 참조할 것.

15 『莊子校詮』 外篇 「秋水」, 王叔岷 撰(臺北: 中央研究員歷史言語研究所, 1988), 581-584쪽.

16 王充, 『論衡校釋: 附劉盼遂集解』 「談天」 第十一(北京: 中華書局, 1990), 469-484쪽.

17 『莊子校詮』 內篇 「齊物」, 72-73쪽.

어서는 영역에 대한 논의의 불가지론적 유보는 "괴력난신(怪力亂神)에 대해 말하지 않고" 심신일용(心身日用)에 대한 '근사(近思)'를 중시했던 공자의 태도와도 합치한다고 생각되었다.[18]

이와 같이 신중한 태도를 반영하듯, 유가가 승인한 '정통적 지리학'은 지상 세계 전체를 포괄하겠다는 야심을 추구하지 않았다. 사마천의 『사기(史記)』와 반고의 『한서(漢書)』와 같은 사서(史書)에서 기틀이 세워진 '정통적' 세계지리는 단지 중국이 경험한 세계만을 대상으로 했다. 예를 들어, 사서(史書)의 '외이전(外夷傳)'의 서술 범위는 해당 왕조의 치세에 중국과 교류했던 나라들로 한정되었다. 시대가 흘러 중국의 대외 교류가 확대됨에 따라 '외이전'에 포함된 나라가 늘어나기는 했지만, 그렇다고 세계 전체를 포괄하려는 시도가 이루어진 적은 없었다.

지상 세계 전체를 포괄하려는 야심이 없었던 정통 지리 문헌의 저자들은 하늘과 우주에 관련된 지식을 지리적 세계 표상에 도입하는 일에도 적극적이지 않았다. 그 대신 이들은 지명의 연혁, 자연 환경, 문화와 풍속 등 순수한 사실 기술에 치중했다. 물론 유가(儒家) 전통에서 우주지(宇宙志)를 추구하는 경향이 아예 없었던 것은 아니다. 예를 들어 『주례(周禮)』「대사도(大司徒)」편은 주공(周公)의 도읍지인 낙읍을 해 그림자 측정을 통해 세계의 지리적 중심으로 확정하고는 그곳이야말로 "하늘과 땅이 만나고 사계절이 교차하며 음과 양이 화합하는" 세계의 우주적 중심이라고 선언했다.[19] 또한 『상서(尙書)』「우공(禹貢)」의 '오복(五服)'과 『주례』「직방씨(職方氏)」의 '구복(九服)'은 천자의 도읍을 중심으로 제후들이 통치하는 영역을 거쳐 야만의 세계로 확산되어 가는 중화주의적 세계 질서를 방형의 구도에 표현했다. 하지만 이러한 흐름은 지지(地志)와 지도(地圖) 제작 전통에 긴밀하게 맞물려 들어가지 못했다. 「대사도」와 「우공」이



18 『論語集注』「術而」『四書章句集註』(北京: 中華書局, 1983), 98쪽.

19 『周禮注疏』 卷10 「大司徒」(北京: 北京大學出版社, 1999), 251-254쪽.

지닌 공식적 권위는 분명했으나 그것은 천문학적으로 불충분했고 또 지나치게 추상적이어서 지도와 지지 제작자들에게 지상 세계의 모양이나 그 속에 존재하는 나라들에 관한 어떠한 구체적 정보도 알려주지 않았다.

하지만 달리보자면 정통 지리학의 우주론적 소극성은 중화주의적 세계상의 적극적 표현이기도 했다. 유가가 생각하는 이상적 세계는 지상의 유일한 문명인 중국과 그에 정치적 · 문화적으로 복속하는 주위의 '이적(夷狄)' 들로 구성되었다. 요컨대 중화주의적 세계상에서 유의미한 천하란 중국 및 그와 교류하는 외이(外夷)들의 범위를 넘어서지 않았다. 그 바깥에 아직 알려지지 않은 지역을 포함하여, 중국과 적절한 방식으로 교류하지 않은 나라들은 중화주의적 세계지리의 시민권을 얻을 자격이 없었으며, 심지어는 존재하지 않는 것으로 간주되었다. 명말(明末)의 백과사전 『도서편(圖書編)』에 수록된 지지(地志)의 저자는 절역(絕域)을 서술에서 배제하면서 "저 대황(大荒) · 절막(絕漠)의 험한 곳은 지기(地氣)가 나쁘고 인성(人性)이 흉포하여 사람이 거할 곳이 아니기 때문에, 그 땅의 존재 여부란 진실로 중하지 않다"고 언급했다.[20] 서술에 포함된 나라들의 경우에도, 각 나라들이 언제 입공(入貢)했으며 이후 중국과 어떤 관계를 유지해 왔는지 등의 내용이 부각되었다. 외이(外夷)들은 중국과의 관계하에서만 의미를 지니는 존재들이었던 것이다.

비정통적 지리학 내에 다양한 경향이 혼재되어 있었듯이, 중화주의적 세계상을 공유하는 세계지리의 경우에도 그 안에는 표현 방식이나 지향이 다른 흐름들이 확인된다. 이를 상징적으로 보여주는 유물이 바로 송나라 때에 한 비석의 양면에 새겨진 두 지도, 「우적도(禹跡圖)」와 「화이도(華夷圖)」이다. 앞의 것이 한 칸이 100리(里)에 해당하는 방형 격자 위에 세계를 극히 사실적으로 묘사한 '수학적' 지도였다면, 그 지도학적 정밀성의 면에서 한참 떨어지는 뒤의 지도는 중국과 그를 둘러싼 이적들로

20 『도서편』 卷34 「皇明輿圖四極」, 문연각사고전서 제969책, 672쪽下.

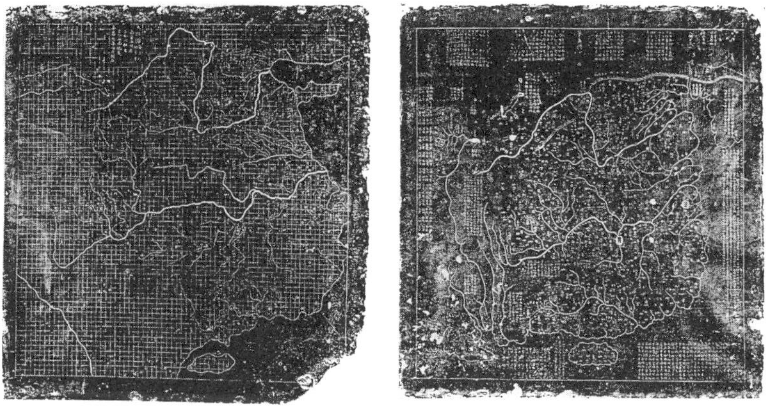

그림 3. 송대의 석각 「우적도」(좌)와 「화이도」(우) (1136)

구성된 중화주의적 세계를 표현한 '문화적' 지도였다.

중국에서 「우적도」와 같은 정밀한 지도 제작의 전통은 기원후 3세기의 지도제작자 배수(裵秀)에게로 거슬러 올라간다. 현존하지 않는 「우공지역도(禹貢地域圖)」에 붙인 서문에서 그는 정확한 지도를 제작하기 위한 6가지 방법을 제안했으며, 그중에는 현대 지도학의 축척과 유사한 '분율(分率)'과 「우적도」에서도 사용된 방형 격자 좌표계, '준망(準望)'이 포함되었다.[21] 배수의 지향을 이은 지도는 이후로도 계속 제작되었다. 특히 당나라와 원나라 때와 같이 중국이 외부 세계와 적극적으로 교류하던 시기에는 가능한 한 더 넓은 세계를 수학적 방식으로 표현하려는 시도들이 나타났다. 당나라의 가탐(賈耽)이 제작한 가로 30척, 세로 33척의 「해내화이도(海內華夷圖)」가 대표적인 예이다. 그가 1촌(寸) 100리(里)의 방형 격자를 이용했음을 감안하면, 이 지도는 당시까지 알려진 지리적 세계 전체를 포괄했다고 볼 수 있다.[22]



21 「우공지역도」의 서문은 『晉書』 권35 "裵秀傳"에 실려 있으며, 王庸, 『中國地理學史』 제2판(上海: 商務印書館, 1957), 56-57쪽에 전재되었다.

22 지금은 현존하지 않는 「해내화이도」의 규모는 『舊唐書』 "賈耽傳"에 담긴 그의 表에

하지만 중화 세계의 지리적 판도를 수학적으로 엄밀한 방법을 통해 표현하려는 시도에는 쉽게 해결되기 어려운 문제가 있었다. 지도가 포괄하는 지리적 외연의 확장은 중국의 '성교(聲敎)'가 미치는 장대한 범위를 인상적으로 보여준다는 이점이 있었지만, 다른 한편으로는 아주 먼 나라에 대한 부정확한 정보에 점점 더 많이 의존해야 하기 때문에 지도의 정밀성을 희생시켜야 할 가능성이 높았다. 당나라 가탐의 세계지도는 외국에서 온 사절들을 탐문해서 얻은 정보를 토대로 한 것이지만, 원대(元代)의 탁월한 지도학자 주사본(朱思本)은 그러한 정보의 신뢰성에 대해 회의했고 그 결과 절역(絕域)에 대한 지도학적 묘사는 불가능하다는 비관적 입장을 피력했다.

> 무릇 창해(漲海)의 동남쪽과 [고비] 사막의 서북쪽에 있는 여러 번국(蕃國)과 이역(異域)은, 비록 정기적으로 조공을 바치기는 하지만, 거리가 아득히 멀어 계고(稽考)할 근거가 드물다. [따라서] 그에 대해 말하는 자는 상세할 수가 없으며, 상세한 것은 신뢰할 수가 없다. 그리하여 이러한 부류는 생략할 수밖에 없다.[23]

이러한 신중론은 일단 지도가 포괄하는 세계의 범위를 사실적 정보가 충분한 영역으로 한정시키려는 시도로 나타났다. 실제로 주사본의 『여도(輿圖)』는 몽골이 중앙아시아 이상으로 그 범위가 확장되지 않은 듯이 보인다.[24] 결국 수학적 지도 제작의 전통에는 그것이 표현하고자 했던 중화주의적 세계상과 엄밀한 지도 제작의 이상 사이에 해결하기 어려운 긴장이 존재했다. 조선 태종 연간에 제작된 「혼일강리역대국도지도(混一疆理

나타나 있다. 王庸, 『中國地理學史』, 67-68쪽.

23 "輿圖"에 대한 朱思本의 自敍는 王庸, 『중국지리학사』, 87-88쪽에 실려 있다. 漲海란 海南으로부터 말라카 해협에 이르는 南洋을 뜻한다.

24 이러한 추정은 Walter Fuchs, *The "Mongol Atlas" of China* (Peiping: The Catholic University Press, 1946), p. 8 참조.

歷代國都之圖, 1402)」는 방형 격자로 대표되는 지도학적 엄밀성의 기준을 부분적으로 포기함으로써 그 긴장을 해결한 사례라고 볼 수 있다. 이 지도는 14세기 원나라 때에 제작된 「성교광피도(聲敎廣被圖)」, 「혼일강리도(混一疆理圖)」 등을 저본으로 하여 조선과 일본 지역의 정보를 보충한 것으로서, 원나라의 거대한 판도와 활발한 대외 교류를 반영하듯 아프리카와 유럽 지역까지 포괄한다.[25] 하지만, 중화주의적 세계상의 표현이라는 목적에는 「혼일강리역대국도지도」와 같은 타협조차도 거추장스럽게 느껴질 수 있었다. 과연 중화주의적 세계질서에서 '문화적' 비중이 그리 높지 않은 수많은 나라들에 그처럼 많은 공간을 부여할 가치가 있는가? 「우적도」의 반대편에 새겨진 「화이도」는 바로 지도학적 엄밀성의 요구를 극단적으로 무시하면서 중화주의적 세계상을 부각시킨 사례였으며, 이는 마테오 리치가 언급했던 형승도에서도 마찬가지였다. 「화이도」와 형승도의 제작자는 지도의 대부분을 중국에 할애한 뒤 중국의 역사와 문화에 대해 빽빽한 주석을 달고, 알려진 세계의 나머지는 그 주위의 좁은 여백에 나라 이름과 간단한 특기사항만을 기록한 채 밀어넣어 버렸다. 이는 명백한 지리적 왜곡이었지만 달리보자면 중화와 그 바깥 세계 사이의 문화적 위계를 오히려 더 정확하게 표현해 주는 효율적 방법이었다. 게다가 형승도의 좁은 여백은 역설적이지만 그 가능성의 면에서 어떠한 사실주의적 지도가 표현한 것보다도 더 넓은 공간이었다. 지상 세계를 사실적으로 묘사해야 할 의무를 벗어버린 지도제작자들은 그 공간에 포괄될 외이(外夷)의 범위를 자신의 야심에 따라 자유로이 선택할 수 있었다. 형승도의 동남쪽 바다 여백에 『산해경』의 몇몇 괴물 나라들이 포함된 것이



25 조선이 이미 지나치게 과대평가된 중국의 1/3의 크기로까지 확대되어 묘사된 것은, 전상운에 따르면 지도 제작을 주도한 권근 등 조선 건국 주도 세력의 진취적 태도를 반영한다. 전상운, 「朝鮮前期의 科學과 技術-15세기 科學技術史 硏究 再論」, 『한국과학사학회지』 14(2) (1992), 146-147쪽. 원대의 세계지도와 「혼일강리역대국도지도」에 대한 니덤의 논의는 Needham, 앞의 책(주 2), 554-556쪽을 참조할 것.

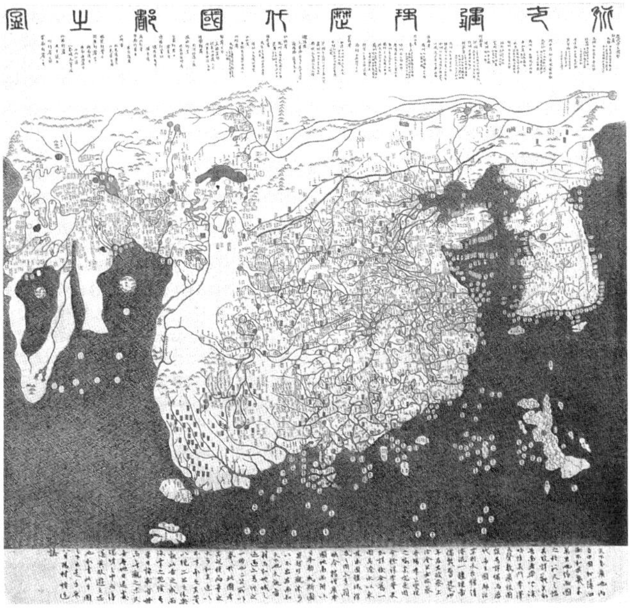



그림 4. 「혼일 강리역대국도지도(混一疆理歷代國都之圖)」(1402) 채색필사본. 일본 龍谷大學 소장.

형승도의 가능성과 제작자의 자유로움을 드러내 주는 좋은 예이다.[26]

정통적 세계표상에 속하는 형승도에 『산해경』의 지명이 편입된 사실은 세계지리의 두 전통을 절충하거나 종합하려는 시도가 존재했음을 알려준다. 앞서 보았듯이 유교 지식인들은 『산해경』이나 추연의 전통을 전적으로 부정하지는 않았다. '존이불론(存而不論)'의 태도는 비록 비정통적인 지리학의 지적, 윤리적 정당성을 부인하는 것이기는 했지만, 다른 한편으로는 그것이 지식의 주변부에 존립할 수 있는 여지를 남겨주는 관대한 처분이기도 했다. 실제로 유교 지식인들은 적절한 조건이 갖추어진다면 기이한 견문이나 광대한 세계에 대해 논의할 준비가 되어 있었다. 예컨대 주희는 공자가 논의를 회피했던 귀신을 비롯하여 여러 기이한 현

26 지도의 동남쪽 바다에 『산해경』의 나라들이 포함된 사례는 이미 「혼일강리역대국도지도」에서도 확인된다. 오상학, 앞의 글(주 3), 86쪽.

상에 대해 적극적으로 논의했는데, 이는 그가 음양오행이나 기(氣)와 같이 이러한 현상을 '합리적으로' 설명할 수 있는 개념적 도구를 이용할 수 있었기 때문이다.[27] 형승도가 『산해경』의 지명을 채용한 일은 비정통 지리학의 요소를 유가적 세계상에 포괄함으로써 세계 전체를 포괄하는 유가적 표상을 추구한 흔적으로 보인다. 하지만 편입된 괴물 나라의 수에서도 드러나듯 『산해경』에 대한 형승도 제작자의 태도는 여전히 소극적이었다. 직방세계의 외연을 세계 전체로 확대하려는 유교 지식인들의 바람에도 불구하고 『산해경』은 여전히 적절한 토대가 될 수 없었던 것이다.

마테오 리치가 세계에 대한 잘못되고 유치한 표현으로 간주했던 형승도의 이면에는 이렇듯 중국 세계지리 전통의 복잡한 역사와 세계 표상의 적절한 방식을 둘러싼 유교 지식인들의 복합적인 고려가 깔려 있었다. 그리고 이러한 고려는 16세기 말 소개된 서양의 세계 표상에도 적용될 것이었다.



## II. 서양 세계지리 문헌과 추연 및 『산해경』의 전통

17세기 이래 선교사들의 세계지리 문헌에 접한 중국과 조선의 유교 지식인들은 예외 없이 그것이 추연(騶衍) 및 『산해경』의 전통과 흡사하다는 인상을 받았다.

무엇보다도 선교사들의 지리 문헌은 지구설과 오대주의 구도를 통해 지상 세계 전체를 포괄하는 세계 표상을 제시했다. 게다가 선교사들은 시구실을 매개로 지리학과 천문학, 우주론을 체계적으로 결합시킨 우주

27 기이한 현상들에 대해 氣의 개념을 통해 자연적 설명을 시도한 주희의 시도에 대해서는 김영식(Kim Yung Sik), *The Natural Philosophy of Chu Hsi (1130-1200)* (American Philosophical Society, 2000), pp. 98-101. [국역: 김영식, 『주희의 자연철학』(예문서원, 2005)]

지적 지도와 지지를 선보였다. 18세기 초 서양식 천문도와 세계지도의 모사를 주도했던 조선의 최석정(崔錫鼎)은 서구 세계지도의 이러한 특징이 "평면으로 모난 땅을 표현하고 중국의 성교(聲敎)가 미치는 곳까지" 만을 묘사한 종래의 지도와 다르다는 점을 지적했다. 그리고 그는 서구의 세계지도에 대해 "굉활교탄(宏濶矯誕)하며, 황당무계하고 정도에 벗어났다"는 평가를 내림으로써 추연에 대한 사마천의 평가를 반복했다.[28]

더욱이 선교사들의 지리 문헌에는 사실로 인정하기 어려운 기이한 견문이 가득했다. 그중에는 유럽인들의 항해를 통해 직접 경험한 것은 물론 고대로부터 내려오는 신화나 성서의 기사(奇事)들, 심지어 마단림(馬端臨)의 『문헌통고(文獻通考)』와 같은 중국 문헌에서 빌려온 내용이 섞여 있었다.[29] 이로 인해 선교사들의 지리 문헌은 중국의 지괴(志怪) 문헌과 곧잘 동일시되었다. 청대(淸代) 사고전서(四庫全書)의 편찬자는 동방삭(東方朔)의 『신이경(神異經)』에 나오는 거인 부부의 설화가 페르비스트의 『곤여도설(坤輿圖說)』에 세계 7대 불가사의 중 하나로 소개된 로도스[樂德] 섬의 청동거인과 흡사하다는 점을 비롯하여 두 문헌 사이에 몇 가지 비슷한 기사가 등장함을 지적했고, 이는 선교사들의 기록이 중국의 문헌을 표절한 것이 아닌가 하는 추측으로까지 이어졌다.[30]

이러한 유사성 때문에 선교사들의 지리 문헌을 풍문으로만 전해 들은 사람이 이를 추연의 학설이나 『산해경』의 전통과 혼동한 경우가 적지 않았던 것 같다. 18세기 중반 조선 학계에서 주변부에 속했던 호남 지방의 학자 위백규(魏伯珪)가 좋은 예이다. 그는 자신의 우주지(宇宙志) 『환영지(寰瀛誌)』 초입에 방형으로 변형된 「원형천하도」를 "마테오 리치 천하도



28 崔錫鼎, 「西洋乾象坤輿圖二屛總序」, 『明谷先生文集』 제8책(경인문화사, 1997), 172-173쪽.

29 Kenneth Chen, "A Possible Source for Ricci's Notices on Regions Near China," *T'oung Pao* 34 (1938), pp. 179-190.

30 「『곤여도설』 제요」, 문연각사고전서 제594책, 729쪽下-730쪽上.

(利瑪竇天下圖)"라는 이름으로 집어넣었다. 그는 서문에서 이 지도를 '마테오 리치 구구주도(利瑪竇九九州圖)' 라고 부르며 "비해(裨海)가 구주(九州) 바깥에 있다"는 추연의 학설과 연관지었다. 훗날 알레니의 세계지리서 『직방외기(職方外紀)』를 실제로 접하고 자신의 착각을 깨달았지만, 그럼에도 추연의 세계상과 서양의 지리 지식이 유사하다는 믿음을 버리지는 않았다.[31]

서양의 세계지리와 비정통적 지리학 사이에는 그 이념적 지향에서도 유사하게 비칠 만한 점이 많았는데, 이는 선교사들이 자신의 지리 문헌을 통해 중화주의적 세계상을 비판했기 때문에 비롯된 것이었다. 땅은 둥글기 때문에 그 표면에는 중심을 정의할 수 없으며, 중국은 세계를 이루는 다섯 대륙의 하나인 아시아의 일부에 불과하다는 선교사들의 학설은 세계에서 차지하는 중국의 비중을 축소하려는 의도를 담고 있었다. 이는 『장자』와 추연이 세계의 광대함을 강조하며 중국의 왜소함을 부각시킨 것과 흡사한 전략이었다. 게다가 선교사들은 『직방외기』와 같은 지지를 통해 고대 팔레스타인 지방에서 유럽으로 이어지는 기독교 문명의 역사를 부각시킴으로써 기독교 유럽 중심의 세계상을 제시했다.[32]

선교사들이 자신의 세계지지와 비정통적 지리학을 동일시하는 중국 사대부들의 태도를 그리 달가워하지 않은 것은 당연했다. 그들은 『산해경』과 같은 문헌이 사대부들에게 그리 긍정적인 평가를 받지 못함을 알고 있었다. 선교사들은 몇몇 표면적인 유사점에도 불구하고 자신의 세계지리가 『산해경』의 전통과는 본질적으로 다르다고 자신했다. 무엇보다도 자기들의 세계 표상은 경험적으로 확인된 지식에 근거했다. 「양의현람도

31 『寰瀛誌』의 두 판본은 魏伯珪, 『存齋全書』(경인문화사, 1974), 下卷, 33-348쪽에 연이어 실려 있다. 원형천하도를 「利瑪竇天下圖」라고 소개한 부분은, 下卷, 33-34, 61-62쪽을 참조. 뒤의 판본에는 『직방외기』에 근거한 듯한 「西洋諸國圖」가 편입되었다. 下卷, 207쪽.

32 선교사들의 중화주의 비판에 대해서는 임종태, 「17·18세기 서양 지리학에 대한 중국·조선 학인들의 해석」(서울대학교 박사학위 논문, 2003), 42-49쪽 참조.

(兩儀玄覽圖)」의 서문에서 리치는 자기 지도에 담긴 지리적 정보가 자신을 포함한 유럽 사람들의 실제 항해 경험에서 비롯되었으며 중국으로 오는 긴 항해 중에 자신은 "삼수국(三首國), 후안국(後眼國), 불사국(不死國)"과 같은 기괴한 민족을 본 적이 없다고 강변했다.[33] 그는 땅이 둥글다는 것도 자신의 천문 관측을 통해 직접 확인한 명제라고 주장했다.

> 또 내가 태서(太西)로부터 바다를 항해하여 중국에 들어오는 길에 … 남쪽으로 대랑봉(大浪峯, 아프리카 남단의 희망봉)에 이르러서 남극고도가 36도인 것을 보았는데, 대랑봉(大浪峯)은 중국과 서로 위아래로 대치하고 있는 지역이다. 그때에 나는 하늘을 위로 우러러보았을 뿐 그것이 아래에 있는 것을 보지는 못했다. 그러므로 땅의 형체가 둥글고 주위에 모두 사람이 산다는 말은 믿을 만하다.[34]



항해 경험과 서양 천문학의 정교함에 호소하여 자신의 지도를 『산해경』과 구분지으려는 리치의 전략이 나름의 설득력을 지녔음은 분명하다. 서양 천문학의 우수함은 기독교에 대해 우호적이지 않은 사대부들도 대개 인정하는 바였고, 특히 17세기 중반을 거치며 중국과 조선이 서양의 시헌력을 공식적으로 채택한 이후에는 더욱 그러했다.

하지만 서양 천문학의 후광만으로는 『산해경』의 전통에서 발산되는 불온한 친화력을 극복하기에 역부족이었다. 아예 서양 천문학을 불신하는 이들도 적지 않았지만, 그렇지 않은 경우에도 세계지리 지식에는 유보적인 입장을 가진 사람이 많았다. 이는 기본적으로 천문학과는 달리 서양 지리 지식의 진위를 직접 확인할 방법이 없다는 자명한 이유 때문이었다. 강희(康熙) 연간의 성리학자 이광지(李光地)는 서양 천문학과 지구설의 정확함에 대해서는 신뢰했지만, 세계 각지에 대한 지리적 기록에

33 D'Elia, 앞의 글(주 2), 156-158쪽.

34 리치, 『乾坤體義』 中國科學技術典籍通彙 제8책(河南教育出版社), 288쪽下.

는 허황된 내용이 많다고 평가했다.[35] 이러한 태도는 비슷한 시기 조선의 최석정(崔錫鼎)에 의해서도 반복되었다. 서양의 천문도를 "천상(天象)의 진면(眞面)을 얻었다"며 극찬한 그가 세계지도에 대해서는 앞서 보았듯이 부정적인 태도를 취했던 것이다. 이는 경험적으로 확인할 수 없는 지식에 대해 유교 지식인들이 전통적으로 보여 왔던 신중한 태도와 같았다. 문제는 이들이 서양 세계지리 지식을 사실로서 인정하지 않았지만 그렇다고 이를 전적으로 폐기한 것도 아니라는 점이다. 최석정의 말처럼 서양의 학설이 "비록 굉활교탄(宏濶矯誕)하며 황당무계하고 정도에 벗어난 것"은 틀림없으나 "그 학술이 전수된 것에 경솔히 폐기할 수 없는 바가 있으므로 어쩔 수 없이 남겨서 기이한 견문을 넓히는 것"이 유자(儒者)의 적절한 태도일 것이었다.[36]

서양 세계지도의 간행을 주도했던 최석정의 유보적 태도를 통해, 우리는 17-18세기 서양 세계지도의 유행을 당시 지식인들이 그것을 승인한 현상으로 해석할 수 없음을 알 수 있다. 『삼재도회(三才圖會)』와 『도서편(圖書編)』 등 명나라 말의 백과사전과 『방여승략(方輿勝略)』 등의 지리서에 리치의 지도가 소개된 것은 당대 지식사회에서 리치의 지도가 인기가 있었음을 반영하지만, 그렇다고 해서 리치의 지도를 세계에 대한 참된 표상으로 인정했다고 볼 수는 없음이 드러난다. 무엇보다도 리치의 지도는 이들 문헌에 포함된 유일한 세계지도가 아니었다. 『도서편』의 경우 세계지도로 볼 수 있는 것이 5종이 실렸는데, 「여지산해전도(輿地山海全圖)」(권29) 등 도법을 달리한 리치의 지도가 세 편, 불교적 남섬부주(南贍部洲) 지도인 「사해화이총도(四海華夷總圖)」(권29), 중국의 역사와 문물을 표현한 형승도 계통의 지도 「고금천하형승지도(古今天下形勝之圖)」(권34)가 그것이다. 편찬자 장황(章潢)은 세계상이나 도법에서 서로 모순되는

35 이광지, 『榕村集』 권5 「周官筆記」, 문연각사고전서 제1324책, 590-592쪽.

36 崔錫鼎, 『明谷集』 권8 「西洋乾象坤輿圖二屛總序」(경인문화사, 1997), 제8책, 172-173쪽.

이들 지도 중 어떤 것이 세계에 대한 옳은 표상인지 언급하지 않았다. 하지만 적어도 리치의 지도가 옳고 나머지는 잘못되었다고 보지 않았음은 분명하다. 『도서편』이 고래(古來)의 학설과 도적(圖籍)을 분류하여 정리해 놓은 공구서였다는 점을 감안하면, 장황은 자신이 선택한 지도 모두가 학자들의 공부에 나름의 유용성을 지니고 있다고 판단했던 것 같다. 예를 들어, 「사해화이총도」의 도설 끝에 장황은 황당한 내용이 담겨 있는 이 지도를 "전적으로 신뢰할 수는 없지만 세계가 무궁함을 알 수 있게 하는" 이점은 있다고 평가했다.[37] 리치의 세계지도에 대해서는 전혀 다른 장점이 지적되었다. 「여지산해전도」의 서문에 따르면 이 지도는 세계가 유한하며 그 전체를 하나의 지도에 포괄할 수 있음을 보여주기 때문에, "'다른 지도들과 함께' 보존하여 고찰해 볼 만했다."[38] 리치의 지도는 세계에 대한 한 가지 '개연적' 표상으로서 다른 지도들과 병치되고 있었던 것이다.





하지만 최석정과 장황의 태도는 그래도 서양 세계지도에 대해 우호적인 편에 속했다. 18세기에 접어들어 기독교에 대한 중국과 조선 사대부들의 인식이 급격히 악화되면서, 기독교 선교와 중화주의 비판의 메시지가 담긴 서구 세계지리 문헌의 불온성이 부각되기 시작했다. 18세기 초 로마 교황청과 강희제 사이의 전례 논쟁 이후에 편찬된 『명사(明史)』, 『황조문헌통고(皇朝文獻通考)』, 『사고전서』 등의 문헌과 18세기 중반 이래 서서히 목소리를 높이기 시작한 조선 반서학론자(反西學論者)들의 논의에는 선교사들의 세계지리 문헌과 비정통적 지리학 사이의 유사성이 부정적인 논조로 강조되었다. 『황조문헌통고』의 편찬자는 서양 세계지리의 황당무계함뿐 아니라 그에 담긴 반(反)중화주의적 요소에 불쾌감을 드러냈다.

37 『圖書編』 卷29, 문연각사고전서 제969책, 561쪽.

38 같은 책, 卷29, 「輿地山海全圖敍」, 552-553쪽.

천리 가량의 땅[마젤라니카를 말함]을 하나의 대륙으로 이름짓고, 중국 수만 리의 땅도 하나의 대륙이라 하니, 말이 앞뒤가 맞지 않다. 그 망령됨과 오류를 굳이 비판하지 않는다고 해도 저절로 허물어질 것이다. 또한 그가 스스로 서술한 바, 자기 나라의 풍토(風土), 물정(物情), 정교(政教)에 오히려 중국이 따라잡지 못하는 점이 있다는 말은 비록 황당하고 아득하며 조리가 없지만, [그 곳의] 물과 땅이 기이하고 사람의 품성이 질박하여 아마 그럴 수도 있을 것이다. 그러나 그들이 제시한 오대주의 학설에 있어서는, 그 말이 과장되어 믿기 어렵다.[39]

서양 오대주(五大州) 구도의 부조리함에 대한 비판은 18세기 초 조선의 서학비판가 신후담(愼後聃)에 의해서도 제기되었다. 그의 비판은 『산해경』이나 추연의 전통에 대한 유교 지식인들의 불신이 선교사들의 세계지리에 전이된 가장 극단적인 경우에 속했다.

또 천하의 무수한 구역으로서 직방씨(職方氏)가 기록한 곳 바깥의 먼 바다와 막막한 변두리에 있는 것들은 거리가 아주 멀어 육지나 바다로 통하지 못하므로 비록 기이한 형상의 나라가 그 가운데 흩어져 있다고 해도 실제로 가서 그 실상을 징험(徵驗)할 수 없을 것이다. 이는 곧 군자에게는 내버려두고 논하지 않아야 할 일이다. 저 서양의 선비들이 비록 멀리 유람하는데 뛰어나다고 해도, 반드시 천지 사방의 끝까지는 가지 못했을 것이므로 바다 가운데 있는 여러 나라들에는 널리 이르지 못한 곳이 있을 것이다. 단지 자신의 이목(耳目)이 미치는 것을 근거로 구구히 나누어 기록하여 다섯 대륙을 지정하고는 오만하게도 자신이 천하의 모든 곳을 다 보았다고 하니 그 견식이 어찌 그리도 작은가.[40]



39 陳觀勝, 「利瑪竇對中國地理學之貢獻及其影響」, 『禹貢』 5(3-4) 재수록: 周康燮 主編, 『利瑪竇研究論集』(숭문서점, 1971), 147-148쪽에서 재인용. 마젤라니카는 마젤란이 발견했다고 알려진 '미지의 남방대륙'을 말한다. 마젤라니카의 크기를 천리가량으로 본 것은, 『직방외기』 "마젤라니카" 조에서 언급된 마젤란 해협의 길이를 근거로 한 것이다.

40 愼後聃, 「西學辨」, 이만채 편·김시준 역, 『闢衛編』(한국자유교양추진회, 1984), 83-84쪽; (원문) 23쪽上.

애초에 리치는 서구의 우월한 지리학이 중국의 유치한 지리학을 대체할 것이라고 낙관했지만, 사태는 도리어 서구의 세계지리 지식이 중국 지리학 내부의 균열되고 긴장된 공간에 포착되는 방향으로 전개되었다. 17-18세기 서구의 세계지리 지식은 대체로 추연이나 『산해경』 등의 비정통적 경향과 등치되어 지식의 주변부로 밀려났다. 중국의 공식 문헌은 선교사들의 세계 표상을 인정하지 않았고, 기독교에 적대적이었던 대다수 사대부들은 선교사들의 지리학 속에 담긴 이념적 불온성을 부각시켰다. 하지만 그렇다고 서구의 세계 표상이 지닌 힘이 완전히 상실되지는 않았다. 외래의 지식은 중국 지리학의 지형에 편입되는 과정에서 두드러진 흔적을 남기기도 했다.

## III. 변 화



당시의 지식인들 가운데는 선교사들의 세계 표상이 믿을 만하다고 생각하는 이들도 적지 않았다. 물론 이들도 외래의 지식이 추연 및 『산해경』의 전통과 유사하다는 점을 전적으로 부정하기는 어려웠다. 선교사들을 신뢰한 사람들이 택할 수 있는 방식은 둘 사이의 연관이 피상적인 것에 불과하다고 간주하거나, 그 연관에 도리어 긍정적인 함의를 부여하는 것이었다.

17세기 중반 조선에서 서양의 천문지리학을 옹호한 대표적 인물 김만중(金萬重)은 서구식 세계 표상이 추연 및 불가의 세계상과 유사함을 인정하면서도, 그 둘 사이에 중요한 차이가 있음을 지적했다. 그에 따르면 후자가 "유치한 소견을 계몽하기 위한" 우언(寓言)이었다면, 서양의 지구설은 "그 이치와 술법이 확실"하여 세계의 "참모습[眞境]"을 알려주었다.[41] 흥미로운 점은 김만중이 서양의 지리학설에 절대적인 신뢰를 보내면서도, 추연과 불가의 세계상이 지닌 가치를 전적으로 부정하지는 않았다는 것이다. 그는 그러한 학설들이 사람들에게 세계가 광대함을 깨우쳐 줌으로써 적어도 우물 안 개구리와 같은 좁은 소견을 계몽하는 데 유용하다고 보았다.

선교사들의 지리학설에 대한 신뢰가 그와 연동된 비정통 지리학으로까지 전이되는 사례도 드물지 않게 나타난다. 리치의 남경판 「산해여지전도(山海輿地全圖)」를 1604년 무렵 간편한 책자로 제작한 귀주 태수 곽청라(郭靑螺)는 리치와 추연을 아마도 가장 우호적인 방식으로 연결시킨 인물일 것이다. 그에 따르면 추연과 『산해경』의 학설은 사마천 등에 의해 터무니없다고 매도당했지만, "그로부터 4천 년 뒤 태서국의 리치가 '산해여지전도'를 가지고 중국에 들어와 … 사람으로 문헌을 증명"했다. 한마디로 리치는 추연 학설의 부활을 도운 "추연의 충신(忠臣)"이었다.[42] 18세기 후반 조선의 학자 이종휘(李種徽)는 추연과의 유사성에서 우러나오는 리치 지도의 매력에 깊이 끌렸다. 그 두 학설은 지리적 구도에서뿐 아니라 '인의절검(仁義節儉)'을 중시한다는 점에서도 공통점을 지녔다. 이를 근거로, 그는 리치의 학설이 중국에서는 2천 년간 전승되지 못한 추연의 학설에 뿌리를 둔 것이 아닐까 추측했다.[43] 결국 곽청라와 이종휘는 서양 천문 지리학의 도래를 이제껏 지식의 주변부에서 숨죽이고 있던 비정통적 지리학을 재평가하는 계기로 활용했다. 서양 과학 덕에 그 지위가 가장 극적으로 변화한 문헌은 『주비산경』이었다. 이지조(李之藻)와 매문정(梅文鼎) 등은 이 문헌에서 서양 지구설을 예견하는 여러 단편들을

41 金萬重, 홍인표 역, 『西浦漫筆』(일지사, 1987), 284-285쪽.

42 郭靑螺, "산해여지전도 서문," D'Elia, 앞의 글(주 2), 104쪽. "사람으로서 책을 증명했나"는 표현은 1000여 년 전 東晋 郭璞의 "注山海經序"에 담긴 논의를 암시한다. 당시 전국시대의 묘에서 『穆天子傳』이 발굴되었는데, 곽박은 이를 근거로 사마천 이후 터무니없는 문헌으로 비하되어 왔던 『산해경』의 신빙성이 입증되었다고 주장했다(정재서 역주, 『산해경』, 34-35쪽). 곽청라는 『목천자전』이 『산해경』을 증명한 것이 "책으로 책을 증명한 것(以書證書)에 불과하다면, 리치의 도래는 사람으로서 책을 증명한 것으로서" 추연의 학설을 뒷받침하는 더 확실한 증거라고 예찬했다.

43 李種徽, 「利瑪竇南北極圖記」, 『修山集』 卷4, 81쪽.

확인하고는 중국 고대 우주론의 정전으로 격상시켰다.[44] 『주비산경』의 파격적 신분상승은 그 이전에 비슷한 대접을 받았던 추연의 지위도 어느 정도 제고시키는 효과가 있었다. 청대의 천문학자 강영(江永)은 『주비산경』을 추인한 이후, "전국시대 추연(鄒衍)이 구주의 바깥에 대영해가 있어 그를 두르고 있다고 말한 것도 『주비산경』에 근거한 것"이 아닐까 추론했다.[45]

그러나 추연과 리치를 구체적인 학설에서까지 동일시하는 경우가 일반적이지는 않았다. 천문 지리학에 어느 정도 소양이 있는 사람이라면 둘 사이의 현격한 차이를 인식하기란 어려운 일이 아니었다. 김만중에게서 드러나듯 추연은 학설의 구체적인 내용보다는 그 장대한 상상력, 그리고 세계 전체를 포괄하려는 지적 야심으로 후대의 학자들에게 호소했던 듯하다. 실제로 17-18세기 일군의 학자들은 이제껏 불가능하다고 여겨졌던 추연의 지적 야심을 성취할 수 있는 시기가 도래했다고 판단했다. 그들은 웅명우(熊明遇), 방이지(方以智), 유예(游藝), 게훤(揭暄) 등 명말 일군의 자연철학자들, 그리고 김석문(金錫文), 정제두(鄭齊斗), 서명응(徐命膺) 등 18세기 조선의 우주론자들이었다.[46] 그들에게 이렇듯 '과장되고 정도에서 벗어난' 시도를 감행할 용기를 준 것은 바로 서양 과학 지식이었다. 선교사들은 이전 중국의 유교 전통이 넘보지 못하던 지식을 그것도 확실한 근거를 가지고 보여주었다. 우주의 구조에 대한 구중천(九重天) 학설, 지상 세계의 모습과 주요 기상 현상을 일목요연하게 설명해 주는 지구설, 세계 만국을 포괄하는 오대주의 구도와 세계지도는 이전 『산해경』, 『회남자』 등 비슷한 스케일을 지닌 문헌들과는 달리 정교한 천문 관측과 항해 경험에 의해 뒷받침되고 있었다. 이를테면 서양의 천문



44 매문정은 『주비산경』에 담긴 지식을 서양 천문학의 기원으로 간주했다. 임종태, 앞의 글(주 32), 128-133쪽.

45 江永, 『數學』, 문연각사고전서 제796책, 611쪽下.

46 임종태, 앞의 글(주 32), 114-148쪽.

지리학은 유가(儒家) '실학(實學)'의 토대가 될 수 있었다. 이전까지 '허학(虛學)'의 근원으로 간주되던 추연의 상상력이 서양의 과학 지식과 결합되어 이제는 유가의 영역으로 편입되려 하고 있었던 것이다.

세계 전체를 포괄하는 지식 체계에 대한 열망과 그것을 뒷받침할 서양 학설의 전래가 맞물려 17-18세기 중국과 조선에서는 이전에는 존재하지 않던 새로운 종류의 세계지도와 세계지지가 등장했다. 지상 세계 전체를 포괄하는 유가적 세계 표상이 시도되었던 것이다. 대체로 이러한 시도들은 서로 연관되어 있는 두 가지 특징을 지니고 있었다. 첫째, 지상 세계 전체를 포괄하게 된 이들의 지리적 표상에는 천문학과 우주론의 요소들이 적극적으로 도입되어, 전체적으로 우주지적 특징이 강화되었다. 둘째, 이들은 그때까지 중국이 경험한 세계에 국한되었던 중화주의적 세계 표상을 지상 세계 전체로 확대하려 했다.

### 1. 유교적 우주지(宇宙志)



선교사들은 서구 과학이 지닌 매력을 무엇보다도 우주론, 천문학, 지리학을 하나의 이론 틀에 포괄해 낼 수 있다는 점이라고 주장하면서, 그 분야들이 별개의 전통으로 갈라진 동아시아의 지적 전통과 대비시켰다. 리치의 「곤여만국전도」, 알레니의 『직방외기』, 페르비스트의 『곤여도설』 등 선교사들의 세계지도와 지지는 예외 없이 그 초두에서 천구와 지구가 이루는 기하학적 동심 구조로부터 지상 세계의 여러 기상학적 현상과 지도 제작의 원리 등이 말끔히 유도될 수 있음을 보여주었다.

서구 과학의 이러한 특징이 유교 지식인들에게 호소력을 지녔음은 의심의 여지가 없다. 비록 동아시아 전통에서 천문학, 지리학, 우주론 등의 분야들이 서로 긴밀한 관계를 맺지 못했던 것은 틀림없으나,[47] 적어도 원

47 중국의 천문학과 우주론 사이의 분리는 이미 여러 연구에서 지적되었다. 예를 들어, Nathan Sivin, "Cosmos and Computation in Early Chinese Mathematical

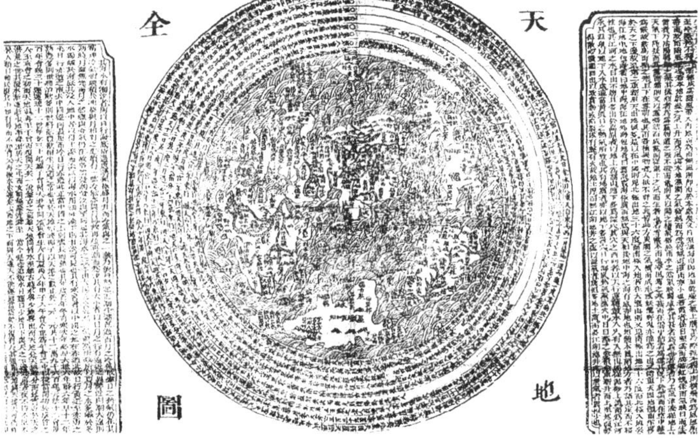

그림 5. 『삼재일관도(三才一貫圖)』(1722)에 수록된 「천지전도(天地全圖)」.

칙적인 차원에서 세계를 이루는 세 요소인 하늘, 땅, 인간의 문명이 동일한 원리에 포괄된다는 믿음은 유교 지식인들의 사유에 뿌리 깊게 자리잡고 있었다. 17세기 서양 과학의 도래는 일부 지식인들에게 천(天), 지(地), 인(人)의 원리적 통일성이 이제는 전문 과학의 수준에서 구체적으로 구현될 조건이 갖추어졌음을 뜻했다. 18세기 초 중국에서 제작된 지도책 『삼재일관도(三才一貫圖)』에 실린 「천지전도(天地全圖)」는 우주의 통일성에 대한 유교적 믿음이 서구 과학을 재료로 하여 표현된 좋은 사례이다. 엉성한 서구 세계지도를 아리스토텔레스의 천구들이 둘러싼 이 우주도는 지구와 천구가 이루는 기하학적 동심구조를 바탕으로 천(天), 지(地), 인(人)의 세 요소가 유기적으로 통합된[三才一貫] 유교 성리학의 세계관을 표현하고 있다.[48]

그러나 서구 과학이 동아시아의 우주론, 천문학, 지리학 분야에 가한



Astronomy," *T'oung Pao* 55 (1969). 재수록: Sivin, *Science in Ancient China: Researches and Reflections* (Aldershot: Variorum, 1995), 제2장, 3-5, 64-67쪽을 참조할 것.

48 『삼재일관도』에 관해서는 오상학, 앞의 글(주 3), 204-206쪽 참조.

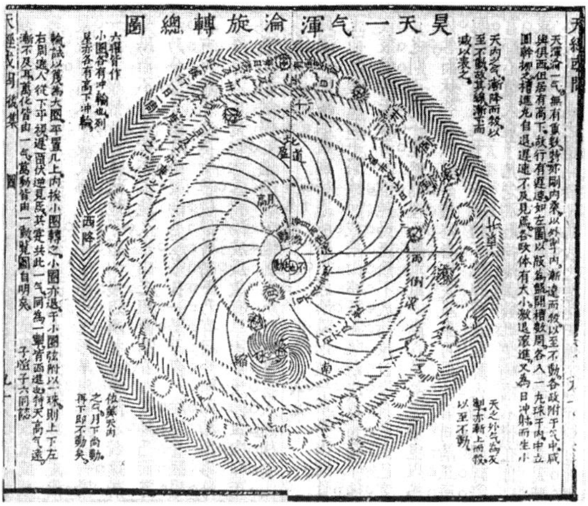


그림 6. 유예와 게훤의 우주. 유예(游藝), 『천경역문(天經或問)』 後集, 四庫全書存目叢書 제55책, 372쪽.

'구심적' 충격은 말 그대로 충격에 그쳤을 뿐, 그 반향의 구체적 양상을 규정하는 데까지 영향력을 미치지는 못했다. 과연 무엇이 '삼재(三才)'를 유기적으로 연관시켜 주는 원리일까? 동아시아의 지식인 대다수에게 그것은 아리스토텔레스의 4원소나 기독교 창조주의 섭리가 아니었다. 『삼재일관도』보다 반세기 앞선 시대의 중국학자 유예(游藝)와 게훤(揭暄)은 그것을 우주적 기(氣)의 운행으로 파악했다. 그들은 선교사들의 천문 지리학, 자연철학 지식을 기(氣)와 음양오행 등 성리학의 개념 틀과 종합하는 지적 프로그램을 진행시킨 사람들이었다. [그림 6]의 우주도는 그들의 작업을 대표하는 그림이다. 이 그림은 하늘과 땅의 전체적 구조를 분명하게 표현했다는 점에서 그 이전 동아시아의 지적 전통에서 비슷한 사례를 찾아보기 힘들다. 이는 의심의 여지없이 그들이 받아들인 서구 과학, 구체적으로는 티코 브라헤의 우주구조의 영향을 반영한다. 하지만 지구로부터 항성에 이르기까지 천체들의 배열 방식을 제외한다면 이 그림에서 더 이상 서구 과학의 영향은 찾아볼 수 없다. 지구를 우주의 중심에 묶어두고 티코의 체계에 따라 배열된 천체들을 운행하게 하는 메커니즘은 송나라의 주희(朱熹)가 『초사집주(楚辭集註)』에서 밝힌 대기(大氣)의 소용돌이였다.[49] 유예와 게훤의 우주도는 비록 지리적 세계 표상에 속한다고는 볼 수 없지만, 이를 통해서 우리는 서구 과학이 중국의 천문, 지리, 우주론 분야에 미친 구심적 영향이 어떤 결과를 초래했는지 확인할 수는 있다. 그것은 '유교적 또는 성리학적 우주지'를 향하고 있었다. 비록 겉보기에 서구적 양식을 모방한 세계지도와 우주도를 제작한 경우에도, 그 제작자들은 적어도 암묵적으로는 기(氣)의 우주적 운행을 전제하고 있었다.

서구의 지리학과 천문학 지식이 훨씬 노골적으로 유교적 우주지 속에 포섭된 경우도 드물지 않게 나타난다. 한 가지 두드러진 사례가 정제두(鄭齊斗), 서명응(徐命膺) 등 18세기 조선의 몇몇 주역 상수학자들이 시도한 우주지이다. 그들은 서양 천문 지리학의 전래로 이제껏 분리되어 내려오던 주역 상수학 전통과 천문 지리학을 봉합하여 세계 전체를 포괄하는 통합된 지식 체계를 이룰 수 있게 되었다고 생각했다. 서명응(徐命膺)에 따르면 이러한 지식의 통합은 고대 성인(聖人)들이 지닌 완전한 지식 체계를 회복하는 일이었다. 복희(伏羲)로부터 삼대(三代)에 이르는 시기에는 천문학과 지리학이 그가 '선천역(先天易)'이라고 부른 상수학적 지식의 품에 결합되어 있었다. 그 증거로 그는 우(禹)임금이 홍수를 평정하고 획정(劃定)한 '오복(五服)'의 지리적 구획이 중앙으로부터 500리 단위로 이루어졌음을 들었다. 500리란 서양 우주론에서 천문과 지리의 연결을 매개한 이차(里差) 값 "250리를 두 배한 값으로서 음양상득(陰陽相得)의 체를 그 속에 갖추고 있었다."[50] 하지만 삼대(三代) 이후 선천역과 지구설이 중국에서 산실되어, 우주론, 천문학, 지리학은 각각 쇠퇴의 길로



49 유예와 게훤의 우주도와 그에 담긴 시도에 대해서는 임종태, 앞의 글(주 32), 118–120, 168-178쪽을 참고할 것.

50 서명응, 『緯史』 序, 1b. 『위사』는 『保晩齋叢書』(서울대학교 규장각 古 0270-11)에 포함되어 있다.

접어들었다. 그 폐해는 사실적 정보의 나열로 전락한 지리지 분야에서 특히 심하게 나타났다.

> 삼대(三代) 이후 사도(斯道)가 점차 어두워졌다. 한(漢), 당(唐), 송(宋), 명(明)은 왕조마다 지지(地志)가 있었지만, 단지 [지명의] 연혁과 경계만 기록하여 그것이 근거한 바는 없었다. 아아! 이는 어미가 아비에게 다스려지지 않고, 갖옷이 옷깃과 맞지 않고, 그물이 벼리에 거느려지지 않는 것이니, 어찌 능히 도리를 따라 지식을 확대할 수 있을 것인가! 그러므로 그 복잡한 것은 더욱 복잡해지고, 어지러운 것은 더욱 어지러워져서, 그 문헌들을 읽어 요체를 얻을 수 없음은 또한 형세상 필연적인 일이다.[51]

서명응이 그의 손자 서유구(徐有榘)의 도움으로 집필한 방대한 세계지리서 『위사(緯史)』는 중국의 지리서와 선교사들의 문헌에 담긴 지리학적 정보들을 고대의 복희씨에 가탁한 자신의 상수학적 구도에 편입시키려는 시도였다. 그는 극지방, 중위도 지방, 적도 부근으로 구분되는 지구상의 기후대에 각각 양의(兩儀), 사상(四象), 팔괘(八卦)를 배당하여 각 기후대가 보이는 독특한 기상학적 특징을 그로부터 연역했다. 그리고 소옹의 「선천방원도」의 내도를 마름모꼴로 변형시켜 지구를 상징하도록 한 뒤, 방도를 이루는 각각의 괘가 그에 상응하는 지구상 각 지역이 지닌 우주론적 특성을 대표한다고 보았다. 그에 따라 그는 세계 각지의 기후는 물론 문명의 정도와 특징까지도 상수학적 원리로 환원시켜 설명하려 했다. 예를 들어 그는 북극해가 사계절 얼지 않는 현상에 대해 그 지역이 방도(方圖) 최북방의 건괘(乾卦)에 해당되어 "천일(天一)의 진원(眞元)한 기운이 물을 생성해 내기" 때문이라고 해석했다.[52] 북쪽 나라들이 야만 상태에 있는 것도 상수학의 원리에 근거한 것이었다. 북극에 가까운 지역은

51 서명응, 『緯史』 序, 1b.
52 같은 책, 권1 "北軸兩儀," 2b.

일년의 반은 낮이고 반은 밤이어서 음양의 양의(兩儀)에 해당되어 아직 사상(四象)과 팔괘(八卦)가 충분히 발현되기 전의 상태이기 때문에, 그 지역의 나라들은 "풍기(風氣)와 인물(人物)면에서 귀역(鬼域)"임을 면할 수 없다는 것이다.[53] 그 결과 이 지역의 나라들은 사람 몸에 개의 머리를 한 '구국(狗國)', 사람 몸에 소의 발을 한 '우제돌궐국(牛蹄突厥國)' 등의 괴물족들이 주를 이루고 있다. 심지어 그는 임의로 지어진 듯 보이는 지명에서도 나름의 상수학적 의미를 발견할 수 있었다. 그는 유럽의 프랑스[佛郎察]와 북아메리카의 신프랑스[新佛郎察]가 비슷한 위도를 띠며 동서양 지역에 대칭적으로 배열된 것을 보고는, "제국(諸國)의 이름이란 비록 사람이 우연히 명명하는 것이지만 또한 모두 대칭성[對待]이 있으니, 자연의 수(數)가 그 속에 깃들어 있음이 이와 같다"고 언급하였다.[54] 프랑스인들이 지구상에서 자기 나라와 대칭이 되는 지역에 식민지를 개척하고 이를 신프랑스라고 명명한 행위도 부지불식간에 복희(伏羲)의 상수학적 법칙이 관철되고 있었던 셈이다.



서명응보다 반세기 앞선 정제두(鄭齊斗)는 서구식 세계지도에서 상수학적 의미를 읽어내려 했다. 그는 서양의 천문학과 지구설을 역학(易學)의 원리에 포괄한 "선원경학통고(璇元經學通攷)" 가운데 마테오 리치의 양반구형 세계지도를 변형시킨 독특한 지도를 선보였다.[55] 이 지도에는 본래 서양 세계지도에 표현된 대륙의 복잡한 윤곽이나 다양한 지명들이 사상되고 대륙의 이름, 중국 주변의 몇몇 친숙한 나라들, 그리고 당시 본초자오선이 통과하던 '복도(福島, 오늘날의 카나리아 군도)', 리치가 남극고도를 관측했다는 '대랑산(大浪山)' 등 몇몇 두드러진 지명만이 표시되

53 같은 책, 권1, 2a.

54 같은 책, 권1, 14a-b.

55 서양 지구설을 易學의 원리에 포괄한 정제두의 작업에 관해서는 구만옥, 「朝鮮後期 '地球'說 受容의 思想史적 의의」, 『河炫綱敎授定年紀念論叢-韓國史의 構造와 展開』(혜안, 2000), 731-733쪽 참조.

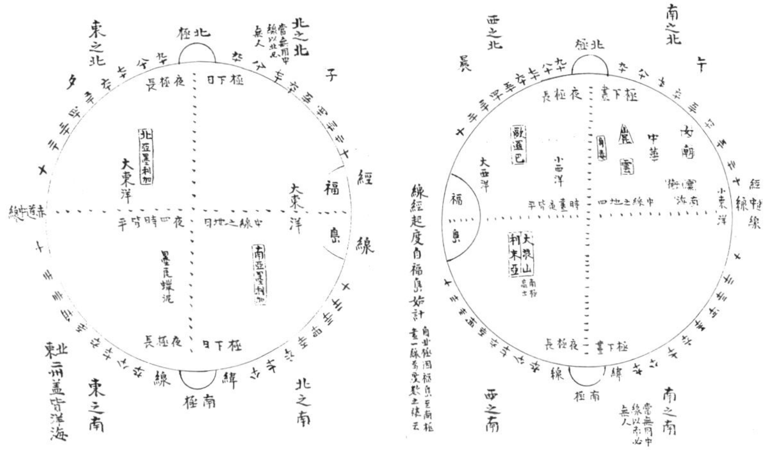


그림 7. 정제두(鄭齊斗)의 세계지도. 『霞谷全集』 卷21 "天地方位里度說" (여강출판사, 1988), 307-308쪽.

었다.

사실 정제두가 이 지도에서 표현하려 한 것은 '지리적 실재' 가 아니라 세계의 상수학적 대칭성이었다. 그는 지구 위 대륙의 분포가 형이상학적 대칭성을 띠고 있다고 보았다. 그의 지도에서 볼 수 있듯, 북반구의 북방[北之北 즉, 북반구에서 북방에 해당하는 경도대를 뜻함]과 남반구의 남방[南之南]에는 대륙이 없다. 그에 대해 정제두는 "[이 지역은] 당연히 무용(無用)하니 적도 이북[이남]으로는 필시 사람이 살지 않는다"고 덧붙이고 있다. 만물이 음양의 교차를 통해 생성된다는 역의 원리로 미루어 보건대, 북지북(北之北)과 남지남(南之南)은 각각 북방, 남방에 해당하는 형이상학적 성질이 중복됨으로써 그러한 조화(造化)의 작용이 일어날 수 없다고 본 듯하다. 그는 대륙의 대칭적 배열을 위해, 서구식 세계지도의 대륙 분포를 왜곡하기까지 했다. 그는 본래 서로 연결되어 있는 남북 아메리카를 분리시켜 각각 북지남(北之南)과 동지북(東之北)에 배당시켰을 뿐 아니라, 남반구 전체에 걸쳐 있다고 간주되던 마젤라니카[墨瓦蠟泥]를 동지남(東之南)에만 존재하는 대륙으로 그렸다. 그 결과 8등분된 지구상에서 '원리상' 대륙이 존재할 수 없는 남지남(南之南)과 북지북(北之北)을 제외한 여섯 구역에 대륙이 하나씩 배당되었다. 이렇듯 예수회의 세계지도는 정제두에 의해 음양(陰陽)의 형이상학적 구도에 포섭되었으며, 그 과정에서 '불필요한' 세부 정보들은 폐기되었고 상수학적 대칭성에 어긋나는 정보들은 그에 부합되도록 왜곡되었다.

정제두의 지도는 오늘날의 독자에게는 분명히 드러나지 않지만, 당시 음양오행의 상관적 우주론에 익숙한 사람이라면 쉽게 읽어낼 수 있는 한 가지 메시지를 담고 있었다. 중국이 지상 세계에서 가장 상서로운 지역이라는 것이었다. 이는 그가 지구를 동서 방향으로 사등분하여, 유럽을 서방, 중국을 남방에 대응시킨 데서 잘 드러난다. 남방은 오행 중의 불, 십이지의 오(午), 오장의 심(心)과 연관되어, 지상 세계에서 우주적 기운이 조화로운 지역, 곧 '우주적 중심'이 된다. 바로 그러한 우주적 특성 때문에 그곳은 고대에 여러 성인들이 천리(天理)에 입각한 중화(中華) 문명을 창시한 곳이 되었다. 음양오행과 기의 운행의 원리를 바탕으로 한 유교적 우주지는 이렇듯 중화주의적 세계상을 우주적 규모로 확장하려는 시도와도 연동되었다.



### 2. 직방세계의 지구적 확장

지상 세계 전체를 표상한 서구 지리학은, 정통적 지지와 지도 제작자들이 이제껏 쉽사리 엄두를 내지 못했던 시도, 즉 전 세계를 포괄하는 중화주의적 세계지리의 건설이 이루어질 수 있으리라는 희망을 가져다주었다. 무엇보다도 서구 지리학은 이전까지 분리되어 내려오던 동아시아 지리학의 두 전통, 즉 경험적 확실성을 중시하는 유교적 전통과 세계 전체를 포괄하려는 추연과 『산해경』의 시도가 이제는 성공적으로 접목될 가능성을 열어 주었다. 명말 청초의 시기 알레니의 세계지리서 『직방외기(職方外紀, 1623)』에 자극받아 저술된 웅인림(熊人霖)의 『지위(地緯, 1624)』와 육차운(陸次雲)의 『팔굉역사(八紘譯史, 1683)』는 세계 전체를 포

괄하는 유교적 지리지를 시도한 대표적인 사례이다.[56]

웅인림은 『지위』의 서문에서 자신의 책이 지리적 세계 전체를 대상으로 함을 표방했다. 그는 총 84편으로 이루어진 『지위』의 81편을 세계 각국에 대한 기술에 할당했는데, 그에 따르면 이는 양의 수인 9를 제곱한 것으로서 곧 자신의 지지가 세계 전체를 포괄함을 상징하는 일종의 우주지적 장치였다. 9×9의 구도로 세계 전체를 표현하려 했던 추연의 선례를 따른 것이다.[57] 육차운(陸次雲)은 『팔굉역사』의 서문에서 아예 자신의 책이 『산해경』을 계승했다고 선언했다.

팔굉역사(八紘譯史) 이 책은 대황경(大荒經, 『산해경』을 뜻함)을 계승하여 지은 것이다. 옛날 백익(伯益, 『산해경』의 저자로 알려진 인물)이 바다를 묘사하고 산을 그림에 옮긴 것이, 유흠(劉歆)에 의해 천명되었고, 곽박(郭璞)에 의해 주석이 달렸다. 아득하고 그윽한 것을 남김없이 기록했고, 기이한 것들도 모으지 않은 것이 없었다. 그러나 소위 관흉(貫胸), 섭이(聶耳), 일목(一目), 삼신(三身)의 나라들은, 이름은 전해들을 수 있으나 그 사람들은 볼 수 없어, 지괴(誌怪)·제해(齊諧)의 문헌들과 같이 징험(徵驗)하여 믿을 방도가 없다. 실질을 구하여 믿을만한 것이 오직 이십일사(二十一史)뿐이런가. 옥백(玉帛)을 들고 내왕하는 자들을 기록한 것이 대를 거듭할수록 증가하여, 명나라의 함빈록(咸賓錄)에 이르러 크게 갖추어졌지만,



56 웅인림은 선교사들의 저작 『七克』과 『表度說』에 서문을 썼던 웅명우의 아들로서, 이 부자는 명말 청초의 시기에 서양 과학을 성리학과 종합하는 작업을 공동으로 진행했다. 아버지는 주로 천문학을 담당하여 『格致草』라는 저술을 남겼으며, 아들 웅인림은 지리학 분야를 담당하여 『지위』를 저술했다. 이 두 저작은 청나라 순치년간에 『函宇通』(1648)이라는 책으로 함께 묶여 간행되었다. 육차운은 1680년대 강희 연간에 활동했던 지방관이자 문필가로서, 『팔굉역사』와 함께 『譯史紀餘』, 『八紘荒史』의 지리지 3부작을 남겼다. 웅인림과 그의 『地緯』에 대해서는, 洪健榮, 「明淸之際中國知識份子對西方地理學的反應: 以熊人霖 『地緯』爲中心所作的分析」(臺灣國立淸華大學 碩士學位論文, 1998)의 상세한 연구가 있지만, 육차운의 저술에 대해서는 아직껏 본격적인 연구가 이루어지지 않았다.

57 웅인림, 『地緯』(미국 국회도서관본), 3a, 6b.

아직도 육합(六合)을 다 포괄하지는 못했다.[58]

고전 지리학의 두 전통 각각이 지닌 장단점을 지적한 육차운의 논의는, 자신의 책이 그 둘의 장점을 종합한 것이 되리라는 예고와 같았다. 지상 세계 전체를 아우르는 지지(地志)를, 경험적으로 신뢰할 수 있는 정보를 토대로 이루어 보겠다는 것이었다.

웅인림과 육차운이 이러한 일을 시도할 수 있었던 것은 중국 주변을 넘어서는 영역에 관해 믿을 만한 정보를 알려준 서양 선교사들의 지리 문헌이 있었기 때문이다. 이를 중국 주변의 세계에 관한 사실적인 정보를 오랜 기간 쌓아 온 중국의 지지(地志)와 종합한다면 지상 세계 전체를 포괄하면서도 『산해경』과 같은 황당함을 피할 수 있을 것이었다.[59] 결과적으로 웅인림과 육차운의 지지(地志)는 서양과 중국 지리 문헌의 내용을 혼합한 형태를 띠게 되었다. 아시아의 나라들에 대해서는 중국의 고전 지리 문헌을, 그 바깥 유럽, 아메리카의 나라들과 같이 중국의 문헌에서 정보를 찾을 수 없는 경우에는 『직방외기』의 기록을, 그리고 서역(西域)이나 남양(南洋)의 나라들처럼 기록이 중복되는 경우에는 두 기록을 병기하는 방식을 채택했다.[60]

그렇다고 이들이 『직방외기』의 기록을 전적으로 신뢰하지는 않았다. 웅인림과 육차운이 서양의 문헌에서 빌려온 것은 세계 전체를 표현하려는 이상과 사실적 정보였을 뿐 그에 담긴 종교적, 이념적 함의까지는 아니었다. 이는 무엇보다도 이들이 『직방외기』에 담긴 종교적 기사(奇事)나 유럽중심적인 기술을 받아들이지 않은 데서 잘 드러난다. 웅인림은 『직방외기』의 "유대아" 항목에서 상세하게 개진된 이스라엘의 역사, 예수의



58 陸次雲, 『八紘譯史』 序, 叢書集成初編 제3236책(上海: 商務印書館, 1939), 1쪽.

59 같은 책, 1쪽.

60 洪健榮은 웅인림이 『地緯』에서 참고 · 인용한 자료를 각 나라별로 정리해 놓았다. 洪健榮, 앞의 글(주 56), 42-44쪽.

행적 등을 대부분 삭제하고는 간단한 지리적 정보와 솔로몬의 성전과 같은 흥미로운 유적에 관한 정보만을 남겨놓았다.[61] 반면 그는 여러 장치를 통해 세계에서 중국이 차지하는 중심적 지위를 드러내려 했다. 웅인림은 『지위』의 81편 중 43편을 '대첨납(大瞻納)'이라고 명명한 아시아 대륙에 배정하여 압도적으로 아시아 중심적인 체제를 지향했다.[62] 아시아에 대한 실제 기술 방식도 중국에 '입공(入貢)'한 내력 등 중국과 외이들 사이의 역사적 관계를 주 내용으로 하여, 이전의 중화주의적 외이전(外夷傳)의 전통과 그리 다르지 않았다.[63] 『지위(地緯)』의 '아시아 중심적' 성격은 실상 '중국 중심적' 세계상의 표현이었고, 이는 『주례(周禮)』「대사도(大司徒)」의 구절을 암시하는 『지위』「대첨납총지(大瞻納總志)」의 모두 선언에서 극적으로 나타났다.

> 중국은 [대첨납(大瞻納)의] 동남쪽에 위치하여, 하늘과 땅이 만나는 곳이요, 사계절이 교차하는 곳으로서, 성철(聖哲)이 잇달아 일어나고, 도법(道法)이 크게 융성하여, 동서(東西)로는 무수한 조공국들을 포괄하고, 남북으로는 추위와 더위가 극히 조화로우며, 그 땅이 수려하고 물산이 풍족하니, 실로 만방의 으뜸이다.[64]

반세기 뒤에 간행된 육차운의 『팔굉역사』에서는 중화주의적 구도가 훨씬 강화되었다. 웅인림과는 달리 『직방외기』의 오대주 구분을 받아들



61 『직방외기』의 여러 기독교적 내용에 대해 웅인림이 취한 삭제 방침에 대해서는, 같은 글, 90-91쪽을 참조.

62 『직방외기』 아시아條의 초두에서, 알레니는 서양 사람들이 중국을 "大知納"이라 부른다고 소개했다. 웅인림을 이를 "大瞻納"이라고 바꿔 불렀는데, 知가 瞻으로 바뀐 이유는 분명치 않다. 웅인림이 '亞細亞' 대신 '大瞻納'이라는 용어를 쓴 것은 아버지 웅명우의 권유에 의한 것이었다. 같은 글, 59-60쪽.

63 『지위』의 아시아 나라에 대한 서술 내용, 각 대륙별 서술 분량의 차이 등은 같은 글, 60-63, 89쪽 참조.

64 『地緯』「大瞻納總志」, 1b.

이지 않았던 그는 중국을 중심에 두고 동서남북 네 구역에 세계 각국을 배당했다. 이는 사실상 『상서』의 오복(五服), 『주례』의 구복(九服) 등과 같은 구도로서 이미 오래 전부터 중화주의적 관념을 표현하는 데 이용되어 오던 것이었다. 오대주의 구도가 '중심 – 사방'의 구도로 바뀌면서, 선교사의 지리서에 등장했던 나라들은 자신의 소속 대륙에서 떨어져 나와 중화주의적 공간 구획 속으로 편입되었다. 예컨대 유럽의 여러 나라들은 서역 · 인도 · 아프리카 등의 나라들과 함께 '서부(西部)'에 속하게 되었으며, 페루[孛露]와 같은 아메리카의 나라들은 타타르 · 골리간(骨利幹) 등과 함께 '북부(北部)'의 구성원이 되었다.[65] 이와 같이 육차운은 아시아, 유럽, 아메리카, 아프리카, 마젤라니카의 존재를 아예 인정하지 않고 중화주의적 구획 속으로 해체시켜 버렸다.

비슷한 시기에 웅인림과 육차운의 세계지지와 유사한 세계상을 담은 세계지도도 제작되었다. 그 지도들은 중화주의적 형승도 계통에서 변형된 것이었는데, 마치 웅인림과 육차운의 지지에 담긴 세계상을 시각적으로 표현한 것 같은 느낌을 준다. 이들 지도의 제작자들은 대개 전통적인 외이(外夷)들이 차지하고 있던 형승도의 좁은 여백에 선교사들의 문헌에 등장하는 지리적 정보를 편입시켰다.

아마도 그 최초의 시도는 1600년경 양주(梁輈)라는 인물에 의해 판각된 「건곤만국전도고금인물사적(乾坤萬國全圖古今人物事跡)」이라는 지도일 것이다. 이 지도의 오른쪽 여백에는 북아메리카와 남아메리카가 각각 상단과 하단에 분리된 채 『산해경』의 괴물 나라들과 더불어 조그만 섬으



65 육차운이 여러 나라들을 동서남북으로 구분한 방식은 매우 혼란스러웠다. 陳觀勝, 「利瑪竇對中國地理學之貢獻及其影響」, 『禹貢』 5(3-4) [재수록: 周康燮 主編, 『利瑪竇研究論集』(숭문서점, 1971)], 145쪽. 대표적인 오류는 남아메리카의 페루가 타타르와 함께 북부에 배정된 일이지만, 필리핀[呂宋]이 '서부'에 소속된 반면 그에 인접한 베트남, 말라카 등이 '남부'에 편입된 사실 또한 납득하기 어려운 일이다. 선교사들이 소개한 낯선 나라들에 대한 오류는 그렇다고 하더라도, 고전 지리학의 단골이었던 남양의 나라들에 대한 혼란은 쉽게 이해하기 어렵다.

그림 8. 조군의(曹君義) 「천하구변분야인적노정전도(天下九邊分野人跡路程全圖)」(1644). 조완여 외 편, 『중국고대지도집』 명대, 도판 146.

로 표현되었으며, 종래의 형승도와는 달리 대륙의 북쪽 너머에 바다가 표시되어 지상 세계의 전체적 윤곽이 훨씬 잘 드러나 있다.[66] 반세기 뒤에 제작된 조군의(曹君義)의 「천하구변분야인적노정전도(天下九邊分野人跡路程全圖)」는 서양 세계지도로부터 더 많은 요소를 채택함으로써, 명실공히 서양 세계지도와 형승도를 종합한 작품이었다. [그림 8]에서 볼 수

66 이 지도의 도판과 그에 대한 해설은 Richard J. Smith, *Chinese Maps: Images of All under Heaven* (Hong Kong: Oxford University Press, 1996), p. 73을 참고할 것.

있듯, 양주(梁輈)의 지도에서 조그만 섬으로만 표시되었던 대륙들이 이제는 비교적 그 윤곽을 알아볼 수 있을 정도로 성장하여, 변함없이 지도의 대부분을 차지하고 있는 중국을 둘러싸고 있다. 『산해경』의 괴물 나라들도 지도의 동남쪽 여백에 여전히 자리잡고 있지만, 이제 그 비중은 선교사들의 지리 문헌에 등장하는 대륙들에 비해 상대적으로 왜소해졌다. 게다가 이 지도는 비록 엉성하기는 하나 경위도의 좌표계를 채택했으며 하늘과 접하는 지상세계의 외연을 분명히 표현함으로써 우주지적 성격까지 지니게 되었다. 추연의 전통이 서구 세계지도를 매개로 중화주의적 형승도의 전통과 결합했던 것이다.

## IV. 맺음말



서구식 세계지도로 중국의 세계표상을 대체할 수 있으리라는 리치의 희망은, 마치 동아시아 사회를 기독교화할 수 있으리라는 기대만큼이나 비현실적이었다. 17-18세기에 걸쳐 선교사들의 세계지도와 세계지지가 중국과 조선의 지식 사회에 널리 확산된 것은 사실이지만, 그것이 세계지리의 서구화를 의미하지는 않았다. 도리어 그것은 외래의 지리 지식이 전통적 지식의 공간에 다양한 방식으로 자리매김되어 가는 과정이었다. 그 양상을 규정한 것은 이미 한대(漢代)로부터 형성되어 내려오던 정통적, 비정통적 세계표상 사이의 균열과 긴장이었다. 전반적으로 서구의 세계지리는 유교 지식인들로부터 불신받아 왔던 추연, 『산해경』의 비정통적 조류와 동일시되어 지식의 주변부에 위치지워졌고, 그 결과 동아시아 세계지리 전통의 지형에 어떤 근본적인 변화를 일으키지는 못했다.

하지만 서양 지리학의 도입은 동아시아 지리학 전통 내에서 이전에는 존재하지 않던 새로운 시도를 촉발시키는 계기가 되었다. 인식론적 신중함으로 특징지워지던 유가적 세계지리 전통에 지상 세계 전체를 포괄하려는 시도들이 나타났던 것이다. 웅인림, 육차운, 정제두, 서명응 등은 서구의 천문 지리학에 대한 신뢰를 바탕으로 사마천(司馬遷) 이래 '존이 불론'의 경구에 의해 제한되었던 지식의 한계선을 넘었다. 그 결과 이전까지 추연과 『산해경』 등 '허학(虛學)'의 영지였던 직방세계 너머의 공간이 이제는 유교 '실학(實學)'의 대상으로 전환되었다. 이러한 흐름은 서로 연관되는 두 가지 지향으로 이루어졌다. 선교사들의 지리 지식을 근거로 직방세계의 판도를 지구적 규모로 확장시키려는 시도와 서구 세계 지리 지식을 성리학적 자연철학 및 상수학에 포괄시킴으로써 지리적 세계 전체에서 우주적 기(氣)의 승강과 유행을 확인하려는 시도가 그것이다. 하지만 그 어떤 경우이든 서구 지식에 대한 일부 지식인들의 신뢰감이 전통적 세계상의 지양으로까지 이어지지는 않았다. 외래의 세계표상은, 그것이 적극적인 영향력을 발휘한 경우에도, 전통적 세계상을 강화시키는 자원 이상으로 활용되지 않았다.

# 중국과학에서의 Why not 질문

## 과학혁명과 중국전통과학

김영식
안기택 역

## I. Why not 질문의 여러 형태

많은 사람들이 중국의 과학과 자연철학에 대해 이야기할 때 가장 먼저 떠올리게 되는 것이 이른바 why not 질문으로, "중국에서는 왜 과학혁명이 일어나지 않았는가?"라든가 "왜 중국에서는 독자적으로 근대과학이 발달하지 않았는가?" 같은 질문들이다. 이따금씩 사석에서 사람들에게 중국과학사를 연구한다고 할 때마다 거의 매번 사람들이 내게 들이대는 맨 첫 질문이기도 하다.

why not 질문은 19세기 말~20세기 초 중국인들 스스로가 처음 제기했던 것으로, 이 당시 중국은 서구 열강에 희생되고 있었다. 당시 중국인들은 서구에서는 과학과 기술을 성공적으로 발전시킨 반면, 중국에서는 실패하거나 '올바른' 방향으로 발전시키지 못했기에 그렇게 된 것이라고 여겼다. 이러한 인식 때문에 많은 중국 사람들이 과학과 기술을 발전시

김영식(Yung Sik Kim), "The "Why not" Questions of Chinese Science: The Scientific Revolution and Traditional Chinese Science," *East Asian Science, Technology, and Medicine* 22 (2004), 96-112 

켜 자강(自强), 부강(富强)을 이룩하려는 노력을 기울였다. 심지어 몇몇 사람들은 why not 질문을 훨씬 극단적인 형태로 제기하기도 하였다. 일례로 풍우란(馮友蘭) 같은 사람은 자신이 쓴 글의 제목을 "왜 중국에는 과학이 없는가?"라고 붙이기도 했다.[1]

그러나 점차 중국에도 상당히 정교한 고도의 과학, 기술 전통이 있었다는 것이 알려지면서 그 결과 다양한 모습으로 변형된 why not 질문이 등장하게 되었다. 중국과학의 성취에 대한 일반적인 평가 변화에 가장 큰 기여를 한 조지프 니덤(Joseph Needham)은 다음과 같이 질문을 던졌다. "왜 중국은 1400년 동안이나 여러 면에서 유럽보다 앞서 있었음에도 불구하고 스스로 근대과학을 이룩해 내지 못했는가?"[2]

물론 다른 형태의 why not 질문도 있으며, 그중 몇몇은 상당히 흥미롭기도 하다. 몇몇 학자들은 중국의 과학활동이 지속되거나 성행하지 못한 이유에 대해 좀더 구체적인 물음을 던졌다. 예를 들어 철학자인 로버트 코헨(Robert S. Cohen)은 이렇게 표현했다. "중국은 충분히, 자신있게, 화려하게 과학전통을 발달시켜 근대적인 과학, 기술의 문턱에까지 도달했지만 그 이상으로는 나아가지 못했다. 왜 못했을까?"[3] 철학자 아놀드 코



1 Fung Yu-lan, "Why China Has No Science: An Interpretation of the History and Consequences of Chinese Philosophy," *The International Journal of Ethics* 32 (1922), 237-263. 호머 덥(Homer H. Dub)도 중국이 "철학체계를 만들지 못했다"는 언급을 한 바 있다. Homer H. Dubs, "The Failure of the Chinese to Produce Philosophical Systems," *T'oung Bao* 26 (1928), 96-209.

2 예를 들면 Joseph Needham, *Science and Civilisation in China*, Vol. V: Chemistry and Chemical Technology, pt. 2: Spagyrical Discovery and Invention: Magisteries of Gold and Immortality (Cambridge: Cambridge University Press, 1974), p. xxii. 물론 니덤은 여러 다른 형태로 비슷한 질문을 던졌다. 살 레스티보(Sal P. Restivo)는 니덤이 제기한 why not 질문의 12가지 "유형(formulations)"을 찾아내기도 하였다. Sal P. Restivo, "Joseph Needham and the Comparative Sociology of Chinese Science and Modern Science," *Research in Sociology of Knowledge, Science, and Art*, eds. Robert A. Jones and Henrika Kuklik, Vol. 2 (Greenwich, Conn.: Aijai, 1979), pp. 25-51의 pp. 43-44를 볼 것.

슬로(Arnold Koslow)의 경우 질문은 이런 식이었다. "고대 및 중세 중국에서 상당 수준에 도달했던 광학(optics), 음향학(acoustics), 수학(mathematics)과 같은 분야의 전통들은 왜 이어지지 못하고 단절되었는가?"[4] 과학혁명을 연구했던 과학사가인 플로리스 코헨(H. Floris Cohen)은 "갈릴레오와 같은 사람이 중국에 출현할 수 있었을까? 그리고 만약 그랬다면 성공할 수 있었을까?"라고 물었다.[5] 때때로 이 질문에 대한 잠정적인 대답이 why not 질문의 형태로 표현되기도 했다. "왜 과학활동은 서유럽에서만 기능적으로 분화되고 제도화되었으며, 중국이나 여타 다른 곳에서는 그렇지 못했을까?"[6] 아마도 가장 중립적이지만 별로 흥미롭지 않은 형태는 나 자신이 제기한 질문인 "왜 중국인들은 자연세계에 대한 자신들의 지식을 그들이 했던 방식으로 발전시키고 유럽인들이 근대과학을 이끌어 낸 형태로는 발전시키지 않았던 것일까?"[7]일 것이다.

이 글에서는 why not 질문을 다시 묻고 그에 대한 해답을 찾으려고 노력하기보다는 그 질문을 묻고 대답하는 데 따르는 이론적이면서도 실제적인 문제점들을 검토해 볼 것이다. 나는 그 질문에 대한 다양한 비판들을 살펴보고 그러한 비판들이 가지는 타당성을 따져볼 것이다. 나는 여기서 소개한 why not 질문을 "왜 A문화권에서 E라는 사건이 일어나지 않았는가?"라는 일반적인 질문의 한 예로 간주하고, 특정한 사건 E와 문화권 A가 가진 구체적인 특징들이 그 질문을 다루는 방식에 어떻게 영향



3 Robert S. Cohen, "The Problem of 19(k)," *Journal of Chinese Philosophy* 1 (1973), 103-117 중, p. 104.

4 Arnold Koslow, "More on 19(k)," *Journal of Chinese Philosophy* 2 (1975), 181-196 중, p. 185.

5 H. Floris. Cohen, *The Scientific Revolution: A Historical Inquiry* (Chicago: University of Chicago Press, 1994), p. 483.

6 Restivo, *op. cit.*(주 2), p. 29.

7 김영식(Yung Sik, Kim), "Natural Knowledge in a Traditional Culture: Problems in the Study of the History of Chinese Science," *Minerva* 20 (1982), 83-104 중, p. 103.

을 미치는지 보일 것이다. 문제점들은 비단 질문에만 있는 것이 아니라 사람들이 찾고 발견해 낸 대답들에도 있다. 나는 그런 문제점들도 함께 고찰할 것이다. 마지막으로 그 질문과 대답들이 많은 문제점을 지녔음에도 불구하고 유용할 수 있으며, 그리고 실제로 어떤 식으로 유용해 왔는지를 살필 것이다. 끝으로 "한국판 why not 질문"이라고 부를 수 있는 질문에 대해 논의하면서 이 글을 마무리할 것이다.

이런 작업을 하는 나의 목적은 why not 질문을 간단히 내버릴 수는 없다는 점을 시사하려는 것이다. 지난 수십 년 사이 why not 질문이 지닌 잠재적인 문제점이 널리 인식되면서 중국과학사를 공부하는 사람들은 그런 질문을 던지는 것을 꺼리게 되었다. 이제 이따금 그 질문 자체의 정당성을 고찰해서 결국에는 그것을 토론하기에 정당하지 않은 질문으로 결론짓는 경우를 제외하고는, 전문적인 토론의 장에서 누구라도 그런 질문을 진지하게 던지는 것을 거의 보기 힘들게 되었다. 하지만 이러다 보니 유감스럽게도 결국 why not 질문을 던지고 거기에 수반되는 위험을 다루는 데 그나마 가장 적합한 자격을 갖춘 이 분야의 학자들이 질문을 삼가고 있는 사이 다른 사람들은 계속해서 그 질문을 제기하고 대답하는 상황이 벌어지고 있다.



## II. Why not 질문의 대상

우리가 why not 질문에 대해 가장 먼저 알아두어야 할 것은 그것을 아무 문화권에 대해서나 묻지는 않는다는 것이다. why not 질문을 제기하는 경우라면 보통 ① 해당 문화권의 과학이 "과학혁명"에 매우 근접한 것처럼 보이면서도 과학혁명으로 넘어가는 "문턱"을 넘지는 못했을 때이거나 ② 해당 문화권의 다른 영역이 아주 진보해 있어서 사람들이 왜 과학은 그렇게 발달하지 못했는지 궁금해 하게 될 때에 해당한다. 실제로 중국,

인도, 이슬람은 이 거대질문이 제기되는 유일한 문화이고, 그중에서도 중국에 대해서는 why not 질문이 아주 빈번히 제기된다. 많은 사람들이 보기에 중국은 위의 두 기준에 확실히 부합한다. ① 중국의 역사에서 매우 오랫동안 고도로 발달한 과학 및 기술의 전통이 있었다. 천문역법(calendrical astronomy), 수학, 의학, 본초학(pharmacology), 율(律, harmonics), 그리고 다양한 기술들을 예로 꼽을 수 있을 것이다. ② 중국은 과학 이외의 문화영역에서도 매우 활발한 활동과 인상적인 업적을 보여주었다. 철학, 기예(arts), 통치제도(government), 산업, 경제와 같은 분야의 성취를 보면 알 수 있다.[8]

why not 질문은 좀더 제한된 범위로, 17C 중국, 세종시기 조선(1418-1450), 도쿠가와 막부시기 일본처럼 다른 문화권에 대해 제기되기도 한다.[9] 때때로 why not 질문은 "왜 정체되었는가?", "왜 쇠퇴하였는가?"의 질문으로 바뀌기도 한다. "왜 어떤 문화권에서는 과학이 정체(혹은 쇠퇴)하였는가?"라는 식의 질문이 그것이다. 일례로 이런 질문은 고대 그리스, 이슬람, 명, 세종 이후의 조선 등에서 제기되곤 했다.[10]

8 특히 宋이 중국을 지배하던 11세기가 매우 두드러진 시기라고 할 수 있다. 몇몇 학자들은 이 시기를 "조기 근대(the early modern)"로 규정하기도 한다. Edwin O. Reischauer and John K. Fairbank, *East Asia: The Grand Tradition* (Boston: Hougton Mifflin, 1958), pp. 220-225.

9 예를 들면 Nathan Sivin, "Copernicus in China," *Studia Copernicana* 6 (1973), 63-122; 전상운, 『한국과학기술사』(서울: 과학세계사, 1966), 23-25쪽; James R. Bartholomew, "Why Was There No Scienlific Revolution in Tokugawa Japan?" *Japanese Studies in the History of Science* 15 (1976), 111-125와 같은 경우.

10 이런 류의 질문과 관련한 논의에 대해서는 H.F. Cohen, *op. cit.*(주 5), Section 4.2; A.I. Sabra, "The Appropriation and Subsequent Naturalization of Greek Science in Medieval Islam: A Preliminary Statement," *History of Science* 25 (1987), 223-243; Hart의 근간 논문; 박성래, 「조선시대 과학사를 어떻게 볼 것인가」, 『한국사시민강좌』 16 (1995), 145-166, 특히 165-166쪽 등을 보라. 이런 질문들을 이야기하면서 내가 쇠퇴와 정체가 과학혁명에 대한 유일한 대안이라고 하지 않았다는 점을 강조해 두고자 한다. 한 사회의 과학은 혁명적인 도약을 겪지는 않더라도 점진적으로 계속해서 성장할 수 있다.

## III. 질문이 안고 있는 문제점

몇몇 사람들은 질문 자체에 문제점이 있음을 발견하고 그것이 과연 의미 있는 질문인지를 의심하기도 한다.

### 1. 질문 자체가 안고 있는 문제점과 질문이 함축하고 있는 가정들

"과학혁명이 중국에서는 왜 일어나지 않았는가?"라는 질문을 구성하는 모든 요소들, 즉 "과학혁명이," "중국에서는," "왜 일어나지 않았는가?"는 모두 문제점을 안고 있다고 할 수 있다. 예를 들어 많은 사람들은 "과학혁명"이라는 용어에 대해 회의적이며, 그것이 서양에서조차 의미 있는 용어인지 의심한다.[11] 또한 어떤 사람들은 "중국과 서양"을 가르는 "거대한 분기(Grand Divide)"가 존재한다는 관념이 역사적 분석의 준거로서 과연 타당한 것인지에 대해 의문을 제기한다.[12] 그러나 최근 들어 각광을 받고 있는 이런 회의적인 생각들을 잠시 접어둔 채, 내가 이 글에서 하는 것처럼 "과학혁명"이란 용어를 그대로 쓸 수 있고 "중국"과 "서양"을 비교하는 것이 가능하다고 인정한다 하더라도, 여전히 질문의 세 번째 요소에는 질문 자체에 문제가 있다. 즉, 어떤 사건이 일어나지 않은 이유를 묻는 것이 의미 있는 것인가라는 문제가 남아 있다.



11 Steven Shapin, *The Scientific Revolution* (Chicago: University of Chicago Press, 1996), "Introduction"; David C. Lindberg, "Conceptions of the Scientific Revolution from Bacon to Butterfield: A Preliminary Sketch," *Reappraisals of the Scientific Revolution*, eds. David C. Lindberg and Robert S. Westman (Cambridge: Cambridge University Press, 1990), pp. 1-26.

12 Roger Hart, "Beyond Science and Civilization: A Post-Needham Critique," *East Asian Science, Technology, and Medicine* 16 (1999), 88-114. 카린 셤라(Karine Chemla) 또한 이 논문의 구두 발표에 대해 논평하면서 이런 질문을 제기했다.

이 문제를 설명하기 위해 그레이엄(A.C. Graham)은 화재라는 인상적인 비유를 제시했다. 그레이엄은 어떤 집에 불이 났을 때 사람들은 불이 나지 않은 다른 집들에 대해서 일일이 왜 불이 나지 않았는지를 설명하지 않는데, 과학혁명의 경우 왜 그런 말을 해야 하는지 반문한다. 그는 질문이 필요한 것은 어딘가에서 "과학혁명이 왜 일어나지 않았는가?"가 아니라 그것이 일어난 곳, 즉 유럽에서 "왜 일어났는가?"라고 말한다.[13]

여기서 제기되고 있는 근본적인 비판은 사건 E가 왜 일어나지 않았는지를 묻는 질문 속에는 그 사건이 일어나는 것이 당연하다는 가정이 암묵적으로 들어 있다는 것이다. "왜 과학혁명이 일어나지 않았는가?"라는 질문의 예에서는 과학혁명이 모든 문화권에서 과학발달의 특정한 단계에서 반드시 일어날 수밖에 없다는 가정이 들어 있는 것이다. 그레이엄이 지적하듯이 이 세계의 어디에서도, 심지어 그것이 실제로 일어난 서구에서조차 과학혁명은 당연히 일어나야 하는 사건이 아니었기 때문에 우리는 위와 같은 가정이 잘못된 것임을 알 수 있다.

## 2. "why E"="why not (not E)"

그러나 위에서 언급한 비판은 우리가 why not 질문을 버려야 하는 충분한 이유가 되지는 못한다. 우리는 위에서 언급한 가정 없이도 여전히 why not 질문을 제기할 수 있다. 게다가 만약 누군가 why not 형태의 물음에 대한 논리적인 비판에 근거해서 오직 why 질문만을 물어야 한다고 주장한다면, 나는 똑같이 논리적인 반박을 제기할 수 있다. 어떤 why 질문이라도 다음과 같이 why not 질문으로 바꿀 수 있기 때문에 why 질문

13 A.C. Graham, "China, Europe, and the Origins of Modern Science," *Chinese Science: Explorations of an Ancient Tradition,* eds. Shigeru Nakayama and Nathan Sivin (Cambridge, MA: MIT Press, 1973), pp. 45-69. "불난 집" 유비는 51쪽에 나와 있다.

과 why not 질문 사이의 엄밀한 논리적 구분은 불가능하다는 것이다.

"why E" = "why not (not E)"

그렇다면 why E 질문을 묻는 이들에게, 그들이 why not 질문 즉, why not (not E)이라는 질문을 묻고 있으며 따라서 그것은 not E라는 사건이 반드시 일어나야 한다는 것을 가정하고 있다는 이유(또는 E라는 사건은 반드시 일어나지 않아야 한다는 것을 가정하고 있다는 이유)로 비판을 해야 할 것인가?

위의 공식은 비록 얼핏 보기에 아주 이상해 보일 수도 있지만 사건 E가 일어나는 것보다 일어나지 않는 not E가 더 자연스러운 경우에는 매우 그럴듯한 것이다. 왜냐하면 그 경우 사람들은 not(not E)이라는, 즉 사건 E가 일어났다는 덜 당연한 사실에 대한 이유를 물으려 할 것이기 때문이다. 앞에서 언급했다시피 과학혁명은 어느 문화권에서나 당연히 일어날 것이라 기대할 만한 사건이 아니기 때문에 "왜 과학혁명이 일어났는가?"라는 질문은 그런 예로 간주할 수 있다. 사실 어떤 문화권에서건 과학혁명이 일어나지 않는 것이 더 자연스러운 일이라고 할 수 있다. 그러므로 사람들은 자연스럽게 why not (not E) 질문을 물을 수 있다. 즉, "왜 서구는 과학혁명이 일어나지 않는 자연스러운 과정을 밟지 않았는가?" 이런 질문의 흥미로운 한 예로 윌리엄 테오도르 드 베리(William Theodore de Bary)의 다음과 같은 이야기를 들 수 있다. 비록 그것이 얼핏 보기에는 이상해 보이지만 지극히 자연스러운 질문을 담고 있는 것이고, 따라서 여기서 내가 지적하는 바를 잘 뒷받침해 주고 있다.

> …… 비서구적인 관념을 담은 용어들(이 경우에는 동아시아의 표준인 신유학적 언어)을 적절히 사용해서 다음과 같은 질문을 던질 수 있다. 즉, 왜 서양은 동아시아의 유교 문화에서 행해지는 문명화된 행동양식의 수준에

도달하지 못했는가? 왜 중국, 일본, 한국처럼 성숙하고 지각 있게 자신들이 정착한 지역에서 질서를 이루며 머물러 있지를 못하고, 세계를 돌아다니며 다른 사람들과 문제나 일으키고 다녔는가?[14]

사실 역사상의 많은 사건들이 이와 같은 사례라고 할 수 있다. 만약 역사상의 특정사건 E1이 자연스럽고 당연한 것이라거나 혹은 심지어 모든 문화권에서 필연적으로 일어나야 할 일이라고 할 만한 충분한 이유가 없다면 그 사건이 일어나지 않는 것(not E1)이 더욱 있음직한 것이다. 물론 그런 경우에는 E1이 일어나지 않는 것을 자연스러운 것으로 가정하고 why not (not E1)을 묻는 것이 E1이 일어나는 것을 자연스러운 것으로 가정하고 why not E1을 묻는 것보다 더 그럴듯하다. 그렇지만 why E1을 묻는 것 또한 원칙적으로는 why not 질문을 던진다는 점에서(why not [not E1]), 그리고 질문에 내재된 가정(not E1이 일어나야만 한다)으로 인해 비판을 받을 수 있다.



### 3. 과학혁명이라는 사건이 갖는 특징

위의 논의를 통해 why not E라는 형태의 물음을 던지고 대답을 찾는 데에는 사건 E의 속성이 매우 중요하다는 짐이 명백해졌을 것이다. 일어나지 않은 어느 특정한 사건의 속성에 대해 어떤 생각을 가졌는가가 "왜 그것이 일어나지 않았는가?"라는 질문을 다루는 데 큰 영향을 미친다.

하지만 "왜 E라는 사건이 일어나지 않았는가?"라고 물을 때 사건 E는 그것만 따로 떼어놓고서 추상적이고 일반적인 용어로 논할 수 있는 것이 아니다. 그것은 특수한 문화적 상황에서 일어난 구체적인 사건이다. 즉, "왜 사건 E가 일어나지 않았는가?"라고 묻는 것은 실제로는 "왜 A문화권

14 William Theodore de Bary, *East Asian Civilizations: A Dialogue in Five Stages* (Cambridge, MA: Harvard University Press, 1988), p. 68.

에서 사건 E가 일어나지 않았는가?"라고 묻는 것이다. 따라서 그 물음은 질문이 제기되는 문화권에 따라 크게 좌우된다.

이를테면 "왜 사건 E가 일어나지 않았는가?"라고 물을 때, 사건 E가 일어나지 않았으면서 그런 사건이 일어날 가능성이 있었던 문화권과 사건 E가 전혀 일어날 가능성이 없었던 문화권을 구분할 수 있다. 혹자는 이슬람과 중국이 이런 면에서 차이가 있었다고 말하기도 한다. 사건 E를 과학혁명(Scientific Revolution)이라고 한다면 이슬람은 전자의 경우에 해당하고 중국은 후자에 해당한다는 것이다. 무엇보다 이슬람 문화권은 과학혁명이 실제로 일어난 서양과 지적인 기반을 상당부분 공유하고 있었다는 점이 지적된다.[15] 만약 이 점을 받아들인다면 이 두 비서구문화 중 이슬람 문화를 살펴보는 것이 서양의 상황에 바로 원용할 수 있는 비교문화적 이해를 얻게 해줄 수 있다고 결론지을 수 있다. 그러나 이 주장은 앞 절에서 비판했던 것과 같은 가정들을 내포하고 있다.

어쩌면 과학혁명을 오직 16-17세기의 유럽에서만 일어날 수 있었던 사건으로 간주하고 다른 문화권에 대해서는 질문을 던질 이유가 없다고 생각할 수도 있다. 그러나 만약 이런 생각을 지나치게 밀고 나가지 않고 그것이 근대초기(early modern)의 유럽이 아닌 다른 문화권에서도 일어날 수 있었다고 인정한다면, "왜 과학혁명이 일어나지 않았는가?"라는 질문을 던질 때 우리는 어떤 종류의 "과학혁명"을 염두에 두는 것일까? 그것은 서구(B문화권)에서 실제로 일어났던 과학혁명(사건 E)을 말하는 것인가? 우리가 사건 E가 B문화권에서 일어났다는 것을 알면서 "왜 A문화권에서는 사건 E가 일어나지 않았는가?"라고 묻는다면 우리는 "왜 A문화권에서 [B문화권에서 일어난 것과 같은 사건 E]가 일어나지 않았는가?"라고 묻는 것일까? 다시 말해서 세계의 어디에서든 일어날 수 있는 사건 E는 오직 하나의 특정한 형태(실제로 B문화권에서 일어났던 E라는 사건의



15 H.F. Cohen, *op. cit.*(주 5), p. 143.

형태)만 있는 것일까? 만약 그렇다면 그것이 다른 문화권에서도 일어날 수 있는 것일까? 즉 [B문화권에서 일어난 것과 같은 형태의 사건 E]가 A 문화권에서 일어날 수 있는가? 아니면 사건 E는 다른 형태로도 일어날 수 있는 것인가? 예를 들면 B문화권에서 일어난 것과 같은 구체적인 사건 E와는 다른 형태의 사건 E가 존재하고, 그것이 세계의 다른 어디선가에서 나타날 수 있는 것인가?(비록 실제로는 어디에서도 일어나지 않았지만)

이것과 관련해서 과학혁명이 지닌 한 특징은 주의를 기울여 볼 만하다. 유럽에서는 과학혁명에 도달했던 과학발달의 정점 뒤에 경직화, 정체, 또는 쇠퇴와 같은 상황이 뒤따르지 않았다. 경직화, 정체, 쇠퇴 등의 상황은 역사상 과학이 만개했던 거의 모든 경우에 일어났던 일들이다. (고대 그리스, 중세 이슬람, 송대 중국 등을 예로 들 수 있을 것이다.) 사실 이러한 패턴, 즉 정체, 쇠퇴의 시기들 사이에 나타나는 간헐적인 성장의 패턴은 과학혁명 이후 유럽에서 일어났던 상황보다 훨씬 더 일반적인 것이었다. 그러므로 번영하던 과학의 발달이 정점에 달한 얼마 후 수백 년간의 완만한 쇠퇴가 뒤따랐던 다른 사례들과는 달리 유럽의 과학혁명 기간 동안 시작되었던 발전은 계속 유지되었고 심지어 가속되었다는 사실은 주목할 만하다. 그리고 그것은 지구상의 나머지 다른 지역들로 확산되기까지 하였다.[16]



## 4. 과학혁명에 대한 잘못된 이해

"왜 사건 E가 일어나지 않았는가?"라는 질문을 다루면서 사건 E에 대해

16 확실히 이탈리아나 영국과 같은 각각의 나라들의 경우를 들여다본다면 실제로 정체와 쇠퇴의 시기가 있었음을 알 수 있다. 그러나 같은 시기 유럽의 다른 지역에서는 과학이 번성해 있었다. 유럽이 여러 나라로 분열되어 있었다는 사실이 과학발달의 속도를 유지하거나 더 빠르게 하는 데 유리했다고 생각해 볼 수 있다.

잘못 이해하고 있다면 많은 문제점들이 생기는 것은 당연하다. 일례로 과학혁명 이전과 그것이 일어나는 동안에 어떤 일이 있었는지에 대한 부정확한 이해는 "왜 과학혁명이 일어나지 않았는가?"라는 질문과 관계된 여러 종류의 잘못된 생각을 낳았다. 그런 오해들 중에서 가장 빈번히 나타나는 유형은 모든 문화권들의 전통과학이 유럽에서 과학혁명이 일어나기 직전인 14, 15세기까지는 다소간 비슷했었고, 그 이후 유럽과학만 도약을 했다는 가정이다. 우리는 그것이 틀렸다는 것을 알고 있다. 우리는 중세의 서양과학과 전통시대 중국과학 사이에는 내용뿐만이 아니라 그것이 논의된 맥락에서도 실제로 많은 차이점이 있었다는 것을 안다.

그런 차이점 중에서 두드러지는 것 하나는 중세 서양에서는 자연철학이 대학에서 받아들여져 교과과정의 중요한 한 부분을 이루고 있었다는 것이다. 자연현상에 대한 토론은 빈번히 이루어졌고 종종 스콜라학자들 사이에서 뜨거운 논쟁거리가 되기도 하였다. [하지만] 전통시대 중국에서는 상황이 매우 달랐다. 자연세계를 다루는 주제들이 중국의 주류 지식인들에게 받아들여지지 않았다고 말하려는 것은 아니다. 분명히 그것들은 받아들여졌다. 혹은 적어도 배척받지는 않았다고 할 수 있다. 게다가 전통 중국의 사상가들에게 자연현상이나 자연적인 대상들이 중요하지 않았다고 말하는 것도 아니다. 그들에게도 자연현상은 중요한 것이었다. 오히려 서양과 달랐던 점은 자연현상이 별달리 문제가 되지 않았다는 것이다. 자연적 대상 및 현상들은 배척받지 않았지만 그저 당연한 것으로 여겨졌고, 그에 따라 단순히, 관찰되고, 소개되고, 기록된 대로 받아들여졌다. 이런 이유 때문에 전통 중국의 사상가들 사이에서 윤리적, 사회적 문제들은 열띤 토론과 오랜 논쟁의 대상이 되어 온 반면 자연현상은 그만큼 많이 논의되지 않았고 그만큼 많이 논쟁이 일어나지도 않았다. 자연철학은 그들이 열정을 갖고 연구한 주제에 속하지 않았던 것이다.[17]

모든 전통과학이 다소간 비슷한 상태에 있었다는 식의 오해 때문에 생긴 또 하나의 오해는 근대과학이 새로운 과학적 방법론의 채택으로 인해 발생했다는 믿음이다. 예를 들어 니덤을 비롯한 많은 사람들은 근대과학이 수학과 실험이 결합되어 나타난 결과라고 생각한다.[18] 물론 우리는 실제로 상황이 상당히 복잡했음을 알고 있다. 다른 유형의 잘못된 이해로서 과학의 연속적인 발전이 결국 과학혁명을 가져왔을 것이라는 믿음도 있다. 이것과 관련하여 우리는 코슬로가 제기했던 대로 질문을 던져볼 수 있다. "설령 중국의 과학전통이 연속적으로 이어지고, 외연이 확대되고, 깊이가 더욱 깊어졌다고 하더라도 왜 꼭 근대과학이 되어야만 하는가?"[19] 과학발전(혹은 과학혁명)과 기술발전(혹은 기술혁명)을 혼동하는 것 또한 잘못된 이해의 한 예이다. 기술의 발전을 설명할 수는 있지만 과학의 발전을 설명하지는 못하는 많은 요인들이 제시되었는데 다른 전통문화들에서 그러했듯이 전통 중국에서도 과학과 기술은 완전히 분리되어 있었다. 벤자민 넬슨(Benjamin Nelson)이 지적했듯이 과학지식을 기술적으로 이용하는 데 자본주의적 이해관계가 중요한 역할을 한다는 것은 쉽게 알 수 있지만 과학에 대해서는 그것이 어떤 역할을 하는지 알 수 없다.[20]



17 이를테면 신유학의 집대성자로 일컬어지는 주희(朱熹, 1130-1200)와 같은 사람이 자연현상에 대해 논한 것은 명백한 사실이다. 그렇지만 그것은 자연현상 자체에 흥미를 느꼈기 때문에 그런 것이 아니라 다른 목적 때문인 경우가 많았다. 주희는 특정한 윤리적 혹은 사회적 문제를 다루면서 일상적으로 쉽게 체험할 수 있으면서 매우 당연하게 여겨지는 자연현상을 거기에 대비시켰다. 이런 유비를 통해 복잡하면서도 어려운 사회문제를 쉽게 이해할 수 있도록 한 것이다. 일상적으로 체험할 수 있는 자연현상에 대해 그 자체의 흥미를 가지고 논의한 경우는 극히 드물었다. 더 자세한 논의를 보고 싶다면 김영식(Yung Sik Kim), *The Natural Philosophy of Chu Hsi (1130-1200)* (Philadelphia: American Philosophical Society, 2000), pp. 3-4를 보라. [국역: 김영식, 『주희의 자연철학』(예문서원, 2005)]

18 Joseph Needham, *Science and Civilization in China*, Vol. III: Mathematics and the Science of the Heavens and the Earth (Cambridge: Cambridge University Press, 1959), p. 185.

19 Koslow, *op. cit.*(주 4), p. 185.

20 Benjamin Nelson, "Science and Civilizations, 'East' and 'West': Joseph Needham

이것들은 과학혁명 시기 일어난 일들에 관한 오해들 중에서 흔히 보이는 사례일 뿐이다. 그러한 오해들은 why not 질문을 제기하고 그것에 대한 답을 찾으려는 사람들, 그리고 그들이 쓴 글을 읽는 독자들까지도 호도했다. 그러나 여전히 그렇다고 해서 why not 질문을 무의미한 것으로 치부하는 것이 옳은 것은 아니다. 위의 오류들은 단지 "왜 사건 E가 일어나지 않았는가?"라는 why not 질문을 제기할 때 사건 E의 성격에 대한 정확한 이해가 중요하다는 것을 보여줄 따름이다.

### 5. "왜 정체되었는가?" 또는 "왜 쇠퇴했는가?"를 묻는 질문

"왜 정체되었는가?", "왜 쇠퇴했는가?"를 묻는 질문은 원칙적으로 why not 질문과 동일한 문제점을 안고 있다. 이런 유형의 질문을 생각할 때는 문화권 전반의 번영, 쇠퇴 여부와 그 문화권에 속한 과학의 번영과 쇠퇴가 어떤 연관을 갖는지가 특히 중요하다. 우리는 다른 모든 문화영역이 쇠퇴하는 가운데(고대 로마의 경우처럼) 과학이 계속 번영할 수 있는지 물을 수 있다. 만약 그럴 수 있다면 그것은 과학이 문화의 다른 영역들과는 다른 독자적인 특징을 갖는 한 영역이라는 것을 의미하는 것일 수도 있다.[21] 그러나 우리는 또한 반대의 질문도 던질 수 있다. 문화의 다른 영역이 모두 번성하는데 과학만이 쇠퇴할 수 있는가? 우리가 2절에서 보았듯이 why not 질문을 묻는다는 것은 그와 같은 일이 일어날 수 있을 뿐만 아니라 중국에서는 실제로 일어났었다는 것을 의미하는 것이다.

주목해야 할 다른 측면은 과학의 정체, 쇠퇴가 종종 외부 요인에 의한



and Max Weber," *Philosophical Foundations of Science*, eds. R.S. Cohen and M. Wartofsky (Dordrecht: Reidel, 1974), pp. 445-493 중, p. 463.

**21** 비슷한 예를 하나 꼽자면 엘리트 선수들이 서로 경쟁하는 스포츠를 들 수 있을 것이다. 그런데 과연 과학 혹은 과학의 어느 한 측면이 그런 스포츠와 유사하다고 여길 수 있을까?

배제와 억압의 결과일 수 있지만 항상 그렇지는 않다는 것이다. 때로 정체, 쇠퇴는 적극적인 배제, 억압의 결과이기보다는 단순한 무관심, 무시의 결과일 수가 있다. 때때로 그것은 수용에 뒤이은 고립(isolation)과 안정(stabilization)의 결과일 수도 있다. 우리는 이슬람의 과학과 송대 이후의 중국과학을 각각 고립과 안정화에 의한 쇠퇴의 예로 생각할 수 있다. 전자의 경우 과학은 사회 주변부의 고립된 지식인 그룹에 의해서만 받아들여졌고, 후자의 경우 과학적 지식은 광범위하게 집대성된 학문체계의 일부로 들어간 후 학문활동의 주류집단에 의해 그저 당연한 것으로만 여겨졌다.[22]

## IV. 대답 속에 들어 있는 문제들



질문 속에만 문제점이 있는 것은 아니다. 위의 질문에 대해 사람들이 찾으려고 노력했던, 그리고 더러는 찾아내기도 했던 대답들에서도 문제점들이 발견된다.

### 1. why not 질문에서 요구하는 대답들

why not 질문에 대한 대답이 어떤 조건을 만족시켜야 하는지에 대한 생각들과 관련해서 많은 문제점이 있었다. 즉, 질문이 요구하는 대답이 어떤 종류여야 하는지에 대해 사람들이 가진 생각에 문제가 있었던 것이다. 몇몇 사람들은 why not 질문에 대한 대답은 엄밀한 인과적 설명을 제공할 수 있는 "원인"이어야 한다고 생각한다. 플로리스 코헨은 이런 생각이 지닌 문제점을 고대 그리스 과학에 대한 why not 질문으로 고쳐서

22 Sabra, *op. cit.*(주 10); 김영식, 앞의 책(주 17), pp. 6-8; 김영식의 근간 논문.

보여주었다. "그리스 과학에서는 근대초기 과학(early modern science)으로 이행하는 데 필수불가결한 어떤 요인이 없었던 것일까?"[23]

그러나 많은 경우 우리가 why not 질문을 물으면서 찾고자 하는 것은 인과적 원인이 아니다. 예를 들면 "왜 A문화권에서 사건 E가 일어나지 않았는가?"라는 질문을 물으면서 우리는 사건 E가 일어나기 위한 필요충분조건 즉 A문화권에 존재하지 않았고 그러므로 A문화권에서 사건 E가 일어나지 않도록 한(혹은 A문화권에서 not E를 야기시킨) 것들을 찾지 않는다.[24] 무엇보다 우리는 역사에서 "왜"라는 질문을 물으면서 그런 종류의 "원인"을 찾으려 하지 않는다. 예컨대 "왜 프랑스 대혁명이 일어났는가?", "왜 명제국이 멸망하였는가?"와 같은 질문에서처럼 말이다. 그리고 사람들이 실제로 이런 질문에 대답하면서 제시하는 답들도 필요충분조건이라기보다는 영향, 촉진(reinforcement), 연관(correlations), 연결(connection), 연쇄(linkage), 우연의 일치(coincidences)와 같은 다양한 것들이다. 그렇다면 우리가 why not 질문을 던지면서는 명확한 인과적 원인을 찾아야 한다고 굳이 이야기할 이유가 없는 것이다.



## 2. 방해요인의 문제

why not 질문에 대한 대답을 하려는 많은 시도들은 어떤 한 가지 문제점 때문에 어려움을 겪었다. 그 질문에 대한 대답으로서 "방해요인"을 찾으

**23** H.F. Cohen, *op. cit.*(주 5), p. 242.

**24** 이슬람의 과학에 대해 고찰한 후 플로리스 코헨은 과학의 발달에 일반적으로 영향을 미치는 4가지 요인을 제시하였다. 그중 셋은 과학혁명이 일어나는 데 대한 필요조건으로서 ① 과학은 적어도 사회의 핵심적인 가치체계에 직접적으로 위협을 끼치는 것으로 여겨져서는 안 되며, ② 과학에 종사하는 것이 매우 존엄하고 가치 있는 일이라는 신념을 굳게 유지해 나가는 최소한 전문가집단에 준하는 과학자 사회가 존재해야 하고, ③ 외적의 침입으로부터 사회가 파괴되지 않도록 평화가 지속되어야 한다는 것이며, ④ 사회가 초기 근대과학(early modern science)의 기반을 마련함에 있어 결정적인 이점을 줄 수 있는 조건들에 대한 것이다. H.F. Cohen, *op. cit.*(주 5), p. 417을 보라.

려 했다는 것이다. 그것은 어떤 요소가 일어나지 않은 어떤 일에 대해 그것이 일어나는 것을 방해했다는 것을 의미하는 것으로서, 중국에서 과학혁명이 일어나려던 것이 방해요인으로 말미암아 일어나지 않았다는 것인지, 과학혁명 와중에 방해요인으로 인해 중단되었다는 것인지 의문을 품게 한다. 하지만 더욱 심각한 것은 사람들이 흔히 방해요인으로 꼽는 것들이 특정 요인이 있었다는 것이 아니라 무언가가 없었다는 것이라는 점이다. 예를 들어 지금까지 중국과학에 제시된 방해요인으로는 인과성(causality), 자연법칙, 창조자로서의 신에 대한 관념, 증명, 형식논리, 기하학, 대수학, 실험 등의 몇몇 방법론적인 요소들, 그리고 자본주의, 도시화, 상인계급, 노예제, 대학, 조직화된 종교, 개인주의, 관용 등의 사회, 문화적 요소 등이 중국에 없었다는 점이 꼽히고 있다.[25] 그러나 방해요인으로서 무엇인가의 부재를 내세우는 것은 결국 실제로 일어나지 않은 어떤 사건을 그곳에 없었던 어떤 요인이 방해했다고 말하는 셈이 된다.[26]



**25** 이러한 논의에 대해서, 그리고 여기서 제시한 것 이외의 다른 방해요인들에 대해 더 자세히 알고자 한다면 Needham, *op. cit.* (주 18); Derk Bodde, *Chinese Thought, Society and Science: The Intellectual and Social Background of Science and Technology in Pre-modern China* (Honolulu: University of Hawaii Press, 1991);. H.F. Cohen, *op. cit.*(주 5), Section 6.5를 보라. 본문에서 제시한 것들과는 달리 중국에 존재했었던 것들 중에서도 방해요인으로 간주되는 경우가 없는 것은 아니다. 관료주의가 대표적인 예라고 할 수 있다. 중국의 과학발달에서 관료주의가 했던 역할에 대한 논의를 보고자 한다면 앞에서 제시한 글들에 덧붙여 김영식(Yung Sik Kim), "Science and Bureaucracy in Traditional China," *The Medieval History Journal* 3 (2000), 363-379을 참고하라.

**26** 이와 유사한 문제의식을 가지고 네이선 시빈(Nathan Sivin)은 서로 다른 문화를 비교 연구하는 데 흔히 나타나는 "두 개의 오류"를 지적하였다. 즉 ① 한 문화권에서 어떤 사건이 일어나기 전에 있었던 상황을 무조건 "필요조건"으로 간주하는 것과 ② 다른 문화권에서 그 사건이 일어나지 않은 것을 "방해"의 결과로 생각하는 것이다. Sivin, "Why the Scientific Revolution Did Not Take Place in China or Didn't It?" *Chinese Science* 5 (1982), 45-66을 참조할 것.

## 3. 잘못된 가정들과 그 외의 다른 문제점들

why not 질문에 대해 지금까지 제기된 대답들 속에서 발견할 수 있는 또 다른 심각한 문제는 비교과학사 연구자들을 곤혹스럽게 한 것으로서, 하나의 요소, 측면 또는 상황이 모든 문화권에서 똑같은 역할을 한다는 가정, 특히 서양의 과학발달에서 중요했던 요인들은 중국의 과학의 발달에도 똑같은 방식으로 영향을 미친다는 가정이다. 이 가정이 잘못되었다는 것은 중국에 대한 why not 질문의 대답으로 제시된 것들과 비슷한 많은 측면들, 또는 상황들이 과학혁명 이전의 서양에도 존재했지만 그곳에서는 근대과학이 발달하는 것을 방해하지 않았다는 단순한 사실을 통해 쉽게 확인할 수 있다.[27]

흔히 중국에서 과학발전이 없었다고 하면서 그것을 중국이 서양과 몇몇 문화적 요소나 측면이 다르기 때문이라고 하는 경향은 명백히 위에서 논의한 것과 같은 유형의 가정에서 기인한 것이다. 이러한 예들은 무수히 많다. 중국의 순환적 시간 개념과 서양의 단선적 시간 개념, 어미변화가 없는 중국어와 어미변화가 있는 서양언어, 해석학 위주의 중국 수학과 기하학 위주의 서양 수학, 물리학적 현상을 설명하는 데 있어 중국의 파동이론에 대한 편향과 서양의 입자이론에 대한 편향 등등이 그것이다.[28]



**27** 시빈은 이러한 관점을 중국에서 근대과학이 나타나지 못하게 한 방해요인으로 흔히 제시되는 문인관료계급(scholar-bureaucrat class)의 예를 들면서, 다음과 같이 이야기하였다. "하지만 유럽에서 과학혁명이 발생하던 때를 돌아보면, 책 속에 파묻혀서 과거에 눈을 돌리고 있으면서 자연을 지향하기보다는 인간세계의 제도들에 관심을 갖는 스콜라철학자나 대학교수들이 학문세계를 주도하고 있었다는 것을 알 수 있다. 그들은 전 유럽을 휩쓴 거대한 변화를 막지 않았다. 나보다 훨씬 상상력이 풍부한 역사학자라야 스콜라철학이 없었을 경우 그러한 변화가 더 일찍 일어났을지도 모른다는 이야기를 할 수 있었을 것이다."(Sivin, *op. cit.*(주 26), p. 57)

**28** 이와 같은 논의로는 Joseph Needham, "Poverties and Triumphs of the Chinese Scientific Tradition," *The Grand Titration: Science and Society in East and West*

물론 지금까지 살펴본 것들 이외에도 다른 여러 가지 문제점들도 있을 것이다. why not 질문에 대해 대답하는 데 내포된 문제들에 대한 흥미로운 철학적 분석을 통해, 로버트 코헨은 다음과 같은 의문을 던졌다. "다른 층위에서의 생각, 감정 또는 행위로 어느 특정한 사회적 행위의 층에 영향을 줄 수 있는 것은 어떠한 종류의 연관인가?"[29] 예를 들어 그는 서로 다른 역사적 조건에 있는 문화적 변수들을 비교 가능하도록 만드는 것이 매우 어려운 일임을 지적하고 있다. 그는 why not 질문에 대한 대답들의 "모호함(fuzziness)," 즉 대답들에 담겨져 있는 "문화적 변수에 대한 부정확한 성격규정과 설명적 지위"를 비판한다. 이러한 변수들 중 몇몇은 단지 지금은 유용할지 모르지만 결국 언젠가 대체되어야 할 "중개(仲介) 변수(intervening variables), 혹은 편리한 개념적인 대리물"일 뿐이고, 또 몇몇은 그 자체가 why 질문과 why not 질문의 대상이 될 것이다.[30] 그는 또한 이러한 논의들에서 흔히 사용하는, 그가 "인과적 조건 논변들(causal conditional arguments)"이라고 부른 것들의 문제점을 지적하였다.[31]

이 절에서 논의한 문제점들은 why not 질문에 대답하려고 노력하는 사람들이 직면할 수 있는 실질적인 위험을 보여준다. 그 질문에 대답하려고 했던 수많은 시도가 이러한 문제점 때문에 호도되었다. 하지만 문제점들이 있다고 해서 우리가 그 질문을 폐기해야 하는 것은 아니다. 그 같은 문제점들은 why not 질문에 대해 답하는 데에 위험 — 특히 단순하고 쉬운 답을 찾으려 하는 — 이 도사리고 있다는 사실에 주의를 기울여야 함을 말해 줄 따름이다.

(London: George Allen & Unwin, 1969), pp. 11-54; Bodde, *op. cit.*(주 25); H.F. Cohen, *op. cit.*(주 5) 등을 들 수 있다.

**29** R.S. Cohen, *op. cit.*(주 3), p. 106.

**30** *Ibid.*, pp. 108-109.

**31** *Ibid.*, p. 111. 로버트 코헨의 논문에 대한 코슬로의 논평도 아울러 참고하라. Koslow, *op. cit.*(주 4).

## V. Why not 질문의 공헌

why not 질문과 관련해서는 여전히 또 다른 문제가 남아 있는데 아마도 이것이 가장 유별난 문제라고 할 수 있을 것이다. 그것은 바로 수많은 사람들이 이 문제투성이의 질문을 계속 던지고 있다는 것이다. 그렇다고 그 사람들이 모두 문외한인 것도 아니다. 많은 학자들 또한 같은 질문을 던지고 있다. 사실 중국문화에 관심이 있는 거의 모든 사람들이 그 질문을 던지고 대답했다. 그리고 이런 상황은 앞으로도 계속될 듯하다. 우리는 서로에게 그 질문을 던지지 말라거나 또는 적어도 이 질문에 대한 적절한 대답을 얻기에 충분할 정도로 중국과학을 이해할 수 있을 때까지 — 그런 일은 절대 없겠지만 — 기다리라고 설득할 수도 있을 것이다. 그러나 그런다고 그 질문이 사라지지는 않을 것이며, 수많은 다른 사람들이 그것을 묻고 대답할 것이다. 그렇다면 왜 사람들이 why not 질문을 계속 던지는 것일까?

많은 사람들, 적어도 why not 질문을 계속 던지는 사람들은 그 질문이 중국 혹은 다른 지역에서의 과학발달, 과학활동의 속성, 중국문화 일반, 또는 다른 어떤 것들을 더 잘 이해하는 데 기여하고 있다고 생각하는 것임이 분명하다. 과연 why not 질문이 사람들의 이해에 어떠한 기여도 하지 못할 것이 틀림없기 때문에 그렇게 생각하는 것은 잘못되었다고 쉽게 말해 버리고 그 질문이 기여하는 바가 있다는 느낌을 마냥 무시해도 괜찮을 것인가? 과연 중국의 과학에 대한 연구에 그 질문이 실제로 아무런 기여도 하지 않는다고 확실하게 말할 수 있을까? 나는 우리가 그 질문의 기여를 평가하는 데 그렇게 부정적일 필요는 없다고 생각한다.

why not 질문의 부인할 수 없는 기여 중의 하나는 그것이 많은 사람들이 중국의 과학에 흥미를 가지도록 자극하며, 이 분야에서 일하는 많은 이들에게는 그들이 의식하건 않건 중국과학사로 뛰어들게 만든 동기를 부여했다는 것이다. why not 질문을 묻고 대답하는 것에 담긴 문제를 알아차리는 것은 그 질문과 한참 씨름한 다음에야 가능하다. 예를 들어 그 질문을 던지고 다양한 대답을 시도한 이후에야 과학혁명이 모든 문화의 어느 단계에서 반드시 일어나는 것이라고 하는 가정에 내포된 위험을 알아차릴 수 있는 것이다.

why not 질문이 가져다준 또 하나의 기여는, 많은 중국과학사학자들이 그 질문에 대한 대답을 찾으려 노력하는 동안, 중국과학의 내용뿐만 아니라 그 맥락까지 고려하게 되었다는 것이다. why not 질문에 대한 답을 과학 그 자체에서보다는 지적, 사회적, 제도적 그리고 다른 문화적 요소들과 같은 외적인 요인들에서 찾을 수 있을 것이라는 많은 이들의 믿음이 전적으로 옳은 것은 아니다. 그러나 그 믿음은 중국의 과학발달에 그런 외적 요인이 끼친 역할들을 연구하는 작업을 촉진해 왔으며 앞으로도 계속 그럴 것이다.

why not 질문은 많은 사람들이 비교과학사를 연구하도록 하는 데에도 기여했다. why not 질문에 대한 답은 보통 다른 문화적 상황에 대한 비교분석에 기초하며 때로는 그에 의해 검증되기 때문인데, 보통은 과학혁명이 실제로 일어난 유럽과 비교하게 마련이다. 그러한 비교는 신중하게 수행된 경우 두 문화 사이의 다양한 차이점에 대한 보다 나은 이해를 가능하게 했고, 결국 두 문화 각각에 대한 올바른 이해에도 큰 공헌을 하였다. 시간개념, 언어, 수학의 특징 등등에서 보이는 두 문화 사이의 차이점들에 대해 우리가 알고 있는 바는 그러한 비교분석의 성과이다.[32]

하지만 아마도 가장 중요한 공헌은 사람들이 지금까지 도달한 대답들



32 최근에 로이드(G.E.R. Lloyd)는 중국과 서양 두 문화권이 지적인 논의의 방식에서 차이가 있다고 이야기하였다. 그에 따르면 중국은 권위에 호소하는 경향이 강한 반면, 서양의 경우에는 논쟁적인 토론을 선호한다. G.E.R. Lloyd, *Adversaries and Authorities: Investigations into Ancient Greek and Chinese Science* (Cambridge: Cambridge University Press, 1996)을 볼 것.

속에서 찾아야 할 것이다. 그리고 생각해 보면 그것은 당연하다. why not 질문에 대한 대답들이 어떠한 문제점을 가졌건 간에, 전통중국의 과학, 사회, 문화 속의 수많은 요소, 측면 또는 상황이 그 질문에 대해 다루면서 제시되고 연구되고 논의되었다.[33] 물론 어떠한 하나의 요소(factor), 측면(aspect), 상황(situation)도 그 자체로는 완전한 대답이 될 수는 없다. 그러나 이런 각각의 요소들은 적어도 어느 범위 안에서는 과학적 발전이 없었던 이유나 과학혁명이 일어나지 않은 이유를 설명할 수 있다. 특정한 하나의 요소가 중국 또는 다른 어떤 곳의 과학발달에 영향을 주지 않았다거나 심지어 영향을 줄 수 없었다고 말하기는 어려울 것이다. 사실 그 요소는 전통중국의 문화와 사회의 구체적이고 특정한 (고유의) 역사적 맥락 속에서 과학의 발달에 일정부분 영향을 미칠 수밖에 없었다. 그리고 그러한 다양한 요소들이 그러한 역사적 맥락에서 함께 발현한 결과, 그리고 매우 복잡한 방식으로 함께 조합하여 작용한 결과 그것들은 나름대로의 특정한 방식으로 중국의 과학발달에 영향을 주었다.

그렇다면 why not 질문에 대한 답을 찾으려는 우리의 노력은 중국이 서구와 다른 모든 요소, 모든 측면, 모든 상황을 긁어모으는 것으로 끝맺게 될 수도 있다. 우리가 이런 모든 요소들을 조합하여 대답을 제시하면서 결국 하게 되는 것은, 넬슨의 표현을 빌자면 아마도 중국의 "문명의 조건(civilizational setting)," "문화적 성향(cultural orientation)," "삶의 방식(life-way)"을 찾아내는 것 이상은 아닐 것이다.[34] 즉, 그 대답은 결국 근



33 살 레스티보(Sal P. Restivo)는 니덤의 *Science and Civilisation in China* (주 2) 한 권에서만 "중국과 서구에서 근대과학이 나타나는 것을 방해한" 29개의 방해요인과 "근대과학이 출현하도록 이끌어 주는" 33개의 요인을 찾아내었다. Restivo, *op. cit.*(주 2), pp. 44-47(Appendixes B와 C)을 보라.

34 Nelson, *op. cit.*(주 20), pp. 460-463. 넬슨은 근대유럽사회의 온상으로 일컬어지는 12, 13세기의 도시, 대학, 전문직업, 신분 등을 살펴보고 다음과 같이 묘사하였다. "이 시기에 양심, 자아, 개인, 사회, 우주, 행위, 정의, 통치형태, 법제도 그리고 학습에 대한 새로운 이상과 지평이 이후 서구세계 특유의 독특하면서도 주요한 새로운 특징을 갖도록 하는 하나의 전반적 틀이 마련되었다."(p. 164)

본적으로 "중국은 서양과 여러 모로 달랐고 바로 이러한 차이들 때문에 중국에서는 과학혁명이 일어나지 않았다"고 얘기하는 것과 매한가지이다. 또는 좀더 밀어붙인다면, 그것은 심지어 다음과 같은 것이 될 수도 있다. "중국은 서양과 달랐기 때문에 과학혁명은 중국에서 일어나지 않았다." 물론 이런 뻔한 결론에 이르기 위해 why not 질문을 하거나 답을 찾으려고 힘들일 필요는 전혀 없다. 하지만 중요한 것은 우리가 이런 대단치 않아 보이는 결론에 도달하는 과정에서 많은 것을 배우리라는 것이다. 그리고 생각해 보라, 우리의 궁극적인 결론이 정말 이것과 본질적으로 다른 것일까? 결국 이것이 바로 훌륭하면서도 중요한 역사적 질문들이 갖는 기능이 아닐까?

## VI. 후기: 한국판 why not 질문



한국과 관련된 비슷한 질문을 고찰하면서 이 글을 끝맺고자 한다. 그것은 "한국판 why not 질문"이라고 부를 수 있는 것인데, "15세기 세계 최고의 수준에 도달했었던 한국과학은 왜 계속 발전하지 못하고 정체, 쇠퇴하였는가?"라는 것이다.[35] 물론 이 질문은 중국과학에 대해 제기된 why not 질문의 예에서 나타났던 모든 문제점을 그대로 안고 있을 것이다. 하지만 한국의 경우에서 특별히 고려해야 할 추가적인 문제점들이 있다. 이를테면 세종 이후의 한국과학과 기술의 "정체"와 "쇠퇴"를 다루면서 역사가들이 동시대 중국의 상황을 무시할 수 있겠는가? 세종시기 한국인들이 채택했던 중국의 과학적 아이디어와 기술의 수준은 어떠했는가? 그것들이 이후 중국에서는 어떻게 변화하였는가? 만약 중국의 과학과 기술이 정체했거나 쇠퇴했다면 한국인들이 독자적으로 과학과 기

35 전상운, 앞의 책(주 9), 23-25쪽; 박성래, 앞의 글(주 10), 145-166쪽, 특히 159-164쪽.

술을 발전시키는 것이 가능했겠는가? 한국에는 그렇게 생각하는 것으로 보이는 학자들이 꽤 있는데, 문화의 중심지에서 과학이 쇠퇴하는 동안 주변부에서는 계속 발전하거나 심지어 번영하는 것이 원칙적으로 불가능한 것은 아니다. 그러나 만약 그것이 불가능하다면 한국의 why not 질문은 중국의 why not 질문의 일부로 환원되고 마는 것일까?[36]



36 이것은 사실 한국과학사연구에 있어서의 "중국의 문제"의 일부분인데 이 "중국의 문제"가 한국의 전통과학사를 일반적인 견지에서 다루려고 할 때마다 나를 곤혹스럽게 한다. 이 문제는 한국의 전통과학과 기술 어디에서나 찾아볼 수 있는 중국의 과학적 아이디어와 기술적 산물들의 의미에 관한 것이다. 한국과학사에 있어서 그 같은 중국의 아이디어와 산물들은 어떤 역할을 하고 또 어떤 의미를 갖는가? 한국과학사를 공부하는 연구자들이 그것들을 완전히 무시한 채 한국에 고유한 것들만을 연구해도 되는 것인가? 중국으로부터 그대로 받아들인 과학적 아이디어나 기술적 유산들에 대해서는 도대체 어떻게 해야 하는가? 한국에서 논의되고 행해졌다는 사실을 제외하고는 중국과학, 기술의 그것과 다른 것이 전혀 없는 이론이나 활동은 어떻게 다루어야 할까? 이런 이론과 활동에 대한 역사는 중국문화의 지엽적인 한 부분으로 다루어야 하는 것일까? 이 문제들에 대해서는 김영식(Yung Sik Kim), "Problems and Possibilities in the History of Korean Science," *Osiris* 13 (1998), 43-79, 특히 p. 60을 보라.

**Abstract**


# Prism:
## Sciences Seen through History

Edited by Mina Park & Yung Sik Kim

Today's science can be compared to an opaque crystal, full of logical reasoning and dry equations, whose inner structure we can not see. This volume, *Prism: Sciences Seen through History*, tries to make science transparent by revealing and analyzing the components which form science. The volume provides new perspectives on experiments and theories that are considered as basic components of science; and social, historical and cultural contexts which influenced sciences in the making.

With this goal in mind, we have selected eleven articles that show recent trends in the history of science. The articles in this volume were selected for their diversity in subject, methodology and the period which each article examines. Case studies were selected in preference to historiographical works because this volume is planned as material to be included in undergraduate textbooks. This book will be of interest to general readers.

## 발간사

오늘의 대학은 문명사적 대전환의 와중에서 진리탐구와 인력양성이라는 두 가지 과제를 수행해야 한다. 급변하는 현대사회에서 진리의 본질을 찾기 위한 연구와 사회의 개선을 위한 교육은 서로 밀접히 연관되어 있다. 이를 통해 대학은 지역, 국가, 인류 사회의 발전에 봉사하고 공헌한다.

서울대학교는 세계화 시대에 다양한 문화와 가치를 이해하고, 더불어 사는 공동체를 위한 덕목과 윤리를 갖추고, 세계 수준의 전문가로서 전공지식을 배우고, 그리고 현실사회의 문제 해결을 위한 비판적 사고와 분석 능력을 길러 주는 것을 주요한 교육목표로 설정하고 있다.

이를 위해 현대사회의 다양한 주제와 쟁점들에 대한 교양교재의 개발은 필수적이다. 서울대학교는 '학문의 기초', '핵심교양', '일반교양'을 기초교육의 중심 분야로 설정하고 있다. 이 세 분야에 걸친 교양교재의 발간이 비단 서울대학교 학생들뿐만 아니라 우리 사회 젊은이들의 지적 양식의 보고로서 학문적 · 실천적 안목과 지평을 높일 수 있는 계기가 되기를 기대한다.

서울대학교 기초교육원장

# 글쓴이들

**마리오 비애지올리**(Mario Biagioli)는 현재 하버드대학 과학사학과에 교수로 재직중이다. 주요 관심사는 근대 초, 과학혁명기의 과학으로, 그중에서도 특히 갈릴레오에 초점을 맞추고 있다. 비애지올리는 *Galileo, Courtier: The Practice of Science in the Culture of Absolutism* (1993)에서 17세기 이탈리아의 궁정 내 후원의 동역학 속에서 자신의 연구에 대한 사회적 · 지적 정당성을 얻으려 했던 갈릴레오의 노력을 훌륭하게 그려낸 바 있다. 후속작이라 할 수 있는 근작 *Galileo's Instruments of Credit: Telescope, Images and Secrecy* (2006)에서 비애지올리는 갈릴레오가 새로 발명한 실험도구들과 그것을 이용한 새로운 발견들, 그리고 적대자들이 가져온 기회와 위기에 대응하는 모습을 흥미롭게 보여주었다. 여기 실린 「갈릴레오, 상징 제작자」는 1990년 *Isis* 81권, 230-258쪽에 실린 "Galileo, the Emblem Maker"를 번역한 것이다.

**해롤드 쿡**(Harold J. Cook)은 런던대학(University College of London)의 Wellcome Trust Centre for the History of Medicine의 교수로, 주로 근대 초 영국 의학사 및 이와 관련된 주제들을 연구해 왔고 최근에는 17세기 네덜란드의 의학과 자연사 연구에 초점을 맞추어 네덜란드 동인도회사의 활동을 통해 전세계적인 차원에서 교역체계와 정보교환체계가 서로 어떻게 영향을 미쳤는지에 관해 연구하고 있다. 이 책에 실린 「혁명의 최전선? 북해 연안 지역의 의학과 자연사」의 원문은 "The Cutting Edge of a Revolution? Medicine and Natural History Near the Shores of the North Sea"로, J.V. Field와 Frank A.J.L. James가 편집한 *Renaissance and Revolution: Humanists, Scholars, Craftsmen and Natural Philosophers in Early Modern Europe* (Cambridge: Cambridge University Press, 1993)의 45-61쪽에 실려 있다.

**오웬 한너웨이**(Owen Hannaway)는 르네상스에서 현대에 이르기까지 화학의 역사를 폭넓게 연구해 왔고 오랫동안 존스홉킨스 대학 과학기술사 학과에서 학생들을 지도했다. 1975년 출판된 *The Chemists and the Word: The Didactic Origins of Chemistry*는 화학 교수법에 대한 과학사가들의 관심을 불러일으킨 고전으로 평가받고 있다. 그는 과학자들이 사용했던 이미지 사료를 분석하는 데 특출한 재능을 보였는데, 이 책의 「실험실 설계와 과학의 목적: 안드레아스 리바비우스와 티코 브라헤」에서 그 능력을 다시 한번 확인할 수 있다. 이 글의 원전은 1986년 *Isis* 77권, 585-610쪽에 실린 "Laboratory Design and the Aim of Science: Andreas Libavius versus Tycho Brahe"이다.

**잔 골린스키**(Jan Golinski)는 미국 뉴햄프셔대학 역사인문학과 교수로, 그동안 주로 18세기에 초점을 맞춰 화학사, 과학의 사회사 등을 연구해 왔고 과학사 연구 방법론에도 관심을 가지고 있다. 이런 관심사들은 1992년 *Science as Public Culture: Chemistry and Enlightenment in Britain, 1760-1820*, 1998년에는 *Making Natural Knowledge: Constructivism and the History of Science*로 열매를 맺었다. 최근에는 18세기 영국 기후에 관해 문화사적으로 접근한 *British Weather and the Climate of Enlightenment*를 집필 중에 있다. 여기 실린 「"실험의 정확성": 18세기 후반 화학에서 측정의 정밀성과 추론의 정밀성」은 Norton Wise가 편집한 *The Values of Precision* (Princeton, N.J.: Princeton University Press, 1995), 72-91쪽에 실린 ""The Nicety of Experiment": Precision of Measurement and Precision of Reasoning in Late Eighteenth-Century Chemistry"를 번역한 것이다.

**낸시 레이즈 스테판**(Nancy Leys Stepan)은 컬럼비아대학 역사학과 교수로, 과학사와 의학사를 가르치고 있다. 과학에서 인종과 젠더가 다루어지는 방식을 연구해 왔고, 이는 1991년 *"The Hour of Eugenics": Race, Gender and Nation in Latin America*로 결실을 맺었다. 최근에는 제3세계 및 탈식민 국가의 과학에 관심을 가져, 그곳에서 자연이 표상되는 방식이나 그 지역의 질병사, 의학사에 관해 연구를 하고 있다. 여기 실린 「인종과 젠더: 과학에서 유비의 역할」의 원문은 1986년 *Isis* 77권, 261-277쪽에 실린 "Race and Gender: The Role of Analogy in Science"이다.

**피터 보울러**(Peter J. Bowler)는 벨파스트 소재 퀸즈대학(Queens University) 인류학과 교수로, 다윈과 다윈주의, 생물학 사상의 변화, 인종과 진화 등의 문제에 대해 흥미롭고 영향력 있는 연구들을 해왔고, 그 공로를 인정받아 미국 과학진흥협회의 펠로우에 선출되기도 했다. 여기 번역된 「진화론의 사회적 함의들」은 그의 책 *Evolution: The History of an Idea*, 2nd edition (Berkeley: University of California Press, 1989)의 10장, 282-306쪽에 해당한다.

**피터 갤리슨**(Peter Galison)은 하버드대학에서 물리학과 과학사 양쪽에서 박사학위를 받았고 현재 같은 대학의 과학사와 물리학 교수로 있다. 그는 20세기 물리학을 구성하는 주요 요소인 실험, 도구, 이론의 복잡한 상호작용에 관심을 가져왔다. 1987년 출판된 *How Experiments End*와 1997년 출판된 *Image and Logic: A Material Culture of Microphysics*는 각각 실험과 도구의 측면에서 20세기 물리학의 특징을 다루었다. 여기 번역된 「아인슈타인의 시계들: 시간의 장소」의 원문은 2000년 *Critical Inquiry* 26권, 355-389쪽에 실린 "Einstein's Clocks: The Place of Time"이다. 갤리슨은 이를 더욱 발전시켜 2003년 *Einstein's Clocks, Poincaré's Maps*를 발표했는데, 이 책에서도 이론 형성에 영향을 미치는 다양한 요소들에 대한 그의 흥미로운 분석을 볼 수 있다.

**다니엘 케블레스**(Daniel Kevles)는 예일대학 역사학 교수로 재직중이다. 그의 관심사는 매우 광범위해서 과거로부터 현재까지 과학과 사회의 상호작용, 미국 과학사, 현대 물리학사, 현대 생물학사, 과학에서의 사기와 협잡, 생물체에 관한 지적 재산권의 역사 등에서 통찰력 있는 연구들을 내놓고 있다. 대표적인 저서로는 미국 물리학계의 역사를 다룬 *The Physicists* (1978), 우생학의 문제를 다룬 *In the Name of Eugenics* (1985), 과학에서의 사기를 다룬 *The Baltimore Case* (1998) 등이 있다. 이 책에 실린 「미국의 거대과학과 거대정치: 사멸한 SSC와 살아남은 휴먼게놈프로젝트에 대하여」는 1997년 *Historical Studies in the Physical and Biological Sciences* 27권, 269-297쪽에 실린 "Big Science and Big Politics in the United States: Reflections on the Death of the SSC and the Life of the Human Genome Project"를 번역한 것이다.

**문중양**은 서울대학교 국사학과 교수로 한국과학사를 전공했다. 조선 후기 지식인들의 우주론과 과학담론에 관심을 가지고 꾸준히 그 주제들을 연구 중이다. 저서로는 『조선 후기의 수리학과 수리 담론』, 『우리역사 과학기행』, 『한국 실학과 동아시아 세계』(공저), 『우리의 과학 문화재(공저)』, 『중국의 우주론과 청내의 과학혁명』(역서) 등이 있으며, 그 밖에도 조선 후기 지식인들의 우주론에 관한 논문들을 다수 발표했다. 이 책에 실린 「세종대 과학기술의 "자주성", 다시 보기」의 원문은 2006년 『역사학보』 189권, 39-72쪽에 실려 있다.

**임종태**는 전근대 시기 동아시아 과학사를 공부하고 있으며, 특히 17-19세기 서구 과학이 중국과 조선 등 동아시아 전통 지식 사회에 미친 영향을 주로 연구하고 있다. 학위논문으로 「17-18세기 서양 지리학에 대한 조선, 중국 학인들의 해석」(2003)이 있으며, 이후 비슷한 주제로 여러 논문을 발표했다. 현재 서울대학교 과학사 및 과학철학 협동과정에서 과학사를 가르치고 있다. 여기 실린 「서구 지리학에 대한 동아시아 세계지리 전통의 반응: 17-18세기 중국과 조선의 경우」는 2004년 『한국과학사학회지』 26권, 315-344쪽에 실린 것을 재수록한 것이다.

**김영식**은 서울대학교 화학과 교수를 역임하였고, 현재 서울대학교 동양사학과 교수로 재직중이며 서울대학교 과학사 및 과학철학 협동과정의 겸임교수로 있다. 주희를 비롯한 유학자들의 자연철학에 정통한 연구자로, 동양의 자연관을 비교사적 관점에서 연구중이다. 저서로는 『과학혁명: 전통적 관점과 새로운 관점』, 『주희의 자연철학』 등이 있다. 여기 실린 「중국과학에서의 Why not 질문: 과학혁명과 중국전통과학」은 2004년 *East Asian Science, Technology, and Medicine* 22권, 96-112쪽에 실린 "The "Why not" Questions of Chinese Science: The Scientific Revolution and Traditional Chinese Science"를 번역한 것이다.

## 편저자 약력

### 박민아

서울대학교 사범대학 물리교육과를 졸업하고, 현재 서울대 과학사 및 과학철학 협동과정에서 박사 논문을 쓰고 있다. 저서로는 『뉴턴과 데카르트』(저서), 『뉴턴과 아인슈타인: 우리가 몰랐던 천재들의 창조성』(공저), 『과학기술의 철학적 이해』(공저)가 있다.

### 김영식

서울대학교 공과대학 화학공학과를 졸업하고 하버드 대학(화학물리)과 프린스턴 대학(역사학)에서 박사학위를 받았다. 서울대학교 화학과 교수를 역임하였고, 현재 서울대학교 동양사학과 교수로 재직중이며 서울대학교 과학사 및 과학철학 협동과정 겸임교수로 있다. 저서로는 『주희의 자연철학』(저서), 『과학혁명』(저서), 『중국 전통문화와 과학』(편저), 『인간주자』(역서) 등이 있으며, 그 외 다수의 논문이 있다.

기초교양교육시리즈 9

# 프리즘
역사로 과학 읽기

초판 1쇄 발행 2007년 8월 15일
초판 3쇄 발행 2014년 12월 20일

펴낸곳 서울대학교출판문화원
펴낸이 성낙인
편 자 박민아 김영식

출판등록 제15-3호

주소 151-742 서울 관악구 관악로 1
대표전화 02-880-5252
팩스 02-888-4148
마케팅팀(주문상담) 02-889-4424, 02-880-7995
이메일 snubook@snu.ac.kr
홈페이지 www.snupress.com
영문홈페이지 eng.snupress.com

## 기초교양교육시리즈

01 한 단계 높은 러시아어/박종소·니나 바스코
02 중급한문/서울대학교 중어중문학과 엮음
03 사회과학 글쓰기/정병기
04 민주주의와 권위/박효종
05 과학고전선집: 코페르니쿠스에서 뉴턴까지/홍성욱 편역
06 시장경제와 법/권오승
07 차이를 넘어 공존으로: 스페인어권 세계의 문화 읽기/서울대학교 서어서문학과 엮음
08 참살이 의학/정희순 외
09 프리즘: 역사로 과학 읽기/박민아·김영식 편
10 현대 교육의 이해/나일주
11 독일명작의 이해/이재원 외
12 세상 읽기와 세상 만들기: 사회과학의 이해/김광억 편
13 스페인어 회화작문/신자영·조은영·김은경·Claudia Macías
14 인문학 글쓰기를 위하여/김동식
15 고전과 놀이/김월회
16 스페인어 초급 회화/Claudia Macías·이만기
17 한 단계 높은 러시아어 2-구문 편: 러시아 지성과의 대화/박종소·니나 바스코
18 해양환경의 이해/이창복
19 청년기 생애설계 심리학: 흔들리는 20대/곽금주
20 나노기술의 이해/서갑양
21 원전으로 읽는 서양철학의 이해: 플라톤부터 비트겐슈타인까지/이남인 엮음